온실가스관리
기사/산업기사 필기

실전·예상 문제집

인포더북수

온실가스관리
기사/산업기사 필기 실전·예상 문제집

2015년 2월 13일 초판 1쇄 인쇄
2015년 2월 13일 초판 1쇄 발행

지 은 이 : 홍성호, 김현창, 남윤미, 김미승, 이영규, 권혁남, 이흥수, 정재호
펴 낸 이 : 최 정 식
진　　행 : 인포더북스 출판기획팀

펴 낸 곳 : 인포더북스(books@infothe.com)
홈페이지 : www.infothebooks.com
주　　소 : (121-708) 서울시 마포구 마포대로 25 신한디엠빌딩 13층
전　　화 : (02) 719-6931
팩　　스 : (02) 715-8245
등　　록 : 제10-1691호

표지 디자인 : 윤지영
내지 디자인 : 한다솜

Copyright ⓒ 2015 홍성호, 김현창, 남윤미, 김미승, 이영규, 권혁남, 이흥수, 정재호
Printed in Seoul, Korea

본 도서는 저작권법에 의해 보호를 받는 저작물이므로 내용을 무단으로 복사, 복제, 전재 및 발췌하는 행위는 저작권법에 저촉되며, 민형사상의 처벌을 받게 됩니다.

정가 19,000원
ISBN 978-89-94567-45-7 (13530)

온실가스관리기사/산업기사 시험 정보

개요   기후변화와 에너지 위기에 대응하기 위해 온실가스 감축정책이 요구되고 있으며 온실가스 감축정책의 원활한 시행을 위해 기후변화에 대한 전문지식을 보유한 인력 양성을 위한 자격 제정했다.

수행직무   조직의 기후변화 대응 및 온실가스 감축을 위하여 관련 법규 및 지침에 따라 온실가스 배출량의 산정과 보고 업무를 수행하고 온실가스 감축활동을 기획, 수행, 관리하는 업무를 수행한다.

시험요강

① 시행처 : 한국산업인력관리공단(www.q-net.or.kr)

② 시험과목(기사)
- 필기 : 1. 기후변화개론, 2. 온실가스 배출의 이해,
  3. 온실가스 산정과 데이터 품질관리, 4. 온실가스 감축 관리,
  5. 온실가스 관련법규
- 실기 : 온실가스관리 실무

③ 시험과목(산업기사)
- 필기 : 1. 기후변화개론, 2. 온실가스 배출의 이해,
  3. 온실가스 산정과 데이터 품질관리, 4. 온실가스 관련 법규
- 실기 : 온실가스관리 실무

④ 검정방법
- 필기 : 객관식 4지 택일형, 과목당 20문항(과목당 30분)
- 실기 : 필답형(2시간 30분)

⑤ 합격기준
- 필기 : 100점 만점을 기준으로 과목 당 40점 이상, 전과목 평균 60점 이상
- 실기 : 100점 만점을 기준으로 60점 이상

발간사

온실가스관리전문인력 양성은 물론
온실가스관리의 이론과 실무정립의 지침서가 되기를 기대하며….

지금은 기후변화의 시대입니다.

우리나라 정부는 포스트 교토체제(Post Kyoto Protocol) 및 2020년 이후 신 기후체제에서의 온실가스 감축부담과 우리나라가 국제적으로 선언한 2020년까지 온실가스 감축목표를 배출전망치(BAU)대비 30% 감축 등을 위하여, 온실가스·에너지 목표관리제를 시행했습니다.

또한 우리나라는 목표관리제의 운영경험을 바탕으로 올해부터 아시아에서는 최초로 전국단위의 온실가스 배출권거래제를 도입하여 시행 중입니다.

국내·외적 패러다임의 변화 속에서 새로운 직업이 창출되고, 그 중심에 온실가스 관련 자격증이 해도 과언이 아닙니다. 또한 이러한 시기에 2014년 국내 대형서점의 주간베스트셀러를 기록한 "2주 완성 온실가스관리 기사·산업기사 필기"의 개정판을 출간하게 되어 감회가 새롭습니다.

이번 온실가스관리 기사·산업기사 필기대비 수험서의 특징은 우리나라의 현직 온실가스 검증심사원들이 각 분야에서 쌓은 충분한 지식과 경험을 바탕으로 집필했다는 점입니다.

이 책에 참여한 집필위원들은 공학박사, 기술사, 온실가스 검증심사원, 회계사, UN CDM심사원 등으로 각 분야의 전문가들이 직접 과목별로 집필했습니다.

특히 본서는 1회 시험의 기출문제를 철저히 분석하고, 출제 예상문제를 많이 수록하여 최신 출제경향을 쉽게 파악하고 효율적으로 시험에 대비할 수 있도록 구성했습니다.

온실가스관리 기사·산업기사 시험대비 수험서가 온실가스 관련 분야에 종사하는 모든 이의 어려움을 해결하고, 시험을 준비하는 모든 수험생에게 도움이 되기를 바랍니다.

마지막으로 전작이 베스트셀러로 등극 할 수 있게 도와주신 수험생 여러분 및 온실가스관리 기사·산업기사 수험서가 세상에 빛을 볼 수 있도록 힘써 주신 인포더북스 임직원 여러분께 감사의 말씀을 전하는 바입니다.

2015년 2월
온실가스관리기사 수험연구회

온실가스관리기사 출제기준(필기)

자격 종목	온실가스관리기사	적용 기간	2015. 1. 1 ~ 2019. 12. 31
필기검정방법	객관식	문제수	100	시험시간	2시간 30분

필기과목명	문제	주요항목	세부항목
제1과목 기후변화개론	20	1. 기후변화의 이해	1. 기후변화과학 2. 기후변화관련 국제 동향 3. 기후변화관련 국내 동향
제2과목 온실가스 배출의 이해	20	1. 고정연소 및 이동연소	1. 고정연소 2. 이동연소
		2. 산업분야별 온실가스 배출특성	1. 철강 및 금속 2. 전기, 전자 3. 화학 4. 광물 5. 농·축산·임업 6. 폐기물 7. 기타 8. 간접배출(전기, 열, 스팀)
제3과목 온실가스 산정과 데이터 품질관리	20	1. 모니터링 계획 수립	1. 경계범위 일반 2. 조직경계 설정 3. 운영경계 설정 4. 모니터링 유형/방법 결정 5. 모니터링 계획서 작성
		2. 온실가스 산정 방법론 수립	1. 매개변수 파악 2. 배출계수 개발 및 관리 3. 산정방법론 적용
		3. 자료 수집 및 배출량 산정	1. 산업분야별 배출특성 및 공정분석 2. 활동자료 수집 3. 배출량 산정 4. 정보시스템 활용
		4. 품질관리/품질보증	1. 배출량 산정의 품질관리 2. 배출량 산정결과 품질관리 3. 배출량 보고의 품질관리 4. 자료의 품질 관리
		5. 온실가스 보고 및 검증	1. 온실가스 보고 및 검증 2. 내부검증
제4과목 온실가스 감축 관리	20	1. 감축목표	1. 감축목표 설정 및 감축 관리 2. 감축정책 추진 3. 온실가스 감축기술
		2. 온실가스 감축 프로젝트 기획	1. 감축프로젝트 이해 2. 감축프로젝트 개발 3. 베이스라인 시나리오 작성 4. 사업계획서 작성 및 등록
		3. 온실가스 감축 프로젝트 실행	1. 모니터링 자료 수집 2. 모니터링 결과 확인 3. 감축실적 보고서 작성
제5과목 온실가스 관련 법규	20	1. 온실가스 관련 법규	1. 저탄소녹색성장 기본법 2. 온실가스배출권의 할당 및 거래에 관한 법률 3. 온실가스 관련 기타 법률 4. 온실가스 관련 지침

온실가스관리산업기사 출제기준(필기)

자격 종목	온실가스관리산업기사		적용 기간	2015. 1. 1 ~ 2019. 12. 31
필기검정방법	객관식	문제수	100	시험시간	2시간 30분

필기과목명	문제	주요항목	세부항목
제1과목 기후변화개론	20	1. 기후변화의 이해	1. 기후변화과학 2. 기후변화관련 국제 동향 3. 기후변화관련 국내 동향
제2과목 온실가스 배출의 이해	20	1. 고정연소 및 이동연소	1. 고정연소 2. 이동연소
		2. 산업분야별 온실가스 배출특성	1. 철강 및 금속 2. 전기, 전자 3. 화학 4. 광물 5. 농·축산·임업 6. 폐기물 7. 기타 8. 간접배출(전기, 열, 스팀)
제3과목 온실가스 산정과 데이터 품질관리	20	1. 모니터링 계획 수립	1. 경계범위 일반 2. 조직경계 설정 3. 운영경계 설정 4. 모니터링 유형/방법 결정 5. 모니터링 계획서 작성
		2. 온실가스 산정 방법론 수립	1. 매개변수 파악 2. 배출계수 개발 및 관리 3. 산정방법론 적용
		3. 자료 수집 및 배출량 산정	1. 산업분야별 배출특성 및 공정분석 2. 활동자료 수집 3. 배출량 산정 4. 정보시스템 활용
		4. 온실가스 감축 관리	1. 감축목표 2. 온실가스 감축프로젝트 기획 3. 온실가스 감축프로젝트 실행
		5. 품질관리/품질보증	1. 배출량 산정의 품질관리 2. 배출량 산정결과 품질관리 3. 배출량 보고의 품질관리 4. 자료의 품질 관리
		6. 온실가스 보고 및 검증	1. 온실가스 보고 및 검증 2. 내부검증
제4과목 온실가스 관련 법규	20	1. 온실가스 관련 법규	1. 저탄소녹색성장 기본법 2. 온실가스배출권의 할당 및 거래에 관한 법률 3. 온실가스 관련 기타 법률 4. 온실가스 관련 지침

온실가스관리기사/산업기사 실전/예상 문제 차례

제1과목   기후변화개론   9

제2과목   온실가스 배출의 이해   65

제3과목   온실가스 산정과 데이터 품질관리   151

제4과목   온실가스 감축 관리   227

제5과목   온실가스 관련 법규   277

온실가스관리 기사/산업기사 2014년 1회 기출문제   355

참고문헌   392

온실가스관리기사/산업기사/환경기능사

제1과목

기후변화개론

01 기후변화개론

출제적중 문제

001 지구계의 기후시스템은 구성하고 있는 여러 권역간의 상호작용으로 매우 복잡한 구조이다. 기후시스템의 구성요소가 아닌 것은?

① 생물권　　② 지권　　③ 열권　　④ 수권

> **해설**
> 기후시스템은 대기권, 수권, 지권, 설빙권, 생물권으로 구성되어 있으며, 열권은 대기권의 최상층 구간을 의미한다.
> **[정답 ③]**

002 기후시스템 요소 중 지구의 기후 결정에 큰 영향력을 끼치는 것은?

① 대기권　　② 지권　　③ 생물권　　④ 수권

> **해설**
> 대기상태의 변화에 따라 기후변화도 일어난다.
> **[정답 ①]**

003 지구는 태양으로부터 유입되는 에너지를 여러 과정을 거쳐 유출되는 에너지의 양과 균형을 이루게 함으로써 지구의 항상성 상태를 유지한다. 지구의 에너지 수지와 관계가 없는 것은?

① 증발　　② 반사　　③ 흡수　　④ 복사

> **해설**
> 지구로 유입된 태양에너지는 반사, 흡수, 복사의 과정을 거쳐 유출된다.
> **[정답 ①]**

004 지구의 복사평형을 변화시키는 요인을 모두 고르시오.

> ㉠ 태양 자체의 변화 ㉡ 지구궤도의 변화
> ㉢ 대기 중 에어로졸 농도변화 ㉣ 대기 중 온실가스 농도변화

① ㉠-㉡ ② ㉠-㉡-㉢ ③ ㉡-㉢-㉣ ④ ㉠-㉡-㉢-㉣

해설
모두 복사평형을 변화시키는 요인이다. [정답 ④]

005 ㉠에 들어갈 올바른 것을 고르시오.

> CO_2는 지구에 들어오는 짧은 파장의 태양에너지는 통과시키고 지구로부터 유출되는 긴 파장의 (㉠) 복사에너지는 흡수하여 지구 기온을 상승시키는 담요역할을 한다.

① 적외선 ② 자외선 ③ 가시광선 ④ r선

해설
적외선 열에너지의 대부분은 대기에 주로 흡수되고 지구로 재방출된다. [정답 ①]

006 지구 대기의 변화에 가장 큰 에너지원은 무엇인가?

① 태양 ② 중력 ③ 지각변동 ④ 해빙

해설
태양은 지구에 복사에너지를 공급하며, 복사량의 변동에 따라 기후 변화가 일어난다. [정답 ①]

007 태양복사 스펙트럼에서 가장 긴 파장부터 순서대로 바르게 나열한 것은?

① 가시광선, 자외선, 적외선
② 가시광선, 적외선, 자외선
③ 자외선, 가시광선, 적외선
④ 적외선, 가시광선, 자외선

해설
적외선 700nm이상, 가시광선 400~700nm, 자외선 280~400nm [정답 ④]

008 다음 중 온실효과를 유발하는 온실가스가 아닌 것은?

① CO_2　　　　② CH_4　　　　③ N_2O　　　　④ O_2

> **해설**
> 산소(O_2)는 온실효과를 유발하는 온실가스가 아니다.　　　　　　　　　　　　　　　　　　[정답 ④]

009 다음 중 지구온난화로 인한 기상이변으로 볼 수 없는 것은?

① 생태계 변화　　② 폭설 및 해빙　　③ 사막화　　④ 화산폭발

> **해설**
> 지구온난화로 인한 기상이변은 해수면 상승, 강수량 변화, 폭설, 해빙, 홍수, 가뭄, 폭염, 한파, 사막화, 태풍, 황사, 각종 질병으로 나타난다.　　　　　　　　　　　　　　　　　　　　　　　　　　[정답 ④]

010 온실효과에 직접적으로 관여하는 물질로서 교토의정서에 규정된 6대 온실가스에 해당하지 않는 것은?

① N_2O　　　　② CH_4　　　　③ PFCs　　　　④ CFCs

> **해설**
> CFCs는 냉매와 기타 산업공정에서 사용되었으며, 온실효과에 직접적인 영향을 미친다. 성층권의 오존층을 파괴하여 국제적으로 사용규제를 받고 있다. 교토의정서에 규정된 6대 온실가스는 CO_2, CH_4, N_2O, HFCs, PFCs, SF_6이다.　　　[정답 ④]

011 온실가스에 대한 설명으로 옳지 않은 것은?

① 직접온실가스와 간접온실가스로 구분할 수 있다.
② CO, NOx, SOx, NMVOC 는 간접온실가스에 속한다.
③ CFCs는 쿄토의정서에 의해 국제적 사용규제를 받고 있다.
④ H_2O는 자연계에 순환으로 규제대상 직접온실가스에서 제외되었다.

> **해설**
> CFCs는 몬트리올의정서에 의해 국제적 사용규제를 받고 있다.　　　　　　　　　　　　　[정답 ③]

012 지구 대기중에 가장 많이 존재하는 온실가스는 무엇인가?

① CO_2　　　② CH_4　　　③ H_2O(수증기)　　　④ HFCs

> **해 설**
> 수증기는 온실가스중 대기중에 가장 많이 존재하며, 그 양의 변화도 급변하는 특성이 있다.　　　　[정답 ③]

013 다음 중 온실효과에 대한 설명으로 옳지 않은 것은?

① 기상이변을 초래하는 원인이다.
② 대기효과라고도 칭한다.
③ O_2에 의한 영향이 가장 크다.
④ 수증기(H_2O)도 많은 영향을 미친다.

> **해 설**
> CO_2에 의한 영향이 가장 크며, O_2는 영향을 미치지 않는다.　　　　[정답 ③]

014 이산화탄소(CO_2)에 대한 설명으로 옳지 않은 것은?

① 온실효과에 직접적으로 관여하는 물질이다.
② 교토의정서에 규정된 온실가스중의 하나이다.
③ CO_2 보다 GWP가 낮은 온실가스가 존재한다.
④ 주로 화석연료의 연소로 인해 발생한다.

> **해 설**
> 지구온난화지수(Global Warming Potential, GWP)란 온실가스가 열을 흡수할 수 있는 능력에 대한 상대평가로서 CO_2 단위 질량이 열 흡수 능력을 "1"로 보았을 때 다른 온실가스의 상대적인 열 흡수능력을 나타낸다. CO_2 보다 GWP가 낮은 온실가스는 없다.　　　　[정답 ③]

015 오존(O_3)에 대한 설명으로 옳지 않은 것은?

① 대기구조의 성층권에 주로 존재한다.
② 대기중에서 지속적으로 생성과 소멸을 반복한다.
③ 자외선을 흡수한다.
④ 온실가스 물질이며, 대기오염물질과는 무관하다.

> **해설**
> 오존(O_3)은 온실가스이며, 규제대상인 대기오염물질이다.
> [정답 ④]

016 주로 산업공정과 비료사용으로 인해 배출되는 온실가스는 무엇인가?

① CO_2 ② N_2O ③ CH_4 ④ SF_6

> **해설**
> 아산화질소(N_2O)는 발생원이 광범위하여 포집이 어려우며, 주로 산업 공정과 비료사용으로 인해 배출된다.
> [정답 ②]

017 자연습지 및 논 경작지 등에서 주로 배출되며, 농업, 축산 등 생체분해과정으로 자연적으로 배출되는 온실가스는 무엇인가?

① CO_2 ② N_2O ③ CH_4 ④ HFCs

> **해설**
> 메탄(CH_4)은 발생원이 광범위하여 포집이 어려우며, 농업, 축산, 폐기물 등의 생체분해과정으로 자연적으로 배출되는 온실가스이다.
> [정답 ③]

018 ㉠에 들어갈 올바른 것을 고르시오.

(㉠)은 쿄토의정서에 규정된 6대 온실가스중의 하나로, 무색, 무취, 불연성가스로 폭발의 위험이 없다. 또한 GWP가 가장 높으며 발전용 변압기의 절연체로 사용된다.

① N_2O ② HFCs ③ PFCs ④ SF_6

> **해설**
> SF_6는 GWP가 약 23,900으로 가장 높으며, 화학적으로 매우 안정하여 분해가 어렵다. LCD 및 반도체 공정과 자동차 생산공정에도 사용된다.
> [정답 ④]

019 온실가스의 주요 배출원에 대한 다음 설명 중 옳지 않은 것은?

① CO_2는 연료의 사용 및 산업공정에서 주로 배출된다.
② CH_4는 폐기물 매립 및 축산분뇨의 호기성소화에 의해 주로 발생된다.

③ N_2O는 주로 비료사용으로 인한 발생이 많다.
④ HFCs 는 반도체 제조 시 발생된다.

> **해설**
> 메탄(CH_4)은 폐기물의 매립 및 축산분뇨의 혐기성 미생물에 의한 혐기성소화에 의해 주로 발생된다.
> [정답 ②]

020 다음의 온실가스 중에서 인위적인 요인에 의해서만 발생되는 것을 모두 고르시오.

| ㉠ CO_2 ㉡ CH_4 ㉢ N_2O ㉣ HFCs ㉤ PFCs |

① ㉠, ㉡, ㉢
② ㉡, ㉣, ㉤
③ ㉣, ㉤
④ ㉠, ㉡, ㉢, ㉣, ㉤

> **해설**
> CO_2, CH_4, N_2O는 자연적인 요인에 의해서 발생되기도 하며, HFCs, PFCs는 전적으로 인위적인 요인에 의해 발생된다.
> [정답 ③]

021 과불화탄소(PFCs)에 대한 다음 설명 중 올바른 것은?

① 주로 반도체 제조시 사용되며 냉매, 발포제로 쓰이는 가스이다.
② 화학적으로 불안정하며 분해가 쉽다.
③ 결합된 불소에 따라 종류가 다양하다.
④ 온난화지수(GWP)는 23,900으로 가장 높다.

> **해설**
> 과불화탄소(PFCs)는 반도체 제조 시 사용되며, 냉매, 발포제로 사용되는 가스이다.
> [정답 ①]

022 다음 ( )에 들어갈 올바른 것을 고르시오.

| 온난화지수(GWP)란 온실가스가 열을 흡수 할수 있는 능력에 상대평가로서 CO_2 단위 질량이 열 흡수 능력을 "1"로 보았을 때 다른 온실가스의 상대적인 열흡수 능력으로 CH_4는 (㉠)이며, N_2O는 (㉡)이다. |

① 20, 300
② 20, 310
③ 21, 300
④ 21, 310

> **해설**
> GWP는 CO_2를 기준으로 CH_4는 21, N_2O는 310이며, HFCs는 약 140~11,700, PFCs는 약 6,500~9,200, SF_6는 약 23,900이다.
> [정답 ④]

023 탄산염의 기타 공정 사용의 보고대상 배출시설이 아닌 것은?

① 소성시설
② 용융·용해시설
③ 탄산염회수시설
④ 배연탈황시설

> **해설**
> 약품회수시설도 포함
> [정답 ③]

024 기후변화의 발생원인에 대한 설명 중 옳지 않은 것은?

① 기후변화는 크게 자연적 원인과 인위적 원인으로 구분할 수 있다.
② 대기, 육지, 바다, 생물체, 얼음, 눈 등이 서로 상호작용하고 있는 기후시스템에 대기가 기후시스템 내의 다른 요소들과 상호작용함으로써 발생하기도 한다.
③ 태양복사에너지의 주기적인 변화로 인하여 발생하기도 한다.
④ 지구와 달의 천문학적 상대위치 관계로 인해 발생하기도 한다.

> **해설**
> 지구와 태양의 천문학적 상대위치 관계로 인해 발생하기도 한다.
> [정답 ④]

025 기후변화의 원인들 중에서 지표 냉각화를 초래하는 것은 무엇인가?

① CO_2의 증가
② CH_4, N_2O의 농도 증가
③ CO, NO_x, SO_x의 농도 증가
④ 에어로졸의 증가

> **해설**
> 에어로졸의 증가는 태양복사를 감소시키는데 영향을 미친다.
> [정답 ④]

026 기후변화로 인하여 나타나는 영향으로 볼 수 없는 것은?

① 대기오염, 폭염, 전염병으로 인한 사망자 급증
② 주요작물 재배적지의 남부로 이동

③ 홍수, 가뭄 등으로 인한 재난, 재해로 인한 피해 급증
④ 집중호우로 인한 산사태 발생 및 온도상승, 강우일수 변동에 따른 산불 발생 증가

해설
기후변화로 인하여 주요작물의 재배적지가 북부로 이동하였다.   [정답 ②]

027 기후변화로 인한 수자원의 직접적인 영향으로 볼 수 없는 것은?

① 홍수의 빈번한 발생
② 지하수의 염수화
③ 지속적인 가뭄 증가
④ 수질정화 및 하천 생태계의 변화

해설
기후변화로 인하여 수질은 악화되고, 하천 생태계의 변화를 초래한다.   [정답 ④]

028 기후변화가 인체 건강에 미치는 영향에 대한 설명으로 옳지 않은 것은?

① 홍수, 폭염, 화재, 가뭄으로 인한 사망 및 질병증가
② 동물매개 전염병의 확산으로 인한 피해 증가
③ 지상의 오존농도 증가에 의한 호흡기 관련 질병증가
④ 온대지역의 한파에 의한 사망자 증가

해설
기후변화로 인하여 온대지역은 한파 발생빈도가 낮아진다.   [정답 ④]

029 기후변화가 우리나라에 미치는 영향에 대한 설명으로 옳지 않은 것은?

① 주작물인 온대과수(사과, 배) 재배의 어려움
② 강설기간 및 적설량의 증가
③ 재배 작목이 다양화되고 작목 선택의 폭이 커짐
④ 한류성 어종의 감소 및 열대성 어류 증가

해설
우리나라는 최근 기후변화로 인하여 눈 내리는 기간이 줄고, 적설량의 감소로 인하여 눈 관련 산업에 부정적인 영향을 초래하고 있다.   [정답 ②]

030 기후변화가 우리나라의 농축산분야에 미치는 영향에 대한 설명으로 옳지 않은 것은?

① 작물재배 가능기간의 단축
② 작물재배 가능지역의 북상 및 확대
③ 병충해 및 잡초의 증가
④ 난지과수(감귤, 유자 등) 재배확대

> **해설**
> 작물재배의 가능기간은 증가된다. [정답 ①]

031 우리나라의 기후변화 영향으로 옳지 않은 것은?

① 최근 100년간 평균기온이 1.5℃ 상승하였다.
② 겨울은 짧아지고 봄과 여름은 길어져 봄꽃의 개화시기가 빨라졌다.
③ 최근 100년간 평균기온의 상승폭이 전지구보다 높다.
④ 고산지대의 이산화탄소 농도는 점진적으로 감소하고 있다.

> **해설**
> 제주도 고산지대의 CO_2농도는 1991년 357.8PPM에서 2000년 373.6PPM으로 증가했다. [정답 ④]

032 기후변화 적응의 3대 구성요소로 옳지 않은 것은?

① 적응주체 ② 적응기간 ③ 적응대상 ④ 적응유형

> **해설**
> • 적응주체 : 무엇 또는 누가 적응하는가?
> • 적응대상 : 어떤 현상에 대해 적응해야 하는가?
> • 적응유형 : 적응 과정과 형태는 어떠한가? [정답 ②]

033 기후변화의 적응단계에 대한 설명으로 옳지 않은 것은?

① 감지단계 : 기후변화로 인한 위험을 인지
② 의사결정단계 : 기후 위해와 그 부정적 영향을 감소시키거나 관리 및 실행
③ 기회모색단계 : 기후변화를 긍극적으로 이용
④ 확정단계 : 일련의 과정을 검토하여 확정

> **해설**
> 기후변화의 적응단계는 감지단계, 의사결정단계, 기회모색단계이다. [정답 ④]

034 기후변화 적응에 관한 정의로 옳은 것은?

① 기후변화의 부정적 영향에 대응하는 자연과 인간 시스템의 조절작용을 말한다.
② 기후변화로 인한 위험요소를 인지하는 것을 말한다.
③ 기후변화로 인한 부정적인 영향을 최소화하는 것을 말한다.
④ 기후변화를 긍정적으로 이용하는 것을 말한다.

> **해설**
> IPCC에서 제시한 기후변화 적응의 정의는 '기후변화와 변동치에 따른 부정적 영향에 대응하는 자연과 인간 시스템의 조절작용'을 말한다. [정답 ①]

035 기후변화의 취약성에 대한 다음 설명중 옳지 않은 것은?

① 특정시스템이 기후변화로 인해 노출된 위험정도이다.
② 시스템 내부상태와 외부 스트레스로 인한 결과가 포함된다.
③ 취약성 분석을 위해서는 기후변화에 노출된 시스템의 적응능력도 고려해야한다.
④ 기후변화 취약성이 기후변화로 인한 잠재적 영향이다.

> **해설**
> 취약성 = 잠재적 영향(기후노출 + 민감도) − 적응능력 [정답 ④]

036 기후변화의 취약성에 대한 다음 설명 중 옳지 않은 것은?

① 취약성이란 기후변화 영향으로 특정 시스템의 기후 위해에 노출된 위험 정도로 정의할 수 있다.
② 취약성 평가기법으로는 상향식 및 하향식 접근방법으로 구분할 수 있다.
③ 상향식 접근법은 특정시스템에 기반을 둔 여러 지표들을 바탕으로 그 시스템의 적응능력을 평가함으로서 사회·경제적 취약성을 파악하는 접근법이다.
④ 하향식 접근법은 기후시나리오와 기후모형을 기반으로 기후변화에 의한 순영향평가를 통해 물리적인 취약성을 평가하는 방법이다.

> **해 설**
> 상향식 접근법은 지역에 기반을 둔 여러 지표들을 바탕으로 그 시스템의 적응능력을 평가함으로서 사회·경제적 취약성을 파악하는 접근법이다. **[정답 ③]**

037 기후변화 적응대책에 대한 설명으로 옳지 않은 것은?

① 생물의 다양성 확보를 위한 외래종 보호
② 기후 친화형 농업생산체제로 전환
③ 안전한 먹는 물 관리체계 구축
④ 방재 사회기반 강화를 통한 재난/재해의 피해 최소화

> **해 설**
> 현재 외래종의 유입으로 인한 피해사례가 급증하고 있으며, 생태계의 파괴 및 교란을 일으키고 있다. 생물의 다양성 확보를 위하여 멸종위기의 동·식물을 보호해야한다. **[정답 ①]**

038 IPCC는 무엇을 의미하는가?

① 지구 기상이변의 방지를 위한 국가 간 협의체
② 기후변화에 관한 정부 간 패널
③ 온실가스 감축을 위한 국제회의
④ 지구온난화 방지를 위한 보고서

> **해 설**
> IPCC(International Panel on Climate Change)는 기후변화의 국제협력을 위하여 1988년 11월 스위스 제네바에서 유엔환경계획(UNEP)과 세계기상기구(WMO)가 공동으로 구성하였다. **[정답 ②]**

039 IPCC 4차 보고서(2007)에서 제시한 지구온난화의 증거로 볼 수 없는 것은?

① 해수면 상승
② 평균온도 상승
③ 북반구 적설량 감소
④ 적도부근의 폭우 증가

> **해 설**
> PCC 4차 보고서(2007)는 지구온난화로 인한 지구 평균온도의 상승, 해수면 상승, 북반구의 적설량 감소 등을 관측자료를 통하여 명백히 나타내었다. **[정답 ④]**

040 1997년 일본 교토에서 채택된 교토의정서의 내용으로 옳지 않은 것은?

① 기후변화협약의 목표를 달성하기 위한 구체적 의무사항 명시
② 6대 온실가스 규정
③ 개발도상국에 구속력 있는 온실가스 감축목표 규정
④ 배출권거래(ET), 공동이행(JI), 청정개발체제(CDM) 도입

해설
교토의정서는 선진국의 구속력 있는 온실가스 의무감축목표를 규정하고 있다. [정답 ③]

041 2001년 모로코 마라케쉬 합의문의 내용으로 옳지 않은 것은?

① 교토의정서의 시행규칙에 해당함
② 교토 메커니즘의 운영규칙 제정
③ 의무준수 체제로서 위원회 설치
④ 선진국간에 재정지원 및 기술이전 방안 합의

해설
마라케쉬 합의문은 개발도상국에 대한 재정지원 및 기술이전 방안 내용이 포함되어 있다. [정답 ④]

042 2007년 인도네시아 발리에서 개최된 제13차 당사국총회에서 채택된 발리로드맵의 주요내용으로 옳지 않은 것은?

① 2009년 덴마크 코펜하겐 총회에서 기후변화협약을 결정하기로 함
② 탄소배출권거래 시 5%를 개발도상국의 기후변화 적응기금으로 활용
③ 기후변화로 인한 재해를 돕기 위한 유엔기금 마련
④ 개도국에 과학기술 이전을 촉진하는 제도 확립

해설
탄소배출권거래시 2%를 징수하여 개발도상국의 기후변화 적응기금으로 활용하고 개발도상국의 산림훼손을 방지하기 위하여 인센티브를 부여함. [정답 ②]

043 덴마크 코펜하겐에서 개최된 제15차 당사국총회의 주요 쟁점사항으로 옳지 않은 것은?

① 교토의정서의 존폐여부
② 배출권의 할당 방식
③ 온실가스 감축의 법적 구속력
④ 개발도상국의 재정지원 규모

해설
선진국과 개발도상국의 주요쟁점 내용 : 2020년 감축목표, MRV, 개도국 재정지원 규모, 온실가스 감축의 법적 구속력, 교토의정서의 존폐 여부
[정답 ②]

044 2011년 남아프리카공화국 더반에서 개최된 제17차 당사국총회의의 주요내용으로 옳지 않은 것은?

① CDM 대상으로 탄소분리 및 저장사업 허용
② 교토의정서의 폐지
③ 새로운 기후조약 수립
④ 녹색기후기금 운영

해설
- 교토의정서 연장(2013년~2017년 또는 2020년)
- 새로운 기후조약 수립(2020년부터 모든 당사국이 의무감축국이 됨)
- 녹색기후기금 운영(2020년까지 개도국 지원을 위해 1,000억 달러 조성)
- CDM 대상으로 탄소분리 및 저장사업 허용
[정답 ②]

045 다음 내용이 설명하는 것으로 알맞은 것은?

- 산업화 이전 대비 기온상승을 2℃ 이내로 억제하는 장기목표 수립
- 국제적으로 발표된 감축공약을 공식 확인하고, 강화를 위한 지속적인 논의 합의
- 녹색기후기금 등 재정 확보방안 채택

① 마리캐쉬 합의문
② 코펜하겐 합의문
③ 칸쿤 결정문
④ 더반 합의문

해설
칸쿤 결정문은 코펜하겐 합의문 채택 실패이후 UN의사결정체제에 대한 불신을 극복하고, 당사국간 신뢰회복에 의의가 있다. 재정확보 방안 및 적응, 기술이전 연계 등의 세부사항이 미결되는 등의 한계점도 노출됐다.
[정답 ③]

046 기후변화 협상 운영체계에 대한 설명으로 옳지 않은 것은?

① UNFCCC : 지구온난화 방지를 위해 온실가스의 인위적 방출을 규제하기 위한 협약
② COP : 교토의정서 등 계획의 최종 확정을 위한 최고의사결정 기구
③ SBSTA : 국가보고서 및 인벤토리 작성 가이드라인 개발 제공
④ SBI : 주기적 평가보고서 보급

해 설
- SBI : 국가보고서 및 국가 인벤토리 검토, 재정지원체계 구축 및 실적 검토의 역할을 수행한다.
- SBSTA : 친환경개발 및 이전 관련사항, COP의 요구 이행을 위한 IPCC와 협력사항의 업무를 수행한다.

[정답 ④]

047 IPCC의 역할에 대하여 잘못 설명한 것은?

① UNFCCC의 의사결정 지원
② 주기적인 평가보고서 보급
③ 기후변화 관련 과학적, 기술적, 사회경제적 측면 평가 분석
④ COP의 요구 이행을 위한 SBI와 협력사항 추진

해 설
IPCC : 기후변화 관련 과학적, 기술적, 사회경제적 측면 평가 분석 주기적인 평가보고서를 제공하여 UNFCCC의 의사결정 지원

[정답 ④]

048 IPCC의 보고서 내용에 대한 설명으로 옳지 않은 것은?

① 1차보고서 : 지구온난화의 위험과 2000년까지 1990년 수준에서 온실가스를 안정화시키는 구속력 있는 목표를 수립했던 1992년 유엔 기후변화협약에 동의하기 위하여 각 정부들을 독려하는 역할을 했다.
② 2차보고서 : 지구의 기후에 대한 감지할 수 있는 인간의 영향을 제안하는 증거를 제시했다.
③ 3차보고서 : 기후변화가 자연적인 요인이 아니라 인간에 의한 공해 물질에서 비롯된 것임을 천명했다.
④ 4차보고서 : 기후변화에 대한 취약성 및 적응 가이드라인으로 기후변화에 대한 5가지 우려할 만한 이유와 기후변화의 구체적인 위협을 제시하였다.

해 설
1992년 유엔기후변화협약은 구속력이 없는 온실가스 감축목표를 수립했다.

[정답 ①]

049 IPCC 4차보고서의 내용으로 올바르지 않은 것은?

① 관측자료를 통하여 지구 평균기온과 해수온도의 상승을 명백하게 나타냈다.
② 산업혁명 이전 대비 이후의 인간활동에 의한 온실가스 배출량 증가에 대한 자료를 제시하였다.
③ 기후변화의 감소를 위하여 적극적인 적응활동을 제시하였다.
④ 인위적인 온난화와 해수면의 상승은 온실가스 농도가 안정화되면 일정 기간 내에 감소할 것으로 전망했다.

> **해설**
> 인위적인 온난화와 해수면의 상승은 온실가스 농도가 안정화 되더라도 기후변화의 관성과 피드백 때문에 수백 년 간 지속될 것이라 전망하였다. [정답 ④]

050 IPCC보고서에 대한 내용이다. 알맞은 것은?

> 3개 실무그룹(기후변화 과학, 영향적응 및 취약성, 완화)이 수행했던 연구결과를 바탕으로 지구온난화에 의한 기후변화가 미치는 영향이 보다 명백해짐을 언급하고 이에 관련된 적응과 완화정책을 위한 과학적 근거를 제시하였다.

① 1차 보고서   ② 2차 보고서   ③ 3차 보고서   ④ 4차 보고서

> **해설**
> 4차 보고서의 주요내용이다. [정답 ④]

051 배출권거래제도(Emission Trading)에 대한 설명으로 옳지 않은 것은?

① 각국에 할당된 온실가스 배출허용량을 무형 상품으로 간주하여 거래소를 통해 거래함으로써 배출저감 비용을 줄이고 저감 실현을 용이하게 하려는 제도이다.
② EU, 일본 및 미국에서 채택하여 시행하고 있다.
③ 교토의정서에 포함된 온실가스 감축을 위한 시장 메커니즘이다.
④ 우리나라는 2015년부터 탄소배출권의 할당 및 거래에 관한 법률을 근거로 시행될 예정이다.

> **해설**
> 미국은 자국내 경제적 악영향 등을 이유로 교토의정서 불이행을 선언하였다. 배출권거래제도는 영국, 일본, EU가 채택하여 시행하고 있다. [정답 ②]

052 공동이행제도(Joint Implementation)에 대한 설명으로 옳은 것은?

① 선진국이 개발도상국에 투자하여 발생된 온실가스 감축분의 일정분을 배출저감실적으로 인정하는 제도이다.
② 투자를 통한 노후설비의 개보수 등을 통해 온실가스를 줄이는 사업형태로 추진되고 있다.
③ 선진국간에 온실가스 감축 할당량 거래가 주요내용이다.
④ 우리나라는 2015년도에 기업간 시범사업을 추진할 예정이다.

해 설
선진국이 다른 선진국에 투자하여 발생된 온실가스 감축분의 일정분을 투자한 국가의 배출저감실적으로 인정하는 제도이다. 교토의정서의 주요내용에 포함되어있다. 선진국간에 온실가스 감축 할당량 거래는 배출권거래제도 내용이다.
[정답 ②]

053 공동이행제도(JI)를 기반으로 한 사업에 대한 설명으로 옳지 않은 것은?

① 의무부담국(Annex I) 국가만 참여가 가능하다.
② 온실가스 감축분을 ERUS라 한다.
③ IE(Independent Entity)기관에서 감축분에 대한 인증을 수행한다.
④ EU뿐만 아니라 우리나라에서도 활용할 수 있는 제도이다.

해 설
우리나라는 Non-Annex I 국가로 공동이행제도(JI)를 활용할 수 없다.
[정답 ④]

054 청정개발체제(Clean Development Mechanism)에 대한 설명으로 옳지 않은 것은?

① 선진국이 개발도상국에 투자하여 발생된 온실가스 배출 감축분을 자국의 감축실적에 반영할 수 있는 제도이다.
② 개발도상국의 지속 가능한 개발을 지원하는 데에도 목적이 있다.
③ 복수의 국가가 감축목표를 공동 달성하는 것을 허용하는 것이다.
④ 교토의정서에 채택되었다.

해 설
복수의 국가가 감축목표를 공동 달성하는 것을 허용하는 것은 교토의정서의 공동달성의 내용이다.
[정답 ③]

055 청정개발체제(Clean Development Mechanism)의 장점으로 볼 수 없는 것은?

① 온실가스 배출저감 비용 절감
② 온실가스 저감대책 이행의 가속화
③ 선진국의 의무달성을 위한 유연성 확보
④ 투자를 통한 국가 간 정보교류의 활성화

해설
- 온실가스 배출저감 비용의 절감, 세계적인 온실가스 저감대책 이행의 가속화
- 선진국의 측면 : 의무 달성에 유연성 확보, 신기술 및 첨단기술에 대한 시장 확보, 새로운 투자기회의 확대
- 개발도상국 측면 : 외자유치를 통한 경제개발, 기술이전, 고용창출, 사회간접자본의 확충, 에너지 수입 대체 및 에너지효율 향상

[정답 ④]

056 CDM사업과 관련하여 선진국의 순영향으로 볼 수 없는 것은?

① 외자유치를 통한 기술이전, 고용창출, 경제개발
② 새로운 투자기회의 확대
③ 첨단기술 및 신기술에 대한 시장 확보
④ 온실가스 배출저감 비용 절감

해설
개발도상국 : 외자유치를 통한 기술이전, 고용창출, 경제개발, 사회간접자본의 확충, 에너지 수입대체 및 에너지효율 향상

[정답 ①]

057 청정개발체제 사업에서 발행되는 감축거래권을 나타낸 것은?

① CER ② EUA ③ ERU ④ ETS

해설
- CER(Certified Emission Reduction) : 청정개발체제 사업에서 발행되는 감축거래권
- EUA(European Union Allowance) : EU 배출권거래제도에서 운용되는 할당탄소배출권
- ERU(Emission Reduction Unit) : 공동이행을 기반으로한 동구권 국가의 배출권
- ETS(Emission Trading Scheme) : 배출권거래제도

[정답 ①]

058 UN 기후변화 당사국 총회의 주요 회의내용으로 옳지 않은 것은?

① 마라케쉬회의 : 교토의정서 이후 교토메카니즘의 이행 논의
② 발리회의 : 후진국도 온실가스 감축 대상국에 포함 논의
③ 코펜하겐회의 : 교토의정서를 대체할 새로운 기후변화협약 마련 논의
④ 칸쿤회의 : 감축, 적응, 재원, 측정, 보고, 검증에 대한 논의

해 설
발리회의는 개발도상국도 온실가스 감축 대상국에 포함하는 것이 주요 내용이다.　　　　　　　　　　　　　　　　[정답 ②]

059 ISO 지침의 온실가스 배출량 산정보고 원칙으로 볼 수 없는 것은?

① 중요성　　② 일관성　　③ 완전성　　④ 투명성

해 설
배출량 산정보고 원칙
- 완전성(Completeness) : 모든 배출원을 규명하고, 누락되는 배출원은 명확한 설명을 제시해야 한다.
- 정확성(Accuracy) : 과대 또는 과소 산정보고되지 않도록 불확실성을 최소화하여 충분한 정확성을 확보해야 한다.
- 일관성(Consistency) : 시간에 따른 배출량 결과를 비교분석이 가능하도록 일관된 산정방법을 사용해야 한다.
- 투명성(Transparency) : 배출량 산정방법에 대한 명확하고 충분한 근거와 관련자료의 제시가 가능해야 한다.

[정답 ①]

060 온실가스와 관련한 ISO 14064 국제표준의 Part별 주요 내용으로 옳지 않은 것은?

① ISO 14064-1 : 사업장 단위에서의 온실가스 배출량 정량화, 모니터링 및 보고에 대한 지침
② ISO 14064-2 : 저감사업에서의 온실가스 배출량 정량화, 모니터링 및 보고에 대한 지침
③ ISO 14064-3 : 검증 및 인증관련 지침
④ ISO 14064-4 : 시험소 또는 교정기관의 능력에 관한 일반 요구사항

해 설
ISO 14064 국제표준은 3Part로 구성되어 있으며, 시험소 또는 교정기관의 능력에 관한 일반 요구사항은 ISO 17025 국제표준 내용이다.　　　　　　　　　　　　　　　　　　　　　　　　　　　　　[정답 ④]

061 ISO 지침의 온실가스 배출량 산정보고 원칙에 대한 설명이다. 알맞은 것을 고르시오.

> 온실가스 정량화는 실제 배출/흡수의 초과도 미만도 아님을 보증해야한다. 불확실성은 정량화되고 감소되어야 한다.

① 완정성 ② 일관성 ③ 정확성 ④ 투명성

해설
059의 해설 참조

[정답 ③]

062 2006 IPCC 가이드라인에 대한 설명으로 옳지 않은 것은?

① 국가 온실가스 인벤토리 작성이 목적이다.
② 온실가스 배출량 및 흡수량의 국가 인벤토리를 산정하기 위한 방법론을 제공한다.
③ 총 5권으로 구성되어 있으며, 국가온실가스 인벤토리가 작성되어야 할 부문별 세부 영역을 제공한다.
④ IPCC에 대한 협약당사국(COP)의 권고에 대응하기 위하여 작성되었다.

해설
2006 IPCC 가이드라인은 UNFCCC에 대한 협약당사국(COP)의 권고에 대응하기 위하여 작성되었다.

[정답 ④]

063 2006 IPCC 가이드라인의 주요내용이다. 옳지 않은 것은?

① 제1권 : 일반지침 및 보고
② 제2권 : 폐기물
③ 제3권 : 산업공정 및 제품사용
④ 제4권 : 농업, 산림 및 기타 토지이용

해설
제2권은 에너지영역이며, 폐기물영역은 제5권에 제시되고 있다.

[정답 ②]

064 2006 IPCC 가이드라인의 구성 중 제2권의 에너지 영역에 대한 내용으로 옳지 않은 것은?

① 고정연소 ② 탈루성 배출 ③ 이동연소 ④ 화학산업 배출

해설
제2권의 에너지영역은 서론, 고정연소, 이동연소, 탈루성배출, 이산화탄소 수송 및 저장, 기본접근법으로 구성되어있다. 화학산업은 제3권의 산업공정 및 제품 사용의 내용이다. [정답 ④]

065 2006 IPCC 가이드라인에서 권고하는 사항이 아닌 것은?

① 수집된 자료의 대표성과 시계열의 일관성 보장
② 카테고리 수준과 인벤토리 전체에 대한 불확도 산정
③ 인벤토리 산정결과의 검토 및 평가를 촉진하기 위한 프로그램 개발
④ 품질보증 및 품질관리 절차에 대한 지침 마련

해설
인벤토리 산정결과의 검토 및 평가를 촉진하기 위한 기록, 보관 [정답 ③]

066 기후변화 대응을 위한 우리나라 정책에 대한 설명으로 옳지 않은 것은?

① 2001년 국무총리훈령으로 '기후변화 대책위원회 등의 구성 및 운영에 관한 규정'을 제정하였다.
② 기후변화대책위원회는 정부부처의 장관급으로 구성된 실무위원회를 두었다.
③ 1999년부터 기후변화정책을 종합적으로 추진하는 3개년 단위의 종합계획을 수립하였다.
④ 2008년 기후변화 및 지속가능 발전을 총괄하는 '녹색성장위원회 및 기획단'을 대통령 직속으로 설립하고 추진하고 있다.

해설
기후변화대책위원회는 정부부처의 차관급으로 구성된 실무위원회와 국장급으로 구성된 실무조정위원회로 구성하였다. [정답 ②]

067 녹색성장위원회의 설명으로 옳지 않은 것은?

① 녹색성장위원회의 구성 및 운영은 녹색성장기본법에 근거한다.
② 녹색성장위원회 위원장은 국무총리 및 민간위원 2명으로 구성한다.
③ 당연직위원은 25인 이내로 구성한다.
④ 녹색성장산업 분과, 녹색생활 지속발전 분과, 기후변화에너지 분과로 분과위원회를 구성한다.

> **해설**
> 당연직으로는 관계장관과 에너지관리공단 이사장, 산업연구원, 한국개발연구원, 에너지경제연구원, 환경정책연구원, 국토연구원 원장들과 민간인을 포함한 50인 이내로 구성한다. **[정답 ③]**

068 녹색성장위원회의 역할에 대한 설명으로 옳지 않은 것은?

① 녹색성장 정책의 체계적인 관리를 위한 국가온실가스종합관리시스템 운영에 관한 사항
② 녹색성장과 관련한 법제도에 관한 사항
③ 녹색성장 기본계획의 수립 시행에 관한 사항
④ 녹색성장과 관련된 국제협력에 관한 사항

> **해설**
> 녹색성장원원회는 녹색성장과 관련한 연구개발, 인력양성 및 녹색산업 육성, 교육홍보 및 지식정보의 보급, 기후변화 대응 및 에너지에 관한사항을 담당하도록 법으로 규정되어있다. **[정답 ③]**

069 시멘트의 주성분이 아닌 것은 무엇인가?

① 석회   ② 소석회   ③ 실리카   ④ 산화철

> **해설**
> 시멘트의 주성분은 석회, 실리카, 알루미나, 산화철이다. **[정답 ②]**

070 우리나라의 온실가스 감축 목표 설정에 대한 설명으로 옳지 않은 것은?

① 2020년 배출전망치(BAU) 대비 30% 감축으로 목표가 설정되었다.
② 온실가스 감축목표는 절대량 기준이 아닌 경제성장의 여지를 고려하였다.
③ 온실가스 감축목표수준은 국제적으로 권고하는 수준을 채택하였다.
④ 유가 및 경제성장률 등 객관적인 경제상황이 변화에도 배출전망은 변동이 불가능하다.

> **해설**
> 온실가스 배출전망은 경제상황의 변화에 변동이 가능하다. **[정답 ④]**

071 우리나라의 온실가스 감축목표 달성을 위한 부문별 감축량이 가장 큰 순서로 옳은 것은?

① 산업 > 발전 > 건물 > 수송
② 산업 > 발전 > 수송 > 건물
③ 발전 > 산업 > 건물 > 수송
④ 발전 > 산업 > 수송 > 건물

해설
부문별 감축량은 2020년 전망치 대비 산업부문 약 8,300만CO_2ton, 발전부문 약 6,800만CO_2ton, 건물부문 약 4,800만CO_2ton, 수송부문 약 3,700만CO_2ton이며, 기타 폐기물, 농림어업, 공공부문이 있다. [정답 ①]

072 우리나라의 온실가스 감축목표달성을 위한 부문별 감축률(%)이 가장 큰 순서로 옳은 것은?

① 수송 > 건물 > 발전 > 산업
② 수송 > 건물 > 산업 > 발전
③ 건물 > 수송 > 발전 > 산업
④ 건물 > 수송 > 산업 > 발전

해설
부문별 감축률(%)은 2020년 전망치 대비 수송부문 34.3%, 건물부문 26.9% 발전부문 26.7% 산업부문 18.2%이다. [정답 ①]

073 온실가스 감축 목표달성을 위한 산업부문의 녹색기술로 옳지 않은 것은?

① 중유 또는 석탄연료를 LNG로 교체
② 폐열회수발전 및 화력발전 사용
③ 고효율 신촉매 개발
④ 고효율 전동기 및 보일러 교체

해설
화력발전은 점진적으로 축소하고 있다. [정답 ②]

074 온실가스 감축 목표달성을 위한 건물부문의 설명으로 옳지 않은 것은?

① 기존건물에 단열을 강화한다.
② 신축건물의 냉난방성능을 강화한다.
③ 신축건물에 자연 환풍을 이용한 냉난방기술을 활용한다.
④ 에어컨, 조명기기 등 전자제품은 고효율 기기를 사용한다.

해설
자연환풍의 이용은 냉방기술이다. [정답 ③]

075 온실가스 감축목표 달성을 위한 부문별 내용으로 옳지 않은 것은?

① 수송부문 : 친환경차량운행으로 온실가스 저감 및 대기질 개선
② 발전부문 : 화석연료의 의존도를 낮추고 청정에너지의 사용 확대
③ 농업부문 : 축분의 에너지화 및 폐기물 감량화, 매립가스 회수설비 확대
④ 건물부문 : 그린빌딩 확대로 에너지효율화 추진

해 설
폐기물부문 : 가연성 폐기물의 에너지화, 폐기물 감량화 및 재활용, 매립가스 회수 및 발전 [정답 ③]

076 국가 온실가스 배출량 확정 단계를 순서대로 나열한 것은?

| ㉠ 배출량 확정 | ㉡ 배출량 검증 | ㉢ 배출량 산정 | ㉣ 배출량 보고 |

① ㉠-㉡-㉢-㉣
② ㉡-㉠-㉢-㉣
③ ㉢-㉣-㉠-㉡
④ ㉢-㉣-㉡-㉠

해 설
국가 온실가스는 배출량 산정 및 보고 → 배출량검증 → 배출량 확정단계를 거친다. [정답 ④]

077 ㉠에 들어갈 올바른 것을 고르시오.

(㉠)는 온실가스를 다량으로 배출하고 많은 에너지를 소비하는 대규모사업장에 대해 온실가스 감축과 에너지 절약 목표를 부과하고 관리하는 제도이다.

① 탄소배출권거래제
② 온실가스 에너지 목표관리제
③ 온실가스 감축실적 등록제
④ 에너지 목표관리 인증제

해 설
온실가스 에너지 목표관리제는 설정된 목표에 대한 기준이내 달성을 목적으로 하며, 목표달성에 미달될 경우 패널티를 부여한다. [정답 ②]

078 우리나라의 국가 온실가스 인벤토리 산정에 대한 설명으로 옳지 않은 것은?

① 산정단위는 CO_2 환산측정단위인 CO_2eq(CO_2 equivalent)이다.
② 산정 대상물질은 6대 온실가스이다.
③ 환산기준은 지구온난화 지수(GWP)를 이용한다.
④ 산정 대상분야는 배출량이 가장 큰 산업, 에너지 부문에 한한다.

해설
산정 대상분야는 에너지, 산업공정, 농업, 임업, 폐기물, 토지이용 등 1966 IPCC 가이드라인 상에서 인벤토리에 포함된 분야이다. **[정답 ④]**

079 다음 괄호 안에 들어갈 알맞은 것을 고르시오.

2014년 관리업체 및 사업장 지정 기준		
구분	업체	사업장
온실가스배출량 (ton CO_2eq)	(㉠) 이상	15,000 이상
에너지소비량 (Tera Joule)	200 이상	(㉡) 이상

① ㉠ : 50,000 ㉡ : 100
② ㉠ : 50,000 ㉡ : 80
③ ㉠ : 25,000 ㉡ : 100
④ ㉠ : 25,000 ㉡ : 80

해설
온실가스 배출량 및 에너지 소비량 모두 해당되는 경우에 관리업체 및 사업장으로 지정된다. **[정답 ②]**

080 국가 온실가스 관리를 위한 환경부의 역할로 볼 수 없는 것은?

① 목표관리 제도운영 및 총괄
② 관리업체의 지정 및 관리
③ 목표관리 기준과 지침개정
④ 선정된 관리업체의 중복 누락 확인

해설
환경부는 총괄기관으로써 목표관리 제도운영 및 종합적 기준과 지침의 제개정, 부문별 관장기관의 소관 사무에 관한 종합적인 점검 평가, 선정된 관리업체의 중복, 누락, 규제의 적절성 확인, 검증기관지정 및 검증심사원 교육양성 등의 역할을 수행한다. **[정답 ②]**

081 관리업체의 소관 관장기관으로 잘못 연결된 것은?

① 산업통상자원부 – 산업·발전분야   ② 환경부 – 임업·어업 분야
③ 국토교통부 – 건물·교통분야   ④ 농림축산식품부 – 농업·축산분야

해설
환경부는 폐기물분야 관장기관이며, 임업 어업은 농림축산식품부가 관장기관이다. [정답 ②]

---

082 국가 온실가스 관리를 위한 부문별 관장기관의 역할로 볼 수 없는 것은?

① 관리업체의 선정, 지정, 관리
② 관리업체 지정에 대한 이의신청 재심사
③ 관리업체의 목표설정
④ 산정등급 3(Tier 3) 배출계수에 대한 검토 및 최종 확인

해설
산정등급 3(Tier 3) 배출계수의 사용은 최종적으로 환경부에서 확인한다. [정답 ④]

---

083 온실가스종합정보센터의 역할로 볼 수 없는 것은?

① 심사위원회 운영   ② 국가온실가스종합관리시스템 구축 및 관리
③ 관리업체의 온실가스 감축목표 설정   ④ 국내외 온실가스 감축 지원을 위한 조사연구

해설
센터는 국가 및 부문별 온실가스 감축목표 설정지원, 국제기구 단체 및 개발도상국과의 협력 업무를 담당한다. [정답 ③]

---

084 관리업체의 감축목표 달성을 위한 이행계획 수립 시 포함될 내용으로 볼 수 없는 것은?

① 3년 단위의 연차별 목표와 이행계획
② 온실가스 감축 및 에너지 절약계획
③ 온실가스 배출량 및 에너지 소비량 산정방법
④ 온실가스 감축, 흡수, 제거 실적

해설
5년 단위의 연차별 목표와 이행계획이 포함되어야 한다. [정답 ①]

085 온실가스 에너지 목표관리제의 운영절차에 대한 설명으로 옳지 않은 것은?

① 부문별 관장기관은 매년 6월 30일까지 소관 관리업체를 지정한다.
② 부문별 관장기관은 매년 9월 30일까지 관리업체의 목표를 설정하여 통보한다.
③ 관리업체는 감축목표 이행계획서 및 실적을 당해연도 12월 31일까지 제출한다.
④ 관리업체는 명세서를 다음연도 3월 31일까지 제출한다.

해설
이행계획서는 당해연도 12월 31일까지 제출이며, 이행실적보고서는 다음연도 3월 31일까지 제출해야 한다.
[정답 ③]

086 다음 괄호 안에 들어갈 알맞은 것을 고르시오.

업체내 소량배출사업장 기준	
구분	소량배출사업장
온실가스배출량(ton CO_2eq)	(㉠) 미만
에너지소비량(Tera Joule)	(㉡) 미만

① ㉠ : 3,000 ㉡ : 15
② ㉠ : 3,000 ㉡ : 10
③ ㉠ : 1,500 ㉡ : 15
④ ㉠ : 1,500 ㉡ : 10

해설
해당 연도 1월 1일을 기준으로 최근 3년간 사업장에서 배출한 온실가스와 소비한 에너지의 연평균 총량을 기준으로 한다.
[정답 ①]

087 관리업체의 온실가스 배출량 목표설정의 내용으로 옳지 않은 것은?

① 관리업체로 최초 지정된 연도의 직전연도를 포함한 3년간 연평균 배출량으로 설정한다.
② 관리업체의 차년도 1년 단위 목표를 협의·설정한다.
③ 업종별 관리업체들의 총 배출허용량 내에서 관리업체별 목표를 설정한다.
④ 기존시설 목표와 신·증설시설 목표를 분리하여 관리업체 목표로 설정한다.

해설
기존시설 목표와 신·증설시설 목표를 합산하여 관리업체 목표로 설정한다.
[정답 ④]

088 과거실적기반 및 벤치마크 기반의 목표설정과 다른 방식으로 목표를 설정할 수 있는 부문으로 옳은 것은?

① 발전, 철도   ② 발전, 화학산업공정   ③ 건물, 철도   ④ 건물, 임업

> **해설**
> 발전 및 철도부문은 목표의 설정 및 관리의 특례를 적용받아 다른 방식으로 목표를 설정할 수 있다.
> [정답 ①]

089 과거실적기반 및 벤치마크 기반의 목표설정과 다른 방식으로 목표를 설정할 경우 고려해야할 사항으로 옳지 않은 것은?

① 업체별 온실가스 감축목표와의 연관성   ② 국제적인 동향
③ 전력수급계획   ④ 국가 온실가스 감축효과 및 기여도

> **해설**
> 국가 온실가스 감축목표 관리와의 연계성을 고려해야 한다.
> [정답 ①]

090 온실가스 배출량의 산정·보고에 대한 설명 중 옳지 않은 것은?

① 법인, 사업장, 공정시설 단위로 보고한다.
② 직접배출과 간접배출 및 기타간접배출 모두 산정범위에 포함해야한다.
③ 배출활동은 고정연소, 이동연소, 탈루배출, 공정배출, 폐기물처리, 간접배출로 구분하여 산정·보고한다.
④ 탈루성배출은 2013년도부터 배출량 산정·보고에 포함되었다.

> **해설**
> 직접배출(Scope1)과 간접배출(Scope2)은 관리대상에 포함하고, 기타간접배출 (Scope3)은 제외한다.
> [정답 ②]

091 온실가스 배출량 산정 적용방법의 수준별 단계(Tier)에 대한 설명으로 옳지 않은 것은?

① 산정등급은 Tier 1 ~ Tier 4로 분류된다.
② 산정등급이 높을수록 정확도와 정밀도가 향상된다.
③ Tier 4는 연속측정방법을 활용한 배출량 산정방법이다.

④ 모든 업체의 온실가스 인벤토리 산정은 Tier 1을 우선으로 적용한다.

> **해설**
> - 산정등급(Tier) 적용기준
> Tier 1 : IPCC 기본배출계수 및 발열량 사용
> Tier 2 : 국가고유배출계수 및 발열량 사용
> Tier 3 : 사업장 자체적으로 개발한 매개변수 값 사용
> Tier 4 : 연속측정방법을 활용한 배출량 산정
> - 온실가스 인벤토리 산정은 정확성을 높이기 위하여 높은 수준의 산정방법론을 적용하도록 권고하고 있다.
>
> [정답 ④]

092 ㉠에 들어갈 올바른 것을 고르시오.

> 보고대상 배출시설 중 연간 (㉠)$tonCO_2$ 미만의 배출량은 사업장 단위로만 보고한다.

① 2000　　② 3000　　③ 4000　　④ 5000

> **해설**
> 연간 3000 $tonCO_2$ 미만의 배출량은 사업장단위로만 보고한다..
>
> [정답 ②]

093 다음 설명으로 알맞은 것은?

> 일정 단위의 연료가 완전 연소되어 생기는 열량에서 연료 중 수증기의 잠열을 뺀 것으로서 온실가스 배출량 산정에 활용된다.

① 순발열량　　② 총발열량　　③ 배출계수　　④ 산화율

> **해설**
> - 총발열량 : 일정 단위의 연료가 완전 연소되어 생기는 열량에서 연료 중 수증기의 잠열을 포함한 것으로서 에너지 사용량 산정에 활용된다.
> - 배출계수 : 당해 배출시설의 단위 연료 사용량, 단위 제품 생산량, 단위 원료 사용량, 단위 폐기물 소각량 또는 처리량 등 단위 활동자료 당 발생하는 온실가스 배출량을 나타내는 계수를 말한다.
> - 산화율 : 단위 물질당 산화되는 물질량의 비율을 말한다.
>
> [정답 ①]

094 우리나라의 탄소배출권거래제에 대한 설명 중 옳지 않은 것은?

① 2010년부터 2012년까지 정부와 참여 기업간의 합의에 의해 시범 실시하였다.
② 국제탄소시장의 참여를 철저히 준비하고 있다.
③ 우리나라의 탄소배출권거래제는 2015년에 실시된다.
④ 탄소배출권 거래는 대부분 기업과 공공부문 사이에 이루어진다.

> **해설**
> 탄소배출권 거래는 대부분 기업들간에 이루어진다. [정답 ④]

095 탄소배출권거래제의 실행에 따른 기대효과로 옳지 않은 것은?

① 국가 온실가스 감축목표 달성을 위한 제도 마련
② 저탄소 녹색성장 체제의 정착에 기여
③ 중장기적으로 탄소 의존형 경제구조 정착
④ 녹색기술 개발 및 녹색산업 육성의 계기 마련

> **해설**
> 중장기적으로 탄소 의존형 경제구조를 환경과 경제가 상생하는 체제로 전환 [정답 ③]

096 온실가스·에너지 목표관리제의 협의 및 설정에 관한 설명으로 거리가 먼 것은?

① 목표관리 대상 기간은 1년 단위이다.
② 국가 온실가스 감축효과를 고려하여 다른방식으로 목표설정이 가능한 분야는 철도 뿐이다.
③ 목표설정방식은 과거실적 기반 및 벤치마크 기반 2단계로 구분한다.
④ 기준년도 배출량의 시간기준은 관리업체로 최초 지정된 해의 직전 연도를 포함한 3년간 연평균 배출량으로 설정한다.

> **해설**
> 다른방식으로 목표설정이 가능한 분야는 발전, 철도이다. [정답 ②]

097 목표관리제와 비교하여 배출권거래제의 장점으로 볼 수 없는 것은?

① 목표달성을 위하여 감축, 상쇄, 구매, 차입 등 다양한 방법을 활용할 수 있다.

② 초과감축분은 판매 및 이월이 가능하다.
③ 감축활동을 업체내로 한정하지 않고 외부감축을 추진할 수 있다.
④ 배출량 측정, 보고, 검증이 보다 용이하다.

해설
목표관리제에서 실시하는 배출량 측정, 보고, 검증을 공통으로 활용할 수 있다. [정답 ④]

098 다음 괄호에 들어갈 올바르게 나열한 것을 고르시오.

다른 사업장에 자본과 기술을 투자하여 감축한 양을 자기 감축분으로 활용하는 것을 (㉠)라 하며, 잉여 배출권을 미래 특정연도로 넘겨 사용하는 것을 (㉡)이라 한다. 또한 배출권이 부족한 경우에 특정연도로부터 가져와 사용하는 것을 (㉢)이라한다.

① 상쇄-이월-매입
② 상쇄-이월-차입
③ 감축-판매-차입
④ 감축-판매-매입

해설
초과감축분은 다른 사업장에 판매할 수 있으며, 부족분은 다른 사업장으로부터 매입해야 한다. [정답 ②]

099 기후시스템에서 구름의 영향에 관한 설명으로 가장 거리가 먼 것은?

① 구름도 온난화에 영향을 미친다.
② 낮은 구름이 증가하면 온난화 효과는 감소한다.
③ 높은 구름이 증가하면 지구복사에너지를 더 많이 흡수한다.
④ 현재까지는 온난화로 높은 구름이 감소할 가능성이 지배적인 것으로 알려져 있다.

해설
현재까지는 온난화로 높은 구름이 증가할 가능성이 지배적인 것으로 알려져 있다. [정답 ④]

100 지구온도 변화를 나타내는 척도로 알맞은 것은?

㉠ 해수면 변화
㉡ 건축물 온도 측정
㉢ 빙하, 해빙
㉣ 위성 온도 측정

① ㉠-㉡-㉢
② ㉡-㉢-㉣
③ ㉠-㉢-㉣
④ ㉠-㉡-㉣

> **해 설**
> 해수면의 변화, 해양온도, 빙하, 해빙, 위성온도 측정, 기후 대기 변수가 지구온도 변화의 척도로 쓰인다.
>
> [정답 ③]

101 IPCC 4차 보고서에 따른 지구온난화에 대한 설명 중 올바르지 않은 것은?

① 지구 평균 온도가 지난 100년 동안(1906년~2005년) 0.74±0.18℃ 상승하였다.
② 육지보다 해양이 더 빠른 온도 상승을 보이고 있다.
③ 지난 100년간 가장 더웠던 해는 모두 1983년 이후에 나타나고 있다.
④ 전세계적으로 1870년에서 2004년 사이 해수면은 평균 17 cm 상승하였다.

> **해 설**
> 기온 상승은 북반구 고위도로 갈수록 더 크게 나타나며, 해양보다 육지가 더 빠른 온도 상승을 보인다.
>
> [정답 ②]

102 지구온난화에 대한 UN의 설명 중 올바르지 않은 것은?

① 온도 상승 추세가 지속되면 25년 안에 1인당 마실 수 있는 물이 현재 수준보다 30% 줄어든다.
② 온도 상승 추세가 지속되면 20년 안에 아시아 농작지의 30%가 사막화된다.
③ 21세기 말까지 지구의 평균기온은 최대 6.4℃, 해수면은 59 cm 상승한다.
④ 자연재해로 인한 사망자가 급증하고, 생물종의 80%가 멸종한다.

> **해 설**
> 생물종의 95%가 멸종한다고 예측하였다.
>
> [정답 ④]

103 기후변화 원인 및 현상으로 올바르지 않은 것은?

① 지난 20세기 동안 북극지대 대기온도는 약 5도 증가로 인하여 빙하 감소
② 지구온난화의 영향으로 전 지구적으로 집중호우와 폭풍우에 의한 홍수가 빈번
③ 전체 이용가능한 물의 양은 연평균 강수량이 감소함으로써 사막화현상이 가속화
④ 해수면 하강은 사막화현상을 가속화하고, 수십억 인구가 사용하는 물을 오염시킴

> **해 설**
> 해수면 상승은 수십억 인구가 사용하는 물을 오염시킬 뿐만 아니라 대규모 인구의 이주를 유발한다.
>
> [정답 ④]

104 기후변화에 대한 설명 중 올바르지 않은 것은?

① 일정한 지역에서 장기간에 걸쳐서 진행되고 있는 기후의 변화를 의미한다.
② 태양복사에너지의 변화 등 지구 외적인 요인에 의해 변화하기도 한다.
③ 기후는 장기간의 평균상태를 의미하며, 평균상태의 고정성을 의미한다.
④ 지구를 둘러싸고 있는 대기조성의 변화나 지구 표면상태의 변화에 의해 일어나기도 한다.

해설
기후는 장기간의 평균상태를 의미하며, 평균상태의 변화를 의미한다.　　　　　　　　　　　　　　[정답 ③]

105 지구의 복사 균형이 변하는 주요 요인이 아닌 것은?

① 지구의 자전속도 변화
② 운량이나 대기 입자, 식생 등의 변화
③ 온실가스 농도 변화
④ 지구궤도 및 태양 자체의 변화

해설
②, ③, ④는 모두 지구의 복사 균형이 변하게 되는 주요 요인이다.　　　　　　　　　　　　　　　[정답 ①]

106 기후에 대한 설명 중 올바르지 않은 것은?

① 수개월에서 수백만 년까지(일반적으로 30년) 일정기간 동안 기온의 평균 및 변동성, 강수, 바람 측면에서 설명된다.
② 기후계의 원동력은 태양복사이다.
③ 기후에 영향을 주는 내부 강제력에는 화산분출이나 태양활동의 변화와 같은 자연현상이다.
④ 기후는 종종 평균기상(Average Weather)으로 정의된다.

해설
외부 강제력에는 태양활동의 변화나 화산분출과 같은 자연현상뿐만 아니라 인간에 의한 대기 조성 변화 등 인위적 변화도 포함된다.　　　　　　　　　　　　　　　　　　　　　　　　　　　　　　　　　[정답 ③]

107 기후계의 다양한 측면의 변화 중 대기와 해양의 대규모 순환에 영향을 주는 것 중 가장 거리가 먼 것은?

① 빙상의 크기 변화
② 태양 흑점 수의 변화
③ 식생의 종류와 분포 변화
④ 대기나 해양의 기온 변화

해설
①, ②, ④는 대기와 해양의 대규모 순환에 영향을 미친다. [정답 ③]

108 목표관리제 지침에서 정한 온실가스 중 아닌 것은?

① CO_2　　② SO_x　　③ CH_4　　④ SF_6

해설
6대 온실가스 : CO_2, CH_4, N_2O, PFCs, SF_6, HFCs [정답 ②]

109 온실가스로서 UNFCCC(United Nations Framework Convention on CLimate Charge)에서 규제에서 제외된 직접 온실가스 2가지는 무엇인가?

① CFCs, H_2O
② SO_x, CO_2
③ CH_4, CFCs
④ SF_6, H_2O

해설
CFCs는 몬트리올회의에 국제적으로 사용이 규제되었으며, H_2O는 6대 온실가스에 포함되지 않는다. [정답 ①]

110 우리나라 안면도에서 1999~2008년까지 측정하여 분석된 이산화탄소 배출특성으로 가장 적합한 것은?(단, 전 지구적인 농도값은 마우나로아에서의 측정값 기준)

① 계절별로 진폭은 다르지만 뚜렷한 일변등 특성을 보이는 경향이 있다.
② 일변동 폭은 여름에 아주 낮고, 겨울에 아주 높다.
③ 우리나라는 전 지구적인 이산화탄소 농도증가율보다 낮은 편이다.
④ 일변동 최고농도가 나타나는 시간은 15~17시 사이이다.

해설
계절별로 진폭은 다르지만 뚜렷한 일변등 특성을 보이는 경향이 있으며, 일변동 폭은 여름에 아주 높고, 겨울에 아주 낮다. 또한 우리나라는 전 지구적인 이산화탄소 농도증가율보다 높은 편이다. [정답 ①]

111 다음 온실가스 중 열 흡수 능력(지구온난화 지수)이 가장 높은 것은?

① CO_2 ② CH_4 ③ SF_6 ④ N_2O

해설
지구온난화지수(Global Warming Potential)의 크기가 가장 높은 것은 SF_6으로 23,900이다.

[정답 ③]

112 교토의정서에서 감축 대상가스로 지정한 6대 주요 온실가스에 해당하지 않는 것은?

① 수소불화탄소   ② 육불화황   ③ 과불화탄소   ④ 염화불화탄소

해설
교토의정서에서 감축 대상가스로 지정한 6대 주요 온실가스는 이산화탄소, 메탄, 아산화질소, 수소불화탄소, 과불화탄소, 육불화황이다.

[정답 ④]

113 인위적 배출에 의해 질소산화물과 탄화수소의 광화학반응을 통해 생성되고, 주로 도시에서 광화학스모그를 발생시키는 원인물질이기도 한 온실가스는 다음 중 어떤 것인가?

① CH_4 ② CO_2 ③ SF_6 ④ O_3

해설

[정답 ④]

114 인위적 배출에 의해 농업, 축산, 천연가스 보급 및 폐기물 매립과 습지에서 자연적으로 발생하는 온실가스는 다음 중 어떤 것인가?

① CO_2 ② CH_4 ③ CFCs   ④ N_2O

해설

[정답 ②]

115 다음의 기후변화 원인들 중 태양광을 차단하고 산란시켜 대기를 냉각시키는 것은 어떤 것인가?

① N₂O 증가   ② CH₄ 증가
③ 대기 중 CO_2 증가   ④ 에어로졸(Aerosol) 배출 증가

> **해설**
> 에어로졸(Aerosol)은 온실가스와 반대로 대기를 냉각시키는 역할을 하고, 빗물의 핵이 되기도 한다.
> [정답 ④]

116 대기 중 농도가 인간 활동에 의해 가장 크게 좌우되고, 보통 다른 온실가스들과의 비교 기준이 되며, 주로 화석연료의 연소를 통해 대기중으로 배출되는 온실가스는 다음 중 어떤 것인가?

① CFCs   ② CH₄   ③ N₂O   ④ CO₂

> **해설**
> [정답 ④]

117 다음 중 기후변화 적응 구성 요소가 아닌 것은 어떤 것인가?

① 적응유형   ② 적응주체   ③ 적응시점   ④ 적응대상

> **해설**
> [정답 ③]

118 다음 중 기후변화의 취약성 설명이 아닌 것은 어떤 것인가?

① 취약성이란 기후변화 영향으로 특정 시스템의 기후 위행에 노출된 정도로 정의된다.
② IPCC는 적응조치가 취해진 다음의 기후변화 잔여 영향으로 정의한다.
③ 취약성은 기후변동의 크기와 속도, 기후변화에 대한 민감도, 적응능력의 함수로 표현한다.
④ 취약성 평가기법 중 상향식 접근법은 기후시나리오와 기후모형을 기후변화에 의한 순영향평가를 통해 물리적인 취약성을 평가한다.

> **해설**
> 취약성 평가기법 중 상향식 접근법은 지역에 기반을 둔 여러 지표들을 바탕으로 그 시스템의 적응 능력을 평가함으로서 사회·경제적 취약성을 파악한다.
> [정답 ④]

119 다음 중 기후변화의 적응의 단계 설명이 아닌 것은 어떤 것인가?

① 적응과정에서 내려진 결정은 다시 미래의 기후조건에 영향을 미치지 않음
② 기후변화를 긍정적으로 이용할 수 있는 기회를 모색하는 단계
③ 기후변화로 인한 부정적 영향을 감소시키거나 관리하기 위한 실행단계
④ 기후변화로 인한 위험을 인지하는 단계

> **해설**
> 기후변화의 적응의 단계는 감지단계, 의사결정 실행단계, 기회모색단계이다. [정답 ①]

120 다음 중 우리나라 기후변화 적응대책을 수립 시행하는 법적근거는 어떤 것인가?

① 환경정책기본법
② 대기환경보전법
③ 저탄소녹색성장기본법
④ 청정대기법

> **해설**
> [정답 ③]

121 다음 중 우리나라 기후변화 적응기반 대책 분야 설정이 아닌 것은?

① 교육홍보 및 국제협력
② 기후변화 감시 및 예측
③ 재난 및 재해
④ 적응산업 및 에너지

> **해설**
> 대책분야는 부문별로 건강, 재난 및 재해, 농업, 산림, 해양 및 수산업, 물 관리, 생태계이다. [정답 ③]

122 다음 중 우리나라 기후변화 적응대책 분야별 대응전략 중 물 관리 분야가 아닌 것은?

① 재해위험시설 보수, 방재정보 전달체계 구축
② 대체수원 확보
③ 하천 생태계 보전 및 복원
④ 하천 및 호소 수질관리 강화

> **해설**
> ①은 재난 및 재해분야로 방재기반 강화 및 사회기반시설 구축에 목적을 두고 있다. [정답 ①]

123 IPCC 조직 중에서 농업 및 산림, 수자원, 해안지방 및 계절별 강설, 빙하 및 영구 동결층에 대한 지구 온난화 영향평가 등에 대한 평가 업무를 맡고 있는 실행그룹은 다음 중 무엇인가?

① Working Group 1
② Working Group 2
③ Working Group 3
④ 특별 대책반

> **해 설**
> ①은 기후변화 과학 분야, ②는 기후변화 영향평가, 적응 및 취약성 분야, ③은 배출량 완화, 사회 경제적 비용 및 편익분석 등 정책분야, ④는 국가 배출목록 작성이다. [정답 ②]

124 온도상승에 따른 식량수확 변화과정으로 다음 중 틀린 것을 고르시오.

① 2050년대에는 대체적으로 농작물 수확 잠재력 증가한다.
② 2080년대 3℃이상 증가하면 중위도 지역의 수확량은 증가한다.
③ 2080년대 3℃이상 증가하면 고위도 지역의 수확량은 감소한다.
④ 2080년대 3℃이상 증가하면 저위도 지역의 적응잠재력 증가한다.

> **해 설**
> 2080년대 3℃이상 증가하면 중위도 지역의 수확량은 감소한다. [정답 ②]

125 다음은 기후변화로 인해 인간에게 미치는 건강변화에 대한 영향으로 틀린 것은?

① 폭염 폭염으로 인한 열사병, 질병 및 상해로 고통 받는 사람 수 증가
② 대기오염 지상의 오존 농도 감소에 의한 심장 및 호흡기 관련 질병과 사망률 증가
③ 동물·곤충매개 전염병 유행성 출혈열, 이질, 말라리아에 미치는 영향
④ 물, 식품매개 전염병·설사병에 의한 부담 증가

> **해 설**
> 대기오염 : 지상의 오존 농도 증가에 의한 호흡기 관련 질병증가 [정답 ②]

126 Kyoto Flexible Mechanism(Kyoto Protoco)의 3가지 구조에 포함되지 않은 것은?

① 지속가능한 개발(Sustainable Development)
② 배출권 거래제도(Emissions Trading)
③ 청정개발체제(Clean Development Mechanism)
④ 공동이행제도(Joint Implementation)

해설
Kyoto Flexible Mechanism(Kyoto Protoco)의 3가지 구조는 배출권거래제도, 청정개발체제, 공동이행제도이다.
[정답 ①]

127 지구온난화가 야기된 이유 중 아닌 것은 어느 것인가?

① 물의 어는점보다 높아 지구상의 생물이 존재하기 어려움
② 화석연료의 연소, 삼림제거 등의 활동으로 인해 자연적 온실효과가 크게 강화
③ 홍수, 폭풍, 화재, 가뭄으로 인한 사망, 질병 및 상해로 고통 받는 사람 수 증가
④ 온난화를 줄여주는 눈과 얼음이 녹기 시작하면서 물이 많아져 해수면 상승

해설
물의 어는점보다 낮아 지구상의 생물이 존재하기 어려움
[정답 ①]

128 다음 중 오존층 보호를 위해 개최한 세계적인 협약은?

① 교토 협약
② 칸쿤 협약
③ 몬트리올 협약
④ 비엔나 협약

해설
[정답 ④]

129 교토의정서의 주요내용 중 틀리게 설명한 것은?

① CO_2, CH_4, N_2O, HFCs, PFCs, SF_6 등 6개 가스를 감축 대상 온실가스로 규정
② Annex B 국가를 분류하여 2008-2012년 동안에 1990년 기준으로 평균 5.2%를

감축하는 것으로 규정. 국가별로 각기 다른 양을 부여
③ 의무 감축 국가들의 자체적인 감축에 한계를 고려하여 시장원리를 도입한 교토메커니즘을 도입
④ 미국을 포함한 38개국(동구권 포함)이 90년 대비 평균 5.2%를 감축해야 하는 강제적 감축의무를 규정한 국제적 의정서

> **해설**
> 미국을 제외한 38개국(동구권 포함)이 90년 대비 평균 5.2%를 감축해야 하는 강제적 감축의무를 규정한 국제적 의정서
> [정답 ④]

130 각국에 할당된 온실가스 배출 허용량을 무형 상품으로 간주, 각국이 시장원리에 따라 직접 혹은 거래소를 통해 거래함으로써 배출저감 비용을 줄이고 저감 실현을 용이하게 하려는 제도는 무엇인가?

① 배출권거래제도 ② 청정개발체제
③ 공동이행제도 ④ 온실가스 감축제도

> **해설**
> 배출권거래제도의 설명이다.
> [정답 ②]

131 교토메커니즘의 3가지 스킴 중 아닌 것은?

① 배출권거래제도 ② 청정개발체제
③ 공동이행제도 ④ 온실가스 감축제도

> **해설**
> 교토메커니즘 3가지 스킴 : 배출권거래제도, 청정개발체제, 공동이행제도
> [정답 ④]

132 교토메커니즘 중 선진국이 개도국에 투자하여 발생된 온실가스 배출 감축분을 자국의 감축실적으로 인정할 수 있는 제도는 무엇인가?

① 배출권거래제도 ② 청정개발체제
③ 공동이행제도 ④ 온실가스 감축제도

> **해 설**
> 교토메커니즘 중 선진국이 개도국에 투자하여 발생된 온실가스 배출 감축분을 자국의 감축실적으로 인정할 수 있는 제도는 청정개발체제(CDM)이다.　　　　　　　　　　　　　　　　　　　　　　　　　　　　[정답 ②]

133 온실가스 배출량 산정원칙으로 접합하지 않는 것은?

① 완전성　　　　② 일관성　　　　③ 정확성　　　　④ 사회성

> **해 설**
> 온실가스 배출량 산정원칙 : 완전성, 일관성, 정확성, 투명성, 적절성　　　　　　　　　　　　　[정답 ④]

134 교토의정서에서 온실가스 감축목표의무를 Annex-1 국가로 설정하고 개괄적인 방법론만 합의하였기 때문에 구체적인 이행방안에 대한 협의가 필요하여 등장하게 된 협의는 무엇인가?

① 발리 로드맵　　　　　　　　② 비엔나 협약
③ 마라케쉬 합의문　　　　　　④ 몬트리올 의정서

> **해 설**
> 마라케쉬 합의문에 대한 설명이다.　　　　　　　　　　　　　　　　　　　　　　　　　　[정답 ③]

135 교토의정서의 대상기간의 한정과 미국, 중국, 인도 등 온실가스 대량배출국가의 감축이 포함되어 있지 않은 교토의정서를 대체할 새로운 기후변화 협약마련이 필요하였기에 새로운 협약 도출을 위해 제 13차 당사국총회가 2007년 인도네시아발리에서 개최한 회의는 무엇인가?

① 발리 로드맵　　　　　　　　② 비엔나 협약
③ 마라케쉬 합의문　　　　　　④ 몬트리올 의정서

> **해 설**
> 　　　　　　　　　　　　　　　　　　　　　　　　　　　　　　　　　　　　　　[정답 ①]

136 우리나라가 발표한 감축시나리오에서 BAU 기준으로 몇% 감축하기로 하였는가?

① BAU 20%　　　② BAU 25%　　　③ BAU 30%　　　④ BAU 40%

> **해설**
> BAU는 온실가스 배출 전망치이다. [정답 ③]

137 다음 온실가스 배출가스 중 연간 온난화 기여도가 가장 큰 기업은?(단, 그 밖에 배출하는 온난화 유발물질은 없다고 가정)

① 이산화탄소를 평균 12,000톤/월 배출하는 기업
② 메탄가스를 평균 600톤/월 배출하는 기업
③ 아산화질소를 평균 39톤/월 배출하는 기업
④ 육불화황을 평균 0.5톤/월 배출하는 기업

> **해설**
> 1번 : 12,000톤/월 2번 : 600톤/월×21=12,600톤/월
> 3번 : 39톤/월×310=12,090톤/월 4번 : 0.5톤/월×23,900=11,950톤/월
>
> | 온실가스명 | 이산화탄소 | 메탄 | 아산화질소 | 육불화황 |
> |---|---|---|---|---|
> | GWP | 1 | 21 | 310 | 23,90 |
>
> 〈온실가스 종류별 지구온난화지수 (출처: IPCC 2차 평가보고서)〉
>
> [정답 ②]

138 기후변화 당사국 총회의 주요 결과로 거리가 먼 것은?

① 더반에서 교토의정서 제2차 공약기간 설정에 합의하였다.
② 교토에서 교토의정서를 채택하였다.
③ 나이로비에서 개도국의 기후변화적응 지원에 관한 5개년 행동계획을 채택하였다.
④ 코펜하겐에서 개도국의 능동적이고, 자발적 감축행동을 취하기로 하는 발리행동계획을 채택하였다.

> **해설**
> 인도네시아 발리에서 개도국의 능동적이고, 자발적 감축행동을 취하기로 하는 행동계획을 채택하였다.
> [정답 ④]

139 아산화질소 0.2톤, 메탄 2톤, 이산화탄소 10톤을 이산화탄소 상당량톤(tCO$_2$-eq)으로 환산하면? (단, 이산화질소(N$_2$O)와 메탄(CH$_4$)의 GWP는 각각 310, 21이다.)

① 57 ② 95 ③ 114 ④ 152

> **해설**
> 이산화탄소 상당량톤(tCO2-eq) = 온실가스 배출량×온난화지수
> 풀이 : (0.2톤×310)+(2톤×21)+(10톤×1)=114
>
> [정답 ③]

140 녹색성장을 위한 국가 3대 전략이 아닌 것은?

① 기후변화 대응 및 에너지 자립도 확립
② 녹색기술을 신 성장동력 창출
③ 삶의 질 개선과 국가위상 강화
④ 에너지 이용 효율화 방안 수립

> **해설**
>
> [정답 ④]

141 미래 기후변화의 영향에 관한 설명으로 가장 거리가 먼 것은?

① 난대성 상록 활엽수의 후박나무는 남부지역으로 확대된다.
② 산업전반에서는 산업리스크 증가와 새로운 시장 창출기회가 공존한다.
③ 농업에 있어서는 생산성 감소의 위협과 신 영농기법 도입의 기회가 공존한다.
④ 꽃매미, 열대모기 등 북방계 외래곤충이 감소하고, 고온으로 인해 병해충 발생 가능성이 증가된다.

> **해설**
> 난대성 상록 활엽수의 후박나무는 북부지역으로 확대된다
>
> [정답 ①]

142 다음은 어떤 에너지를 기술한 내용인가?

> 온실가스 배출이 거의 없는 에너지원으로 파악되며 기후변화 대응측면에서 효과적이므로, 국가전략 차원에서 확대를 검토하도록 하고 2030년 중장기 국가목표 설정하여 건설 및 운영을 추가적인 온실가스감축 분으로 인정하는 방안을 추진하는 것으로 되어있다.

① 원자력   ② 소수력   ③ 천연가스   ④ 바이오 디젤

> **해설**
> 기후변화협약 대응 교육·홍보는 제3차 종합대책의 목적이다.
>
> [정답 ①]

143 녹색기후기금(GCF)에 관한 설명으로 가장 거리가 먼 것은?

① GCF는 UN 산하기구로서 Green Climate Fund의 약자이다.
② 환경분야의 세계은행이라 할 수 있다.
③ 개도국의 온실가스 감축분야만 지원하는 기후변화관련 금융기구로서 더반에서 유치인준을 결정한다.
④ 우리나라는 2012년 10월 사무국의 인천 송도 유치에 성공하였다.

해설
2010년 제16차 당사국총회(COP16)시 채택된 칸쿤 합의(Cancun Agreement)에 따라 국제사회는 개도국의 온실가스 감축·적응 활동을 지원하기 위한 녹색기후기금(GCF : Green Climate Fund) 설립에 합의했다. 우리나라는 2011년 제17차 당사국총회(COP17)에서 GCF 사무국 유치의사를 공식 표명하였으며, 치열한 유치전 끝에 2012년 10월 사무국의 인천 송도 유치에 성공하였다. **[정답 ③]**

144 온실가스 배출량 및 에너지 소비량 기준 시 산정방법 중 틀린 것은?

① 해당 연도는 1월 1일을 기준으로 한다.
② 신설 등으로 인해 최근 3년간 자료가 없을 경우에는 보유(최초 가동연도를 포함)하고 있는 자료를 기준으로 한다.
③ 최근 3년간 업체의 모든 사업장에서 배출한 온실가스와 소비한 에너지의 연평균 총량을 기준으로 한다.
④ 시설 고장으로 인해 최초 가동연도 자료가 없을 경우에는 그 다음해 3개년도의 자료를 기준으로 한다.

해설
산정방법 기준
가. 해당 연도 1월 1일을 기준으로 최근 3년간 업체의 모든 사업장에서 배출한 온실가스와 소비한 에너지의 연평균 총량을 기준으로 한다.
나. 신설 등으로 인해 가 목에 의한 최근 3년간 자료가 없을 경우에는 보유(최초 가동연도를 포함한다)하고 있는 자료를 기준으로 한다. **[정답 ④]**

145 온실가스·에너지 목표관리 운영 등에 관한 지침에 의한 과거실적 기반의 목표설정방법 중 아닌 것은?

① 관리업체의 배출허용량(목표) 설정 방법
② 기존 배출시설의 배출허용량(목표) 설정 방법
③ 신·증설 시설에 대한 배출허용량(목표) 설정방법
④ 할당계수의 결정 방법

해설
과거실적 기반의 목표 설정방법
- 관리업체의 배출허용량(목표) 설정 방법
- 기존 배출시설의 배출허용량(목표) 설정 방법
- 신·증설 시설에 대한 배출허용량(목표) 설정방법
- 감축계수(CFi)의 결정 방법

[정답 ④]

146 선진국과 개도국이 모두 참여하는 Post-2012 체제 구축을 협의한 회의는 무엇인가?

① 제13차 당사국총회(발리 총회)
② 제15차 당사국총회(코펜하겐 총회)
③ 제17차 당사국총회(더반 총회)
④ 제18차 당사국총회(도하 총회)

해설
제13차 당사국총회(발리 총회, 2007) : 선진국과 개도국이 모두 참여하는 Post-2012 체제 구축을 협의한 회의이다.

[정답 ①]

147 배출권의 할당 및 거래에 관한 제도의 기본원칙에 맞지 않는 것은?

① 「기후변화에 관한 국제연합 기본협약」 및 관련 의정서에 따른 원칙을 준수하고, 기후변화 관련 국제협상을 고려할 것
② 배출권거래제가 경제 부문의 국제경쟁력에 미치는 영향을 고려할 것
③ 국가온실가스감축목표를 달성할 수 있도록 시장기능을 규격화 할 것
④ 국제탄소시장과의 연계를 고려하여 국제적 기준에 적합하게 정책을 운영할 것

해설
배출권의 거래가 일반적인 시장 거래 원칙에 따라 공정하고 투명하게 이루어지도록 할 것, 국가온실가스감축목표를 효과적으로 달성할 수 있도록 시장기능을 최대한 활용할 것

[정답 ③]

148 다음 ( )에 들어갈 내용으로 맞는 것은?

> 정부는 배출권거래제의 목적을 효과적으로 달성하기 위하여 (년)을 단위로 하여 (년)마다 배출권거래제에 관한 중장기 정책목표와 기본방향을 정하는 배출권거래제 기본계획(이하 "기본계획"이라 한다)을 수립하여야 한다.

① 5년 – 3년　　② 5년 – 5년　　③ 10년 – 3년　　④ 10년 – 5년

> **해설**
>
> [정답 ④]

149 기후변화에 대한 유럽연합의 대응에 관한 설명으로 가장 거리가 먼 것은?

① 유럽연합은 내부적으로 온실가스 감축에 관한 부담공유협정을 맺고 있었다.
② 유럽연합의 적극적인 기후변화정책은 유럽연합체제의 독특한 정치적 구조인 분산된 거버넌스를 토대로 하고 있다.
③ 유럽에서는 기후변화 문제에 적극적으로 대응해야 한다는 인식이 사회 전반적으로 넓게 퍼져 있었다.
④ 2000년 교토의정서 비준논쟁 당시, 유럽연합에서는 산업계와 석유업계를 제외한 유럽연합 차원의 교토의정서 비준을 지지하는 입장을 견지하였다.

> **해설**
>
> [정답 ④]

150 기후변화에 의한 잠재적인 영향과 잔여영향에 관한 설명으로 가장 적합한 것은?

① 잠재적인 영향은 적응을 고려하지 않을 경우 나타나는 기후변화로 인한 영향을 의미하며, 잔여영향은 적응으로 회피될 수 있는 영향 부분을 포함한 영향을 말한다.
② 잠재적인 영향은 적응을 고려하지 않을 경우 나타나는 기후변화로 인한 영향을 의미하며, 잔여영향은 적응으로 회피될 수 있는 영향 부분을 제외한 영향을 말한다.
③ 잠재적인 영향은 적응을 고려할 경우 나타나는 기후변화로 인한 영향을 의미하며, 잔여영향은 적응으로 회피될 수 있는 영향 부분을 포함한 영향을 말한다.
④ 잠재적인 영향은 적응을 고려할 경우 나타나는 기후변화로 인한 영향을 의미하며, 잔여영향은 적응으로 회피될 수 있는 영향 부분을 제외한 영향을 말한다.

> **해설**
> - 잠재적인 영향 : 적응을 고려하지 않을 경우 나타나는 기후변화로 인한 영향을 의미한다.
> - 잔여영향 : 적응으로 회피될 수 있는 영향 부분을 제외한 영향을 말한다.
>
> [정답 ②]

151 다음 중 교토의정서상 당사국이 준수해야 하는 사항으로 가장 적합한 것은?

① Non-Annex I 국가의 선진화
② 고가의 설비 및 장비의 시장 점유율 확대
③ 강제적인 감축활동 요구와 기후기금배분의 현실화
④ 국가 경제의 관련 분야에서 에너지 효율성 향상

해설
교토의정서상 당사국이 준수해야 하는 사항
- 국가 경제의 관련 분야에서 에너지 효율 증대
- 온실가스 흡수원에 대한 보호 및 증대
- 기후 변화 고려 측면에서 지속가능한 형태의 농업 확대
- 신재생 에너지, 이산화탄소 분리 기술 및 환경 친화적인 기술 개발
- 온실가스 배출 분야에 대한 재정적 지원 및 세제 혜택 축소
- 온실가스 배출을 줄이는 방침 및 조치 증대
- 운송 분야에서 온실가스 감축 추진
- 폐기물 관리 측면에서 메탄가스 발생 억제

[정답 ④]

152 ISO 국제표준(ISO 14064) 지침 원칙이 배출량 산정보고서와 관련하여 충족해야 하는 4가지 조건과 거리가 먼 것은?

① 추가성   ② 완전성   ③ 일관성   ④ 정확성

해설
온실가스 배출량 산정보고의 ISO 국제표준(ISO 14064) 지침 원칙은 적절성, 완전성, 정확성, 일관성, 투명성이다.

[정답 ①]

153 기후변화관련 국제협약이 시대 순으로 옳게 나열된 것은?

① 교토의정서→유엔기후변화협약→칸쿤 합의→발리 행동계획
② 유엔기후변화협약→교토의정서→발리 행동계획→칸쿤 합의
③ 교토의정서→유엔기후변화협약→발리 행동계획→칸쿤 합의
④ 유엔기후변화협약→교토의정서→칸쿤 합의→발리 행동계획

해설
유엔기후변화협약(1996년)→교토의정서(1997년)→발리 행동계획(2007년)→칸쿤 합의(2010년)

[정답 ④]

154 한반도 기후변화 시나리오 산출단계 순서로 가장 적합한 것은?

> ㉠ 온실가스 배출시나리오　　㉡ 온실가스 농도에 따른 복사 강제력
> ㉢ 전지구 기후변화 시나리오　㉣ 한반도 기후변화 시나리오
> ㉤ 영향 평가 및 적응 전략 마련

① ㉠-㉡-㉢-㉣-㉤　　② ㉢-㉡-㉣-㉠-㉤
③ ㉢-㉣-㉡-㉠-㉤　　④ ㉡-㉠-㉣-㉢-㉤

해설

[정답 ①]

155 대기의 연직구조 중 대류권에 관한 설명으로 가장 적합한 것은?

① 눈, 비 등의 기상현상과는 무관하다.
② 고도가 올라갈수록 기온은 상승한다.
③ 고도가 1km 상승함에 따라 온도는 약 6.5℃ 비율로 증가한다.
④ 일반적으로 저위도 지방이 고위도 지방에 비해 대류권의 고도가 높다.

해설
대류권은 기상현상이 일어나며, 고도가 올라갈수록 기온이 낮아지고 고도가 1km 상승함에 따라 온도는 약 6.5℃ 비율로 감소한다. 일반적으로 저위도 지방이 고위도 지방에 비해 대류권의 고도가 높다.　**[정답 ④]**

156 지구의 복사 균형이 변하게 되는 주요 3가지 요인으로 거리가 먼 것은?

① Albedo의 변화
② 태양복사 입사량의 변화
③ 지하 화석연료 개발의 변화
④ 지구에서 외부로 되돌아가는 장파 복사의 변화

해설
지구의 복사 균형이 변하게 되는 주요 3가지 요인은 Albedo의 변화, 태양복사 입사량의 변화, 지구에서 외부로 되돌아가는 장파 복사의 변화이다.　**[정답 ③]**

157 기후시스템에 대한 설명으로 옳지 않은 것은?

① 기후시스템은 대기권, 수권, 설빙권, 생물권, 지권 등으로 구성되어 있다.
② 지구 내부에서 지표로 공급되는 에너지 양은 태양복사에 비해 많다.
③ 기후시스템을 움직이는 에너지의 대부분은 태양에서 공급된다.
④ 대기권에서 일어나는 공기, 물 그리고 에너지의 이동은 계절, 대륙분포, 대기의 구성에 따라 변한다.

해설
지구 내부에서 지표로 공급되는 에너지 양은 태양복사에 비해 대단히 적다.   [정답 ②]

158 IPCC 4차 보고서에 따른 UN에서 예측한 내용 중 옳지 않은 것은?

① 온도 상승 추세가 지속되면 25년 안에 1인당 마실 수 있는 물이 현재보다 30% 줄어들 것이다. 20년 안에 아시아 농작지의 30%가 사막화될 것이다.
② 20년 안에 아시아 농작지의 30%가 사막화될 것이다.
③ 21세기 말까지 지구의 평균기온은 최대 6.4℃, 해수면은 59cm 상승할 것이다.
④ 자연재해로 인한 사망자가 급증하고, 생물종의 50%가 멸종할 것이다.

해설
생물종의 95%가 멸종한다고 내다보고 있다.   [정답 ④]

159 교토의정서에서 감축 대상가스로 지정한 6가지 온실가스에 해당하는 것은?

① 염화불화탄소(CFCs)   ② 수증기(H_2O)
③ 삼불화질소(NF_3)   ④ 육불화황(SF_6)

해설
교토의정서에서 감축 대상가스로 지정한 6대 주요 온실가스는 이산화탄소, 메탄, 아산화질소, 수소불화탄소, 과불화탄소, 육불화황이다.   [정답 ④]

160 IPCC 조직 중에서 국가 온실가스 배출 가이드 라인 및 최우수사례 가이드 라인 작성, 배출계수 data base 운영 등으로 구성, IPCC/OECD/IEA가 공통으로 국가 온실가스 배출목록 작성을 위한 프로그램 가동 등에 대한 평가 업무를 맡고 있는 실행그룹은 다음 중 무엇인가?

① Working Group 1
② Working Group 2
③ Working Group 3
④ Task Force on National Greenhouse Inventories

해설
Task Force on National Greenhouse Inventories에 대한 설명이다. [정답 ④]

161 다음 중 직접온실가스에 해당되지 않은 것은?

① 아산화질소(N_2O)   ② 삼불화질소(NF_3)
③ 수소불화탄소(HFCs)   ④ 염화불화탄소(CFCs)

해설
직접온실가스는 이산화탄소, 메탄, 아산화질소, 수소불화탄소, 과불화탄소, 육불화황, 염화불화탄소, 수증기 등 8종으로 알려져 있다. [정답 ②]

162 다음 중 선진국 지원 하에서 개도국이 자발적 감축행동을 취하기로 채택되었으며, 산림훼손방지(REDO)가 논의된 당사국총회 장소는 어디인가?

① 케냐 나이로비   ② 인도네시아 발리
③ 폴란드 포츠난   ④ 덴마크 코펜하겐

해설
인도네시아 발리에서 선진국 지원 하에서 개도국이 자발적 감축행동을 취하기로 하는 발리 행동계획이 채택되었다. [정답 ②]

163 다음 중 CDM(Clean Develop Mechanism) 흡수원 관련 사업에 대한 기술적 규정, 기후변화 특별기금, 최빈국 기준 운영지침서 등을 합의한 당사국총회 장소는 어디인가?

① 일본 교토 ② 모로코 마라케쉬
③ 이태리 밀라노 ④ 캐나다 몬트리올

> **해설**
> 이태리 밀라노 당사국총회의 주요 내용이다. [정답 ③]

164 교토메커니즘에 해당하지 않는 제도는?

① 배출감축지원제도 ② 배출권거래제
③ 청정개발체제 ④ 공동이행제도

> **해설**
> 교토메커니즘의 제도는 공동이행제도, 청정개발체제, 배출권거래제이다. [정답 ①]

165 다음의 교토메커니즘이 해당하는 제도는?

> 선진국이 개발도상국에 온실가스 감축사업 실행을 위한 기술 및 자금을 지원하여 달성한 실적을 선진국에 할당된 감축목표 달성에 활용할 수 있도록 하는 제도

① 배출권거래제 ② 지속가능한 개발
③ 공동이행제도 ④ 청정개발체제

> **해설**
> 교토메커니즘의 제도 중 청정개발체제에 대한 설명이다. [정답 ④]

166 ISO 국제표준(ISO 14064) 지침 원칙이 온실가스 배출량을 정량화하기 위한 일반적인 원칙과 관련하여 다음의 원칙은 무엇인가?

> 사용 예정자가 적절한 확신을 가지고 의사결정을 할 수 있도록 충분하고 적절한 온실가스 관련 정보를 공개한다.

① 적절성 ② 일관성
③ 정확성 ④ 투명성

> **해설**
> 투명성에 대한 설명이다.　　　　　　　　　　　　　　　　　　　　　　　　　　　　[정답 ④]

167 기후변화에 따른 우리나라의 농업분야에 미치는 영향으로 가장 거리가 먼 것은?

① 나지과수(감귤, 유자, 참다래 등) 재배 확대가 일반화
② 재배 작목이 다양화됨
③ 병충해 및 잡초의 감소
④ 작물재배 가능기간의 연장

> **해설**
> 　　　　　　　　　　　　　　　　　　　　　　　　　　　　　　　　　　　　　　[정답 ③]

168 생활 속에서 온실가스 저감을 위한 노력으로 다음 중 적절한 것은?

① 가전제품 구매시 에너지 효율이 낮은 제품을 구매하여 사용한다.
② 가스보일러 사용을 줄이고, 전기히터를 사용한다.
③ 차량 엔진에 부하가 걸리지 않도록 5분 이상 공회전을 한다.
④ 제조과정 중 이산화탄소를 적게 배출해 받은 인증마크 제품을 구입한다.

> **해설**
> 　　　　　　　　　　　　　　　　　　　　　　　　　　　　　　　　　　　　　　[정답 ④]

169 다음 중 우리나라 기후변화 적응대책 분야별 대응전략 중 생태계 분야가 아닌 것은?

① 하천 및 호소 수질관리 강화 및 하천 생태계 보전·복원
② 생물종과 유전자원 보전·복원
③ 외래종으로 인한 패해방지 및 관리대책 수립
④ 생태계 및 지표종 모니터링 강화

> **해설**
> 하천 및 호소 수질관리 강화 및 하천 생태계 보전·복원은 물관리분야의 사업목표이다.　　　[정답 ①]

170 다음 중 기후변화문제 대처를 위한 우리나라 대응체제 현황으로 거리가 먼 것은?

① 1998년 4월 관계부처 장관회의를 통해 국무총리를 위원장으로 하는 범정부대책기구를 설치하고, 기후변화협약에 대응하는 정책추진체제를 갖추었다.
② 1999년부터 기후변화정책을 종합적으로 추진하는 3개년 단위의 기후변화협약 대응 종합계획을 수립하였다.
③ 교토의정서 제1차 공약기간(2008~2012년) 온실가스 감축 의무부담국가로 기후변화협약에 준한 수준의 감축 이행의 필요성을 인식하였다.
④ 2008년 새로운 정부가 출범하면서 기후변화 대책위원회의 업무를 녹색성장위원회 및 녹색성장기획단을 대통령 직속으로 설립하였다.

해 설
교토의정서 제1차 공약기간(2008~2012년) 온실가스 감축 의무부담국가가 아니다..
[정답 ③]

171 다음 중 우리나라 온실가스 감축 목표로 가장 거리가 먼 것은?

① 2020년 국가 온실가스 감축목표를 배출전망(BAU) 대비 30% 감축으로 최종 결정
② 절대량 기준이 아닌 2020년 배출전망 30% 감축
③ 향후 경제성장률, 유가 등 객관적 경제상황이 변동될 경우 배출전망도 변동가능
④ 목표 수준은 국제적으로 권고하는 최저 수준을 채택하되, 방식은 고정성을 가진 의무감축국 방식

해 설
목표 수준은 국제적으로 권고하는 최고 수준을 채택하되, 방식은 신축성을 가진 비의무감축국 방식이다.
[정답 ④]

172 탄소배출권거래제에 대한 설명으로 가장 거리가 먼 것은?

① 탄소배출권거래제를 쉽게 표현하면 온실가스를 배출할 수 있는 권리를 사고 팔 수 있도록 한 제도이다.
② 온실가스 중 배출량이 가장 많은 일산화탄소에 의하여 탄소배출권거래제로 명명되었다.
③ 각 국가가 부여받은 할당량 미만으로 온실가스를 배출할 경우, 그 여유분을 다른 국가에 팔 수 있다.
④ 온실가스 배출 할당량은 국가별로 부여되지만 탄소배출권 거래는 대부분 기업들 사이에서 이루어진다.

> **해설**
> 온실가스 중 배출량이 가장 많은 이산화탄소에 의해 탄소배출권거래제로 명명하였다.
>
> [정답 ②]

173 ISO 14064 국제표준 관련 설명으로 잘못된 것은?

① Part 1 : 온실가스 배출 및 제거의 정량, 보고를 위한 조직 차원의 사용 규칙 및 지침
② Part 2 : 온실가스 배출 감축 및 제거의 정량, 모니터링과 보고를 위한 프로젝트 차원의 사용 규칙 및 지침
③ Part 3 : 온실가스 선언에 대한 타당성 평가, 검증을 위한 사용 규칙 및 지침
④ Part 4 : 온실가스 배출 정보체계의 구축, 운영에 관한 규칙 및 지침

> **해설**
> ISO 14064 국제표준 구성은 제1부~제3부이다
>
> [정답 ④]

174 다음 중 마라케시 합의문의 주요 내용이 아닌 것은?

① 회계, 보고서 작성 및 보고서 평가는 해당국 기준
② 이행위원회
③ 시행(Implementation)
④ 의무사항(Commitments)

> **해설**
> 마라케시 합의문의 주요 내용은 의무사항, 시행, 개도국에 대한 영향최소화, 회계, 보고서작성, 보고서 평가 및 이행의무 등이다.
>
> [정답 ①]

175 다음 중 BAU는 배출전망을 의미하는데 우리나라 감축목표 설정의 기준연도와 목표연도를 바르게 나열한 것은?

① 2000, 2020 ② 2005, 2020
③ 2000, 2030 ④ 2005, 2030

> **해설**
>
> [정답 ②]

176 다음 중 주요 온실가스의 각 배출영역별로 인벤토리를 산정하기 위한 2006 IPCC 가이드라인을 구성하는 내용이 아닌 것은?

① 제1권 일반지침 및 보고
② 제2권 에너지
③ 제3권 농업, 산림 및 기타 토지이용
④ 제5권 폐기물

해 설
온실가스의 각 배출영역별 인벤토리를 산정하기 위한 2006 IPCC 가이드라인의 구성은 제1권 일반지침 및 보고, 제2권 에너지, 제3권 산업공정 및 제품 사용, 제4권 농업, 산림 및 기타 토지이용, 제5권 폐기물이다.

[정답 ③]

제2과목

온실가스 배출의 이해

02 온실가스 배출의 이해

출제적중 문제

001 다음 중 고정연소시설의 배출시설 종류가 아닌 것은?

① 발전용 내연기관 ② 소둔로
③ 열병합발전시설 ④ 질산생산 제2산화시설

해설
고정연소의 배출시설에는 화력발전시설, 열병합발전시설, 발전용내연기관, 일반보일러시설, 공정연소시설(건조시설, 가열시설, 용융·용해시설, 소둔로, 기타로), 배연탈질시설이 있다. 질산생산 제2산화 공정은 암모니아 산화 반응기를 나온 반응가스를 냉각하여 가스 중 NO성분을 NO_2로 산화하는 반응이다. **[정답 ④]**

002 다음은 어떤 연료에 대한 설명이다. 괄호 안에 들어갈 연료명은?

( )는 연료 중에 포함된 성분의 종류, 성분별 함량, 밀도 및 표준온도로의 환산 값 등이 온실가스 배출량 산정에 영향을 미칠 수 있으므로 이들 항목에 대한 조사가 필요하다.

① 고체연료 ② 기체연료 ③ RPF ④ RDF

해설
RPF(Refuse Plastic Fuel, 폐플라스틱고형연료), RDF(Refuse Derived Fuel, 폐기물 고형연료) **[정답 ②]**

003 다음 중 명세서 작성 시 고정연소에 해당되지 않는 배출시설은?

① 배연탈황시설 ② 배연탈질시설 ③ 기타로 ④ 건조시설

해설
배연탈황시설의 온실가스 배출활동은 '탄산염(주로 석회석)의 기타공정 사용'에서 보고되어야 하며, 벤치마크 계수 또한 해당 배출활동에서 개발되어 관리되어야 한다. **[정답 ①]**

004 고체연료 시료채취 및 분석에서 분석항목에 해당되지 않는 것은?

① 탄소함량　　② 수분함량　　③ 미량금속 함량　　④ 회함량

> **해설**
> 고체 화석연료의 시료 분석항목은 탄소함량, 발열량, 수분, 회(Ash) 함량이 포함된다.
>
> [정답 ③]

005 다음은 연료별 최소분석주기이다. 옳지 않은 것은?

① 고체 화석연료 : 월 1회 또는 연료 입하시
② 액체 화석연료 : 반기 1회 또는 연료 입하시
③ 천연가스, 도시가스 : 반기 1회
④ 공정 부생가스 : 월 1회

> **해설**
> 연료별 시료 최소분석주기
> 고체연료인 경우 월 1회 또는 연료 입하 시
> 액체연료인 경우 분기 1회 또는 연료 입하 시
> 기체연료인 경우 반기1회(천연가스, 도시가스)또는 월 1회(공정 부생가스)
> 고체 폐기물 연료인 경우 분기 1회 또는 폐기물 연료 매 5천 톤 입하시
> 액체 폐기물 연료인 경우 분기 1회 또는 폐기물 연료 매 1만톤 입하시
> 기체 폐기물 연료인 경우 월 1회 또는 폐기물 연료 매 1만톤 입하시
>
> [정답 ②]

006 외부전기 사용에 대한 내용으로 틀린 것은?

① 관리업체가 소유 및 통제하는 설비와 사업활동에 의한 전력사용으로 인해 발생하는 간접적 온실가스 배출은 연료연소, 원료사용 등으로 인한 직접적 온실가스 배출과 함께 관리업체의 온실가스 배출량에 포함되어야 한다.
② 전력이용에 의한 간접배출은 관리업체의 조직경계 내에 발전설비가 위치하여 생산된 전력을 자체적으로 사용할 경우를 포함한다.
③ 특수한 경우를 제외하고, 외부에서 공급받은 전력사용량은 전력량계 등 법정계량기로 측정된 사업장별 총량 단위의 전력사용량을 사용한다.
④ 전력간접배출계수는 한국전력거래소에서 제공한 값을 사용한다.

> **해설**
> 관리업체의 조직경계 내에 발전설비가 위치하여 생산된 전력을 자체적으로 사용할 경우는 직접배출에 해당된다.
>
> [정답 ②]

007 열(스팀)을 공급받는 경우에 대한 설명으로 틀린 것은?

① 관리업체가 소유 및 통제하는 설비와 사업활동을 위해 외부업체가 생산한 열(스팀)을 사용하는 경우 관리업체는 이를 온실가스 배출량 보고에서 제외한다.
② 열(스팀)은 열(스팀) 생산을 목적으로 하는 시설을 통하여 공급될 수도 있으나, 열병합 발전설비 또는 폐기물 소각시설 등에서의 열(스팀)회수를 통하여 공급될 수도 있다.
③ 열병합 발전설비 또는 폐기물 소각시설을 통하여 열(스팀)을 공급받을 경우에는 전력 간접배출과 구분하여 열(스팀)간접배출계수를 개발하여 사용해야 한다.
④ 열(스팀)을 생산하여 외부로 공급하는 업체가 자체적으로 열(스팀) 간접배출계수를 제공할 수 없는 경우에는 센터가 검증·공표하는 국가 고유의 열(스팀) 간접배출계수 등을 활용한다.

해설
관리업체가 소유 및 통제하는 설비와 사업활동에 의한 외부로부터 공급받은 열(스팀)을 사용하는 경우, 이는 관리업체의 온실가스 간접배출활동으로서 이에 대한 배출량을 산정하여 보고해야한다.
[정답 ①]

008 다음 중 배출활동이 다른 것은?

① 석탄, 유류 등을 연소시켜 발생된 열로 물을 끓이고 이때 발생된 증기를 압축시켜 터빈을 돌려 전기를 생산하는 시설
② 실린더 내에서 공기와 혼합된 연료를 폭발적으로 연소시켜 피스톤의 왕복운동에 의해 전기를 생산하는 시설
③ 제품 등의 생산공정에 사용되는 특정시설에 열을 제공하거나 장치로부터 멀리 떨어져 이용하기 위해 연료를 의도적으로 연소시키는 시설
④ 화석연료 연소공정에서 가장 널리 사용되고 있는 배연탈황시설

해설
① 화력발전시설, ② 발전용내연기관, ③ 공정연소시설은 고정연소배출
④는 탄산염(주로 석회석)사용시설로 기타공정 배출
[정답 ④]

009 고정연소공정에서 배출하는 6대 온실가스의 온실가스 배출원인에 해당하지 않는 것은?

① CO_2 : 화석연료 중의 탄소성분의 산화
② CH_4 : 탄소성분의 불완전연소에 의한 배출
③ NO_3 : 질소성분의 완전연소에 의한 배출
④ N_2O : 질소성분의 불완전연소에 의한 배출

> **해설**
> NO₃는 6대 온실가스에 해당되지 않는다.
> [정답 ③]

010 다음은 어느 연료를 설명한 것인가?

> 탄소 3~4개로 이루어진 탄소화합물(프로판, 부탄 또는 두 가지 가스의 혼합물과 미량의 프로필렌과 부틸렌으로 구성)이 섞여 있는 혼합물이다. 이 가스는 유정이나 가스정에서 가솔린 정제부산물로 얻고, 고압력 하에 금속의 실린더 속에 액체 상태로 충전하여 판매한다. 대중기압에 따라 등급을 정하는데, 등급A는 주로 부탄이, 등급 F는 주로 프로판이, 그리고 등급 B 또는 E는 부탄과 프로판의 혼합정도에 따라 결정된다. 가정용, 공업용, 자동차를 포함한 내연기관 연료로 쓰인다.

① 천연가스 ② 도시가스 ③ LPG ④ B-C유

> **해설**
> LPG(액화석유가스) : 유전에서 원유를 생산하거나 원유를 정제할 때 나오는 탄화수소를 비교적 낮은 압력을 가하여 냉각·액화시킨 것이다.
> [정답 ③]

011 다음 중 종류가 다른 연료는 어느 것인가?

① 역청 ② 유연탄 ③ 석유코크스 ④ 나프타

> **해설**
> 유연탄은 고체연료, 나머지는 액체연료
> [정답 ②]

012 연소에 의해 배출되는 온실가스로 바르게 짝지어진 것은?

① CH_4-NO_2 ② NO_2-CO_2 ③ CO_2-N_2O ④ N_2O-CO

> **해설**
> · 온실가스·에너지 목표관리 운영 등에 관한 지침의 6대 온실가스 : CO_2, CH_4, N_2O, HFCs, PFCs, SF_6
> · 연소에 의해 배출되는 온실가스 : CO_2, CH_4, N_2O
> [정답 ③]

013 다음 중 바이오매스에 해당되지 않는 것은?

① 볏짚　　② 바이오디젤　　③ 슬러지　　④ 폐지

해설
바이오디젤은 바이오 에너지에 해당한다.　　　　　　　　　　　　　　　　[정답 ②]

014 다음 중 바이오에너지에 대한 설명으로 옳지 않은 것은?

① 폐기물 에너지는 각종 사업장 및 생활시설의 폐기물을 변환시켜 얻어지는 기체, 액체, 고체의 연료이다.
② 화석탄소기원의 폐기물이 10% 미만 혼합된 경우, 이를 포함하여 바이오매스로 본다.
③ 바이오에너지는 바이오매스를 원료로 하여 얻어지는 에너지이다.
④ 바이오에너지의 기준은 『신에너지 및 재생에너지 개발·이용·보급촉진법 시행령 별표1』을 따른다.

해설
화석탄소 기원의 폐기물(예: 플라스틱, 합성섬유 등) 등과 혼합된 경우에는 제1호에서 정의한 바이오매스 부분만을 포함하며, 구분이 불가능할 경우에는 전체를 바이오매스에서 제외한다.　　[정답 ②]

015 다음 중 공정연소시설로 분류된 것들로만 짝지어지지 않은 것은?

① 건조시설, 가열시설, 기타로
② 가열시설, 용융·용해시설, 소둔로
③ 가열시설, 수관식발전시설, 용융·용해시설
④ 건조시설, 나프타 분해시설(NCC), 기타로

해설
공정연소시설: 건조시설, 가열시설, 나프타 분해시설(NCC), 용융·용해시설, 소둔로, 기타로　　[정답 ③]

016 일반보일러시설에 대한 설명으로 옳지 않은 것은?

① 연료의 연소열을 물에 전달하여 증기를 발생시키는 시설을 말한다.
② 물 및 증기를 넣는 철제용기(보일러 본체)와 연료의 연소장치 및 연소실(화로)로 이루어져 있다.
③ 보일러는 본체의 구조형식에 따라 원통형보일러, 수관보일러, 주철형보일러로 나눌 수 있다.

④ 원통형보일러에는 자연순환식, 강제순환식, 관류식 등이 있다.

> **해설**
> 원통형보일러에는 입식보일러, 노통보일러, 연관보일러, 노통연관보일러 등이 있다. 자연순환식, 강제순환식, 관류식 등은 수관식보일러에 해당한다.　　　　　　　　　　　　　　　　　　　　　　　　　　[정답 ④]

017 다음 중 고정연소시설에 대한 설명으로 틀린 것은?

① 열병합 발전시설 : 냉각·낭비되는 에너지를 모아 별도의 System을 통해 공정에 재이용되거나 발전소 인근 지역의 난방 등에 사용될 수 있는 System으로 설계된 발전소를 말한다.
② 발전용 내연기관 : 실린더 내에서 공기와 혼합된 연료를 폭발적으로 연소시켜 피스톤의 왕복운동에 의해 전기를 생산하는 시설을 말하며 도서지방용, 비상용 및 수송용을 포함한다.
③ 일반 보일러시설 : 연료의 연소열을 물에 전달하여 증기를 발생시키는 시설을 말한다.
④ 공정연소시설 : 제품 등의 생산공정에 사용되는 특정시설에 열을 제공하거나 장치로부터 멀리 떨어져 이용하기 위해 연료를 의도적으로 연소시키는 시설을 말한다.

> **해설**
> 도서지방용, 비상용 및 수송용 발전용 내연기관은 제외한다.　　　　　　　　　　　　　　[정답 ②]

018 다음은 배연탈질시설의 물질수지표이다. 각 번호에 들어갈 적당한 용어로 틀린 것은?

Input	단위	값(Value)	Output	단위	값(value)
①			폐열		
액체연료	MJ/MJ input		②		
기체연료	MJ/MJ input				
에너지합계	MJ/MJ input	1.0			
			온실가스배출		
			CO_2eq	tCO_2eq/MJ input	
③			④		
암모니아	kg/MJ-input		황산암모늄	kg/MJ input	
요소	kg/MJ-input		비산재	kg/MJ input	
촉매	kg/MJ-input		폐수	kg/MJ input	

① 원료　　　② 열(스팀)　　　③ 환원제　　　④ 기타부산물

해설
배연탈질시설의 Input 요소로 연료(에너지), 환원제 등이 있다.　　　[정답 ①]

019 다음은 일반적인 연소시설의 물질·에너지 수지를 나타낸다. 각 번호에 해당하는 말 중 틀린 것은?

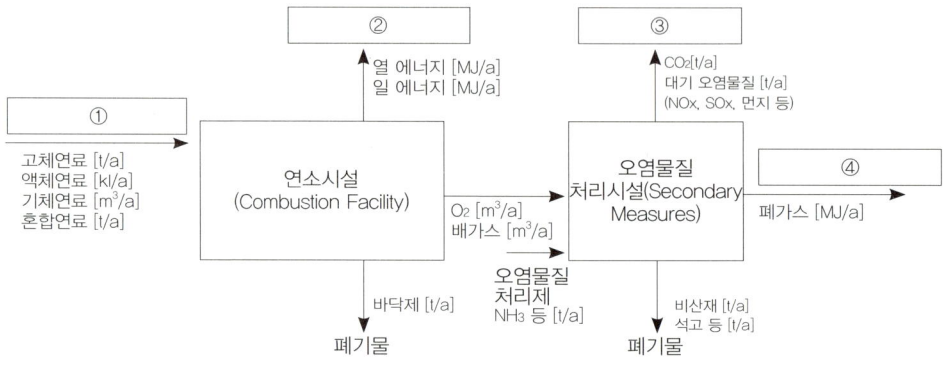

〈출처 : 온실가스 에너지 목표관리 운영 등에 관한지침 (2014)〉

① 기타원료(에너지)　　　② 에너지생산
③ 온실가스배출　　　　　④ 폐열(에너지)

해설
연소시설에서는 원료가 아니라 연료로서 투입된다.　　　[정답 ①]

020 다음 중 온실가스 배출산정 제외에 대한 내용으로 옳은 것은?

① 비도로 및 기타 자동차에 의한 온실가스 배출은 산정하지 않고 있다.
② 선박은 수상항해 선박과 어선은 산정에 포함하고 이외 기타 선박에 대한 온실가스 배출은 산정하지 않고 있다.
③ 군용항공기는 대외비이므로 군용항공기에 의한 온실가스 배출은 산정하지 않고 있다.
④ 철도의 특수차량에 의한 온실가스 배출량은 산정하지 않고 있다.

해설
비도로 및 기타 자동차, 수상항해 선박과 어선, 기타 선박, 철도의 특수차량에 의한 온실가스 배출량도 산정에 포함하도록 하고 있다.　　　[정답 ③]

021 다음 중 이동연소시설의 에너지 이용에 따른 온실가스 배출에 해당되지 않는 것은?

① 이동차량 및 주유시설
② 국내선 항공
③ 화물선박
④ 여객철도

해설
- 이동연소시설은 항공, 도로, 철도, 선박이 포함되며, 국제선 항공 및 국제 수상 운송은 산정에서 제외된다.
- 주유시설은 이동연소시설에 의한 온실가스 배출에 해당되지 않는다.

[정답 ①]

022 이동연소 항공에 대한 설명으로 틀린 것은?

① 온실가스 배출량은 항공기의 운항 횟수, 운전 조건, 엔진 효율, 비행 거리, 비행단계별 운항시간, 연료 종류 및 배출 고도 등에 따라 달라진다.
② 항공기 운항은 이착륙단계(LTO, Landing/Take-off)와 순항단계(Cruise)로 구분된다.
③ 항공기에서 배출되는 오염물질은 공항 내에서의 운행과 이착륙 중에 주로 발생하고, 높은 고도에서는 비교적 발생량이 적다.
④ 항공기 엔진의 연소가스는 대략 CO_2 70%, H_2O 30% 이하, 기타 대기오염물질 1% 미만으로 구성되어 있다.

해설
항공기 운항은 이착륙단계(LTO, Landing/Take-off)와 순항단계(Cruise)로 구분되고, 항공기에서 배출되는 오염물질의 약 10%는 공항 내에서의 운행과 이착륙 중에 발생하고, 90%가량이 높은 고도에서 발생한다.

[정답 ③]

023 이동연소 범위에 대한 설명으로 틀린 것은?

① 이동연소부문의 배출시설은 수송용 내연기관을 일컫는다.
② 기차, 선박, 항공기, 도로 등 수송차량에서 자체 소비를 목적으로 동력이나 전기를 생산하는 시설을 의미한다.
③ 목표관리에서 교통분야 관리업체가 소유 또는 운영하고 있는 개별 차량이나 기관차별로 목표를 설정하는 것이다.
④ 운송수단 종류별로 구분하여 배출량 합계치에 대하여 목표를 설정 관리한다.

해설
목표관리에서 유의할 사항으로는 교통분야 관리업체가 소유·운영하고 있는 개별 차량이나 기관차별로 목표를 설정하는 것이 아니라, 운송수단 종류별로 구분하여 배출량 합계치에 대하여 목표를 설정·관리한다는 점이다.

[정답 ③]

024 항공에 대한 설명으로 틀린 것은?

① 국제선 항공과 군용 항공기는 온실가스 배출량 산정에서 제외
② 이·착륙을 동일한 국가에서 하는 민간 국내 여객 및 화물 항공기로부터의 배출
③ 기타항공은 타 분류에서 지정되지 않은 모든 항공 이동원의 연소 배출을 포함
④ 상업 수송기, 개인 비행기, 농업용 비행기 등은 제외

해설
이동연소 배출시설인 국내 항공에는 이·착륙을 같은 나라에서 하는 민간 국내 여객 및 화물항공기(상업수송기, 개인비행기, 농업용 비행기 등)로부터의 배출로 동일 국가 내의 상당히 멀리 떨어진 두 공항 사이의 비행이 포함된다.

[정답 ④]

025 다음 중 도로에 대한 설명으로 틀린 것은?

① 도로차량의 연료 사용으로부터 발생하는 모든 연소 배출을 포함한다.
② 자동차는 내연기관에서의 화석연료 연소에 의해 CO_2, CH_4, N_2O 등 온실가스가 배출된다.
③ 건설기계, 농기계 등에 의한 온실가스 배출은 산정에서 제외한다.
④ Tier1, 2는 연료사용량을 활동자료로 하고 Tier3는 주행거리를 활동자료로 한다.

해설
건설기계, 농기계 등은 비도로 차량으로서 도로 부문 배출시설에 포함된다.

[정답 ③]

026 철도에 대한 설명으로 틀린 것은?

① 일반적으로 디젤, 전기, 증기 세 가지 중 하나를 사용하여 구동하는 철도 기관차에서 배출되는 온실가스 배출량을 산정한다.
② 보고대상은 고속차량, 전기기관차, 전기동차, 디젤기관차, 디젤동차이며 특수차량은 제외한다.
③ Tier1 산정방법은 연료 종류별 사용량을 활동자료로 하고 기본 배출계수를 이용하여 배출량을 산정하는 방법이다.
④ Tier2 산정방법은 기관차 종류, 연료 종류, 엔진 종류에 따른 연료사용량을 활동자료로 하고 국가 고유 배출계수를 사용하여 배출량을 산정하는 방법이다.

해설
철도차량은 고속차량, 전기기관차, 전기동차, 디젤기관차, 디젤동차, 특수차량 등 6종류가 있다.

[정답 ②]

027 이동연소에 대한 설명으로 옳지 않은 것은?

① 이동연소 배출시설은 자동차, 기차, 선박, 항공기 등 수송차량에서 연료를 소비하는 과정에서 온실가스를 배출하는 설비를 말한다.
② 도로 부문의 배출시설은 승용, 승합, 화물, 특수, 이륜, 비도로 및 기타 자동차로 구분하고 있다.
③ 국내항공은 이·착륙을 동일한 국가에서 하는 민간 국내 여객 및 화물 항공기로부터의 온실가스 배출이며, 개인 비행기는 산정에서 제외한다.
④ 군용항공기는 대외비이므로 군용항공기에 의한 온실가스 배출은 산정하지 않고 있다.

해 설
상업 수송기, 개인 비행기, 농업용 비행기 등으로부터의 온실가스 배출도 포함된다.　　　　　　[정답 ③]

028 다음 선박부문 배출원별 적용범위 중 틀린 것은?

① 수상항해 : 수상 선박을 추진하기 위해 사용된 연료로부터의 모든 배출이며, 호버크라프트(Hovercraft)와 수중익선(Hydrofoils), 어선이 포함된다.
② 국내항해 : 동일 국가 내에서 출항 및 입항하는 모든 선박으로부터의 배출을 의미하며 어업과 군용은 제외한다.
③ 어선 : 내륙, 연안, 심해 어업에서의 연료 연소로부터의 배출이며, 그 나라 안에서 연료보급이 이루어진 모든 국적의 선박을 포함한다.
④ 기타 : 다른 데서 지정되지 않은 모든 연료연소로부터의 수상 이동 배출을 포함한다.

해 설
수상항해에 어선은 포함되지 않는다.　　　　　　[정답 ①]

029 이동연소에서의 온실가스 배출원 및 배출원인 설명으로 옳지 않은 것은?

① 항공기 엔진의 연소가스는 대략 CO_2 70%, H_2O 30%이하, 기타 대기오염물질 1% 미만으로 구성된다.
② 항공과 선박의 경우, 국제 운항(국제 벙커링)에 따른 온실가스 배출량 등을 포함하여 산정, 보고한다.
③ 철도부문은 일반적으로 디젤, 전기, 증기 세 가지 중 하나를 사용하여 구동하는 철도 기관차에서 배출되는 온실가스 배출량을 산정한다.
④ 자동차는 내연기관에서의 화석연료에 의해 CO_2, CH_4, N_2O 등 온실가스가 배출된다.

> **해설**
> 항공과 선박의 경우, 국제 운항(국제 벙커링)에 따른 온실가스 배출량 등은 산정 및 보고에서 제외한다.
> [정답 ②]

030 다음 이동연소에 관한 내용 중 옳지 않은 것은?

① 이·착륙을 포함하는 국내 및 국제 민간 항공에 의한 배출은 여객선의 국적에 따라 구분한다.
② 철도차량은 고속차량, 전기기관차, 전기동차, 디젤기관차, 디젤동차, 특수차량 등 6종류가 있으며 이중 발전소에서 생산된 전기를 동력원으로 하는 철도차량으로는 고속차량, 전기기관차, 전기동차 등이 이에 해당된다.
③ 증기기관차는 발생되는 온실가스가 상대적으로 적으며, 일반적으로 관광용 같은 국한된 용도로만 사용하고 있다.
④ 국내수상운송과 국제수상운송 구분 기준은 출항과 입항 지점으로 구분한다.

> **해설**
> 이·착륙을 포함하는 국내 및 국제 민간 항공에 의한 배출. 국제/국내 항공은 비행기의 국적이 아닌 각 비행의 이·착륙지점으로 구분한다.
> [정답 ①]

031 다음은 철강생산 공정에 대한 설명이다 옳지 않은 것은?

① 제선공정은 철광석에서 선철을 만드는 과정으로 원료 공정, 소결공정, 코크스 공정, 고로 공정으로 구분한다.
② 제강공정은 선철을 이용하여 강을 제조하는 전로공정과 철스크랩을 이용하여 강을 제조하는 전기로 공정으로 나눌 수 있다.
③ 철강생산에서 유연탄은 환원제, 열원, 통기성 및 통액성 확보의 역할을 한다.
④ 철강 생산공정은 고철을 원료로 하는 일관제철공정과 철광석을 원료로 하는 전기로 공정으로 구분한다.

> **해설**
> 철강생산공정은 철광석을 원료로 하는 일관제철공정과 고철을 원료로 하는 전기로 공정으로 구분한다.
> [정답 ④]

032 철강제조공정 순서를 바르게 나타낸 것은?

① 제선공정 → 제강공정 → 연주공정 → 압연공정
② 압연공정 → 제강공정 → 제선공정 → 연주공정
③ 연주공정 → 제선공정 → 제강공정 → 압연공정
④ 제강공정 → 제선공정 → 연주공정 → 압연공정

> **해설**
> 철강제조공정
> ① 제선공정 : 철광석에서 선철을 제고하는 공정
> ② 제강공정 : 선철을 이용하여 용강을 제조하는 공정
> ③ 연주공정 : 액체형태의 용강이 주형에 주입되고 연속주조기를 통과하면서 냉각, 응고되어 슬래브, 블룸, 빌 릿 등 중간소재로 만드는 공정
> ④ 압연공정 : 중간소재(슬래브, 블룸, 빌릿)를 늘리거나 얇게 만드는 공정
> [정답 ①]

033 다음은 제선공정에 대한 세부공정설명 중 틀린 것은?

① 원료공정 : 해안의 부두 하역설비에서 원료를 하역하여 원료 저장고에 보관 저장하는 공정
② 소결공정 : 고로에 투입하기 전에 철광석 가루를 고형화하여 일정한 크기의 소결광을 제조하는 공정
③ 코크스공정 : 유연탄을 코크스로에서 가열하여 코크스를 생산하는 공정
④ 고로공정 : 고로에 철광석, 소결광, 코크스를 함께 투입하여 코크스 연소과정에서 생성된 CO에 의해 철광석과 소결광이 산화되면서 선철을 생성하는 공정

> **해설**
> 고로공정 : 코크스 연소과정에서 생성된 CO에 의해 철광석과 소결광이 환원되면서 선철을 생성하는 공정
> [정답 ④]

034 철강제조공정 중에서 온실가스배출비중이 가장 큰 공정은?

① 제선공정 ② 제강공정 ③ 연주공정 ④ 압연공정

> **해설**
> 제선공정은 많은 에너지와 환원제가 필요한 공정으로서 철강공정에 의한 온실가스량의 약 80% 이상을 차지한다.
> [정답 ①]

035 석탄 생산공정에서 석탄(유연탄)의 역할에 대한 설명으로 옳지 않은 것은?

① 석탄 생산공정에서 유연탄은 연료가 아닌 원료로서 사용된다.
② 유연탄으로 코크스를 만들어 산화철을 환원하는 환원제로서 다음과 같은 직접 환원 반응을 나타낸다. $FeO + CO \rightarrow Fe + CO_2$
③ 철광석의 용융 및 환원에 필요한 열량 공급을 위한 열원이 된다.
④ 균일하고 원활한 고로 내부 가스 흐름과 고로 하부의 원활한 쇳물과 슬래그 흐름을 위한 통기성 및 통액성 확보 기능이 있다.

해설
유연탄의 환원반응
직접 환원 반응 : $FeO + C(코크스) \rightarrow Fe + CO$
간접 환원 반응 : $FeO + CO \rightarrow Fe + CO_2$

[정답 ②]

036 다음 중 철강 생산공정의 부생가스가 아닌 것은?

① BFG
② LFG
③ COG
④ LDG

해설
철강공정 부생가스
BFG : Blast Furnace Gas, 고로가스
COG : Coke Oven Gas, 코크스오븐가스
LDG : Linz-Donawitz Converter Gas, 전로가스
FOG : Finex Off Gas, 차세대 철강생산기술인 파이넥스 설비에서 발생하는 부생가스인 파이넥스 부생가스
LFG : Land Fill Gas, 매립지에서 발생하는 가스

[정답 ②]

037 다음 중 공정배출에 해당하지 않는 것은?

① 원료공정
② 코크스공정
③ 고로공정
④ 소결공정

해설
원료공정은 원료를 하역하여 원료저장고에 보관 저장하는 공정으로서 전기, 용수, 분진비산방지를 위한 전력사용에 의한 배출이 있을 수 있으며 이는 공정배출에 해당되지 않는다.

[정답 ①]

038 철강생산에 의한 온실가스 배출특성에 관한 내용으로 틀린 것은?

① 주요공정배출 온실가스는 CO_2, CH_4이다.
② 코크스로는 석탄을 열분해하여 코크스를 생산하며 반응특성 상 CH_4 배출이 높다.
③ 소결로는 철광석 입자를 코크스, 용제와 혼합한 다음에 연소 환원반응을 거쳐 괴광을 제조하는 과정이며, 반응 특성 상 CO_2 배출이 높다.
④ 전기로(전기아크로)는 용선과 철스크랩 중의 탄소 불순물이 산화 분해되면서 CH_4가 주로 배출된다.

> **해 설**
> 전기로(전기아크로)는 CO_2가 주로 배출된다. [정답 ④]

039 고로공정(Blast Furnace)의 최적실용화기술(BAT) 도출시 고려사항에 해당하지 않는 것은?

① 코크스의 일부를 중질연료유, 오일잔사, 입상 또는 분말 석탄, 천연가스 또는 폐플라스틱 등 탄화수소원으로 대체하여 환원제로서 노(Furnace)의 송풍구 수준(Tuyere level)에서 직접 주입함으로써 에너지 소비량이 절감된다.
② 고로가스(BF Gas)로부터 에너지를 회수한 후 코크스 오븐 가스 또는 천연가스와 혼합하여 연료로서 사용한다.
③ 고압의 상층 고로가스를 가스정제시설 후단에 설치된 확장 터빈(Expansion Turbine)을 통하여 회수할 수 있으며, 이때 고로가스 정제시설과 분배 네트워크에서 압력 강하가 높아야 실행이 가능하다.
④ 핫스토브(Hot Stove)의 에너지 효율을 최적화한다.

> **해 설**
> 고압의 상층 고로가스는 가스정제시설 후단에 설치된 확장 터빈(Expansion Turbine)을 통하여 에너지를 회수하며, 이때 얻어지는 에너지 회수 정도는 상층 가스의 양, 압력 경사, 유입온도의 영향을 받게 되며, 고로가스 정제시설과 분배 네트워크에서 압력 강하가 낮아야 실행이 가능하다. [정답 ③]

040 철강 생산공정의 온실가스배출활동에 대한 설명 중 옳지 않은 것은?

① 코크스공정 : 석탄의 고열 탄화과정에서 CO_2, CH_4발생
② 소결공정 : 코크스의 연소공정에서 CO_2, CH_4발생
③ 고로공정 : 철광석 산화과정에서 CO_2가 주로 발생
④ 전기로공정 : 철 스크랩을 산화 정련하는 과정에서 CO_2가 주로 발생

> **해설**
> 고로공정은 철광석 환원과정에서 CO_2가 주로 발생한다.   [정답 ③]

041 철강생산시설의 운영경계 내에 존재 가능한 배출원 중 분류가 다른 하나는?

① 고정연소 ② 이동연소
③ 외부전기 및 외부 열 사용 ④ 공정배출원

> **해설**
> 외부전기 및 외부열사용은 간접배출(scope2)에 해당하고 나머지는 직접배출(Scope1)해당한다.   [정답 ③]

042 철강 생산공정에서 사용되는 석회석의 역할은 무엇인가?

① 환원제의 역할 ② 선철의 불순물 제거
③ 응고제의 역할 ④ 중화제의 역할

> **해설**
> 선철의 불순물이 석회석($CaCO_3$) 과 반응하여 슬래그를 형성하고 형성된 슬래그는 철에 비해 비중이 낮으므로 고로 상부로 부상 분리된다.
> • 슬래그 형성 반응식: $CaO + SiO_2 \rightarrow CaSiO_3$(슬래그)   [정답 ②]

043 다음은 고로공정에서 CO_2가 발생하는 직접환원과 간접환원 반응식이다. 각각의 빈칸에 들어가는 물질로 옳지 않은 것은?

직접환원반응
(①) + (②) → Fe + CO
간접환원반응
(③) + (④) → Fe + CO_2

① FeO ② C ③ FeO ④ C

> **해설**
> • 고로공정의 환원반응식
> 직접환원반응 : FeO + C(코크스) → Fe + CO
> 간접환원반응 : FeO + CO → Fe + CO_2 [정답 ④]

044 다음은 선철의 불순물제거를 위한 생석회를 생성하는 반응이다. 본 반응에서 발생하는 CO_2 배출은 어디에 해당하는가?

$$CaCO_3 \xrightarrow{\text{가열}} CaO + CO_2$$

① 공정배출　　② 연소배출　　③ 탈루배출　　④ 간접배출

해설
석회석의 소성반응으로 공정배출에 해당한다.　　　　　　　　　　　　　　　　　　　[정답 ①]

045 제강공정의 설명으로 옳지 않은 것은?

① 용선의 불순물 제거를 통해 철의 강도를 높이는 공정이다.
② 제강공정에는 크게 전로(Converter)제강공정과 전기로(Electric Arc Furnace)제강공정으로 구분할 수 있다.
③ 전로 속에는 70~90%의 용선(Pig Iron)과 10~30%의 철스크랩(Steel Scrap)을 함께 넣은 후 산소를 불어넣는다.
④ 전기로는 고온의 1,200℃의 열풍을 불어넣어 철스크랩(Steel Scrap)을 녹임으로써 강을 제조한다.

해설
전기로는 전열을 이용하여 강을 제조하는 노(Furnace)로서, 전기양도체인 전극에 전류를 통하여 철스크랩 사이에 발생하는 아크(Arc) 열에 의해 철스크랩이 녹는다.　　　　　　　　　　　　　　　　　　　[정답 ④]

046 다음 중 전기로에 해당하는 내용으로만 묶인 것은?

㉠ 70~90%의 용선과 10~30%의 철스크랩을 전기로에 투입하고 고압의 순산소를 주입하여 불순물을 제거한다.
㉡ 아크열에 의해 철스크랩을 녹이는 반응로와 유도전류에 의한 저항열로 정련하는 유도로 두 방식이 있다.
㉢ 전력소모가 높은 단점이 있다.
㉣ 순도를 높이기 위해 2차 정련을 거친다.

① ㄱ-ㄴ-ㄷ
② ㄴ-ㄷ-ㄹ
③ ㄱ-ㄷ-ㄹ
④ ㄱ-ㄴ-ㄹ

해설
㉠의 내용은 전로제강공정에 대한 내용이다. [정답 ②]

047 다음은 철강생산업체 A가 온실가스 배출량 산정에 포함해야하는 직접배출원의 종류이다. 관련 온실가스 종류가 잘못 연결된 것은?

① 공정연소 : CO_2, CH_4, N_2O
② 이동연소 : CO_2, CH_4, N_2O
③ 탈루배출 : CH_4
④ 공정배출 : CO_2, CH_4, N_2O

해설
코크스공정, 소결공정, 고로공정, 전로공정, 전기로 공정에서 CO_2, CH_4가 공정배출로 발생한다. [정답 ④]

048 다음 중 일관제철소에서 온실가스배출을 야기하는 물질이 아닌 것은?

① 유연탄   ② PCI탄   ③ 석회석   ④ 생석회

해설
생석회는 CaO로서 CO_2 발생이 없다.
• 생석회의 슬래그 형성반응식 : $CaO + SiO_2 \rightarrow CaSiO_3$(슬래그) [정답 ④]

049 코크스 제조 공정에서 발생하는 기체 부산물을 코크스오븐가스(COG)라고 한다. 본 부생가스의 구성성분에 포함되지 않는 것은?

① CO_2 ② Cl_2 ③ H_2 ④ N_2

해설
코크스오븐가스(Cokes Oven Gas)는 H_2, CH_4, CO, CO_2, H_2S, NH_3, N_2 이외 수증기, 타르, 경질유, 고체 입사장 물질 등의 성분으로 구성되어 있으므로 연료로서 활용하기 위해서는 일반적으로 정제과정이 필요하다. [정답 ②]

050 다음 중 제선공정에 포함되는 공정으로 묶여진 것은?

㉠ 평로공정	㉡ 원료 공정	㉢ 고로공정
㉣ 코크스 제조공정	㉤ 소결공정	㉥ 전기로 공정

① ㉠ - ㉡ - ㉢ - ㉣
② ㉡ - ㉢ - ㉣ - ㉤
③ ㉢ - ㉣ - ㉤ - ㉥
④ ㉠ - ㉣ - ㉤ - ㉥

해설
㉠ 평로공정과 ㉥ 전기로 공정은 제강공정이다. [정답 ②]

051 합금철 생산공정에 관한 내용으로 옳지 않은 것은?

① 합금철은 철강 제련과정에서 용탕의 탈산 혹은 탈류 등 불순물을 제거하거나 철 이외의 성분원소 첨가를 목적으로 사용된다.
② 합금철 생산은 일반적으로 원자재 투입, 원료배합, 정련 및 출탕, 기계적 파쇄 4단계로 구분하고 있으며, 경우에 따라 건조설비 등이 추가되기도 한다.
③ 합금철 생산공정의 보고 대상 배출시설은 전로, 전기아크로 총 2개 시설이다.
④ 합금철 제조는 초기 단계에는 전기로에서 이루어졌으나, 전기로의 운영비 고가로 주로 고로에서 제조되고 있다.

해설
합금철의 제조는 처음에는 대부분 고로에서 이루어졌으나, 고로에서는 생산 가능한 품종 및 제품규격이 한정되어 있기 때문에 전기로가 개발된 이후 합금철은 거의 대부분 전기로에서 제조되고 있다. [정답 ④]

052 다음 반응식은 합금철 생산공정 중 어느 공정에 해당하는가?

$FeO + C \rightarrow Fe + CO$
$FeO + CO \rightarrow Fe + CO_2$
$MnO_2 + 2C \rightarrow Mn + 2CO$

① 원자재 전처리 공정
② 원료의 배합 공정
③ 정련 및 출탕 공정
④ 합금철 변형 공정

> **해설**
> 합금철 생산은 일반적으로 원자재 투입, 원료배합, 정련 및 출탕, 기계적 파쇄 4단계로 구분하며, 위 반응은 정련 및 출탕공정에서 일어난다.
> [정답 ③]

053 합금철 생산시설의 온실가스 배출활동 중 CH_4 발생 배출원인에 해당되지 않는 것은?

① 연료연소
② 탈루배출
③ 전로의 코크스 야금 환원
④ 실리콘계 합금철 생산

> **해설**
> - 전로에서의 코크스 야금환원과 전기로에서의 탄소봉에 의한 금속산화물 환원에 의해 CO_2가 발생한다. 단, 실리콘계 합금철을 생산할 경우 전로, 전기로에서 CH_4가 발생한다.
> - 연료연소 : CO_2, CH_4, N_2O가 발생한다.
> - 탈루배출 : 화석연료와 관련하여 CH_4가 발생한다
> [정답 ③]

054 다음은 합금철의 정련 및 출탕 공정에서 일어나는 반응식이다 빈칸에 들어가는 물질을 차례대로 나타낸 것은?

- $FeO + C \rightarrow Fe +$ ☐
- $FeO +$ ☐ $\rightarrow Fe + CO_2$
- $MnO_2 + 2C \rightarrow Mn + 2$ ☐

① CO-CO-CO
② CO-C-CO
③ CO_2-C-CO
④ CO_2-CO-CO_2

> **해설**
> - 합금철 생산의 환원정련 반응식
> $FeO + C \rightarrow Fe + CO$
> $FeO + CO \rightarrow Fe + CO_2$
> $MnO_2 + 2C \rightarrow Mn + 2CO$
> [정답 ①]

055 합금철 생산에서 발생하는 공정배출은 정련 및 출탕 공정에서 일어난다. 본 공정에 대한 설명으로 옳지 않은 것은?

① 전기양도체인 전극(탄소봉)에 전류를 통하여 충진된 물질(철 스크랩 등)과 전극사이에 아크열을 발생시킨다.
② 아크열은 철 및 금속을 환원정련 하는 데 이용되고, 이때 탈황작업을 하게 된다.

③ 환원제로는 코크스 또는 탄소봉이 사용되며, 이는 아크열로 산화된 금속을 환원정련 하는 데 이용된다.
④ 합금철 제조공정에서의 CO_2 배출은 환원제의 야금환원(Metallurgical Reduction) 과정 및 전극봉 사용에 의해서 발생한다.

> **해설**
> 전기양도체인 전극(탄소봉)에 전류를 통하여 고철과 전극사이에 발생하는 Arc열을 이용하여 고철 등 내용물을 산화·정련하며, 산화정련 후 환원성의 광재로 환원정련 함으로써 탈산·탈황작업을 하게 된다.
>
> [정답 ②]

056 다음은 비철금속 산업의 특성이다. 옳지 않은 것은?

① 국내 비철금속산업 중 일부 제련소에서는 비철금속 제련에서 발생한 잔재에서 유가금속을 회수하는 Fuming 공정이 가동되고 있다.
② 단독 연 제련소의 형태가 아닌 아연·연 통합제련소 형태로 운영되고 있다.
③ 비철금속 제련을 위한 에너지사용과 환원제 사용이 많아 온실가스 공정배출량이 상당히 많다고 볼 수 있다.
④ 주조 및 압연공정 등과 같은 가공공정에 의한 공정배출이 주를 이룬다.

> **해설**
> 가공공정의 경우 주로 액체/기체, 전기사용에 따른 온실가스 배출이 일어나며, 공정배출은 거의 없다.
>
> [정답 ④]

057 아연 생산공정에 대한 설명으로 옳지 않은 것은?

① 아연 생산방법에는 원광석을 사용하는 1차 생산공정과 재활용 아연을 사용하는 2차 생산공정이 있다.
② 1차 아연 생산에는 Waelz Kiln Process, Fuming 공법이 있고, 2차 아연생산에는 건식 및 습식 야금술이 있다.
③ 아연정광공정은 아연함량이 5~15% 가량인 아연광석을 50% 가량의 순도를 갖는 아연정광을 생산하는 공정이며, 조분쇄, 미분쇄, 부유선광 등의 과정으로 이루어져 있다.
④ 아연제련 생산공정은 아연정광으로부터 아연 괴를 만드는 공정이며, 배소공정, 황산제조공정, 용해공정, 주조공정 등으로 이루어져 있다.

> **해설**
> • 1차 아연생산 : 습식야금술, 건식야금술(전기·열증류법, ISF)
> • 2차 아연생산 : Waelz Kiln Process, Fuming 공법
>
> [정답 ②]

058 아연 생산공정 중 온실가스배출량 보고대상 배출시설에 해당하지 않는 것은?

① 배소로 ② 용융·용해로 ③ 전해로 ④ 증류로

해설
온실가스·에너지 목표관리 운영 등에 관한 지침에서 정하는 아연 생산공정의 보고대상 배출시설은 배소로, 용융·용해로, 전해로이다.

[정답 ④]

059 다음 중 아연 원광석에 관한 내용으로 옳은 것은?

① 아연은 유리된 금속상태 또는 산화물(ZnO) 형태로 존재한다.
② 섬아연광은 주로 철함량이 높으며, Cu-Zn, Pb-Zn, Cu-Pb-Zn과 같이 구리, 납 등이 포함된 경우가 많다.
③ 대부분 불순물이 함유되어 있지 않아 전처리과정이 없어도 된다.
④ 아연정광은 Zn성분이 99.9%정도로 순도가 높다.

해설
아연은 유리된 금속으로 존재하지 않고 화합물의 형태로 존재한다. 아연제련의 이용되는 광석은 황화합물인 섬아연광(Sphalerite, ZnS)으로 약 95% 차지한다. 섬아연광은 여러 불순물이 함유되어 있어 순도를 높이기 위한 전처리과정이 필요하다. 아연광석에 조분쇄, 미분쇄, 부유선광 등을 처리한 아연 정광은 Zn 50%, S 30%, Fe 8%, 기타 20여 가지의 미량원소로 이루어져 있다.

[정답 ②]

060 습식 아연제련공정의 순서로 맞는 것은?

① 용융·용해공정 → 정액공정 → 전해공정 → 배소공정 → 주조공정
② 배소공정 → 용융·용해공정 → 전해공정 → 정액공정 → 주조공정
③ 배소공정 → 용융·용해공정 → 정액공정 → 전해공정 → 주조공정
④ 배소공정 → 정액공정 → 용융·용해공정 → 전해공정 → 주조공정

해설
습식 아연제련법(전해법) 공정
- 배소공정 : 아연정광을 소광(ZnO)으로 변형시키는 공정. 변형된 소광은 황산에 용해되기 쉽다.
- 용융·용해공정 : 소광을 황산으로 용해하는 공정. 이 용액을 아연중성액($ZnSO_4$)이라고 한다.
- 정액공정 : 아연중성액에서 Cu, Cd, Co, Ni 등의 불순물을 제거하는 공정.
- 전해공정 : 아연중성액을 전기분해하는 공정. 음극(Cathode)에 아연이 점착·생산된다.
- 주조공정 : 음극(Cathode)에 생산된 아연을 주조로에서 최종제품인 아연괴를 생산하는 공정.

[정답 ③]

061 다음은 주요 습식 아연제련 생산공정이다. 올바르게 연결된 것은?

㉠ 배소공정	㉮ 아연중성액을 전기분해하는 공정
㉡ 용융·용해공정	㉯ 소광을 황산으로 용해하여 아연중성액($ZnSO_4$)을 생산하는 공정
㉢ 정액공정	㉰ 최종제품인 아연 괴를 생산하는 공정
㉣ 전해공정	㉱ 아연정광을 소광(ZnO)으로 변형하는 공정

① ㉠ → ㉱   ② ㉡ → ㉮   ③ ㉢ → ㉰   ④ ㉣ → ㉯

해설
60번 해설 참조   [정답 ①]

062 1차 아연생산방법의 습식아연제련법에 의한 공정 중 배소공정에 관한 내용으로 틀린 것은?

① 배소로에 투입된 아연정광은 공기 중의 산소와 약 950℃에서 반응하여 ZnS + $1.5O_2$ → ZnO + SO_2와 같이 소광(ZnO)으로 변형된다. 이때 발생한 SO_2는 세정 및 흡수과정을 거쳐 황산제조설비로 유입된다.
② 목표물질이 산화물인 경우 산화배소, 황산염인 경우 황산화배소, 염화물인 경우 염화배소 등 생산목표물질에 따라 공정이 구분되며, 이외 산화물 광석을 환원하는 환원 배소, 물에 가용인 나트륨염으로 하는 소다 배소 등이 있다.
③ 다단배소로, Rotary Kiln, 유동배소로 등의 배소로가 있으며, 이 중 유동배소로가 가장 많이 사용되는 배소로이다.
④ 배소에 필요한 열공급을 위해 연료연소가 필요하며 이때 발생하는 온실가스는 고정연소에 의한 배출에 해당한다.

해설
배소시의 열원은 자체발열반응의 열을 이용하므로 외부에서 특별한 연료공급 없이 자생적으로 반응이 이루어진다.   [정답 ④]

063 온실가스배출과 관련된 아연제련시설의 내용 중 틀린 것은?

① 벤치마크계수유형은 $BM_{i,j,k,l} = \dfrac{\text{제련공정에서의 온실가스배출량}(tCO_2eq)}{\text{아연 생산량}(t\,Zinc)}$ 이며, 이때 온실가스 배출량은 아연제련에 따른 공정배출량이다.

② 배소로 공정의 배출원인은 투입된 환원제 사용으로 인한 CO₂배출이다.
③ 용융용해로 공정의 배출원인은 소광의 환원에 의한 CO₂배출이다.
④ 전해공정시설은 전체공정에서 전력 사용의 85%를 차지하는 에너지다소비공정이므로 일정한 아연 생산량을 유지하기 위해서는 일정한 전력량이 반드시 필요하다.

> **해설**
> 벤치마크계수유형에서 온실가스 배출량은 아연제련에 따른 공정배출과 연료연소배출 등을 포함한다.
> [정답 ①]

064 다음 중 아연생산의 용융·용해공정에 대한 설명으로 옳지 않은 것은?

① 용융·용해공정은 배소공정에서 생성된 소광을 황산으로 용해시켜 아연 중성액을 만드는 공정으로 화학반응식은 $ZnO + H_2SO_4 \rightarrow ZnSO_4 + H_2O$이다.
② 용융로는 고상인 물질이 가열되어 액상의 상태로 만드는 로를 말하며, 용해로는 액체 또는 고체물질이 다른 액체 또는 고체물질과 혼합하여 균일한 상의 혼합물(용체)을 만드는 로를 말한다.
③ 용융로로서 대표적인 것이 용광로, 단지(Pot)로 등이 있으며, 용해로로서는 도가니로, 반사로, 전로, 평로, 전기로, 용선로 등이 있다.
④ 용해공정단계에서는 다른 금속불순물이 거의 없어 아연의 순도가 매우 높다.

> **해설**
> 용해공정에서는 목표물질인 아연 외 Fe, Cu, Pb, Ni, Co 등과 같은 다른 금속 불순물도 함께 용해된다. 따라서 용해공정은 이들 불순물을 분리 추출하기 위해 여러 pH 공정으로 이루어져있다. 불순물은 잔류고상물질로 분리된 후 추가적인 유가금속 회수 및 안정화 처리를 거친다.
> [정답 ④]

065 전해공정에 대한 설명으로 옳지 않은 것은?

① 전해질용액이나 용융전해질 등의 이온전도체에 전류를 통해서 화학변화를 일으키는 로를 말한다.
② 전해공정은 냉각탑을 설치 운영하는데 이는 전해질 용액, 용융 전해질 등의 이온 전도체에 전류를 통해서 화학 변화를 일으키는 전해액 냉각을 위해서이다.
③ 보통 로의 내부 온도는 950~1,000℃이며, 직류 전류를 통전함으로써 순수한 아연이 양극판에 전착하고 전착한 아연은 주기적으로 박리되어 주조공정으로 보낸다.
④ 채취 시 황산이 유리되므로 아연 전착 후 남은 미액은 소광 중의 아연을 용해하는데 재이용하도록 용해공정으로 보낸다.

> **해설**
> 전해 공정에서 아연은 음극판에 전착되어 주조공정에 보내어 진다.
> 양극(Anode) : $H_2O \rightarrow 2H^+ + 0.5O_2 + 2e^-$ / 음극(Cathode) : $Zn^{2+} + 2e^- \rightarrow Zn$
>
> [정답 ③]

066 다음은 알루미늄 전해로에 대한 설명이다. 옳은 것은?

① 알루미늄 전해로에는 빙정석이 사용되며 로의 내면은 알루미늄으로 입혀져 있으며 보통 직사각형의 구조를 가진 Shell 또는 Pot형으로 되어있다.
② 내부에 탄소전극봉이 꽂혀 있는데 탄소전극봉에서는 음극을 제공하며 로의 내벽에 코팅된 알루미늄은 양극을 제공함으로서 음극사이에 전류가 형성된다.
③ 용융된 빙정석은 전해질 역할을 하게 되고 두 극사이의 전류의 흐름으로 인해 발생되는 저항열 때문에 로 내의 온도가 유지된다.
④ 알루미늄은 양극 쪽으로 모이게 되어 욕조의 표면 바로 밑에 용융된 상태로 존재한다.

> **해설**
> 알루미늄 전해로
> - 전해로는 주로 비철금속 계통의 물질을 용융시키는데 이용되며 대표적인 것으로 알루미늄전해로가 있다. 알루미늄 전해로에는 빙정석이 사용되며 이는 원료인 알루미나에 대한 전해질의 역할과 로의 내면은 탄소로 입혀져 있으며 보통 직사각형의 구조를 가진 Shell 또는 Pot형으로 되어있고, 그 내부에 탄소전극봉이 꽂혀 있다. 탄소전극봉에서는 양극을 제공하며 로의 내면에 코팅된 탄소는 음극을 제공함으로서 양극사이에 전류가 형성된다. 이때 용융된 빙정석은 전해질 역할을 하게 되고 두 극 사이의 전류의 흐름으로 인해 발생되는 저항열 때문에 로 내의 온도가 유지된다.
> - 보통 로 내부 온도는 950~1,000℃정도이며, 알루미늄은 음극 쪽으로 모이게 되어 욕조의 표면 바로 밑에 용융된 상태로 존재한다. 탄소전극봉은 반응기간 동안에 형성된 산소와 Cell은 사용되는 양극의 형태와 배열상태에 따라 구분되며, Pot는 일반적으로 Prebaked(PB), Horizontal Stud Soderberg(HSS), Vertical Stud Soderberg(VSS)로 구분된다.
>
> [정답 ③]

067 다음 설명은 습식아연제련공정 중 어느 공정에 대한 내용인가?

- 아연 음극판을 저주파 유도로에 용융시켜 각각의 종류에 따라 아연제품 생산
- 최종 제품인 아연 괴 및 정액공정에서 불순물 제거를 위한 아연말 생산
- 부산물 아연 산화물인 드로스는 배소공정으로 이송하여 아연 회수

① 용융·용해공정   ② 정액공정   ③ 전해공정   ④ 주조공정

해설
- 용융·용해공정 : 소광을 황산으로 용해하여 아연중성액($ZnSO_4$)을 생산
- 정액공정 : 아연중성액에서 불순물인 Cu, Cd, Co, Ni 등을 제거하는 공정
- 전해공정 : 아연중성액을 전기분해하여 음극(Cathode)에 아연을 점착·생산
- 주조공정 : 아연캐소드를 주조로에서 최종제품인 아연괴를 생산하는 공정

[정답 ④]

068 아연제련에서 습식제련법과 건식제련법에 대한 비교로 틀린 것은?

① 습식제련법에 의한 아연은 순도 99.995% 이상으로 건식제련을 통해 생산된 아연보다 순도가 높다.
② 습식아연제련법은 배소공정, 용융·용해공정, 정액공정, 전해공정, 주조공정으로 이루어지고 건식제련법은 증류법과 건식야금법에 따라 공정이 다르다.
③ 습식제련법은 1차 아연생산방법에 속하고, 건식제련법은 2차 아연생산방법에 속하며, 습식제련법은 CO_2 배출이 발생하지 않으므로 보고대상에 포함되지 않는다.
④ 습식제련법과 건식제련법은 모두 원광석을 사용하여 아연을 생산한다.

해설
- 습식야금술, 건식야금술(전기·열증류법, ISF) 모두 1차 아연생산방법이므로 원광석을 원료로 사용한다.
- 2차 아연생산방법에는 Waelz Kiln Process, Fuming 공법이 있으며 재활용아연을 원료로 사용한다.

[정답 ③]

069 다음은 아연생산의 건식제련법에 관한 내용이다. 옳지 않은 것은?

① 건식제련법은 증류법과 건식 야금법이 있다.
② 증류법은 배소공정, 증류공정, 농축공정으로 구성되어 있다.
③ 전기·열 증류법은 로(Furnace) 내를 전기를 이용하여 가열하는 방법으로 세계 아연 생산능력 2%에 불과하다.
④ ISF는 고로에서 코크스를 산화제로 활용하여 아연정광과 납을 산화시킴으로 아연과 납을 동시에 생산하는 방식이다.

해설
- ISF는 코크스를 환원제로 활용하여 아연과 납을 동시에 생산할 수 있는 방식이다.
※ 건식제련법
1차 생산방법에 속하며, 증류법과 건식 야금법이 있다.
- 증류법 : 배소공정(정광을 산화아연으로 환원), 증류공정(가열하여 아연증기를 생성), 농축공정(아연증기를 응축)으로 구성된다. 증류법에는 세부적으로 수평 증류법, 수형 증류법, 전기·열 증류법이 있으며, 이 중에서 전기·열 증류법은 수형 증류기로 연속 증류시키기 위해 전기를 이용하여 가열하는 방법으로서 개량형이 개발되어 왔으나, 아연 생산능력은 세계 2%에 불과하다.

해설
- 건식 야금법 : ISF(Imperial Smelting Furnace)가 있는데 이 방법은 아연과 납을 한 개 로에서 동시에 환원할 수 있으며 코크스를 고로 환원제로 사용한다. 두 금속의 생산비율은 아연 2톤당 납 1톤가량이다.

[정답 ④]

070 다음은 아연 생산공정을 나타낸 그림이다. 점선 박스에 있는 공정에 해당되지 않는 내용은?

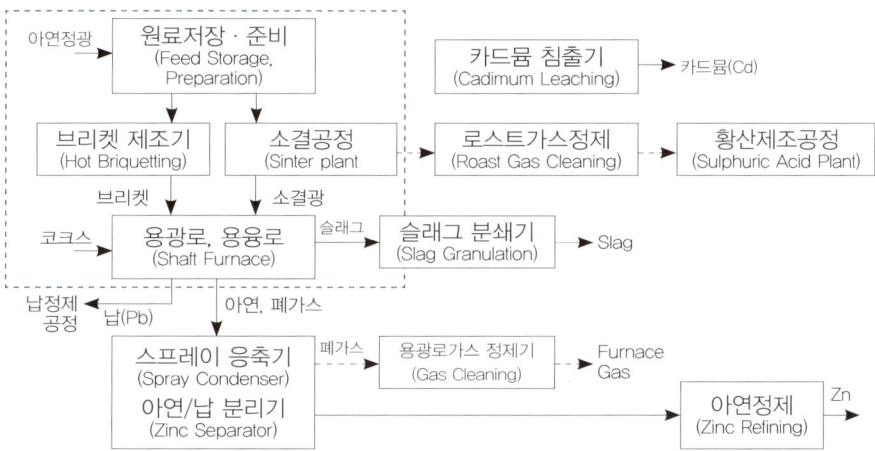

〈출처 : 온실가스 에너지 목표관리 운영 등에 관한지침 (2014)〉

① 예열 공기는 Shaft Furnace의 하부로부터 유입되고, Sinter와 예열된 코크스는 상부로 주입한다.
② 1,200℃에서 탄소는 일산화탄소의 형태로 전환되어 아연 및 연을 금속 상태로 환원한다.
③ 비등점 이하의 연은 금, 은, 동 등과 함께 조연형태로 배출되고, 비등점 이상의 아연은 다른 가스와 함께 로의 상부로 증발된다.
④ 금속아연 증기(Fume)가 재산화되지 않도록 용융된 연을 Spray Condenser에서 분사하여 급랭시키고, 이후 아연/납 분리기에서 두 개 금속을 분리한다.

해설
- ④는 스프레이응축기에 대한 내용이다.
- 아연정제공정 : 금, 은, 동 분리공정이다.

[정답 ④]

071 다음 그림이 나타내는 공정에 대한 설명으로 잘못된 것은?

① 용융로와 휘발로 상부의 TSL을 이용하여 비철제련 공정부산물을 분해 · 용융 · 환원하는 공정이다.
② 연소용 가스를 고온 고압으로 용탕에 직접 주입하여 강력한 Turbulence를 유발시킴으로 고온 휘발 · 용융 환원된 유가 금속을 회수한다.
③ 잔류물질은 불용성의 안정화된 슬래그를 형성한다.
④ 20세기 초에 아연산화광을 처리하기 위하여 개발되었으나 현재는 아연 함유 2차 원료, 특히 전기로 제강 분진을 처리하기 위하여 사용되는 공법이다.

해설
- 그림의 공정은 Fuming 공정이며, ④번의 내용은 Waelz Kiln 공정에 관한 내용이다.
※ Fuming 공정
2차 아연 생산방법으로 Zn(아연), Fe(철), Pb(납), Au(금), Cu(구리), In(인듐) 등의 금속이 포함하는 비철제련 공정 부산물을 용융로와 휘발로 상부에 설치한 반응열원 공급관(TSL, Top Submerged Lance)을 이용하여 분해 · 용융 · 환원함으로써 고온 휘발 · 용융 환원된 유가 금속을 회수하는 방식이다.

[정답 ④]

072 다음 그림이 나타내는 공정에 대한 설명으로 잘못된 것은?

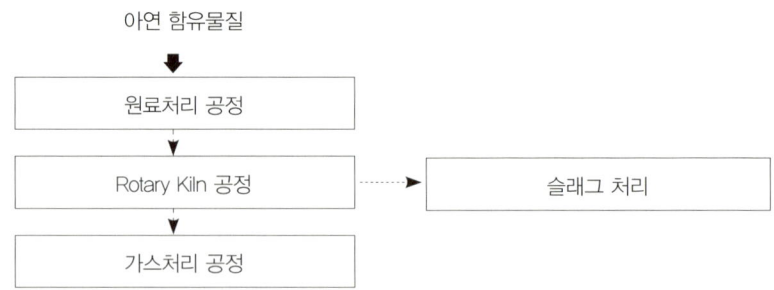

① 아연산화광을 처리하기 위하여 개발되었으나 현재는 아연 함유 2차 원료인 제강분진(EAF Dust)을 처리하기 위해 사용되는 공법이다.
② 원료 처리공정은 전기로 제강분진 등을 코크스, 용제와 함께 Pellet형태로 제조한다.
③ 1,200℃ 가량의 조업 온도 및 코크스가 환원제 역할을 하는 강환원성 분위기에서 아연과 납이 환원되어 가스 상태로 증발 배출된다.
④ 환원된 후 증발되어 재산화함에 따라 집진기에 포집될 때는 산화물 형태(Waelz Oxide)가 되는데, 이 때 Waelz Oxide는 고순도이다.

> **해설**
> - 그림은 Waelz Kiln 공정도이며, Waelz Oxide는 고순도 아연이 아닌 산화물 형태로 Zn 함량은 50~60% 정도로 다량의 불순물을 포함하고 있다.
> ※ Waelz Kiln 공정
> 2차 아연 생산방법이며, 아연 함유 2차 원료인 제강분진(EAF Dust)을 처리하기 위해 사용되는 공법이다.
> - 원료처리공정 : 전기로 제강분진, 코크스, 용제를 Pellet형태로 제조
> - Rotary Kiln공정 : 코크로 인한 강환원성 분위기에서 아연과 납이 환원. 환원된 아연과 납은 가스로 증발. 금속 증기는 킬른 내 잉여공기로 산화
> - 가스 처리 공정 : 챔버(조분진 제거), 냉각단계(물로 가스 냉각), 전기 집진기(Waelz 산화물 제거)로 구성. 환원 후 증발되어 재산화되어 산화물 형태(Waelz Oxide)로 Bag filter에 포집　　　　　　　　　　　　　　　　　　[정답 ④]

073 1차 납 생산공정에 대한 설명이다. 옳지 않은 것은?

① 연정광으로부터 미가공 조연(Bullion)을 생산하며 소결제련공정과 직접제련공정 2가지로 구분된다.
② 소결/제련 공정은 소결과 제련과정을 연속적으로 거치며 전체 1차 납생산 공정의 약 78%를 차지한다.
③ 직접 제련공정은 소결과정이 생략되며 1차 납 생산 공정의 22%를 차지한다.
④ 재활용납을 재사용하기 위한 준비과정까지 포함된다.

> **해설**
> 재활용납의 재사용을 위한 준비과정은 2차 생산공정에 속한다.　　　　　　　　　　　　　　　　　　[정답 ④]

074 납 생산공정의 온실가스배출에 대한 내용으로 옳지 않은 것은?

① 소결공정에서 이산화황(SO_2)을 배출하고 납을 가열하는 천연가스로부터 에너지 관련 이산화탄소(CO_2)를 배출한다.
② 소결물은 코크와 공기가 반응하여 연소되면서 발생한 일산화탄소(CO)에 의해 환원

되고 이때 CO_2를 발생한다.
③ 석탄, 야금 코크, 천연가스 등 다양한 물질들이 공정 중 환원제로 사용되는데 그 사용량이 거의 일정함에 따라 CO_2의 배출수준도 거의 일정하다.
④ 보고대상 온실가스 배출시설은 소결로, 용융·융해로가 있다.

해설
석탄, 야금 코크, 천연가스 등 다양한 물질들이 공정 중 환원제로 사용되는데 로의 타입에 따라 그 사용량이 달라지며 CO_2의 배출수준이 달라진다. [정답 ③]

075 다음은 1차 납 생산공정 설명 중 바르지 않은 것은?

① 원료준비공정 : 소결·제련공정을 위한 원료의 분쇄 전처리과정이다.
② 소결공정 : 용융점 이하의 온도에서 가열함으로써 연정광(분말형태)을 소결광으로 전환하는 공정이며 납을 가열하기 위한 천연가스로부터 에너지 관련 CO_2배출이 있다.
③ 제련공정 : 소결물을 원석, 공기, 야금코크스, 용해부산물과 함께 투입하며, CO_2 배출원인 반응공정이다.
④ 침전조 : 냉각과정에서 고밀도의 슬래그가 하부로 침전하면서 분리되는 과정이다.

해설
침전조 : 저밀도의 슬래그는 표면으로 부상하면서 분리되고 납 생성물은 침전조 하단으로 배출되어 2차 처리과정을 위해 이송된다. [정답 ④]

076 다음 중 납 생산시설의 공정배출 온실가스종류로 맞는 것은?

① CO_2 ② CO_2, CH_4 ③ CO_2, CH_4, N_2O ④ CH_4, N_2O

해설
소결로와 용융융해로에서 환원반응에 의해 CO_2가 배출된다. [정답 ①]

077 2차 납 생산방법은 납을 함유하고 있는 스크랩을 원료로부터 납 또는 합금을 생산하는 공정으로 납의 60% 이상이 자동차 배터리의 스크랩에서 생산한다. 본 공정에 대한 다음 내용 중 옳은 것은?

① 스크랩의 전처리는 금속 및 비금속 오염물 일부를 제거하는 공정으로서 주로 용융분해과정이라고 할 수 있다.

② 전처리된 납스크랩은 반사로 또는 회전형 가열로에서 높은 용융온도의 금속 추출물로부터 납을 분리하는데 납함유가 높은 경우 회전형 가열로, 납 함량이 낮은 경우 반사로를 사용한다.
③ 오염물이 제거된 납산화물은 폭발로, 반사로, 회전형 가마로에서 환원반응을 거쳐 납을 생산하는데 유입공기와 코크의 폭발적 반응을 통해 납의 용융에 필요한 에너지를 공급한다. 이때 코크는 전량 유입물을 용융시키기 위한 연료로 사용된다.
④ 생산된 납은 연화, 합금, 산화공정으로 구성된 정제 및 주조공정을 거치며 순도와 합금형태에 따라 다르다.

해설
- 전처리는 주로 파쇄 및 분해과정이라고 할 수 있다.
- 납함유가 낮은 경우 회전형 가열로, 납함량이 높은 경우 반사로를 사용한다.
- 코크 일부는 유입물을 용융시키기 위해 연료로 사용되며 다른 일부는 산화납을 환원시켜 금속납을 생산하는데 사용된다.

[정답 ④]

078 다음 중 전자산업의 불소화합물 배출에 대한 설명으로 옳지 않은 것은?

① 플라즈마 식각, 반응 챔버의 세정 및 온도 조절을 위해 불소화합물(Fluorinated Compounds, FCs)이 이용된다.
② 실온에서 가스 상태인 CF_4, C_2F_6, C_3F_8, $c-C_4F_8$, $c-C_4F_8O$, C_4F_6, C_5F_8, CHF_3, CH_2F_2, NF_3, SF_6 등의 불소화합물이 사용되며 주로 실리콘 포함 물질의 플라즈마 식각, 실리콘이 침전되어 있던 화학증착(CVD) 기구의 내벽을 세정하는데 사용된다.
③ 생산과정에서 사용되는 불소화합물들 중 일부분은 부산물인 CF_4, C_2F_6, CHF_3, C_3F_8로 전환되기도 한다.
④ 실온에서 액체 상태인 불소화합물 중 일부 HFCs는 전자제품 제조과정에서 온도조절을 위한 열전도유체로 사용되며 TFT-FPD 세정 시에도 종종 사용된다.

해설
실온에서 액체 상태인 불소화합물 중 일부 PFCs는 전자제품 제조과정에서 온도조절을 위한 열전도유체로 사용되며 TFT-FPD 세정 시에도 종종 사용된다.

[정답 ④]

079 반도체 제조공정에 대한 설명이다. 옳지 않은 것은?

① 웨이퍼 제조공정, 웨이퍼 가공공정, Package 조립공정, Module 조립공정 크게 4가지 공정으로 구별할 수 있다.
② 웨이퍼제조공정은 단결정 성장(Crystal Growing), 절단(Shaping), 경면연마

(Polishing), 세척과 검사 (Cleaning & Inspection) 공정으로 구성된다.
③ 웨이퍼 가공은 웨이퍼 표면에 반도체 소자난 IC를 형성하는 제조공정을 말하며, 반도체 제조 회사라고 하면 일반적으로 웨이퍼 가공부터 시작하는 회사를 말한다.
④ 온실가스 배출시설 종류는 식각시설과 (화학기상)증착시설이며 이들은 웨이퍼제조 공정에 속한다.

해설
온실가스 배출시설 종류는 식각시설과 (화학기상)증착시설이며 이들은 웨이퍼가공공정에 속한다.

[정답 ④]

080 다음은 반도체 생산공정 중 웨이퍼가공공정을 나타낸다. 빈칸에 들어갈 공정에 대한 설명으로 틀린 것은?

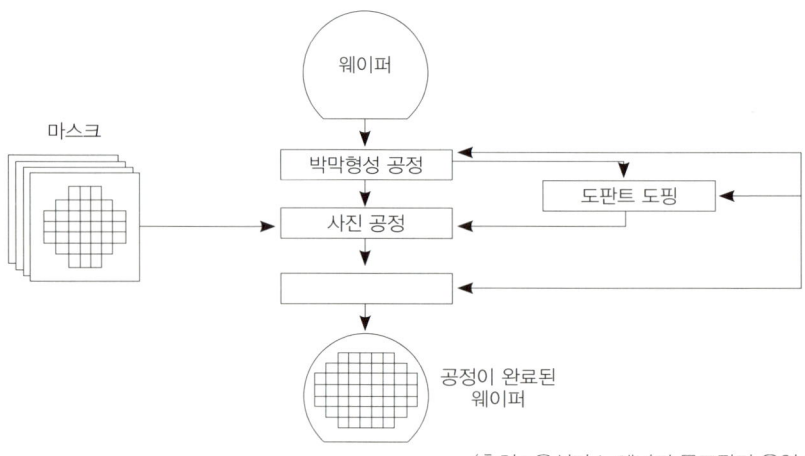

〈출처 : 온실가스 에너지 목표관리 운영 등에 관한지침 (2014)〉

① 웨이퍼에 절연막이나 전도성막을 형성시키는 공정이다.
② 웨이퍼를 화공약품이나 부식성가스를 이용해 필요 없는 부분을 선택적으로 없앤다.
③ 현상액이 남아있는 부분을 남겨둔 채 나머지 부분은 부식시키고 식각이 끝나면 감광액을 황산용액으로 제거한다.
④ 온실가스로 불소화합물가스를 배출한다.

해설
• 빈칸에 들어갈 공정은 식각공정이며, ①은 증착공정에 대한 내용이다.
• 식각공정은 웨이퍼에 회로 패턴을 형성시켜 주는 공정이다.

[정답 ①]

081 다음 내용이 설명하는 반도체 제조공정의 주요 온실가스 배출공정은?

> 가스의 화학반응으로 형성된 입자들을 웨이퍼 표면에 수증기 형태로 쏘아 절연막이나 전도성막을 형성시킨다. 일종의 보호막과도 같은 역할을 한다.

① 식각시설 ② 증착시설 ③ 감광액 도포 ④ 현상

해 설
- 식각시설 : 웨이퍼에 회로 패턴을 형성시킨다.
- 감광액 도포 : 감광액을 웨이퍼 표면에 고르게 바른다.
- 현상 : 현상액을 웨이퍼에 뿌려 노광과정 중 노광 부분의 현상액만 날아가게 한다. **[정답 ②]**

082 다음은 전자부문의 주요 온실가스 배출공정인 웨이퍼 가공공정의 세부 과정이다. 순서대로 바르게 나열한 것은?

㉮ 현상 (Development)	㉲ 산화 (Oxidation) 공정
㉯ 이온 주입 (Ion Implantation)	㉳ 금속배선 (Metalization)
㉰ 감광액 (Photoresist) 도포	㉴ 화학 기상 증착 (CVD)
㉱ 노광 (Exposure)	㉵ 식각 (Etching)

① ㉲ – ㉰ – ㉱ – ㉮ – ㉵ – ㉯ – ㉴ – ㉳
② ㉰ – ㉲ – ㉮ – ㉱ – ㉵ – ㉯ – ㉴ – ㉳
③ ㉲ – ㉰ – ㉱ – ㉵ – ㉯ – ㉮ – ㉴ – ㉳
④ ㉰ – ㉲ – ㉱ – ㉮ – ㉵ – ㉯ – ㉴ – ㉳

해 설
웨이퍼가공공정 순서
산화공정 → 감광액도포 → 노광 → 현상 → 식각 → 이온주입 → 화학기상증착 → 금속배선 **[정답 ①]**

083 다음은 식각시설의 물질에너지수지개요도이다. 다음 빈칸 ㉮㉯㉰에 들어갈 말이 순서대로 옳은 것은?

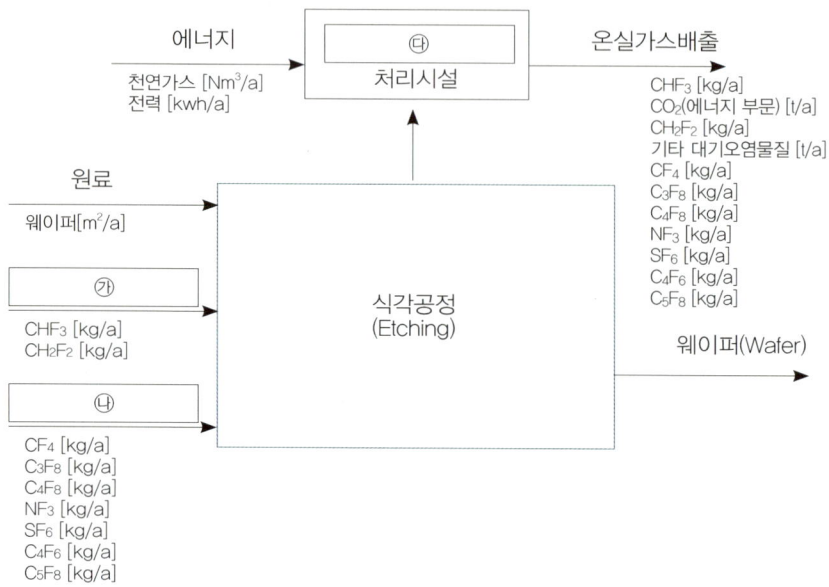

〈출처 : 온실가스 에너지 목표관리 운영 등에 관한지침 (2014)〉

① 세정용가스, 공정가스(부식), PFCs
② 세정용가스, PFCs, 공정가스(부식)
③ 공정가스(부식), PFCs, 세정용가스
④ 공정가스(부식), 세정용가스, PFCs

해설

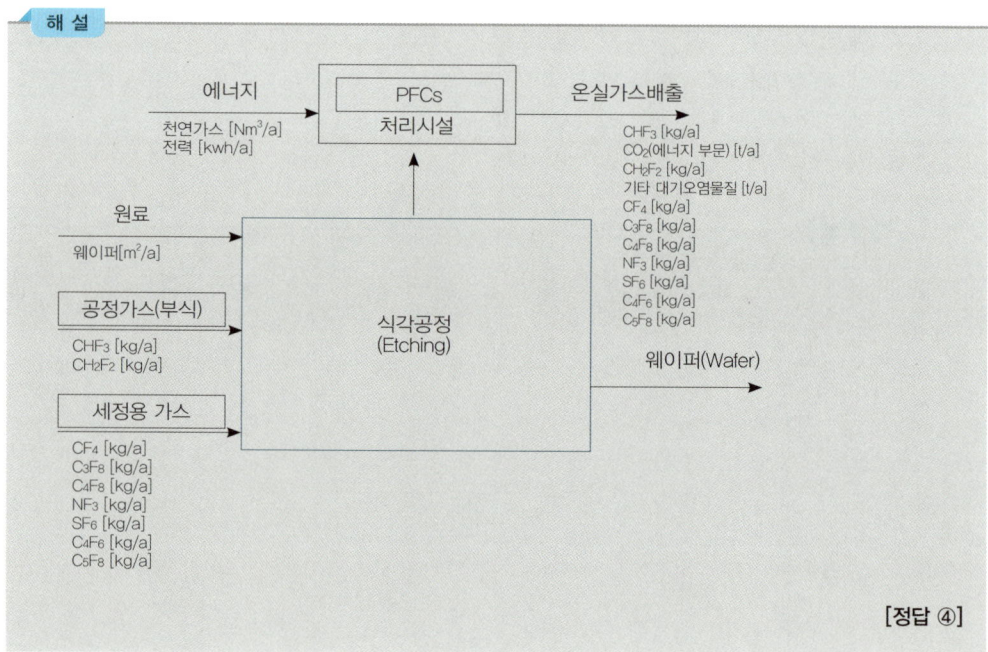

[정답 ④]

084 다음 중 전자산업의 화학기상증착공정(CVD)에서 배출되는 온실가스의 종류가 아닌 것은?

① CF_4 ② CHF_3 ③ C_4F_8 ④ C_3F_8

해설
- 식각공정의 온실가스 : CHF_3, CH_2F_2
- 화학기상증착공정(CVD)의 온실가스 : CF_4, C_3F_8, C_4F_8, C_4F_6, C_5F_8, NF_3

[정답 ②]

085 다음 중 화학기상 증착시설(CVD)에 대한 설명으로 옳지 않은 것은?

① 반도체 공정에 주로 이용되는 화학기상증착법(CVD)은 기체, 액체 혹은 고체상태의 원료화합물을 반응기 내에 공급하여 기판 표면에서의 화학적 반응을 유도함으로써 반도체 기판 위에 고체 반응생성물인 박막층을 형성하는 공정이다.
② CVD는 공정 중의 반응기의 진공도에 따라 대기압 화학기상증착(APCVD)과 감압 화학기상증착(LPCVD)으로 나누어지며, CVD방법을 통해 얻어지는 박막의 물리, 화학적 성질은 증착이 일어나는 기판의 종류 및 반응기의 증착조건에 의하여 결정된다.
③ CVD법에 의한 화학반응의 종류로는 이종반응(Heterogeneous Reaction)이 대표적인데, 이것은 반응이 기판표면에서 일어나 양질의 박막을 얻기 위한 선택적인 반응이다.
④ 물질의 확산에 의해 기판으로 공급되는 반응물은 기판 표면에 흡착하게 되어 초기 핵형성(Nucleation)이 진행되기 시작하며 핵의 크기가 임계크기 이상이 되는 조건에서 핵이 점차 성장하기 시작하여 박막이 형성되기 시작한다.

해설
CVD법에 의한 화학반응의 종류로는 이종반응(Heterogeneous Reaction)이 대표적인데, 이것은 반응이 기판표면에서 일어나 양질의 박막을 얻기 위한 필수적인 반응이다.

[정답 ③]

086 박막의 물리, 화학적 성질을 결정짓는 반응기의 증착조건에 해당하지 않는 것은?

① 온도   ② 압력
③ 원료공급 속도   ④ 반응기의 형태

해설
박막의 물리, 화학적 성질을 결정짓는 증착조건에는 기판의 종류 및 반응기의 온도, 압력, 원료공급 속도 및 농도 등이 있다.

[정답 ④]

087 다음 중 전자산업의 온실 가스의 종류와 배출원인이 바르게 짝지어진 것은?

온실가스	배출원인
㉮ CHF_3, CH_2F_2 ㉯ CF_4, C_3F_8, C_4F_8, NF_3, C_4F_6, C_5F_8	㉠ 화학증착(CVD)기구 내벽 세정 시 배출 ㉡ 플라즈마 식각 시 배출 (실리콘 포함 물질) ㉢ 실리콘 웨이퍼 표면에 산화막 형성 시 배출

① ㉮ - ㉠   ② ㉮ - ㉢   ③ ㉯ - ㉠   ④ ㉯ - ㉡

해설

전자산업의 온실가스 공정배출시설 및 온실가스

배출시설	배출반응	온실가스
식각공정	· 실리콘 포함 물질의 플라즈마 식각 시 불소화합물 배출	CHF_3, CH_2F_2
화학기상 증착공정	· 실리콘이 침전되어 있던 화학증착(CVD) 기구의 내벽을 세정 시 불소화합물 배출	CF_4, C_3F_8, C_4F_8, NF_3, C_4F_6, C_5F_8

[정답 ③]

088 암모니아 생산공정에 대한 설명으로 맞는 것은?

① 암모니아 생산공정은 수소와 질소를 저온저압에서 촉매반응을 통해 암모니아로 합성하는 공정이다.
② 반응식은 $N_2 + 3H_2 \rightarrow 2NH_3$로서 원료가 질소와 수소이다.
③ 질소는 대기 중의 질소를 분리 정제한 순수 질소를 사용해야 한다.
④ 수소는 탄화수소를 완전산화하여 생성함으로써 사용한다.

해설

암모니아 생산을 위한 수소와 질소의 합성은 고온고압 하에서 촉매반응에 의해 이루어진다. 이때 질소는 대기로부터 분리정제하거나 직접공기를 사용하는 것도 가능하고, 수소는 납사, 천연가스, LPG 등의 탄화수소를 부분산화하여 생성한다.

[정답 ②]

089 다음은 암모니아 생산공정이다. 빈칸에 들어갈 말이 순서대로 알맞은 것은?

탈황공정 → (㉠) → (㉡) → CO_2제거 및 회수공정 → (㉢) → 암모니아 합성공정 → 암모니아 회수공정

① ㉠ 수소제조공정   ㉡ 변성공정   ㉢ 메탄화공정
② ㉠ 변성공정   ㉡ 수소제조공정 ㉢ 메탄화공정
③ ㉠ 변성공정   ㉡ 메탄화공정   ㉢ 수소제조공정
④ ㉠ 수소제조공정   ㉡ 메탄화공정   ㉢ 변성공정

해설

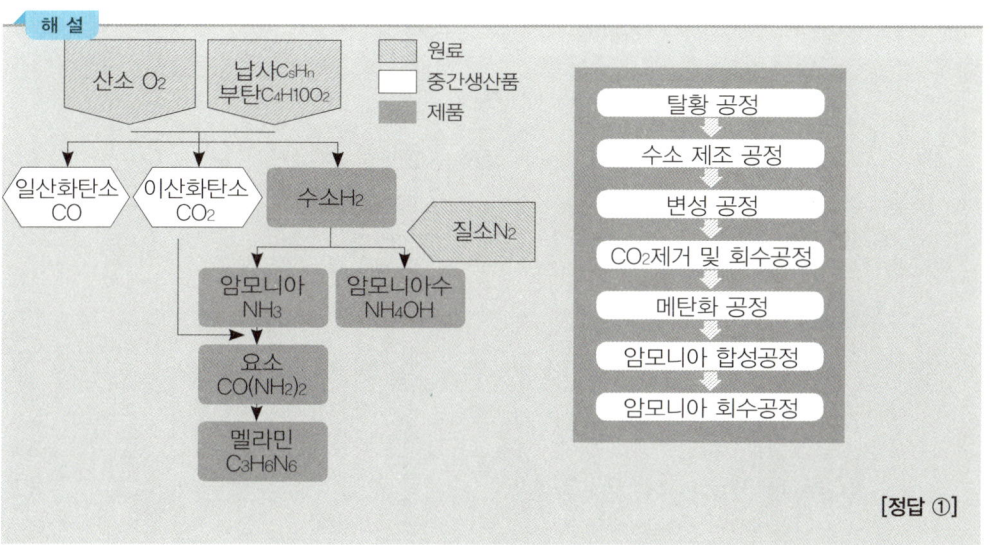

[정답 ①]

090 다음 중 암모니아 생산에서 수소제조공정에 대한 설명으로 맞지 않는 것은?

① 암모니아 합성을 위한 수소(H_2)를 제조하는 단계로써, 우리나라에서는 납사가 가장 많이 소비되며, 그 다음으로 부탄을 중심으로 한 석유 잔사 가스, LPG 등이 사용된다.
② 수증기 개질법은 메탄에서 납사까지의 경질유분에 적용하며 영국의 ICI법이 대표적이다.
③ 부분 산화법은 메탄에서 중질유분, 중유, 콜타르, 석탄까지 여러 종류의 원료를 사용할 수 있다는 장점이 있다.
④ 부분산화법 중 1차 개질은 과열수증기와 혼합된 납사를 니켈촉매를 이용한 반응으로 CO_2, H_2, CH_4를 생산하고, 2차 개질은 공기가 주입되어 메탄을 제거한다.

해설
1차 및 2차 개질은 부분산화법이 아니라 수증기 개질법에 해당하는 내용이다.   [정답 ④]

091 다음은 암모니아 생산에서 수증기 개질법에 대한 반응식들이다. 빈칸에 들어가는 화학물질이 다른 하나는?

> 가) $CH_4 + H_2O \rightarrow (\quad) + 3H_2$
> 나) $2C_7H_{15} + 14H_2O \rightarrow (\quad) + 29H_2$
> 다) $CO + H_2O \rightarrow (\quad) + H_2$
> 라) $CH_4 + 공기 \rightarrow (\quad) + 2H_2 + 2N_2$

① 가 ② 나 ③ 다 ④ 라

해설

수증기 개질법
㉠ 1차 개질 : 고온에서 과열수증기와 혼합된 납사를 니켈촉매를 이용한 반응으로 CO_2, H_2, CH_4를 생산한다.

$CH_4 + H_2O \rightarrow CO + 3H_2$

$2C_7H_{15} + 14H_2O \rightarrow 14CO + 29H_2$

$CO + H_2O \rightarrow CO_2 + H_2$

㉡ 2차 개질 : 1차 개질보다 고온으로 공기가 주입되며 메탄을 제거한다.

$CH_4 + 공기 \rightarrow CO + 2H_2 + 2N_2$

[정답 ③]

092 다음 내용이 설명하는 암모니아 생산공정은?

> 개질공정의 공정가스 중 CO는 금속촉매가 포함된 1, 2 전환공정에서 스팀과 반응하여 CO_2와 H_2를 생산한다.

① 변성공정
② CO_2 제거 및 회수 공정
③ 합성공정
④ 부분산화공정

> **해 설**
> - CO₂ 제거 및 회수 공정
> : 수증기 개질공정 및 변성공정에서 발생한 CO₂를 제거하는 과정
>
> $$CO_2 + H_2O + K_2CO_3 \rightarrow 2KHCO_3$$
>
> - 합성공정
> : 고온·고압에서 철을 촉매로 수소와 질소를 3:1로 혼합비로 맞추어 암모니아로 합성하는 공정
>
> $$N_2 + 3H_2 \rightarrow 2NH_3$$
>
> - 부분산화공정
> : 부분 산화란 탄화수소를 불완전 연소시켜 CO와 H₂를 얻는 반응
>
> $$C_nH_m + \frac{n}{2}O_2 \rightarrow nCO + \frac{m}{2}H_2$$
>
> [정답 ①]

093 암모니아 생산에 의한 온실가스배출에 대한 설명으로 옳지 않은 것은?

① 보고대상 배출시설인 암모니아생산시설은 '화학비료 및 질소화합물 제조시설' 중 암모니아 생산시설을 말한다.
② 보고대상 온실가스는 CO₂, CH₄이다.
③ 온실가스 배출원인으로는 수증기개질공정, 변성공정, CO₂제거 및 회수공정에서 CO₂배출이 있다.
④ CO₂제거 및 회수공정에서 탄산칼륨과 모노에탄올 아민 수용액 재사용과정에서 CO₂가 배출한다.

> **해 설**
> ② 보고대상 온실가스는 CO₂이다.
>
> [정답 ②]

094 다음 중 암모니아 생산시설에서 온실가스 CO₂ 배출공정이 아닌 것은?

① 수증기 개질공정 ② 변성공정
③ CO₂제거 및 회수공정 ④ 메탄화공정

> **해 설**
> - 암모니아 생산시설에서 온실가스 배출공정은 수증기 개질공정, 변성공정, CO_2제거 및 회수공정이다.
> - 메탄화공정 : 탄산가스 제거장치에서 나온 가스에 포함된 미량의 CO와 CO_2는 암모니아 합성촉매에 피독작용을 하므로 수소와 반응시켜 메탄올로 전환시켜 제거하여야 한다. 메탄화 반응은 300~400℃에서 Ni계 촉매를 사용하여 행하여지며, 주반응은 다음과 같다.
> $CO + 3H_2 \rightarrow CH_4 + H_2O$
> $CO_2 + 4H_2 \rightarrow CH_4 + 2H_2O$
>
> [정답 ④]

095 암모니아 합성공정에 영향을 미치는 인자가 아닌 것은?

① 압력　　　　② 시간　　　　③ 온도　　　　④ 공간속도

> **해 설**
> - 암모니아 합성은 다음의 조건에 따라 생산 능률이 결정된다.
> ㉠ 압력 : 압력이 높을수록 원료 가스로부터 얻어지는 암모니아 수율은 높아 300atm에서는 25~30%, 150atm에서는 10~15%의 수율이 얻어진다.
> ㉡ 온도 : 온도를 높이면 반응속도는 빨라지나, 평형 암모니아 농도는 낮아지고 장치 재료의 부식도 발생하기 쉽다. 또한 사용하는 촉매에 대한 최적온도에도 제한이 생김에 따라 합성탑의 온도를 500±50℃의 범위에서 유지하는 방법을 많이 사용한다.
> ㉢ 공간속도 : 일정 온도의 조건에서는 공간 속도가 크면 합성탑 출구 가스 중의 암모니아 농도는 감소하나, 단위 촉매량, 시간당의 암모니아 생성량은 증가하게 된다. 이를 고려하여 경제적인 공간속도를 결정하게 되는데 일반적으로 15,000~50,000m³/m³-촉매/hr의 공간 속도를 많이 사용하고 있다.
> ㉣ 촉매 : 암모니아 합성공업에서 가장 큰 비중을 차지하는 것은 촉매로써, 가능한 저온에서 반응속도를 촉진시킬 수 있는 촉매를 사용하는 것이 일반적이다.
>
> [정답 ②]

096 다음은 질산공정 개요이다. 각 번호의 빈칸에 들어갈 말로 옳은 것은?

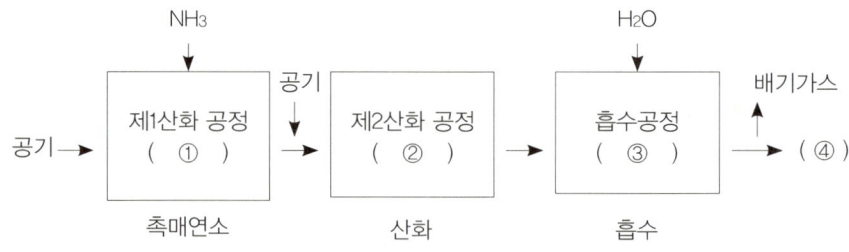

① $NH_3 \rightarrow NO_2$
③ $NO_2(N_2O_4) \rightarrow NO_3$
② $NO \rightarrow NO_2$ / $2NO_2 \leftrightarrow N_2O_4$
④ NO_3

해설
- 질산공정 개요

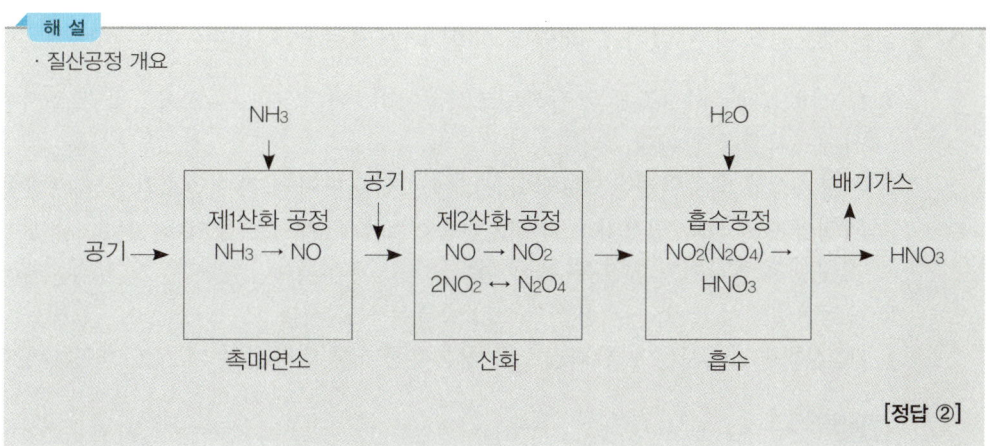

[정답 ②]

097 다음 내용은 질산 생산공정 중에서 어느 공정을 설명하는가?

> 700~1,000℃에서 백금 또는 5~10%의 로듐이 포함된 촉매존재 하에서 산소와 암모니아가 반응하는 것이며, 이외 여러 부반응을 동반하고 부반응에서 N_2O가 발생하기도 한다.

① 제1산화공정 ② 제2산화공정
③ 흡수공정   ④ 농축공정

해설
- 제2산화공정 : 제1산화 공정에서 생성된 NO와 과잉 산소가 반응하여 NO_2를 생성
- 흡수공정 : 이산화질소 또는 사산화질소 함유 가스가 물에 흡수되어 질산이 생성
- 농축공정 : 흡수공정에서 얻어진 68% 이하의 질산 농도를 98~100%로 농축

[정답 ①]

098 다음 중 질산생산의 제1산화공정에서 일어나는 반응이 아닌 것은?

① $4NH_3(g) + 5O_2(g) \rightarrow 4NO(g) + 6H_2O(g)$
② $2NO \rightarrow N_2 + O_2$
③ $NO(g) + 0.5O_2 \rightarrow NO_2(g)$
④ $NH_3 + O_2 \rightarrow 0.5N_2O + 1.5H_2O$

해설
③번은 제2산화공정에서 일어나는 반응이다.

[정답 ③]

099 질산제조공정의 온실가스 배출에 대한 내용으로 옳지 않은 것은?

① 보고대상 배출시설종류는 질산제조시설이며, 이는 '기초 무기화합물 제조시설' 중 질산제조시설을 말한다.
② 온실가스의 배출원인은 제1산화공정에서 암모니아의 촉매연소과정의 부반응이므로 과잉공기 주입과 생성가스 NO를 신속히 배출시켜 부반응이 일어날 수 있는 조건을 최대한 형성시키지 않도록 해야 한다.
③ 공정반응에서 발생하는 온실가스의 종류는 N_2O이다.
④ 제2산화공정에서는 이산화질소를 상온부근까지 냉각시킬 때 N_2O가 발생한다.

해설
제2산화공정에서는 제1산화반응에서 나온 반응가스를 냉각한 후 가스 중의 NO와 산소를 반응시켜 NO_2를 생성한다.　　　　　　　　　　　　　　　　　　　　　　　　　　　　　　　　　　　　　　[정답 ④]

100 아디프산 생산공정에 대한 설명으로 옳지 않은 것은?

① 아디프산($C_6H_{10}O_4$)은 Cyclohexanone, Cyclohexanol, 질산을 반응시켜 아디프산과 아산화질소가 생성되는 공정이다.
② 아디프산은 유화제, 안정제, pH 조정제, 향료 고정제로 사용되며, 나일론, 폴리우레탄, 가소제 등의 화학제품의 기초 원료로도 이용되는 기초원료이다.
③ 아디프산 생산 원료인 ketone-Alcohol Oil은 Cyclohexanone과 Cyclohexanol을 6:4의 비율로 혼합한 것이다.
④ 반응공정, 결정화 공정, 정제공정, 건조공정으로 구성되어 있고, 이외 발생한 CO_2를 처리하기 위한 열분해 공정을 도입하고 있다.

해설
생산반응에서 발생한 N_2O를 처리하기 위한 열분해 공정을 도입하고 있다.　　　　　　　[정답 ④]

※ 다음은 아디프산 제조공정을 나타내는 그림이다. 각 질문에 답하시오(101~102).

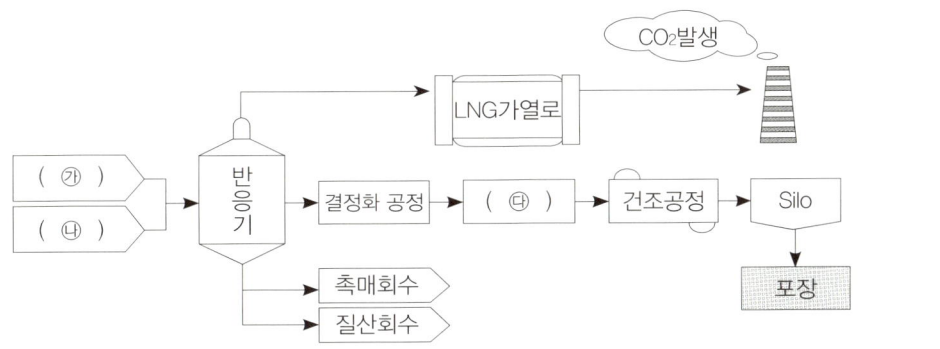

〈출처 : 온실가스 에너지 목표관리 운영 등에 관한지침 (2014)〉

101 빈칸에 들어가는 물질명과 공정명이 바른 것은?

① 가 - KA-OIL, 나 - 질산, 다 - 정제공정
② 가 - KA-OIL, 나 - Cyclohexanol, 다 - 정제공정
③ 가 - KA-OIL, 나 - Cyclohexanone, 다 - 정제공정
④ 가 - KA-OIL, 나 - 질산, 다 - 열분해공정

> **해 설**
> 아디프산은 Ketone-Alcohol Oil을 질산 및 촉매(질산동, 바나듐, 암모니아염의 혼합물)와 반응시켜 생산한다. 공정순서는 반응공정, 결정화 공정, 정제공정, 건조공정으로 구성되어 있고, 이외 발생한 N_2O를 처리하기 위한 가열시설(열분해)을 운용하고 있다.
> **[정답 ①]**

102 위 그림에서 온실가스의 공정배출원인이 되는 공정과 온실가스의 종류가 바르게 된 것은?

① 반응기-N_2O ② 반응기-CO_2 ③ 정제공정-N_2O ④ 결정화공정-CO_2

> **해 설**
> 아디프산 생산시설의 온실가스 배출원인 공정은 반응공정이며, 배출원인은 질산과 촉매에 의한 KA-OIL의 산화반응에서 N_2O가 배출한다.
> $(CH_2)_5CO + (CH_2)_5CHOH + wHNO_3 \rightarrow HOOC(CH_2)_4COOH + xN_2O + yH_2O$
> **[정답 ①]**

103 아디프산 생산과정에서 배출하는 온실가스에 대한 설명으로 틀린 것은?

① 아디프산공정에서 N_2O는 탈기컬럼(Stripping Column)과 결정화기(Crystalliser)를 통해 배출된다.
② 아디프산 1kg을 생산 시 N_2O가스는 0.27kg정도 배출된다.
③ 반응공정에서 발생하는 온실가스는 공정배출에 해당한다.
④ 공정 중 발생하는 N_2O 외 배출되는 온실가스는 없다.

해설
공정 중 발생하는 N_2O를 LNG 가열로에서 약 99% 이상을 분해하고 있으며 이 과정에서 CO_2가 발생한다(연료연소). [정답 ④]

104 카바이드 생산에 대한 내용으로 옳지 않은 것은?

① 카바이드의 생산은 일반적으로 원료 종류에 따라 칼슘카바이드 생산공정과 실리콘카바이드 생산공정으로 구분하고 있으나 일반적으로 실리콘카바이드를 의미한다.
② 탄화칼슘(CaC_2)은 탄산칼슘($CaCO_3$)에 열을 가한 후 석유코크스와 함께 CaO를 환원시키면서 생산되는데, 각각의 과정은 모두 CO_2를 배출한다.
③ 칼슘카바이드의 일반적인 주요 생산공정은 코크스 건조공정, 석회석 생산공정, 카바이드 생산공정, 분쇄 및 선별공정으로 이루어져 있으며, 이외 높은 농도의 분진을 처리하기 위한 집진설비가 있다.
④ 실리콘카바이드 생산공정은 칼슘카바이드 생산공정과 매우 유사하나, 생산물로 얻기 위해 사용되는 원료가 생석회 대신 규소를 사용한다는 점이 다르다.

해설
카바이드 하면 일반적으로 칼슘카바이드(탄화석회, 탄화칼슘 : CaC_2)를 의미한다. [정답 ①]

105 칼슘카바이드 생산공정에 대한 설명으로 옳지 않은 것은?

① 코크스 건조공정 : 환원제와 산화제로 사용되는 코크스는 대기 중의 수분을 쉽게 흡수함으로 공정투입에 앞서 코크스를 건조할 필요가 있다.
② 생석회 생산공정 : 칼슘카바이드의 주요 원료인 생석회를 생산하기 위해 석회석($CaCO_3$)을 고온 소성하는 공정이며, 이 공정에서 CO_2가 배출된다.

③ 카바이드 생산공정(전기아크로) : 생석회가 1,900℃의 전기아크로에서 코크스와 반응하여 칼슘카바이드를 생성하며, 이때 코크스는 산화제가 아닌 환원제의 역할을 한다.
④ 분쇄 및 선별공정 : 생산된 칼슘카바이드는 냉각과정을 통해 굳어진 후 분쇄 과정을 거쳐 크기별로 선별된다.

해 설
카바이드 생산공정(전기아크로)에서 코크스는 산화제와 환원제의 역할을 동시에 수행한다. [정답 ③]

106 칼슘카바이드 생산에 사용되는 석유코크스에 대한 내용으로 틀린 것은?

① 코크스가 생석회와 반응하여 칼슘카바이드를 생성하며, 코크스는 산화제와 환원제의 역할을 동시에 수행한다.
② 대기 중의 수분 흡수 능력이 높으므로 공정투입에 앞서 코크스를 건조할 필요가 있다.
③ 석유코크스의 탄소성분 중 약 33%가 CO와 CO_2로 배출되고 약 67% 정도는 칼슘카바이드에 잔존한다.
④ 칼슘카바이드 생산에 필요한 원료이며, 실리콘카바이드 생산에는 사용되지 않는다.

해 설
- 칼슘카바이드 : 석유코크스와 생석회(CaO)를 원료로 사용
- 실리콘카바이드 : 석유코크스와 규사(SiO_2)를 원료로 사용
[정답 ④]

107 다음 중 실리콘 카바이드 생산공정에 대한 설명으로 옳지 않은 것은?

① 전기저항가마에서 고순도 규소와 저유황 석유 코크스를 1:3의 몰 비율(Mole Ratio)로 혼합하여 2,200~2,500℃에서 반응하여 생성된다.
② 규사가 코크스와 반응하여 직접 실리콘카바이드가 생성되는 반응과 규사가 코크스와 반응하여 환원되어 1차적으로 규소가 되었다가 코크스와 산화 반응하여 실리콘카바이드가 생성되는 반응이 있다.
③ 석유코크스 탄소성분 중에서 약 67% 정도가 실리콘카바이드에 잔존하며 나머지 33%는 CO와 CO_2로 배출로 배출된다.
④ 이 공정에서 사용되는 석유코크스는 휘발성 화합물을 함유할 수 있는데, 이는 메탄의 탈루배출 원인이 된다.

해 설
③번은 칼슘카바이드에 대한 내용이며, 실리콘카바이드는 사용된 원료의 탄소 성분 중 약 35%가 생성물 안에 함유되고 나머지 65%는 산소와 반응하여 CO와 CO_2로 전환, 배출된다. [정답 ③]

108 다음은 카바이드 생산공정의 온실가스 배출원이다. 배출하는 온실가스의 종류가 다른 배출원은?

① 생석회 생산공정
② 전기아크로
③ 전기저항가마
④ 석유코크스의 휘발

> **해설**
> ①~③ : CO_2배출, ④ : CH_4배출
> [정답 ④]

109 다음 중 칼슘카바이드와 실리콘 카바이드 생산공정에 공통으로 일어나는 반응식은?

① $CaCO_3 + \Delta h \rightarrow CaO + CO_2$
② $CaO + 3C \rightarrow CaC_2 + CO$
③ $CO + 0.5O_2 \rightarrow CO_2$
④ $SiO_2 + 3C \rightarrow SiC + 2CO$

> **해설**
> • 칼슘카바이드 생산반응 :
> $CaO + 3C \rightarrow CaC_2 + CO$
> $CO + 0.5O_2 \rightarrow CO_2$
> • 실리콘카바이드 생산반응 :
> $SiO_2 + 2C \rightarrow Si + 2CO$
> $Si + C \rightarrow SiC$
> $SiO_2 + 3C \rightarrow SiC + 2CO$
> $CO + 0.5O_2 \rightarrow CO_2$
> [정답 ③]

110 카바이드 생산공정의 온실가스 배출원 설명으로 잘못된 것은?

① 칼슘카바이드생산 시 소성로(로터리킬른) : 석회석을 생석회로 전환하는 과정에서 CO_2가 배출한다.
② 칼슘카바이드생산 시 전기아크로 : 1,900℃ 이상 고온에서 석회와 탄소혼합물(석유코크스 등)과의 산화 환원과정에서 CO_2가 배출한다.
③ 실리콘카바이드 생산 시 전기저항가마 : 규사와 탄소는 대략 1:3의 몰 비율로 혼합되며, 약 35%의 탄소는 생산물 안에 함유되고, 나머지는 산소와 반응하여 CO_2로 배출된다.
④ 카바이드 생산공정에 사용되는 석유코크스는 휘발성 화합물을 함유할 수 있는데, 이는 CO_2를 생성시킨다.

> **해 설**
> 카바이드 생산공정에 사용되는 석유코크스는 휘발성 화합물을 함유할 수 있는데, 이는 메탄(CH_4)을 생성시킨다.
> [정답 ④]

111 다음은 카바이드 생산공정의 온실가스 배출원이다. 이 중 종류가 다른 하나는?

① 생석회 생산공정　　② 전기아크로
③ 전기저항가마　　　④ 석유코크스

> **해 설**
> ①~③ : 공정배출, ④ : 탈루배출
> [정답 ④]

112 다음 중 소다회 생산 공정에 대한 설명으로 옳지 않은 것은?

① 소다회는 일반적으로 소금을 원료로 하여 합성하는 합성 소다회와 천연에 존재하는 탄산소다염을 정제하여 얻는 천연 소다회 등이 있다.
② 소금을 원료로 하여 얻어지는 공업적 제법으로는 Leblanc법, 암모니아 소다법(Solvay법), 염안 소다법 등이 있으며, 합성 소다회는 대부분 암모니아 소다법으로 생산되고 있다.
③ 세계 소다회 생산의 약 25%는 합성공정에 의해 만들어지며, 나머지는 천연공정에 의해 생산된다.
④ 천연 소다회는 천연에 존재하는 탄산나트륨염을 주성분으로 하는 고체를 원료로 하여 제조한 것이다.

> **해 설**
> 세계 소다회 생산의 약 75%는 합성공정, 약 25%는 천연공정에 의해 생산된다.
> [정답 ③]

113 다음 반응식은 소다회 생산 공법 중 어느 공법에 해당하는가?

$$NaCl + NH_3 + CO_2 + H_2O \rightarrow NaHCO_3 + NH_4Cl$$
$$2NaHCO_3 \rightarrow Na_2CO_3 + CO_2 + H_2O$$

① 염안소다법　　　　② 암모니아소다법
③ 르블랑법　　　　　④ 천연소다회정제법

해설

- 암모니아 소다법은 소금 수용액에 암모니아와 이산화탄소 가스를 순서대로 흡수시켜 용해도가 작은 탄산수소나트륨(중탄산소다, 중조)을 침전시킨다.

  $NaCl + NH_3 + CO_2 + H_2O \rightarrow NaHCO_3 + NH_4Cl$

- 중조의 침전을 분리하고 200℃정도에서 하소하여 제품탄산소다를 얻는다.

  $2NaHCO_3 \rightarrow Na_2CO_3 + CO_2 + H_2O$

[정답 ②]

114. 암모니아 소다법(Solvay)의 공정 중 온실가스 배출 공정을 옳게 짝지은 것은?

① 회수탑, 석회로
② 가소로, 석회로
③ 가소로, 회수탑
④ 증류탑, 회수탑

해설

· 암모니아 소다법(Solvay)의 배출공정은 석회로, 가소로이다. 회수탑에서는 폐가스가 배출되고, 증류탑에서는 암모니아를 회수하여 흡수탑에 공급한다.

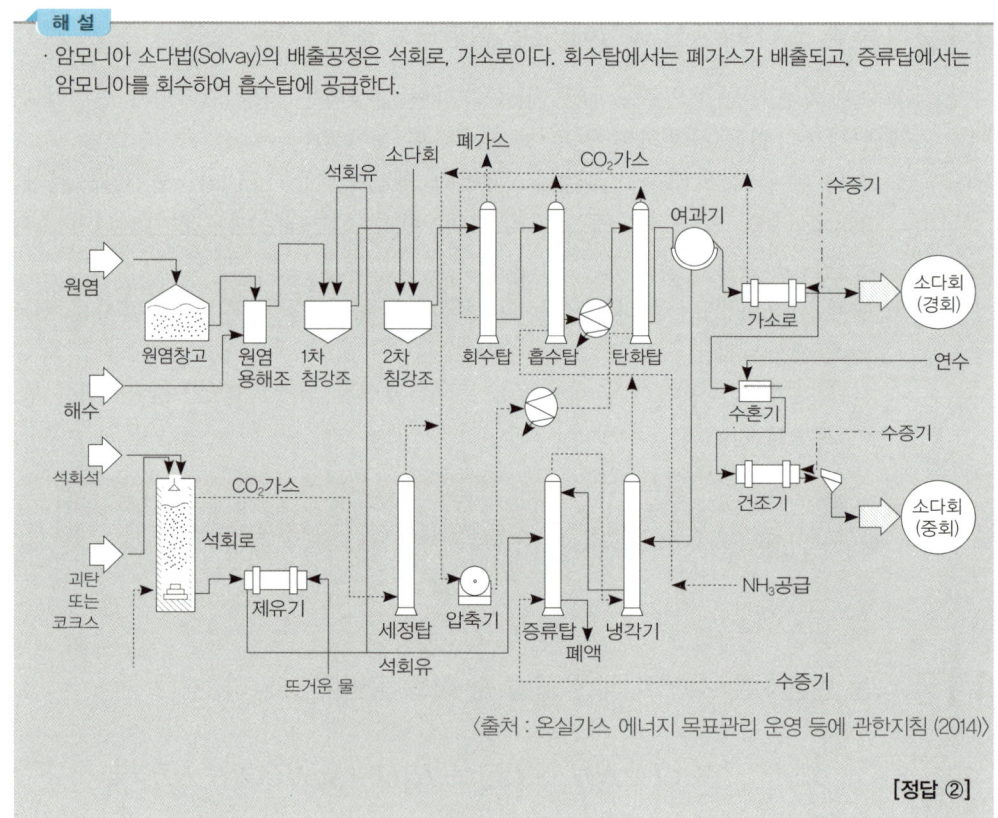

〈출처 : 온실가스 에너지 목표관리 운영 등에 관한지침 (2014)〉

[정답 ②]

115 다음 중 암모니아 소다법(Solvay)의 공정 중 석회로에 대한 설명으로 맞는 것은?

① 생석회 생성반응이 일어나며 반응식 $CaCO_3 \rightarrow CaO + CO_2$에 따라 CO_2가 생성된다.
② 탄산수소나트륨을 외부 가열하여 소다회를 생성하며 반응식은 $2NaHCO_3 \rightarrow Na_2CO_3 + CO_2 + H_2O$과 같다.
③ 1차 간수에 소다회를 가하여 2차 간수를 생성하며 반응식은 $Ca^{2+} + Na_2CO_3 \rightarrow CaCO_3\downarrow + 2Na^+$과 같다.
④ 상부로는 2차 간수를 주입하고 하부로는 암모니아 가스를 함유한 CO_2를 주입하여 암모니아 간수를 생성하며 반응은 $NH_3 + CO_2 + H_2O \rightarrow NH_4HCO_3$과 같다.

> **해설**
> ②는 가소로, ③은 2차 침강조, ④는 흡수탑이다.
>
> [정답 ①]

116 다음 반응식은 암모니아 소다법(Solvay)의 공정 중 어느 시설에서 일어나는가?

$$2NaHCO_3 \rightarrow Na_2CO_3 + CO_2 + H_2O$$

① 석회로　　② 가소로　　③ 탄산화탑　　④ 증류탑

> **해설**
> 가소로 : 탄산수소나트륨을 가열하여 소다회를 생성하며 반응식은 다음과 같다.
> $2NaHCO_3 \rightarrow Na_2CO_3 + CO_2 + H_2O$
>
> [정답 ②]

117 다음 중 암모니아 소다법(Solvay)의 반응식이 아닌 것은?

① $CaCO_3 + heat \rightarrow CaO + CO_2$
② $2NaHCO_3 + heat \rightarrow Na_2CO_3 + CO_2 + H_2O$
③ $Ca(OH)_2 + 2NH_4Cl \rightarrow CaCl_2 + 2NH_3 + 2H_2O$
④ $2Na_2CO_3 \cdot NaHCO_3 \cdot 2H_2O \rightarrow 3Na_2CO_3 + 5H_2O + CO_2$

> **해설**
> ④는 천연소다회의 화학반응이며, 이산화탄소배출량은 이 화학반응에 기초한다.
> **[정답 ④]**

118 다음은 천연소다회 제조공정의 물질·에너지수지개요이다. 투입원료명과 온실가스 배출원 공정이 바르게 짝지어진 것은?

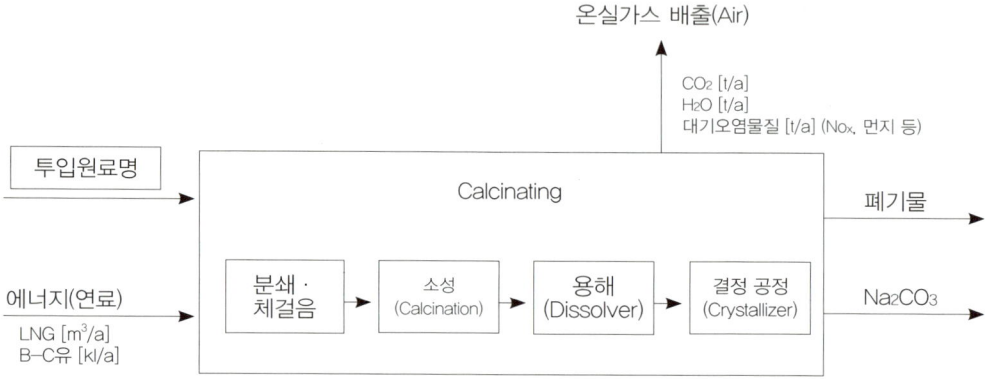

① 트로나광석($Na_2CO_3 \cdot Na_2HCO_2 \cdot 2H_2O$), 소성공정
② 트로나광석($Na_2CO_3 \cdot Na_2HCO_2 \cdot 2H_2O$), 용해공정
③ NaCl, 소성공정
④ NaCl, 용해공정

> **해설**
> 천연소다회 제조공정은 트로나(Trona)광석($Na_2CO_3 \cdot Na_2HCO_2 \cdot 2H_2O$)의 자연추출물에서 또는 Na_2CO_3, 세스퀴탄산나트륨(Sodium Sesquicarbonate)를 함유한 소금물로부터 Na_2CO_3을 회수하며, 트로나 광석의 열분해 과정에서 CO_2가 발생한다.
> **[정답 ①]**

119 다음 중 천연소다회 생산공정의 순서로 옳은 것은?

① 분쇄기 → 여과기탱크 → 농축장치 → 가소로 → 정화필터 → 다중효용증발기 → 결정원심분리기 → 건조기
② 분쇄기 → 가소로 → 여과기탱크 → 농축장치 → 다중효용증발기 → 정화필터 → 결정원심분리기 → 건조기
③ 분쇄기 → 가소로 → 여과기탱크 → 농축장치 → 정화필터 → 다중효용증발기 → 결정원심분리기 → 건조기
④ 분쇄기 → 가소로 → 농축장치 → 여과기 탱크 → 정화필터 → 다중효용증발기 → 결정원심분리기 → 건조기

> **해 설**
> 천연 소다회 공법의 공정 개요
> ㉠ 분쇄기 : 트로나 광석 분쇄
> ㉡ 가소로 : 트로나 광석의 불필요한 휘발성 가스 제거 및 천연탄산나트륨으로의 전환을 위한 가열
> ㉢ 여과기 탱크 : 물을 가하여 천연 탄산나트륨을 녹인 후 여과장치를 통해 고형 불순물을 1차적으로 제거
> ㉣ 농축장치 : 중력에 의한 침전 농축으로 고형 불순물을 2차적으로 제거. 침전슬러지와 정제용액 분리
> ㉤ 정화필터 : 농축장치의 정제 용액을 여과장치를 이용해 정화함으로써 미세 고형 물질을 3차적으로 제거
> ㉥ 다중효용증발기 : 증발 방식을 통해 용존성 불순물을 제거. 결정체 형성
> ㉦ 결정 원심분리기 : 잔류수분 분리
> ㉧ 건조기 : 소다회 결정의 건조. 최종 소다회 생산
>
> **[정답 ③]**

120 석유정제공정에 대한 설명으로 옳지 않은 것은?

① 비등점 차이에 의해 원유를 석유제품과 반제품을 생산하는 공정이며, 증류, 정제, 배합의 3단계로 구분한다.
② 증류단계는 원유 중에 포함된 염분을 제거하는 탈염장치 등 전처리 과정을 거친 후 가열된 원유를 감압증류탑에 투입하며, 증류탑에서 비등점 차이에 의해 가벼운 성분 순으로 상부로부터 분리된다.
③ 정제단계는 증류탑으로부터 유출된 유분중의 불순물을 제거하고, 제품별 특성을 충족시키기 위하여 2차 처리를 거치게 함으로써 품질성상을 향상시키는 공정이며, 메록스 공정, 접촉개질공정, 수첨 탈황공정 등이 있다.
④ 배합단계는 상압증류 공정이나 2차 처리공정에서 나오는 각종 유분을 각 제품별 규격에 맞게 적당한 비율로 혼합하거나 첨가제를 주입하여 배합하는 공정이며, 유황분 배합, 옥탄가배합, 증기압배합, 동점도 배합 등이 있다.

> **해 설**
> 증류단계는 원유 중에 포함된 염분을 제거하는 탈염장치 등 전처리 과정을 거친 후 가열된 원유를 상압증류탑에 투입하며, 증류탑에서 비등점 차이에 의해 가벼운 성분 순으로 상부로부터 분리하는 단계이다. **[정답 ②]**

121 다음은 석유정제의 세 단계 공정 중 정제에 대한 설명이다. 옳지 않은 것은?

① 전환 및 정제 공정으로 세분화된다.
② 전환공정은 활용성이 낮은 저가치 석유유분을 활용가치가 우수한 석유제품으로 전환하는 과정이다.
③ 정제공정은 증류탑을 거친 유분의 불순물을 제거하고, 목표 제품별 특성에 따라 2차 처리하여 품질을 향상시키는 과정이다.

④ 전환공정의 예로는 메록스 공정, 수첨탈황 공정이 있고, 정제공정의 예로는 크래킹, 개질, 수소화 분해 등이 있다.

해설
전환공정의 예로는 크래킹, 개질, 수소화 분해 등이 있고, 정제공정의 예로는 메록스 공정, 수첨탈황 공정 등이 있다.
[정답 ④]

122 다음은 석유정제(정유) 공정 개요도이다. 빈칸 ①~④에 들어갈 공정과 설명이 바르지 않은 것은?

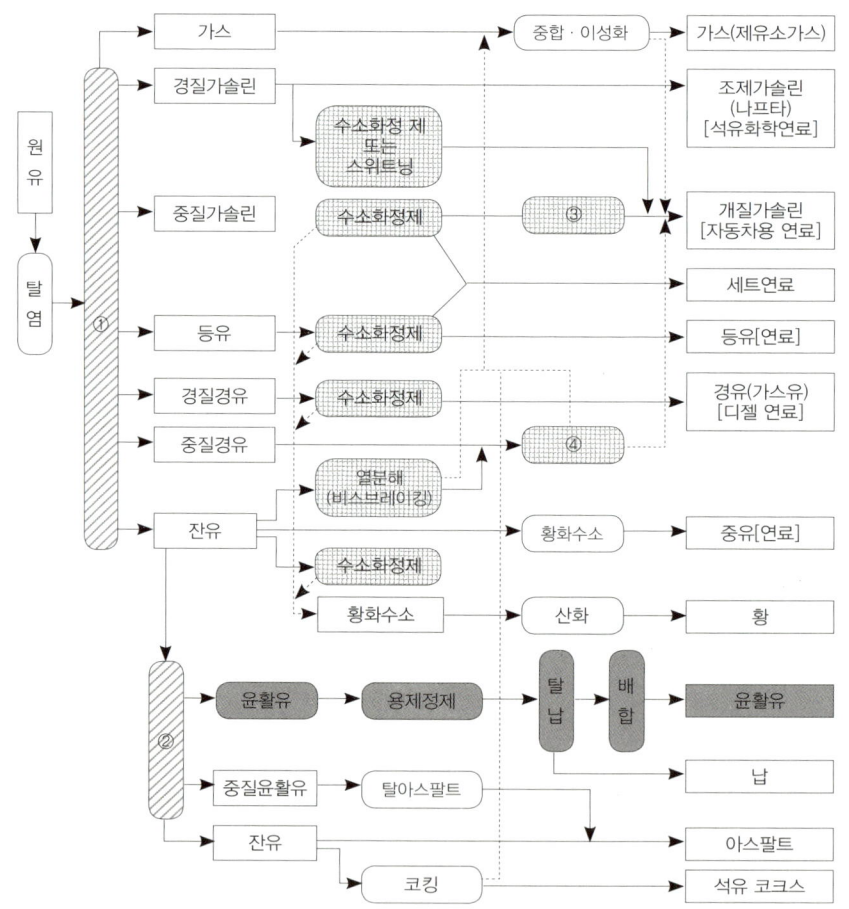

〈출처 : 온실가스 에너지 목표관리 운영 등에 관한지침 (2014)〉

① 상압증류 : 정유공정 중 가장 중요하고 기본이 되는 공정으로, 원유를 가열, 냉각, 응축과 같은 물리적 변화과정을 통하여 일정한 범위의 비점을 가진 석유 유분을 분리시키는 공정이다.

② 감압증류 : 열분해 방지를 위해서 증류탑의 압력을 감압상태로 하여 유분의 비점을 저하시켜 증류시키는 것이다.
③ 접촉개질 : 옥탄가가 높은 경질유분의 탄화수소 구조를 바꾸어 옥탄가가 낮은 유분으로 변환시키는 과정이다.
④ 접촉분해 : 중질유 탈황공정에서 생산된 저유황 연료유와 저유황 상압잔사유를 원료로 유동상 촉매분해를 통해 휘발유 원료 등을 생산하는 공정이다.

해설
접촉개질 : 옥탄가가 낮은 경질유분을 옥탄가가 높은 유분으로 변환 　　　　　　　　[정답 ③]

123 다음은 석유정제공정 중 어느 시설을 말하는가?

> 경질나프타, 부탄 또는 부생연료를 촉매 존재 하에서 수증기와의 접촉반응에 의한 공정이며, PSA(Pressure Swing Adsorption) 공정을 거쳐 불순물을 제거함으로써 순도 99.9% 이상의 생성물을 얻을 수 있는 공정이다. 이때 CO_2가 배출되고, 그 양은 원료 중의 수소와 탄소의 비율에 따라 달라진다.

① MTBE공정
② 수소제조시설
③ 중질유 유동상 촉매 분해공정
④ 중질유 수첨 분해공정

해설
① MTBE공정 : 중질유 유동상촉매분해공정(RFCC)에서 생산된 C4 유분 중 iso-Butylene을 메탄올과 반응시켜 고옥탄 함산소 유분인 MTBE(Methyl Tertiary Butyl Ether)를 생산하는 공정이다.
③ 중질유 유동상 촉매 분해공정 : 중질유 탈황공정(Residue Hydro-Desulfurization Unit)에서 생산된 저유황 연료유(L/S Fuel Oil)와 저유황 상압잔사유(L/S Atmospheric Residue)를 원료로 유동상 촉매분해를 통해 휘발유 원료 등을 생산하는 공정이며 이외 기타의 위성공정(Alkylation, MTBE, PRU) 등으로 구성되어 있다.
④ 중질유 수첨 분해공정 : 감압증류공정에서 생산된 감압경질유분(Vacuum Gas Oil)을 촉매 존재 하에 수소를 첨가하여 분해 및 탈황시켜 초저유황 등·경유 등의 경질석유제품으로 전환하는 공정이다. 전환되지 않은 미전환유(Unconverted Oil)는 윤활기유공정(Lube Base Oil Plant)의 원료로 사용된다. 　　[정답 ②]

124 다음은 석유정제활동 중 코크스제조에 대한 내용이다. 괄호 안에 알맞은 말이 순서대로 나열된 것은?

(㉠)에서는 고정연소배출 외에 공정에서의 CO_2 배출은 없다. (㉡)과 (㉢)에서는 코크스 버너에서 CO_2가 배출된다. 코크스 버너에 의한 CO_2 배출은 코크스에 함유된 탄소가 (㉣)% 산화되는 것으로 가정한다. 만약 코크스 버너의 배출가스가 CO_2 회수를 위해 보내지거나 발열량이 낮은 연료가스로 연소되는 경우에는 이를 차감해주어야 한다.

① ㉠ 지연코킹법, ㉡ 유체코킹법, ㉢ 플렉시코킹법, ㉣ 100
② ㉠ 플렉시코킹법, ㉡ 지연코킹법, ㉢ 유체코킹법, ㉣ 100
③ ㉠ 지연코킹법, ㉡ 유체코킹법, ㉢ 플렉시코킹법, ㉣ 80
④ ㉠ 플렉시코킹법, ㉡ 지연코킹법, ㉢ 유체코킹법, ㉣ 80

해설
- 코크스제조시설(Coking)
지연코킹법에서는 고정연소배출 외에 공정에서의 CO_2 배출은 없다. 유체코킹법과 플렉시코킹법에서는 코크스 버너에서 CO_2가 배출된다. 코크스 버너에 의한 CO_2 배출은 코크스에 함유된 탄소가 100% 산화되는 것으로 가정한다. 만약 코크스 버너의 배출가스가 CO_2 회수를 위해 보내지거나 발열량이 낮은 연료가스로 연소되는 경우에는 이를 차감해주어야 한다.

[정답 ①]

125 다음 중 석유정제활동의 보고대상 배출시설이 아닌 것은?

① 수소제조시설
② 윤활기유 제조시설
③ 촉매재생시설
④ 코크스제조시설

해설
석유정제활동에서 온실가스 공정배출 시설은 수소제조시설, 촉매재생시설, 코크스 제조시설 등이 있다.

[정답 ②]

126 다음 중 CWB(Complecity Weighted Barrel Approach)에 대한 내용을 옳지 않은 것은?

① 석유정제공장의 배출권할당 방식으로 CWB 접근법을 벤치마크 방법론으로 설정하여 정유공장 전체를 통합적으로 관리한다.
② 공정별 CWB는 각 공정별 CWB 계수와 용량(Throughput)을 곱하여 공정별 CWB

를 구하는데, CWB 계수는 원유 증류 공정(Crude Distillation)을 기준값으로 하여 각 공정별 상대 지수로써 나타내며, 각 공정별 CWB 계수는 평균 에너지효율로서 CO_2 배출 집약도를 표현한다.

③ 정유 공정이 매우 복합적인 활동이기 때문에, CWB 계수를 정의하기 위해 표준 지표인 총에너지 사용량을 사용한다.

④ 총 CWB는 정유사의 공정 CWB에 Off Site와 Non-Energy Utilities와 Non-Crude Sensible Heat, Sales and Exports of Steam and Electricity을 더하여 얻어진다.

> **해설**
> 정유 공정이 매우 복합적인 활동이기 때문에, CWB 계수를 정의하기 위해 표준 지표인 순에너지 사용량(net energy consumption)을 사용한다.
>
> [정답 ③]

127 석유정제활동에서 수소생산공정의 최적실용화기술(BAT)에 해당하지 않는 것은?

① 신규 설비에 Gas-Treated 스팀 개질 기술 적용의 고려
② 완전 연소 설비에서의 O_2 농도를 2%로 조절함으로써 CO 배출농도 저감
③ 중유와 코크의 가스화 공정으로부터 수소 재생
④ 정제공정에서 연료가스로서 PSA 퍼지가스 사용

> **해설**
> • ②번은 촉매식접촉분해에 해당하는 최적실용화기술이다.
> ※ 수소생산공정의 최적실용화기술(BAT)
> • 신규 설비에 Gas-Treated 스팀 개질 기술 적용의 고려
> • 중유와 코크의 가스화 공정으로부터 수소 재생
> • 수소 설비에 열병합 체계 적용
> • 정제공정에서 연료가스로서 PSA 퍼지가스 사용
> ※ 촉매식 접촉 분해(Catalytic cracking)의 최적실용화기술(BAT)
> • 부분 산화 조건에서 CO-furnace/boiler 포함
> • 완전 연소 설비에서의 O_2 농도를 2%로 조절함으로써 CO 배출농도 저감
> • 축열기 가스에 Expander를 적용하고 열분해기로부터 발생하는 부생가스의 에너지를 일부 회수하기 위한 폐열 보일러를 이용하여 에너지 효율을 높임.
>
> [정답 ②]

128 석유정제활동으로 인한 온실가스 배출원인에 대한 설명으로 옳지 않은 것은?

① 수소제조시설 : PSA공정에 의한 99.9%의 고순도 수소를 제조하는 과정에서 온실가스가 반응 부산물로 배출된다.
② 촉매재생시설 : 촉매에 축적되어 촉매독으로 작용하는 Coke를 제거하는 공정에서 온실가스가 배출된다.

③ 코크스제조시설 : 유체코킹법과 플렉시코킹법에서는 온실가스 공정배출이 없고, 지연코킹법에서는 코크스가 산화되면서 온실가스가 배출된다.
④ 상기 시설들의 공정배출 온실가스는 CO_2이다.

> **해설**
> • 코크스제조시설 : 지연코킹법에서는 공정 온실가스 배출이 없고(고정연소 배출은 있음), 유체코킹법과 플렉시코킹법에서는 코크스 버너에서 코크스가 산화되면서 온실가스가 배출된다.   [정답 ③]

129 석유화학제품 생산에 대한 설명으로 옳지 않은 것은?

① 석유화학산업은 천연가스 등의 화석연료나 나프타 등의 석유정유제품 등을 원료로 하여 생산하며 그 종류는 약 300여 종이 있다.
② 국내의 경우 주로 나프타를 분해 설비(Naphtha Cracking Center, NCC)에 투입하여 에틸렌, 프로필렌 등 기초 유분을 생산하고 이 과정에서 온실가스가 배출된다.
③ NCC에서 생산되는 제품들의 구성비는 보통 에틸렌 31%, 프로필렌 16%, C4유분 10%, RPG 14%, 메탄, 수소, LPG 등 기타 제품이 29% 가량 생산된다.
④ C4유분과 RPG는 바로 유도품 생산 공정으로 가고, 에틸렌과 프로필렌은 추가로 추출·정제하는 공정을 거쳐 부타디엔과 벤젠, 톨루엔 등 기초 유분을 생산한다.

> **해설**
> 에틸렌과 프로필렌은 바로 유도품 생산 공정으로 가고, C_4 유분과 RPG는 추가로 추출·정제하는 공정을 거쳐 부타디엔과 벤젠, 톨루엔 등 기초 유분을 생산한다.   [정답 ④]

130 다음 중 석유화학제품 생산의 온실가스 보고대상 배출시설을 모두 고른 것은?

㉠ 메탄올 반응시설	㉡ EDC/VCM 반응시설
㉢ 에틸렌옥사이드(EO) 반응시설	㉣ 아크릴로니트릴(AN) 반응시설
㉤ 카본블랙(CB) 반응시설	

① ㉠㉡
② ㉠㉡㉢
③ ㉠㉡㉢㉣
④ ㉠㉡㉢㉣㉤

> **해설**
> 이외에도 에틸렌 생산에 의한 공정배출이 있는 것으로 알려지고 있으나 온실가스·에너지 목표관리 운영 등에 관한 지침에서는 현재까지 보고대상 배출시설로 언급되지는 않는다.   [정답 ④]

131 다음 각 생산활동에서 온실가스의 공정배출 공정이 아닌 것은?

① 메탄올생산 – 수증기개질 공정
② EDC생산 – 산화염소화 공정
③ VCM생산 – EDC 열분해 공정
④ AN생산 – 암모산화반응기공정

해 설
VCM 생산의 경우 EDC의 열분해에 의해 생산되는데 이때 CO_2 공정배출은 없다. [정답 ③]

132 다음 석유화학제품 생산활동의 온실가스 배출원인이 되는 반응식 중 바르게 짝지어지지 않은 것은?

① 메탄올생산 – $2CH_4 + 3H_2O \rightarrow CO+CO_2 + 7H_2$
② EDC생산 – $C_2H_4 + 3O_2 \rightarrow 2CO_2 + 2H_2O$
③ EO생산 – $C_2H_4 + 3O_2 \rightarrow 2CO_2 + 2H_2O$
④ AN생산 – $C_2H_4O + 3H_2O \rightarrow 2CO_2 + 5H_2$

해 설
- 아크릴로니트릴(AN) 생산공정의 배출원인 반응식
  $C_3H_6 + 4.5O_2 \rightarrow 3CO_2 + 3H_2O$
  $C_3H_6 + 3O_2 \rightarrow 3CO + 3H_2O$ [정답 ④]

133 다음 중 카본블랙 생산 및 온실가스 배출에 대한 내용으로 옳지 않은 것은?

① 최초의 카본블랙 제품은 채널(Channel)공정에서 생산되었으나, 현재 세계적으로 생산되고 있는 카본블랙의 대부분은 고온로(Furnace)공정에서 제조되고 있다.
② 탄화수소 및 천연가스를 원료로 사용하여 1,300~1,500℃ 온도에서 연료들의 반응에 의해 생성된다.
③ 카본블랙공정에서 생긴 부생가스는 CO_2와 CO, 황화합물, CH_4, 휘발성유기성분 등으로 에너지 회수를 거쳐 Vent Gas로 배출되게 된다.
④ 원료 산화에 의해 CO_2가 배출되며, CH_4과 N_2O는 배출되지 않는다.

해 설
용광로 블랙공정반응기로 투입되는 카본블랙 원료와 천연가스(원료) 등의 산화에 의해 CO_2 및 CH_4가 배출된다. [정답 ④]

134 다음 중 석유화학제품 생산에 따른 온실가스 배출원인에 대한 설명으로 옳지 않은 것은?

① 메탄올 생산공정 : 천연가스의 산화 반응
② 2염화에틸렌 생산공정 : 에틸렌의 산화 반응
③ 에틸렌옥사이드 생산공정 : 에틸렌의 산화 반응
④ 아크릴로니트릴 생산공정 : 프로필렌의 산화 반응

해 설
메탄올 생산공정 : 천연가스의 증기개질 반응에 의해 CO_2, CH_4 배출
[정답 ①]

135 다음 중 불소화합물 생산에 대한 설명으로 옳지 않은 것은?

① 온실가스로 규정된 불소화합물들은 HFCs, PFCs, SF_6로서 생산과정에서 일부 부산물로 생산되어 대기 중으로 배출된다.
② 주요 온실가스는 HCFC-22로서 HFC-23 생산과정에서 부산물로 생성·배출된다.
③ 기타 불소화합물 생산에서는 CFC-11 및 CFC-12 생산공정, PFCs 물질의 할로겐 전환 공정, NF_3 제조 공정, 불소비료나 마취제용 불소화합물 생산 공정들에서 불소화합물이 배출된다.
④ 불소화합물생산 공정은 합성제조공정, 분리공정, 세정공정, 제품화 공정으로 나누어 구분된다.

해 설
주요 온실가스 배출원은 HCFC-22(Chlorodifluoromethane; $CHClF_2$) 생산공정으로서 온실가스 HFC-23(CHF_3)이 부산물로 생성·배출된다.
[정답 ②]

136 다음 중 불소화합물 생산공정에 대한 설명으로 옳지 않은 것은?

① 합성제조공정은 원료 HF와 클로로포름($CHCl_3$)을 $SbCl_5$ 촉매 하에서 HCFC-22로 합성 제조하는 공정이며, 온실가스 HFC-23이 배출된다.
② 합성제조에서 주반응은 HFC-23 생성반응으로서 $CHCl_3 + 3HF \rightarrow CHF_3 + 3HCl$이며, 부반응은 HCFC-22 생성반응으로서 $CHCl_3 + 2HF \rightarrow CHClF_2 + 2HCl$과 같다.
③ 분리공정은 HCFC-22와 공정 불순물(HFC-23, HCl 등)을 분리하며, 세정공정에서는 HCFC-22에 잔존하는 HFC-23을 제거한다.

④ 제품화 공정에서는 중화→건조→압축 과정을 거쳐 HCFC-22를 저장하고, 수요처에 공급한다.

> **해설**
> 합성제조에서 주반응은 HCFC-22 생성반응으로서 $CHCl_3 + 2HF \rightarrow CHClF_2 + 2HCl$이며, 부반응은 HFC-23 생성반응으로서 $CHCl_3 + 3HF \rightarrow CHF_3 + 3HCl$과 같다.
>
> [정답 ②]

137 다음 HCFC-22 생산 공정 중 대부분의 HFC-23이 배출되는 과정과 그 설명이 옳지 않은 것은?

① 환기과정(Condenser Vent)에서의 배출 : HCFC-22 생산 공정 중 주요 배출지점으로 HCFC-22에서 분리된 후 공기 중으로 배출되며, 생성된 HFC-23의 약 98~99%가 이 공정에서 배출된다.
② 탈루배출(Fugitive Emission) : 컴프레서, 밸브, 플랜지 등을 통해 배출된다.
③ 습식스크러버로 부터의 액상 세정 : 세정액에 포함된 HFC-23의 농도의 수 ppm 정도로 미량이다.
④ HCFC-22 생산물과 함께 제거 : 고압 저온 하에서의 농축에 의해 누출된다.

> **해설**
> · HCFC-22 생산 공정 중 아래의 과정에서 대부분의 HFC-23이 배출된다.
>
> | | |
> |---|---|
> | 환기과정(Condenser Vent)에서의 배출 | HCFC-22 생산 공정 중 주요 배출지점으로 HCFC-22에서 분리된 후 공기 중으로 배출되며, 생성된 HFC-23의 약 98~99%가 이 공정에서 배출 |
> | 탈루배출(Fugitive Emission) | 컴프레서, 밸브, 플랜지 등을 통해 배출 |
> | 습식스크러버로 부터의 액상 세정 | 세정액에 포함된 HFC-23의 농도의 수 ppm 정도로 미량 |
> | HCFC-22 생산물과 함께 제거 | HFCF-22 생산 제품에 극소량의 HFC-23이 포함되어 배출 |
> | HFC-23 회수 시 저장 탱크로부터의 누출 | 고압 저온 하에서의 농축에 의해 누출 |
>
> 〈출처 : 온실가스 에너지 목표관리 운영 등에 관한지침 (2014)〉
>
> [정답 ④]

138 다음 중 불소화합물이 배출되는 기타 불소화합물 생산에 해당되지 않는 공정은?

① CFC-11, CFC-12 생산공정
② HCFC-22 생산공정
③ PFCs 물질의 할로겐 전환공정
④ 불소비료 및 마취제용 화합물 생산시설

해설
- 불소화합물 생산의 보고 대상 배출시설
① HCFC-22 생산시설
② 기타 불소화합물 생산시설
　㉠ CFC-11 생산시설　　　　　　㉡ CFC-12 생산시설
　㉢ PFCs 물질의 할로겐 전환시설　㉣ SF₆ 생산시설
　㉤ 불소비료 및 마취제용 화합물 생산시설

[정답 ②]

139 다음 중 시멘트 생산공정에 대한 내용으로 옳지 않은 것은?

① 시멘트는 대부분 석회질 원료와 점토질 원료를 고온(약 1,450℃)에서 소성한 클링커에 응결 조절제인 석고를 가해 분말로 만든 제품이다.
② 주성분은 석회(CaO), 실리카(SiO_2), 알루미나(Al_2O_3), 산화철(Fe_2O_3)이며, 이들 성분의 조합비를 변화시킴으로써 다양한 용도에 적합한 시멘트를 제조한다.
③ 종류는 크게 포틀랜드 시멘트, 고로 슬래그 시멘트, 포틀랜드 포졸란 시멘트, 플라이 애쉬 시멘트, 특수 시멘트의 5종으로 구분하며 국내에서는 포틀랜드 포졸란 시멘트를 생산한다.
④ 시멘트 제조공정을 단계별로 구분하면 채굴공정, 원분공정, 소성공정, 제품공정으로 나눌 수 있다.

해설
국내에서는 포틀랜드 시멘트와 일부 고로 슬래그 시멘트를 생산한다.

[정답 ③]

140 다음 설명은 시멘트 제조공정 중 어느 공정을 나타내는가?

제일 핵심부위로서 예열기(Preheater)를 거친 원료가 1,350~1,450℃ 정도의 열에 의해 용융·소성된 후 냉각기(Cooler)에서 냉각되고 20~60mm 정도의 동그란 덩어리인 시멘트 반제품인 클링커(Clinker)를 생산한다.

① 원분공정
② 조합원료 건조공정
③ 소성공정
④ 클링커 냉각공정

해설
시멘트 제조공정을 단계별로 구분하면, 첫 번째 석회석을 채굴하여 분쇄, 혼합하는 채굴공정, 두 번째 석회석을 포함한 원료를 조합, 건조, 분쇄, 저장시키는 원분공정, 세 번째 원료를 가열하여 분해, 소성한 후 냉각하여 반제품인 클링커를 생산하는 소성공정, 네 번째 클링커에 석고와 분쇄조제를 가하여 분쇄된 시멘트를 저장 및 출하하는 제품 공정으로 나눌 수 있다.

[정답 ③]

141 시멘트의 원료로 사용되는 석회석에 대한 설명이다. 옳지 않은 것은?

① 석회는 석회암을 고온에서 소성(Calcination)하여 만든 제품이다.
② 일반적으로 석회암은 50% 이상의 탄산칼슘($CaCO_3$)를 포함하고 있으며, 30~45%의 탄산마그네슘($MgCO_3$)을 포함할 때에는 돌로마이트(Dolomite)로 부른다.
③ 석회는 Aragonite, 초크, 산호, 대리석과 조가비에서 만들 수 있다.
④ 종류는 석회석을 탈탄산하여 제조한 생석회, 생석회와 물을 혼합하여 제조한 소석회, 고상상태의 소석회인 건조수산화칼슘 분말이 있다.

> **해설**
> 종류는 석회석을 탈탄산화시켜서 제조한 생석회, 생석회와 물을 혼합하여 제조한 소석회, 액상상태의 소석회인 건조수산화칼슘 분말이 있다.
> **[정답 ④]**

142 시멘트 제조공정의 핵심인 소성공정에 대한 설명이다. 옳지 않은 것은?

① 예열기 → 소성로 → 클링커 저장 → 냉각기 공정 순으로 구성되어 있다.
② 예열기(Preheater)를 거친 원료가 소성로(Kiln)에서 1,350~1,450℃ 정도의 열에 의해 용융·소성된 후 냉각기(Cooler)에서 냉각되고 20~60mm 정도의 동그란 덩어리인 시멘트 반제품인 클링커(Clinker)를 생산한다.
③ Kiln에는 원료를 소성하기 위하여 버너(Burner)가 설치되어 있으며, 연료로는 유연탄이나 중유, 기타 재활용 연료 등을 사용한다.
④ 시멘트 제조 공정 중 예열기(Preheater)에서 소성로(Kiln)까지의 공정에서 거의 모든 광물반응 및 전이가 일어나고 시멘트의 품질에 큰 영향을 미치기 때문에 공정 중 가장 중요한 부분이다.

> **해설**
> ① 예열기 → 소성로 → 냉각기 → 클링커 저장 공정 순으로 구성되어 있다. **[정답 ①]**

143 시멘트 제조공정의 온실가스 배출시설에 대한 설명으로 옳지 않은 것은?

① 시멘트 제조공정의 주요배출시설은 소성시설(Kiln)이며, 전체 온실가스 배출량의 90%가 배출된다.
② 소성시설에서 배출된 온실가스의 60%는 소성로 킬른 내 가열연료 사용분이며, 30%는 공정배출이다.
③ 시멘트 공정에서의 온실가스 배출원은 클링커의 제조공정인 소성 공정에서 탄산칼슘의 탈탄산 반응에 의하여 이산화탄소가 배출되며, 반응식은

$CaCO_3 + Heat \rightarrow CaO + CO_2$ 이다.

④ 시멘트 공정에서의 CO_2 배출특성은 소성시설(Kiln)의 생석회 생성량과 연료사용량 및 폐기물 소각량에 의하여 영향을 받으며 그 밖에 주원료인 석회석과 함께 점토 등 부원료의 사용량에 의해서도 영향을 받을 수 있다.

해 설
소성시설에서 배출된 온실가스의 60%는 공정배출에 해당하고, 30%는 소성로 킬른의 가열연료 사용에 의한 배출이다. [정답 ②]

144 석회생산공정에 대한 설명으로 옳지 않은 것은?

① 석회의 주요 용도는 알루미늄, 강철, 구리 등의 금속 제련, 배연탈황, 연수화, pH 조절, 폐기물 처리 등, 지반 안정화, 아스팔트 첨가물 등에 사용된다.
② 원료로 석회석을 주로 사용하거나 Dolomite 또는 Dolomite Limestone을 사용하여 소성로(Kiln)에서 900~1,500℃에서 가열하여 석회를 생산한다.
③ 석회생산 반응식은 $CaCO_3 + heat \rightarrow CO_2 + CaO$(High Calcium Lime) 혹은 $CaCO_3 \cdot MgCO_3 + heat \rightarrow 2CO_2 + CaO \cdot MgO$(Dolomite Lime)이다.
④ 석회의 제조는 석회석 채광 → 원료 석회석 준비 → 연료 준비 및 저장 → 생석회공정 → 소성공정 → 저장 및 이송 순으로 구분할 수 있다.

해 설
석회 제조공정은 석회석 채광 → 원료 석회석 준비 → 연료 준비 및 저장 → 소성공정 → 생석회공정 → 저장 및 이송 순으로 구분할 수 있다. [정답 ④]

145 석회생산공정의 핵심은 소성공정이다. 소성공정에 대한 설명이 바르지 않은 것은?

① 대부분이 수직형 킬른(Shaft Kiln)으로 설치되어 있으며 주 사용연료는 석탄, 오일, 가스 등이다.
② 일반적으로 제품 냉각 시설과 Kiln Feed Preheater가 고온의 석회 제품 및 고온의 배가스로부터 열을 회수하기 위해 사용된다.
③ 수직형 킬른(Shaft Kiln)은 상부에서 장입되어 하부로 이동되는 방식의 킬른이며 에너지효율과 생산율이 높고 석탄을 사용하는 경우에도 품질저하가 없는 장점이 있다.
④ 킬른 내에 예열구역, 소성구역, 냉각구역의 3단계 열전달 과정이 있다.

해 설
수직형 킬른(Shaft Kiln)은 에너지효율이 높은 장점이 있으나 생산율이 낮고 석탄을 사용하는 경우 품질저하를 가져오는 단점이 있다. [정답 ③]

146 다음은 석회생산공정 중 소석회공정에 대한 설명이다. 옳지 않은 것은?

① 생산되는 모든 석회의 약 15%는 수화석회(소석회)로 생산되며, 수화에는 상압수화 및 가압수화가 있다.
② 일반적으로 Water Sprays 혹은 Wet Scrubber가 수화공정에 사용되고 수화된 제품은 건조 후 Mill로 갈아 이송된다.
③ 생석회의 수화반응은 $CaO + H_2O \rightarrow Ca(OH)_2$와 같이 일어난다.
④ 배출되는 스팀은 먼지를 함유하고 있으므로 Scrubber 등에서 불순물을 포집하여 처리하여 스팀을 배출하거나 재순환한다.

> **해 설**
> 일반적으로 Water Sprays 혹은 Wet Scrubber가 수화공정에 사용되고 수화된 제품은 Mill로 갈아 추가 건조한 후 이송된다.
> [정답 ②]

147 석회 제조 공정에서는 연료의 선택이 중요한데 다음 중 킬른에서 사용하는 연료 중 주로 사용하는 연료에 해당되지 않는 것은?

① 유연탄, 코크스　　② 중유　　③ 천연가스　　④ 도시가스

> **해 설**
> • 킬른에서 사용하는 연료의 종류
>
> | 연료 구분 | 주로 사용 | 때때로 사용 | 드물게 사용 |
> |---|---|---|---|
> | 고체연료 | 유연탄, 코크스 | 무연탄, 갈탄 등 | 토탄, Oil Shale |
> | 액체연료 | 중유 | 중질유 | 경질유 |
> | 기체연료 | 천연가스 | 부탄/프로판, 공정가스 | 도시가스 |
> | 기타 | - | 목재/톱밥, 폐타이어, 종이 등 | 폐 액상·고상연료 |
>
> 석회제조공정에서 연료의 선택이 중요한 이유는 연료비가 석회 생산단가의 40~50%를 차지하고, 부적절한 연료는 운전비를 상승시키기 때문이다. 또한 제품의 품질(잔존 CO_2 수준, 반응성, 황함량 등)과 대기오염물질 배출(중유)에 영향을 주기 때문이다.
> [정답 ④]

148 석회 제조 공정의 주요 온실가스 배출시설에 대하여 바르게 설명하지 않은 것은?

① 주요배출시설은 소성시설로서 석회석 혹은 Dolomite 등 원료의 탈탄산 반응에 의하여 CO_2가 공정배출로 발생한다.
② 일반적인 석회 생산공정에서는 다양한 유형의 소성시설을 사용하는데 그 종류로

는 Long Rotary Kiln, Preheater-Rotary Kiln, Parallel Flow Regenerative Kiln, Annular Shaft Kiln 등이 있다.
③ 연수를 위한 소석회의 사용은 CO_2와 석회의 반응으로 탄산칼슘($CaCO_3$)을 재생성하여 대기 중으로의 CO_2 순배출을 발생하지 않는다.
④ 석회의 생산 동안 석회 킬른 먼지(Lime Kiln Dust, LKD) 생성은 배출량 산정 시 고려하지 않는다.

해설
석회의 생산 동안 석회 킬른 먼지(Lime Kiln Dust, LKD) 생성이 배출량 산정 시 고려되어야 한다. [정답 ④]

149 다음 중 탄산염의 기타공정사용에 해당하지 않는 생산공정은?

① 세라믹 생산
② 비-야금 마그네시아 생산
③ 소다회 생산
④ 유리 생산

해설
탄산염은 소다회의 기타 공정에서 사용되지만 소다회 생산에서의 배출은 앞서 '소다회 생산' 항목에서 설명되었기 때문에 중복 산정을 피하기 위하여 소다회 소비에 따른 배출만 산정한다. 단, 소다회 소비에 따른 온실가스 배출이 이미 산정되었다면(예 : 유리생산 등) 제외된다. [정답 ③]

150 다음 중 주요탄산염 사용 분야를 모두 고른 것은?

㉠ 세라믹 생산 ㉡ 유리 생산 ㉢ 펄프 및 제지 생산 ㉣ 배연탈황시설

① ㉠, ㉡, ㉢, ㉣
② ㉠, ㉡, ㉢
③ ㉠, ㉡
④ ㉠

해설
• 주요탄산염 사용 분야 및 사용 탄산염의 종류
㉠ 세라믹 생산 : 점토 내 탄산염 광물
→ 원료 및 첨가제
㉡ 유리 생산 : 석회석($CaCO_3$), 소다회(Na_2CO_3), 백운석($CaMg(CO_3)_2$)
→ 원료
㉢ 펄프 및 제지 생산 : 탄산칼슘($CaCO_3$), 탄산나트륨(Na_2CO_3)
→ 약품 회수 시 보조물질
㉣ 배연탈황시설 : 석회석($CaCO_3$), 백운석($CaMg(CO_3)_2$) 및 기타 탄산염
→ 흡수제
[정답 ①]

151 다음은 세라믹 생산공정이다. ㉯에 들어갈 알맞은 공정은?

> 원료 → (㉮) → (㉯) → (㉰) → (㉱) → 제품공정

① 소성공정　　② 성형공정　　③ 검사공정　　④ 가공공정

해설
- 세라믹 생산 공정 개요
  원료공정(혼련) → 성형공정 → 소성공정 → 가공공정 → 검사공정 → 제품공정

[정답 ①]

152 다음 각 공정 중 온실가스 배출원인이 알맞게 설명된 것은?

① 세라믹 생산 : 성형시설에서 탄산칼슘의 탈탄산 반응에 의하여 CO_2가 배출된다.
② 펄프·종이 및 종이제품 제조시설 : 정선시설에서 탄산염 광물 사용 시 CO_2가 배출된다.
③ 유리생산 : 석회석($CaCO_3$), 백운석($CaMg(CO_3)_2$) 및 소다회(Na_2CO_3)와 같은 유리원료 융해 공정 시 CO_2가 배출된다.
④ 배연탈황시설(스크러버) : 석회석준비설비에서 황산화물 제거를 위해 탄산염 광물 사용 시 CO_2가 배출된다.

해설
- 세라믹 생산 공정의 온실가스 공정배출원인 반응식
① 세라믹 생산(소성 시설) : 소성시설에서 탄산칼슘의 탈탄산 반응에 의해 CO_2가 배출된다.
  $CaCO_3 \rightarrow CaO + CO_2$
② 펄프·종이 및 종이제품 제조시설(약품회수시설) : 약품회수시설에서 탄산염 광물 사용 시 CO_2가 배출된다. $CaCO_3 \Rightarrow CaO + CO_2$
④ 배연탈황시설(흡수탑) : 흡수탑에서 황산화물 제거를 위한 탄산염 광물 사용에 의해 CO_2가 배출된다.
  $SO_2 + H_2O \rightarrow H_2SO_3$
  $CaCO_3 + H_2SO_3 \rightarrow CaSO_3 + CO_2 + H_2O$
  $CaCO_3 + ½ O_2 + 2H_2O \rightarrow CaSO_4 \cdot H_2O(석고)$
  $CaCO_3 + SO_2 + ½ O_2 + 2H_2O \rightarrow CaSO_4 \cdot H_2O(석고) + CO_2$
  $CaCO_3 + ½ H_2O \rightarrow CaSO_3 \cdot ½ H_2O$

[정답 ③]

153 다음 탄산염 사용에 관한 각각의 공정순서 중 온실가스 주요배출공정 밑줄 표시가 잘못된 것은?

① 세라믹 생산 : 원료공정(혼련) → 성형공정 → <u>소성공정</u> → 가공공정 → 검사공정 → 제품공정
② 화학펄프 제조 : 목재칩 투입 → 증해공정 → 세척공정 → <u>1차 정선공정</u> → 표백공

정 → 2차 정선공정 → 건조 공정 → 마감 및 운송공정
③ 유리생산 : 혼합공정 → 용융공정 → 성형공정 → 서냉공정 → 검사/포장공정 → 제품 공정
④ 배연탈황시설(스크러버) : 배기가스설비 → 석회석 준비설비 → 흡수탑 → 석고탈수 설비

> **해설**
> • 화학펄프 생산의 증해 공정
> 증해약품으로 목재칩을 고온, 고압의 증해기에서 증해하여 섬유질 간 결속력을 약화시키기 위한 공정이다. 이때 발생되는 폐기 유기물은 공해 및 비용문제를 야기하므로, 약품회수공정을 거친다. 본 공정은 흑액 회수 및 농축, 녹액 생성, 가성화조 공정, 석회소성공정 순으로 구성되는데, 가성화에 필요한 생석회를 생산하는 석회소성공정에서 CO_2가 발생한다. $CaCO_3 \Rightarrow CaO + CO_2$
> [정답 ②]

154 다음 중 농축산 및 임업에 대한 설명으로 틀린 것은?

① 농·축산, 임업, 기타 토지이용에서 발생하는 온실가스 배출과 흡수는 탄소의 축적 또는 전환에 의해 모든 유형의 토지에 걸쳐 발생할 수 있음을 전제로 하며 2006 IPCC G/L에서 AFOLU(Agriculture, Forestry and Land Use)로 정의한다.
② AFOLU 관련 온실가스는 CH_4, N_2O로써 농·축산, 임업 및 기타 토지이용의 모든 부문이 독립적으로 배출에 영향을 미친다.
③ 농업축산 부문의 목표관리 대상 사업장은 농림축산식품부에서 관장하고 있으며, 식품업체들이 해당된다.
④ AFOLU 부문 흡수원 및 배출원은 축산, 임업 및 기타토지 이용, 농업 및 non-CO_2 통합배출로 구분하고 있다.

> **해설**
> 농업, 축산, 임업 및 기타 토지이용에 대한 모든 부문이 유기적으로 연계되어 온실가스 배출에 영향을 미친다.
> [정답 ②]

155 다음 중 흡수 및 배출되는 온실가스의 종류가 다른 하나는?

① 임지   ② 농경지   ③ 습지   ④ 거주지

> **해설**
> ①②④는 CO_2, ③은 CO_2, CH_4
> [정답 ③]

156 축산 부문의 온실가스로만 짝지어진 것은?

① CO_2, CH_4, N_2O ② CO_2, CH_4 ③ CH_4, N_2O ④ CO_2, N_2O

> **해설**
> 축산부문에 해당하는 온실가스는 CH_4, N_2O이다. CH_4의 경우 장내발효와 가축분뇨 처리에서 발생하고 N_2O의 경우 가축의 분뇨처리 과정에서 배출된다. 이 중 장내발효에 의해 배출되는 온실가스가 대부분을 차지한다.
>
> [정답 ③]

157 축산 부문의 온실가스 배출에 대한 설명으로 옳은 것은?

① 축산부문에 해당하는 온실가스는 CH_4, N_2O로서, 장내발효와 가축분뇨 처리에서 발생하며 이중 가축의 분뇨처리에 의한 온실가스 배출이 대부분을 차지한다.
② 가축의 호흡에 의한 CO_2 배출은 사료작물이 광합성으로 CO_2를 흡수한 것으로서, 자연계에서 순환되므로 배출량 산정 시 고려되지 않는다.
③ 축산업 부문의 메탄 발생량은 전체 배출량의 1% 정도로 큰 비중을 차지하지 않고 육류소비량이 점차 감소함에 따라 축산업의 기여도는 더욱 감소할 것으로 사료된다.
④ 가축의 분뇨처리에 기인한 메탄 배출량의 약 75%가 소에서 기인한다고 보고된 바 있다.

> **해설**
> • 축산업의 온실가스는 장내발효에 의한 온실가스 배출이 대부분을 차지한다.
> • 축산업 부문에서 메탄 발생량의 비중은 작지만 생활수준의 향상에 의한 육류소비 증가에 따라 점차 발생량의 기여도가 증가할 것으로 본다.
> • 가축 장내발효에서 기인한 총 메탄 발생량의 약 75% 정도를 소가 차지한다고 보고된 바 있다.
>
> [정답 ②]

158 다음 중 LULUCF에 대한 설명으로 옳지 않은 것은?

① 토지이용(Land Use), 토지용도의 변경(Land-Use-Change), 임업(Forestry)의 결과로 온실가스를 제거하거나 상쇄하는 것이며 각각의 머리글자를 따서 LULUCF로 통칭되고 있다.
② 온실가스와 관련한 LULUCF의 메커니즘은 산림 및 기타토지의 용도 변경으로 인한 토지의 탄소축적 변화이다.
③ 산림이 농경지 또는 주거지로 전용되었을 경우, 탄소축적량 감소에 따라 온실가스 배출량은 증가하게 된다.
④ 임업 및 기타토지 이용에서 CO_2 배출은 없으며, 탄소를 축적하는 저장고로서 크게

바이오매스, 고사유기물, 토양탄소로 구분된다.

해설
임업 및 기타토지 이용은 CO_2 배출 뿐만 아니라 탄소를 축적하는 저장고이기도 하다. [정답 ④]

159 다음과 같은 온실가스 배출/흡수 특성이 있는 토지 범주는?

- 목재 바이오매스의 수확, 방목장의 방해, 목초지화, 산불, 재건, 목초지 경영 등을 포함하는 인간활동과 자연적 장애요인, 지하부 바이오매스 및 토양 유기물에 의한 탄소축적량의 변화
- 바이오매스, 토양탄소(유기토양/무기토양)

① 초지 ② 농경지 ③ 임지 ④ 주거지

해설
· 토지 범주별 온실가스 배출/흡수 특성

구분	배출/흡수 특성
임지	• 임지로 유지되는 임지에서의 바이오매스 및 토양탄소의 변화, 임지로 전환된 토지에 따른 탄소 축적량의 변화 • 바이오매스(지하부/지상부), 고사유기물(고사목, 낙엽층 등), 토양탄소(유기토양/무기토양)
농경지	• 농경지로 유지되는 농경지와 농경지로 전환된 토지에 의한 탄소 축적량의 변화 • 바이오매스, 토양탄소(유기토양/무기토양)
초지	• 목재 바이오매스의 수확, 방목장의 방해, 목초지화, 산불, 재건, 목초지 경영 등을 포함하는 인간활동과 자연적 장애요인, 지하부 바이오매스 및 토양 유기물에 의한 탄소 축적량의 변화 • 바이오매스, 토양탄소(유기토양/무기토양)
습지	• 1년 내내 혹은 일부 기간 동안 물을 흡수하거나 배수된 토지 또는 다른 토지로 용도 변경된 토지에 따른 탄소 축적량 변화 • 습지로 전환된 토지에서 이탄추출물로 인한 탄소 축적량의 변화와 침수지로 전환된 토지에서의 탄소축적량 변화 • 이탄지의 배수 및 침수지에서 배출된 N_2O와 침수지에서 배출된 CH_4 배출 • 침수지로 전환된 토지에서 살아있는 바이오매스에 의한 탄소축적
주거지	• 모든 형태의 도시림과 마을근교 숲 포함 • 주거지로 전환된 토지의 살아있는 바이오매스에 의한 탄소축적
기타토지	• 기타 토지로 전환된 토지에서 살아있는 바이오매스와 토양 탄소에 의한 탄소축적량 변화

〈출처 : 국립산림과학원, 삼림부문 온실가스흡수원·배출원 인벤토리 평가 (2007)〉

[정답 ①]

160 농업부문에서의 온실가스 배출에 대한 설명으로 옳지 않은 것은?

① 농경지에서 배출되는 CO_2의 양은 많으나 이는 대기 중의 이산화탄소가 작물에 고정되었다가 식량과 식물체가 분해됨에 따라 다시 대기로 환원되는 것이다.
② 농경지에서 발생하는 이산화탄소를 배출량 계산에 포함한다.
③ 석회 및 요소비료의 사용에 의한 이산화탄소 배출은 농경지의 배출량으로 산정되지 않는다.
④ 농업부문에서의 온실가스 배출원은 바이오매스연소로 인한 온실가스 배출, 석회사용, 요소시비를 포함하여 총 7개 종류의 배출원이 있다.

> **해설**
> 농경지에서 발생하는 이산화탄소는 대기 배출량과 농경지 흡수량의 균형으로 탄소중립을 이루므로 배출량 계산에 포함되지 않는다.
> **[정답 ②]**

161 다음 중 농업부문의 온실가스 배출원에 포함되지 않는 것은?

① 바이오매스 연소로 인한 온실가스 배출
② 석회사용
③ 가축 분뇨처리
④ 분뇨관리에서의 간접적 N_2O 배출

> **해설**
> • 가축 분뇨처리 : 축산부문에 포함된다.
> ※ 분뇨관리에서의 간접적 N_2O 배출 : 가축 분뇨처리로서 축산 부문에 해당하지만, 2006 IPCC G/L에 따라 농업부문의 non-CO_2 통합배출로 보고하고 있다.
> **[정답 ③]**

162 다음의 온실가스 배출특성은 농업부문의 온실가스 배출원 중 어느 것에 해당하는가?

> 합성질소 또는 유기질 비료사용, 잔류 농작물, 가축의 분뇨 등으로 토양 내에 유입된 질소가 질산화 및 탈질 반응을 거쳐 배출된다.

① 관리토양에서의 직접적 N_2O 배출
② 관리토양에서의 간접적 N_2O 배출
③ 분뇨관리에서의 간접적 N_2O 배출
④ 벼 경작

> **해설**
> - 농업부문 온실가스 배출특성
> ㉠ 바이오매스 연소로 인한 온실가스 배출 : 토지의 바이오매스 연소로 인한 non-CO_2 배출(CH_4, N_2O)
> ㉡ 석회사용 : 석회비료의 중탄산염 전환 후 CO_2 와 H_2O로 배출(CO_2)
> ㉢ 요소비 : 요소가 암모늄, 수산화이온, 중탄산염으로 전환 후 CO_2와 H_2O를 배출(CO_2)
> ㉣ 관리토양에서의 직접적 N_2O 배출 : 토양 내에 유입된 질소가 질산화 및 탈질 반응을 거쳐 배출(N_2O)
> ㉤ 관리토양에서의 간접적 N_2O 배출 : 토양 내 NH_3 및 NO_x가 휘발되거나 무기질소가 용탈, 용출됨에 따라 배출(N_2O)
> ㉥ 분뇨관리에서의 간접적 N_2O 배출 : 분뇨수집 및 저장과정에서 휘발성 유기질소가 NH_3과 NO_x로 변환하면서 발생(N_2O)
> ㉦ 벼 경작 : 논에서의 혐기성분해로 인해 배출(CH_4)
>
> [정답 ①]

163 다음은 농업부문의 주요배출원인 농경지에서 직접적으로 배출되는 아산화질소의 배출경로를 나타낸 것이다. 각 번호의 빈칸에 들어갈 말로 틀린 것은?

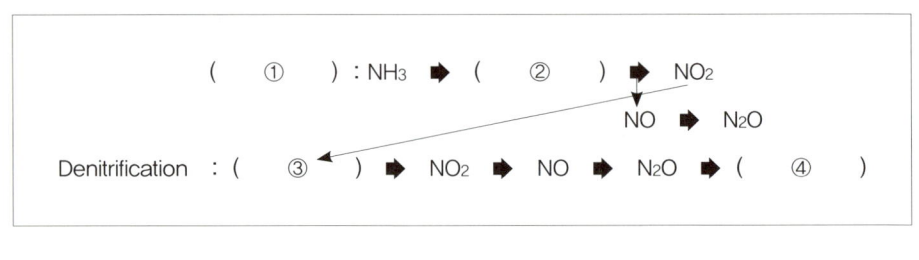

① Nitrification　　② NO　　③ NO_3　　④ N_2

> **해설**
> 관리토양에서의 아산화질소 배출경로 : 토양 내에 유입된 질소가 질산화(Nitrification) 및 탈질 반응(Denitrification)을 거쳐 배출된다. ②에는 NH_2OH_4
>
> [정답 ②]

164 다음은 매립에 대한 설명이다. 옳은 것을 고르시오.

① 매립은 토양에 최종처분 폐기물을 지표 또는 지하에 묻는 화학적 시설을 말하여 매립지 반입 폐기물을 감시, 배치, 압축하는 작업이다.
② 비위생매립지는 폐기물의 매립에 의한 공공의 건강과 환경영향을 최소화하기 위해 설계 운전하는 시설이며, 안전한 침출수처리와 매립가스 처리가 설계되어 있다.
③ 단순 매립 형태의 비위생매립지는 폐기물 관리에 대한 고려까지 포함하고 있다.
④ 고형폐기물의 매립은 폐기물 반입공정, 매립공정, 침출수 처리공정, 매립가스 처리공정의 4개 공정으로 구분할 수 있다.

해설

① 매립은 폐기물 최종 처분을 위한 물리적 시설을 말한다.
② 위생매립지에 대한 설명이다.
③ 비위생매립지는 단순 매립 형태의 매립시설로서 폐기물 관리에 대한 고려가 포함되어 있지 않다. 반면, 위생 매립지는 폐기물의 매립에 의한 공공의 건강과 환경영향을 최소화하기 위해 설계 운전하는 시설이며, 안전한 침출수처리와 매립가스 처리가 설계되어 있다.

[정답 ④]

165 폐기물 매립지에서 발생하는 LFG에 대한 설명으로 옳지 않은 것은?

① 폐기물의 호기성 분해에 의한 안정화 과정에서 발생한다.
② 일반적으로 CH_4, CO_2, 질소, 산소, 암모니아, 기타 미량성분으로 구성되며 대표적인 온실가스는 CH_4이다.
③ 메탄은 메탄발효단계에서 많이 발생하며 이 단계가 시간적으로 가장 긴 것으로 알려져 있다.
④ LFG를 포집·회수하여 단순 소각 처리(Flaring)하다가 LFG의 연료로서의 활용가치와 신재생에너지원으로서의 중요성이 부각되어 활용방안이 적극적으로 검토되고 있다.

해설

혐기성 분해에 의한 폐기물의 안정화 과정에서 발생한다.

[정답 ①]

166 매립시설에서의 LFG 및 CH_4 배출에 대한 경로에 대한 설명으로 옳지 않는 것은?

① 포집정을 통해 LFG를 대부분 포집·회수
② 매립지 표면의 확산 대기배출
③ 매립지 표면의 구조적 결함 또는 취약 지점을 통한 표면 배출
④ 온실가스 배출측면에서 고려할 경로는 포집정에 의한 포집회수

해설

온실가스 배출 측면에서 고려할 수 있는 경로는 표면 확산, 취약지점(표면균열 등)의 배출 경로이며, 이들 경로를 최소화하는 것이 필요하다.

[정답 ④]

167 다음은 모두 매립에 대한 내용이다. 이 중 옳지 않은 것은?

① 육지매립은 가장 일반적인 방법으로 폐기물을 지표 또는 지하에 묻는 방법이며, 처리를 위한 마지막 수단이므로 폐기물종합관리체계의 최종단계에서 실행한다.

② 사업장폐기물에 대해서는 대상 폐기물의 규모에 따라 안정형·관리형·차단형의 3종류로 나누어 규제하고 있다.
③ 폐기물 매립장의 일반적 구성은 바닥으로부터 지하수 배제 관로, 원지반, Soil-Bentonite 혼합 불투수층, HDPE sheet 차수층, Geo-Composite 보호 및 배수층으로 이루어지며, 사면에서는 Geo-Composite보충, Bentoline-Mat 불투수층, HDPE차수층, Geo-Composite 보호 및 배수층 등으로 이루어진다.
④ 매립장의 기능은 저류기능, 차수기능, 처리기능으로 구분한다.

해설
사업장폐기물에 대해서는 대상 폐기물의 종류에 따라 안정형·관리형·차단형의 3종류로 나누어 규제하고 있다.

[정답 ②]

168 다음 설명이 나타내는 매립장의 기능은?

매립지에서 발생하는 침출수와 유해가스 등이 생활환경과 주변자연환경에 지장을 주지 않도록 침출수처리시설과 발생가스 처리시설이 설치, 운영된다.

① 저류기능　② 에너지회수기능　③ 차수기능　④ 처리기능

해설
• 매립지의 기능은 대별하면 저류, 차수, 처리의 3기능으로 구분할 수 있다.
① 저류기능 : 매립구획에 따라 순차적으로 일정 기간 동안 지장없이 진행되며, 그 구획에 매립이 종료된 후에 소정의 기간동안 안정하게 저류가능한 구조이어야 한다. 따라서 옹벽과 성토제방 등의 저류구조물, 혹은 계곡 등을 이용한다.
② 차수기능 : 폐기물이 함유한 물과 매립지에 유입된 우수 등이 지하수에 침출되어 오염물질을 매립지 외로 운반하여 공공의 수역 및 지하수를 오염시키는 것을 방지하기 위한 기능이다. 따라서 외부로부터 매립지로 물이 들어가지 않도록 차수를 해야 하며, 또한 매립지내부의 물은 반드시 침출수집배수시설, 처리시설을 통해 처리한 후 최종처분장의 밖으로 배출되도록 매립지의 저부와 주변부를 차수하는 것이 요구된다. 차수기능은 적어도 주변에 영향을 주지 않을 시점까지 기능을 유지하여야 한다.
③ 처리기능 : 매립지에서 발생하는 침출수와 유해가스 등이 생활환경과 주변자연환경에 지장을 주지 않도록 침출수처리시설과 발생가스 처리시설이 설치, 운영된다.

[정답 ④]

169 다음 중 「온실가스·에너지 목표관리 운영 등에 관한 지침」 상의 고형폐기물 매립에 대한 온실가스 배출시설에 속하지 않는 것은?

① 차단형 매립시설　　　　② 관리형 매립시설
③ 비관리형 매립시설　　　④ 혼합형 매립시설

> **해 설**
>
> 「온실가스 · 에너지 목표관리 운영 등에 관한 지침」상에서 고형폐기물의 매립에 해당하는 배출시설 종류는 차단형 매립시설, 관리형 매립시설, 비관리형 매립시설이 있다. **[정답 ④]**

170 다음 중 매립의 온실가스배출시설에 대한 설명이 바르게 연결된 것은?

A. 차단형 매립시설 B. 관리형 매립시설 C. 비관리형 매립시설

㉮ 매립폐기물은 추가적인 분해가 필요 없는 무기성 폐기물만을 매립하여야 하며, 가능한 한 수분이 없도록 건조시킬 필요가 있다. 무기성 폐기물로서 발생량이 적고 설치부지가 협소한 경우 등과 같은 특별한 경우가 아니면 설치하지 않는 것이 바람직하다.
㉯ 관리형 매립시설의 설치기준에 적합하지 않은 시설을 일컫는다.
㉰ 침출수 유출방지를 위해 매립시설의 바닥과 측면을 점토류 라이너 및 토목합성수지 라이너 등의 재질로 이뤄진 차수시설을 설치 · 운영하는 매립시설을 일컫는다.

① A - ㉮, B - ㉯, C - ㉰
② A - ㉯, B - ㉰, C - ㉮
③ A - ㉰, B - ㉮, C - ㉯
④ A - ㉮, B - ㉰, C - ㉯

> **해 설**
>
> - 매립시설의 종류
> A. 차단형 매립시설 : 주변의 지하수나 빗물의 유입으로부터 폐기물을 안전하게 저류하기 위한 시설로서 보통 콘크리트 구조물을 설치하고 그 내 · 외부를 방수 처리하는 것이 일반적이다. 특히 차단형 매립시설에는 추가적 분해가 없는 무기성 폐기물만을 매립하여야 하며, 가능한 한 폐기물 내에 수분이 없도록 건조시킬 필요가 있다. 또한 폐기물 처리용량에 비하여 설치공사가 많이 소요되는 단점과 폐기물 발생량이 많은 경우에는 경제성이 결여되어 처리에 한계가 있으므로 무기성 폐기물로서 발생량이 적고 설치부지가 협소한 경우 등과 같은 특수한 경우가 아니면 설치하지 않는 것이 바람직하다.
> B. 관리형 매립시설 : 침출수가 매립시설에서 흘러 나가는 것을 방지하기 위해 매립시설의 바닥과 측면을 폐기물의 성질 · 상태, 매립 높이, 지형조건 등을 고려하여 점토류 라이너 및 토목합성수지 라이너 등의 재질로 이뤄진 차수시설을 설치 · 운영하는 매립시설을 일컫는다. 주요시설에는 기초지반, 저류구조물, 차수시설, 우수집배수시설, 침출수집배수시설, 침출수처리시설, 매립가스처리시설 등이 있다.
> C. 비관리형 매립시설 : 관리형 매립시설의 설치기준에 적합하지 않은 시설이다. **[정답 ④]**

171 다음은 고형폐기물 매립에 대한 물질·에너지수지 개요이다. 각 번호의 빈칸에 들어갈 말 중 옳지 않은 것은?

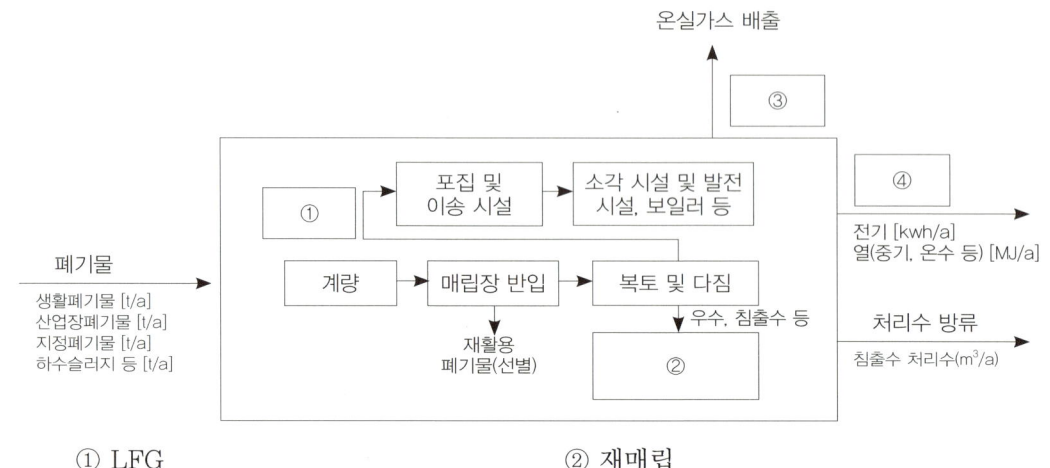

① LFG
② 재매립
③ CO_2, CH_4, 기타 대기오염물질
④ 에너지회수

[해설]

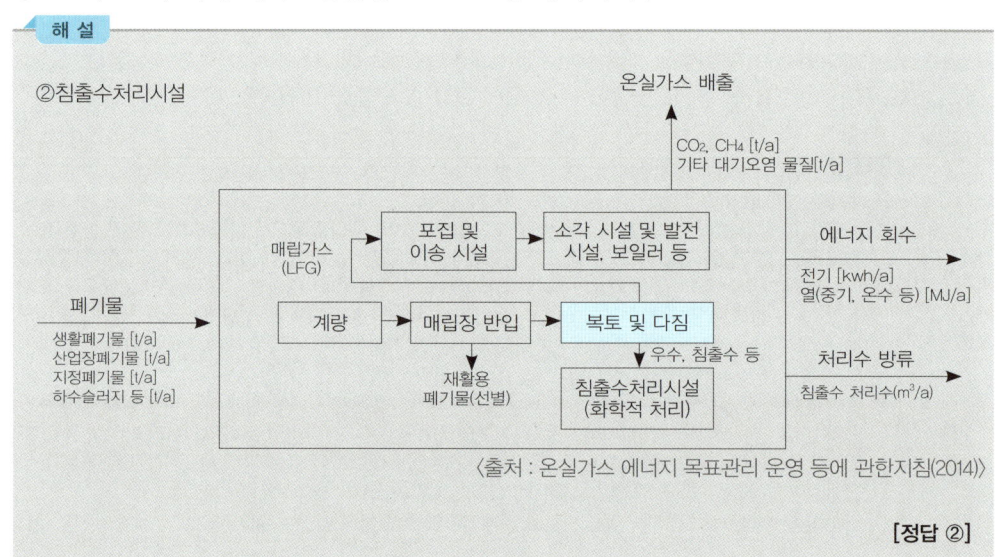

②침출수처리시설

〈출처: 온실가스 에너지 목표관리 운영 등에 관한지침(2014)〉

[정답 ②]

172 다음 중 매립가스를 이용하는 방법에 속하지 않는 것은?

① 발전　　② 제품원료　　③ 가스공급　　④ 자동차 연료

[해설] 매립시설에서 온실가스 배출량을 줄이는 방법으로는 매립가스(LFG)를 포집하여 이용하는 방법과 소각하여 대기로 배출하는 방법이 있다. 매립가스를 이용하는 방법은 발전, 가스공급, 자동차 연료 등이 있다.

[정답 ②]

173 매립에 의한 메탄발생에 대한 내용으로 옳은 것은?

① 메탄은 매립된 폐기물 중 분해 가능한 무기탄소가 수십 년에 걸쳐 서서히 혐기성 분해되며 발생하게 된다.
② 일정한 조건에서 메탄 생성은 전적으로 잔존하는 탄소량에 의존한다.
③ 매립 초기에 배출량이 가장 작으며, 이후 분해 박테리아에 의해 분해 가능한 탄소가 소비되면서 점차 증가하게 된다.
④ 무기탄소의 분해 과정은 2차 반응을 따른다는 가정을 적용하였으며, 2006 IPCC에 제시된 2차 반응모델을 통하여 고형폐기물 매립시설에서의 메탄 배출량을 산정한다.

해 설
· 메탄은 매립된 폐기물 중 분해 가능한 유기탄소가 수십 년에 걸쳐 서서히 혐기성 분해되며 발생하게 된다.
· 매립 초기에 배출량이 가장 크며, 이후 분해 박테리아에 의해 분해 가능한 탄소가 소비되면서 점차 감소하게 된다.
· 유기탄소의 분해 과정은 1차 반응을 따른다는 가정을 적용하였으며, 2006 IPCC에 제시된 1차 반응모델(FOD ; First Order Decay)을 통하여 고형폐기물 매립시설에서의 메탄 배출량을 산정한다.   [정답 ②]

174 매립장에서 발생하는 온실가스에 대한 내용으로 옳지 않은 것은?

① 최근 매립은 유기성 폐기물의 반입금지로 매립가스 배출량이 급감하고 있는 추세에 있고, 제도적 또는 기술적인 문제점이 아직도 산재해 있다.
② 보고대상 온실가스는 CO_2, CH_4, N_2O이다.
③ 매립시설에서 온실가스 배출량을 줄이는 방법으로는 매립가스(LFG)를 포집하여 이용하는 방법과 소각하여 대기로 배출하는 방법이 있다.
④ 매립지 가스는 기체바이오매스 연료에 해당한다.

해 설
보고대상 온실가스는 CH_4이다.   [정답 ②]

175 고형폐기물의 생물학적 처리에 대한 내용으로 옳지 않은 것은?

① 처리의 목적은 폐기물의 부피 감소, 폐기물의 안정화, 폐기물의 병원균 사멸, 에너지로 이용하기 위한 바이오 가스의 생산 등이다.
② 발생하는 온실가스의 종류는 CO_2, CH_4, N_2O이다.
③ 크게 '퇴비화(Composting)', '혐기성 소화(Anaerobic Digestion)', 'MB 처리(Mechanical-Biological Treatment)'로 구분된다.
④ 보고대상 배출시설에는 사료화 · 퇴비화 · 소멸화 · 부숙토생산 시설, 혐기성 분해시설이 있다.

> **해설**
> 발생하는 온실가스의 종류는 CH_4 및 N_2O이다.
> [정답 ②]

176 다음은 고형폐기물의 생물학적 처리 중 유기폐기물의 혐기성 소화에 대한 설명이다. 괄호 안에 들어갈 알맞은 말이 순서대로 옳게 짝지어진 것은?

> 유기폐기물의 염기성 소화는 온도, 수분함량, pH를 최적값에 가깝게 유지함으로써 산소가 없는 상태에서 유기물질의 자연적인 분해를 의미한다. 혐기성 소화과정에서 발생되는 (   ) 배출량을 산정하며, 이 과정에서 (   ) 배출은 매우 적기 때문에 산정 시 제외한다.

① CH_4, N_2O
② N_2O, CH_4
③ CH_4, CO_2
④ CO_2, CO

> **해설**
> 혐기성 소화과정에서 발생되는 CH_4 배출량을 산정하며, 이 과정에서 N_2O 배출은 매우 적기 때문에 산정 시 제외한다.
> [정답 ①]

177 다음은 고형폐기물의 생물학적 처리 중 기계-생물학적(MB) 처리에 대한 설명이다. 해당하지 않는 것은?

① 매립으로 인한 배출량을 줄이기 위해 폐기물을 안정화하고, 부피를 감소시키기 위한 목적으로 수행되는 활동으로, 기계적이고 생물학적인 작용을 거친다.
② 기계적인 작용은 물질의 분리(Separation), 파편화(Shredding), 압착(Crushing)을 포함한다.
③ 온도, 수분함량, pH를 최적값에 가깝게 유지함으로써 산소가 없는 상태에서 유기물질의 자연적인 분해를 의미한다.
④ 생물학적인 과정은 퇴비화와 혐기성 소화를 포함하고 이 과정에서 CH_4 및 N_2O가 발생한다.

> **해설**
> 고형폐기물의 생물학적 처리에는 퇴비화, 유기 폐기물의 혐기성 소화, 기계-생물학적(MB) 처리가 있으며, ③은 유기 폐기물의 혐기성 소화에 대한 설명이다.
> [정답 ③]

178 다음은 고형폐기물의 생물학적 처리에 관한 내용들이다. 옳지 않은 것은?

① 폐기물의 기계-생물학적(MB) 처리는 기계적인 작용과 생물학적인 작용을 포함하는데 이때 온실가스는 생물학적 작용에서 발생한다.
② 유기성 폐기물의 혐기성 소화는 산소가 없는 인위적 분해를 의미한다.
③ 배출된 CH_4의 산정값은 물질 내 초기 탄소함량의 1% 미만부터 수%까지 해당하고 N_2O의 산정배출량의 범위는 초기 질소 함량의 0.5% 미만부터 5%까지이다.
④ 유기성 폐기물의 혐기성 소화과정에서 발생되는 CH_4 배출량을 산정하며, 이 과정에서 N_2O 배출은 매우 적기 때문에 산정 시 제외한다.

해설
유기성 폐기물의 혐기성 소화는 산소가 없는 자연적인 분해를 의미한다. [정답 ②]

179 다음 중 폐기물 처리에서 보고해야하는 온실가스 종류가 바르게 짝지어지지 않은 것은?

① 고형폐기물의 매립 - CH_4
② 폐기물의 소각 - CH_4, N_2O
③ 고형폐기물의 생물학적 처리 - CH_4, N_2O
④ 하수처리 - CH_4, N_2O

해설
폐기물의 소각 - CO_2, CH_4, N_2O [정답 ②]

180 다음은 고형폐기물의 생물학적 처리시설에서 최적실용화 기술 도출시 고려사항 중 기술적인 문제점 및 개선방안이다. 해당하지 않는 내용은?

① 지방자치단체의 폐기물 에너지화 시설 설치 사업 여건 마련을 위한 국고지원의 우선순위를 부여하고 인센티브를 강화하는 동시에, 폐기물 에너지화 시설 설치를 위한 지방자치단체의 적극적인 검토가 이뤄지도록 해야 한다.
② 재생된 에너지 사용의 광역화를 위해 저장 및 이동이 간편한 기술의 개발이 필요하고, 고효율 가스엔진 개발 및 상용화가 시급하다.
③ 폐기물 처리시설을 이용한 에너지 회수시설은 소형에 적합한 고속형의 시설이 필요하나, 국내 기술력의 부족으로 수입제품을 사용하여야 하는 경우가 많으므로, 소규모 열병합 발전용 엔진의 개발 및 상용화를 위해 정책적으로 개발, 공급하도록 국

가가 노력할 필요가 있다.
④ 바이오가스 생산 및 활용에 대한 기술개발 및 경제성 확보가 필요하다.

해설
①은 제도적 문제점 및 개선방안에 대한 내용이다. [정답 ①]

181 하수처리공정에 대한 설명으로 옳지 않은 것은?

① 하수의 처리는 처리목적에 따라 1차 처리, 2차 처리, 고도처리로 구분한다.
② 1차 처리는 비교적 큰 입자성 부유물질의 제거를 목적으로 하며, 주로 침전 등의 물리학적 처리방법이 이용된다.
③ 2차 처리에서는 1차 처리 후에 잔류하는 입자성 부유물질과 용존 유기물의 제거를 목적으로 하며, 주로 화학적 약품처리방법이 있다.
④ 고도처리는 1차 및 2차 처리방법 이상의 수질을 정화하는 것을 목적으로 행하여지는 모든 처리를 통칭하며, 주로 질소나 인과 같은 영양염류의 제거를 위해 실행된다.

해설
2차 처리에서는 1차 처리 후에 잔류하는 입자성 부유물질과 용존 유기물의 제거를 목적으로 하며, 주로 미생물을 이용한 생물학적 처리방법이 있다. [정답 ③]

182 다음이 설명하는 하·폐수처리방법은?

> 호수와 같이 폐쇄수역에 다량으로 존재하면 조류 등이 과잉번식하여 부영양화를 초래하는 대표적인 영양염류인 질소와 인의 제거를 목적으로 한다. 대표적인 처리방법으로 질소와 인의 생물학적 제거법이 있으며 호기성 미생물인 아질산균과 질산균이 산소를 이용하여 질산화반응을 일으킨다.

① 침전 ② 표준활성슬러지법 ③ 생물막법 ④ 고도처리

해설
1차 처리는 비교적 큰 입자성 부유물질의 제거를 목적으로 하며, 주로 침전 등의 물리학적 처리방법이 이용된다. 2차 처리에서는 1차 처리 후에 잔류하는 입자성 부유물질과 용존 유기물의 제거를 목적으로 하며, 주로 미생물을 이용한 생물학적 처리방법이 있다. 고도처리는 1차 및 2차 처리방법 이상의 수질을 정화하는 것을 목적으로 행하여지는 모든 처리를 통칭하며, 주로 질소나 인과 같은 영양염류의 제거를 위해 실행된다. [정답 ④]

183 하·폐수처리시설 중 다음이 설명하는 배출시설 종류는?

> 사람의 생활이나 경제활동으로 인하여 액체성 또는 고체성의 물질이 섞이어 오염된 물과 건물·도로 그 밖의 시설물의 부지로부터 하수도로 유입되는 빗물·지하수를 처리하여 하천·바다 그 밖의 공유수면에 방류하기 위하여 지방자치단체가 설치 또는 관리하는 처리시설과 이를 보완하는 시설을 말한다.

① 공공하수처리시설
② 폐수종말처리시설
③ 수질오염방지시설
④ 오수처리시설

해설

하폐수 부문의 배출시설 종류는 축산폐수공공처리시설, 폐수종말처리시설, 공공하수처리시설, 분뇨처리시설, 수질오염방지시설, 오수처리시설이 있다.
- 축산폐수공공처리시설 : 축산폐수공공처리시설은 소·돼지·말·닭과 같은 가축이 배설하는 분뇨 및 가축 사육 과정에서 사용된 물 등이 분뇨에 섞여서 배출되는 것을 자원화 또는 정화하기 위해 지방자치단체의 장이 설치하는 시설을 말한다.
- 폐수종말처리시설 : 폐수종말처리시설은 수질오염이 악화되어 환경기준의 유지가 곤란하거나 수질보전에 필요하다고 인정되는 지역 안의 각 사업장에서 배출되는 수질오염물질을 공동으로 처리하여 공공수역에 배출하도록 하기 위하여 국가·지방자치단체 등이 설치하는 시설이다.
- 분뇨처리시설 : 분뇨처리시설은 분뇨를 침전·분해 등의 방법으로 처리하는 시설을 말한다.
- 수질오염방지시설 : 점오염원, 비점오염원 및 기타 수질오염원으로부터 배출되는 수질오염물질을 제거하거나 감소하게 하는 시설로서 환경부령이 정하는 것을 말한다.
- 오수처리시설 : 1일 오수 발생량이 2세제곱미터를 초과하는 건물시설 등(이하 "건물 등")을 설치하려는 자가 건물 등에서 발생하는 오수를 처리하기 위해 설치한 시설을 말한다.

[정답 ①]

184 다음 중 하·폐수처리시설에 있는 혐기성소화조의 소화효율 문제점에 해당되지 않는 것은?

① 낮은 유기물 함량
② 소화조 내 온도 저하
③ 가스발생량의 증가
④ 상등수의 악화

해설

가스발생량의 저하 : 메탄형성이 저조하고 산형성이 왕성하면 혐기조에 유기산이 축적되어 pH가 저하되어 메탄형성 미생물에 독성을 준다. 이 경우 투입횟수 및 1회 투입량 등을 재검토하여 적정량의 슬러지가 균등하게 투입되도록 조정하여야 하며 또한 pH를 높이기 위해 알칼리(보통석회)를 투입하는 것도 필요하다. [정답 ③]

185 다음 중 하·폐수처리시설의 에너지 효율화방안을 위한 시설개선이 바르게 짝지어진 것은?

> ㉠ 합류식 하수도를 분류식으로 교체
> ㉡ 하수 펌프류 인버터 설치
> ㉢ 송풍기 모터풀리 교체 및 연동배관 설치
> ㉣ 소화조의 알칼리 투입

① ㉠, ㉡   ② ㉡, ㉢   ③ ㉢, ㉣·   ④ ㉠, ㉣

해설
㉠, ㉣ : 혐기성소화조의 소화효율 개선을 위한 방안이며, 에너지효율화방안을 위한 직접적인 시설개선이 아니다.
[정답 ②]

186 하·폐수처리시설의 온실가스 배출에 관한 설명으로 옳지 않은 것은?

① 하·폐수는 현장에서 처리되거나, 중앙 집중화된 시설을 통해 처리되며, 처리 과정에서 CO_2, CH_4, N_2O를 배출한다.
② 하·폐수로부터 배출되는 CO_2는 생물 기원으로 배출량 산정 시 제외하도록 한다.
③ 하·폐수 처리에서의 CH_4는 유기물이 분해되는 과정에서 배출되며, 기본적으로 폐수내의 분해 가능한 유기물질, 온도, 처리시스템의 유형에 따라 배출량이 변한다.
④ N_2O의 경우에는 폐수가 아닌 질소성분(요소, 질산염, 단백질)을 포함한 하수 처리과정에서 배출되며, 질산화 및 탈질화 작용을 통해 발생하게 된다.

해설
하·폐수는 현장에서 처리되거나, 중앙 집중화된 시설을 통해 처리되며, 처리 과정에서 발생하는 온실가스는 하수처리의 경우 CH_4, N_2O에 대하여, 폐수처리의 경우 CH_4에 대하여 그 양을 산정하도록 하고 있다.
[정답 ①]

187 폐기물 소각에 대한 설명으로 옳은 것은?

① 물리적 처리방법에 속하며 무게와 부피를 줄이기에 효과적일 뿐만 아니라 열의 형태로 에너지를 얻을 수도 있어 점차 사용비율이 증가하는 추세이다.
② 폐기물 처리단계 중 최종처리단계에 해당하며, 쓰레기 연소 시 발생하는 유독가스로 2차 공해를 유발할 수 있다.

③ 소각시설의 공정은 크게 저장 및 투입설비, 소각설비로 나누어진다.
④ 소각되는 폐기물 유형은 도시고형폐기물, 사업장폐기물, 지정폐기물, 하수 슬러지 등이다.

> **해설**
> - 화학적 처리방법에 속하며 무게와 부피를 줄이기에 효과적일 뿐만 아니라 열의 형태로 에너지를 얻을 수도 있어 점차 사용비율이 증가하는 추세이다.
> - 폐기물 처리단계 중 중간처리단계에 해당하며, 쓰레기 연소 시 발생하는 유독 가스로 2차 공해를 유발할 수 있다.
> - 소각시설의 공정은 크게 저장 및 투입설비, 소각설비, 오염방지설비 및 배출시설로 나누어진다. **[정답 ④]**

188 폐기물 소각에 의한 온실가스 배출에 대한 내용으로 옳지 않은 것은?

① 고형 및 액상폐기물의 연소로 인해 CH_4 및 N_2O가 배출된다.
② 바이오매스 폐기물의 소각으로 인한 CO_2 배출은 생물학적 배출량이므로 배출량 산정 시 제외하고, 화석연료로 인한 폐기물의 소각으로 인한 CO_2는 배출량에 포함한다.
③ 폐기물 소각으로 인한 CO_2 배출은 Mass-Balance 방법에 따라 폐기물의 화석탄소 함량을 기준으로 산정된다.
④ 바이오매스 폐기물에는 음식물, 목재 등이 있으며, 화석연료로 인한 폐기물에는 플라스틱, 합성섬유, 폐유 등이 있다.

> **해설**
> ① 고형 및 액상폐기물의 연소로 인해 CO_2, CH_4 및 N_2O가 배출된다. **[정답 ①]**

189 다음 중 「온실가스·에너지 목표관리 운영 등에 관한 지침」에 의한 폐기물 소각의 보고대상 배출시설이 아닌 것은?

① 소각보일러
② 야적물소각시설
③ 폐가스소각시설
④ 폐수소각시설

> **해설**
> 「온실가스·에너지 목표관리 운영 등에 관한 지침」에 의한 폐기물 소각의 보고대상 배출시설에는 소각보일러, 특정폐기물 소각시설, 일반폐기물 소각시설, 폐가스소각시설, 적출물 소각시설, 폐수소각시설이 있다. **[정답 ②]**

190 다음은 생활폐기물 처리 및 처분 공정이다. '중간처리'에 해당하는 처리시스템이 아닌 것은?

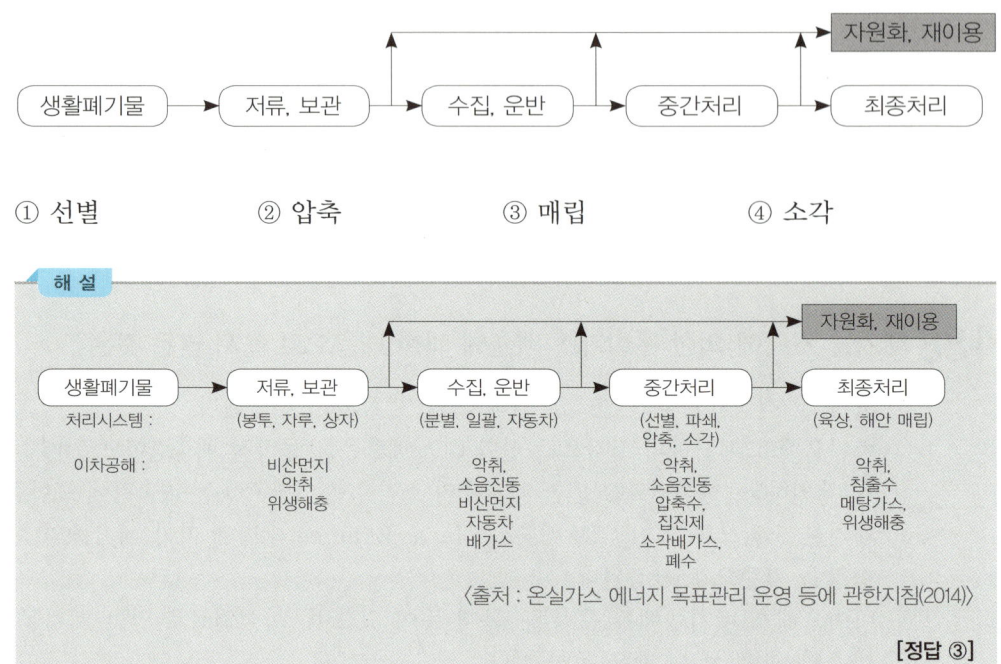

① 선별　　② 압축　　③ 매립　　④ 소각

> **해설**
>
> 처리시스템 : 생활폐기물 → 저류, 보관 (봉투, 자루, 상자) → 수집, 운반 (분별, 일괄, 자동차) → 중간처리 (선별, 파쇄, 압축, 소각) → 최종처리 (육상, 해안 매립) → 자원화, 재이용
>
> 이차공해 : 비산먼지, 악취, 위생해충 / 악취, 소음진동, 비산먼지, 자동차 배가스 / 악취, 소음진동, 압축수, 집진재, 소각배가스, 폐수 / 악취, 침출수, 메탄가스, 위생해충
>
> 〈출처 : 온실가스 에너지 목표관리 운영 등에 관한지침(2014)〉
>
> **[정답 ③]**

---

191 다음 내용이 설명하는 폐기물 소각 시설은?

> 제조공정 중에 발생되는 각종 휘발성유기물질이나 가연성가스 또는 냄새가 심하게 나는 물질들을 모아 산화시키는 시설을 말한다. 크게 나누어 직접연소시설, 촉매산화시설 등이 있다.

① 폐가스소각시설　　② 일반폐기물 소각시설
③ 소각보일러　　　　④ 특정폐기물 소각시설

> **해설**
> - 일반폐기물 소각시설 : 특별히 고안된 폐쇄구조에서 일반폐기물을 연소시켜 그 양을 감소하든지 재이용할 수 있게 하는 시설을 말한다. 소각시설의 구조에 따라 크게 나누어 단실소각시설, 다실소각시설, 이동다실소각시설로 나누어진다.
> - 소각보일러 : 폐기물 등을 소각시켜 발생되는 열을 회수하여 보일러는 가동하고 이때 생산되는 증기나 열을 작업공정이나 난방 등에 재이용할 목적으로 보일러 등 열회수장치가 설치된 소각시설을 말한다.
> - 특정폐기물 소각시설 : 특별히 고안된 폐쇄구조에서 특정폐기물을 연소시켜 그 양을 감소하든지 재이용할 수 있게 하는 시설을 말한다. 소각시설 구조에 따라 크게 나누어 단실소각시설, 다실소각시설, 이동다실소각시설로 나누어진다.
>
> **[정답 ①]**

192 다음 중 폐기물 소각시설의 최적가용기술에 대한 내용이 아닌 것은?

① 소각시설에서 온실가스(CO_2, N_2O) 배출량을 줄이는 방법으로는 크게 에너지회수 및 공급의 효율성을 증가시키는 방법과 배가스 처리를 통한 CO_2 배출을 제어하는 방법이 있다.
② 소각시설에서 생성된 에너지 일부는 시설 내에서 이용할 수 있으며, 일반적으로 에너지 회수형태는 전기, 열, 증기 등이 있으며 사용자의 필요성에 따라 달라진다.
③ 소각시설의 투입 에너지는 주로 연료의 발열량에 기인하며, 그 밖에 연소공정 지원을 위해 추가된 연료 및 (외부 수입) 전기 등이 있다.
④ 탄산나트륨 생산을 위한 배가스 내 CO_2 흡수에 의한 반응식은 $CO_2 + 2NaOH \rightarrow Na_2CO_3 + H_2O$이다.

해설
소각시설의 투입 에너지는 주로 폐기물의 발열량에 기인하며, 그 밖에 연소공정 지원을 위해 추가된 연료 및(외부 수입) 전기 등이 있다. **[정답 ③]**

193 다음 중 건축물에 의한 온실가스 배출에 관한 내용으로 옳지 않은 것은?

① 건축물이란 건축법 제2조에 따라 토지에 정착하는 공작물 중 지붕과 기둥 또는 벽이 있는 것과 이에 딸린 시설물, 지하나 고가(高架)의 공작물에 설치하는 사무소, 공연장, 점포, 차고, 창고 등을 말한다.
② 건축물에서는 조명, 냉·난방 등을 목적으로 전기, 스팀 및 화석연료 등의 에너지를 소비함에 따라 이산화탄소 등의 온실가스가 직·간접적으로 발생하게 된다.
③ 건축물의 벤치마크 계수 개발은 건축물의 종류를 유사한 구조, 이용 목적 및 형태별로 묶어 28개로 분류한다.
④ 주거용 건물(단독주택, 공동 주택 등)은 관리업체 대상에서 제외한다.

해설
건축법에서는 건축물의 종류를 유사한 구조, 이용 목적 및 형태별로 묶어 28개로 분류하고 있으나, 건축물의 벤치마크 계수 개발은 건축물의 용도 분류를 기본으로 구분한다. **[정답 ③]**

194 건축물의 벤치마크 계수 개발에 관한 건축물의 용도 분류에 포함되지 않는 것은?

① 관공서의 청사　② 주차장　③ 숙박　④ 도시형 주거 아파트

> **해설**
> 건축물의 벤치마크 계수 개발은 건축물의 용도 분류를 기본으로 사무소(관공서의 청사포함), 정보통신, 방송국, 상업, 숙박, 교육, 의료, 문화, 물류, 주차장, 공장 등 기타로 구분하였으며 주거용 건물(단독주택, 공동 주택 등)은 관리업체 대상에서 제외하였다.
> [정답 ④]

195 건축물의 온실가스 감축을 위한 최적가용기술(BAT)과 관련 있는 규정이 아닌 것은?

① 「건축물 에너지 효율 등급 인증규정」(국토해양부 고시)
② 「친환경건축물 인증기준」(국토해양부·환경부 고시)
③ 「건축물의 에너지절약 설계기준」(국토해양부 고시)
④ 「자원의 절약과 재활용촉진에 관한 법률 시행규칙」(환경부 고시)

> **해설**
> 「자원의 절약과 재활용촉진에 관한 법률 시행규칙」은 폐기물 관련 규칙이다.
> [정답 ④]

196 건축물에 관한 온실가스 배출에 대한 내용 중 옳은 것은?

① 건축물에는 화석연료 사용 또는 외부에서 공급된 에너지(전기·열 등) 사용에 따라 온실가스의 간접배출(Scope 1)과 직접배출(Scope 2)이 발생한다.
② 건축물의 에너지소비 유형으로는 냉방, 난방, 환기, 온수 급탕, 조명, 제품(사무기기 등) 사용 등으로 구분할 수 있다.
③ 벤치마크계수 유형은 $BM_{i,j,k,l} = \dfrac{건축물에서의 온실가스 배출량(kgCO_2eq)}{건축물의 가용체적(m^3)}$ 이다.
④ 건축물의 최적에너지효율(BAT)에 따른 벤치마크 계수개발은 건축물의 용도, 신축 건축물여부 및 건축년수에 따라 각각 구분하지 않는다.

> **해설**
> • 건축물에는 화석연료 사용 또는 외부에서 공급된 에너지(전기·열 등) 사용에 따라 온실가스의 직접배출(Scope 1)과 간접배출(Scope 2)이 발생한다.
> • 벤치마크계수 유형은 $BM_{i,j,k,l} = \dfrac{건축물에서의 온실가스 배출량(kgCO_2eq)}{건축물의 연면적(m^2)}$ 이다.
> • 건축물의 최적에너지효율(BAT)에 따른 벤치마크 계수($BM_{i,j,k,l}$)는 건축물의 용도, 신축건축물여부 및 건축년수에 따라 각각 구분하여 개발할 수 있다.
> [정답 ②]

197 오존층파괴물질(ODS)의 대체물질 사용에 대한 온실가스 배출에 관한 내용으로 옳지 않은 것은?

① 불소계 온실가스는 화학 산업이나 전자 산업 등에서 제품 생산 공정 중에 사용되기도 하지만 생산된 설비의 충진물 등 다양한 용도로 소비되기도 한다.
② 온실가스에너지목표관리제에서 정의하는 오존대체물질은 제품 제작단계에서 주입 또는 사용되는 양을 별도 보고 대상으로 한다.
③ 전기 설비를 제외한 사용단계에서의 탈루성 배출도 총배출량 산정에 포함되어야 한다.
④ ODS의 대체물질사용에 해당하는 전기 설비에는 주로 SF_6와 PFCs가 사용되며 송전과 배전 중 전기 설비에서 전기 절연체와 전류 차단제로 사용된다.

> **해설**
> 현재 온실가스·에너지 목표관리 운영에 관한 지침에서 전기 설비를 제외한 사용단계에서의 탈루성 배출은 총배출량 산정에 포함하지 않는다.
> **[정답 ③]**

198 다음 중 오존층파괴물질(ODS)의 대체물질 사용에 해당하지 않는 것은?

① 소방 부문의 HFCs와 PFCs가 사용
② 전기 설비의 SF_6와 PFCs의 사용
③ 자동차 생산공정의 CO_2 용접
④ 냉동 및 냉방설비의 HFCs 사용

> **해설**
> 자동차 생산공정의 CO_2 용접은 기타온실가스배출에 해당한다.
> **[정답 ③]**

199 간접배출시설에 대한 내용으로 옳지 않은 것은?

① 온실가스 간접배출이란 관리업체가 외부로부터 공급된 전기 또는 열을 사용함으로써 발생되는 온실가스 배출을 말한다.
② 간접적 온실가스 배출을 산정하는 것은 이러한 정보가 향후 온실가스와 관련된 다양한 프로그램에 적용될 수 있기 때문이다.
③ 사업장에서 외부로부터 공급된 전기·열을 사용하는 설비는 기계설비, 조명설비, 환기설비, 냉·난방 설비 등 그 종류가 매우 다양하다.
④ 외부 전기·열 사용에 따른 온실가스 간접배출은 모든 시설에 대하여 구분하지 않고 사업장 단위로 보고할 수 있다.

> **해 설**
> 제품생산 용도가 아닌 업무용 건물, 폐기물처리시설, 전력 다소비 시설인 전기아크로에 대해서는 전기사용량과
> 이에 따른 간접배출량을 구분하여 산정·보고하여야 한다. **[정답 ④]**

200 다음 그림은 A 사업장과 B 사업장의 에너지 공급 흐름을 간략히 나타낸 것이다. 옳지 않은 것을 고르시오.

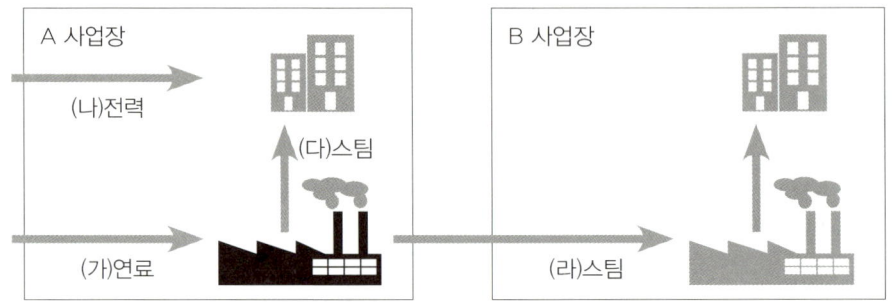

① (가)는 A사업장이 구매한 연료로서 A사업장의 직접배출에 해당한다.
② (나)는 A사업장이 한전으로부터 공급받은 전력으로서 A사업장의 간접배출에 해당한다.
③ (다)는 A사업장이 자체 생산한 스팀사용으로서 A사업장의 스팀에 대한 간접적 온실가스 배출량산정에 포함한다.
④ (라)는 A사업장이 B사업장에 판매한 스팀으로서 B사업장의 간접배출에 해당한다.

> **해 설**
> 사업장이 자체 생산한 스팀을 사용한 경우 간접적 온실가스 배출량산정에서 제외한다. **[정답 ③]**

온실가스산업기사/산업기사관리사

제3과목

온실가스 산정과 데이터 품질관리

03 온실가스 산정과 데이터 품질관리
출제적중 문제

001 다음 SCOPE 및 그에 대한 내용이 잘못 짝지어진 것은?

① SCOPE 1 : 이동연소
② SCOPE 2 : 간접배출(전기)
③ SCOPE 2 : 간접배출(열)
④ SCOPE 3 : 공정배출

해설
공정배출은 SCOPE 1(직접배출)이다.　　　　　　　　　　　　　　　　　　　　[정답 ④]

002 다음 중 SCOPE3(기타 간접배출)에 해당되지 않는 것은?

① 외부로부터 공급된 열 및 증기 사용
② 배출원으로 부터 발생된 에너지
③ 조직의 활동에 기인하나 다른 조직의 소유 및 관리 상태에 있는 온실가스
④ 간접온실가스 배출 이외의 온실가스 배출

해설
외부로부터 공급된 열 및 증기 사용은 SCOPE2(간접배출)에 해당된다.　　　　　　　　[정답 ①]

003 동일법인 등이 당해 사업장의 조직 변경, 신규 사업에의 투자, 인사, 회계, 녹색경영 등 사회통념상 경제적 일체로서의 주요 의사결정이나 온실가스 감축 및 에너지 절약 등의 업무 집행에 필요한 영향력을 행사하는 것을 무엇이라고 하는가?

① 직접적인 영향력
② 절대적인 영향력
③ 지배적인 영향력
④ 합리적인 영향력

해설
　　　　　　　　　　　　　　　　　　　　　　　　　　　　　　　　　　　　[정답 ③]

004 다음 중 조직경계의 지배적인 영향을 행사하는 주체를 판단하는 방법은?

① 기타계약서　　　　　　　　② 주주총회 의사록
③ 회사 관계자 진술　　　　　④ 모두 해당

> **해설**
> 조직경계의 지배적인 영향을 행사하는 주체를 판단하는 방법은 위의 방법 외 정관 및 법인등기부도 포함된다.
>
> [정답 ④]

005 C회사는 LED 생산 공장을 보유하고 있고, 본사는 서울에 법인 소유의 건물을 소유하고 있다. 건물은 지하 3층 지상 10층으로 되어 있고 1, 2층은 은행 및 생활편의시설로 임대를 주었고, 5, 6층은 다른 관리업체에게 임대를 주었다. C회사가 온실가스 배출량을 보고해야 할 층은 어디인가?

① 1, 2층을 제외한 층　　　　② 5, 6층을 제외한 층
③ 1, 2, 5, 6층을 제외한 층　 ④ 전부 해당 없음

> **해설**
> 건축물에 대한 특례에 의해 다른 관리업체 임대 층을 제외한 나머지 전부의 온실가스 배출량을 보고해야 한다.
>
> [정답 ②]

006 다음 빈 칸에 들어갈 답이 알맞게 짝지어진 것은?

> 보고대상 배출시설 중 연간배출량이 (　　) tCO_2-eq 미만인 소규모 배출시설은 부문별 관장기관의 확인을 거쳐 배출시설 단위로 구분하여 보고하지 않고 사업장 단위 총배출량에 포함하여 보고할 수 있다. 다만 소규모 배출시설의 배출량 합은 사업장 배출총량의 (　　)%를 초과할 수 없다.

① 10, 2.5　　② 100, 2.5　　③ 10, 5　　④ 100, 5

> **해설**
>
> [정답 ④]

007 온실가스 소량배출사업장 기준은 얼마인가?

① 온실가스 배출량 : 1,000 tCO_2-eq 미만, 에너지 소비량 : 50TJ 미만

② 온실가스 배출량 : 2,000 tCO$_2$-eq미만, 에너지 소비량 : 50TJ 미만
③ 온실가스 배출량 : 3,000 tCO$_2$-eq미만, 에너지 소비량 : 55TJ 미만
④ 온실가스 배출량 : 4,000 tCO$_2$-eq미만, 에너지 소비량 : 55TJ 미만

해 설

온실가스 소량배출사업장 기준

온실가스 배출량 (Kilotonnes CO$_2$-eq)	에너지 소비량 (Terajoules)
3 미만	55 미만

[정답 ③]

008 다음 중 이동연소시설에서의 에너지 이용에 따른 온실가스 배출활동이 아닌 것은?

① 도로수송　　② 교통수송　　③ 철도수송　　④ 항공

해 설
이동연소시설에서의 에너지 이용에 따른 온실가스 배출 : 항공, 도로수송, 철도수송, 선박　　[정답 ②]

009 다음 중 이동연소시설에서의 에너지 이용에 따른 보고대상 배출시설에 해당하지 않는 것은?

① 도로수송　　② 철도수송　　③ 국제선 항공　　④ 선박

해 설
국제선, 항공이나 선박은 보고대상 배출시설에서 제외한다.　　[정답 ③]

010 다음 중 제품 생산공정 및 제품사용 등에 따른 온실가스 배출활동이 아닌 것은?

① 불소화합물 생산
② 탄산염의 기타 공정사용
③ 석탄의 채굴, 처리 및 저장
④ 오존층파괴물질(ODS)의 대체물질 사용

해 설
석탄의 채굴, 처리 및 저장은 탈루성 온실가스 배출활동이다.　　[정답 ③]

011 다음 폐기물 처리과정에서의 온실가스 배출활동과 거리가 먼 것은?

① 하·폐수 처리
② 폐기물의 소각
③ 고형폐기물의 매립
④ 고형폐기물의 화학적 처리

해설
고형폐기물의 생물학적 처리가 폐기물 처리과정에서의 온실가스 배출활동이다. **[정답 ④]**

012 다음은 배출시설의 배출량 규모에 따른 산정등급(Tier) 분류기준 및 그에 대한 설명이다. 적절하지 않은 것을 모두 고르시오.

① A 그룹 : 연간 5만 톤 미만의 배출시설
② B 그룹 : 연간 5만 톤 이상, 연간 50만 톤 미만의 배출시설
③ C 그룹 : 연간 50만 톤 이상, 연간 100만 톤 미만의 배출시설
④ D 그룹 : 연간 100만 톤 이상의 배출시설

해설
C 그룹 : 연간 50만 톤 이상의 배출시설 **[정답 ③, ④]**

013 다음은 산정등급(Tier) 분류체계 및 그에 대한 설명이다. 틀린 것은?

① Tier 1 : 활동자료, IPCC 기본 배출계수(기본 산화계수, 발열량 등 포함)를 활용하여 배출량을 산정하는 기본방법론
② Tier 2 : Tier 1보다 더 높은 정확도를 갖는 활동자료, 국가 고유 배출계수 및 발열량 등 일정부분 시험·분석을 통하여 개발한 매개변수 값을 활용하는 배출량 산정방법론
③ Tier 3 : Tier 2보다 더 높은 정확도를 갖는 활동자료, 사업장·배출시설 및 감축기술단위의 배출계수 등 상당부분 시험·분석을 통하여 개발한 매개변수 값을 활용하는 배출량 산정방법론
④ Tier 4 : Tier 3보다 더 높은 정확도를 갖는 활동자료, 사업장·배출시설 및 감축기술단위의 배출계수 등 전 부분 시험·분석을 통하여 개발한 매개변수 값을 활용하는 배출량 산정방법론

> **해설**
> Tier 4는 굴뚝자동측정기기 등 배출가스 연속측정방법을 활용한 배출량 산정방법론이다. [정답 ④]

014 두 개 이상 변수 사이의 상관관계를 나타내는 변수로서 온실가스 배출량 등을 산정하는 데 필요한 발열량, 산화율, 탄소함량 등을 무엇이라고 하는가?

① 배출계수　　　　　　　② 할당계수
③ 조정계수　　　　　　　④ 매개변수

> **해설**
> [정답 ④]

015 온실가스 배출량 등의 산정에 필요한 자료와 기타 온실가스·에너지 관련 자료의 연속적 또는 주기적인 감시·측정 및 평가에 관한 세부적인 방법, 절차, 일정 등을 규정한 계획을 무엇이라고 하는가?

① 이행계획　　② 감축계획　　③ 모니터링 계획　　④ 답 없음

> **해설**
> [정답 ③]

016 온실가스 배출량 등의 산정결과와 관련하여 정량화된 양을 합리적으로 추정한 값의 분산특성을 나타내는 정도를 무엇이라고 하는가?

① 정밀도　　　　　　　　② 정확도
③ 불확도　　　　　　　　④ 표준편차

> **해설**
> [정답 ③]

017 일정 단위의 연료가 완전 연소되어 생기는 열량에서 연료 중 수증기의 잠열을 뺀 열량으로서 온실가스 배출량 산정에 활용되는 발열량을 무엇이라고 하는가?

① 총발열량   ② 순발열량   ③ 평균발열량   ④ 답 없음

해설
수증기의 잠열을 뺀 열량은 순발열량, 잠열을 포함하면 총발열량이라 한다.

[정답 ②]

018 사용된 에너지 및 원료의 양, 생산·제공된 제품 및 서비스의 양, 폐기물 처리량 등 온실가스 배출량 등의 산정에 필요한 정량적인 측정결과를 무엇이라고 하는가?

① 생산자료   ② 측정자료   ③ 활동자료   ④ 답 없음

해설

[정답 ③]

019 온실가스 감축 및 에너지 절약과 관련하여 경제적·기술적으로 사용이 가능하면서 가장 최신이고 효율적인 기술, 활동 및 운전방법을 무엇이라고 하는가?

① 최신가용기술   ② 최적가용기술
③ 최신감축기술   ④ 최적감축기술

해설

[정답 ②]

020 다음은 측정기기의 기호 및 그에 대한 설명이다. 맞게 짝지어진 것은?

① WH – 상거래 또는 증명에 사용하기 위한 목적으로 측정량을 결정하는 법정계량에 사용하는 측정기기로서 계량에 관한 법률 제2조에 따른 법정계량기
② FL – 관리업체가 자체적으로 설치한 계량기이나, 주기적인 정도검사를 실시하지 않는 측정기기
③ FL – 관리업체가 자체적으로 설치한 계량기로서, 국가표준기본법 제14조에 따른 시험기관, 교정기관, 검사기관에 의하여 주기적인 정도검사를 받는 측정기기
④ 답 없음

해설

② – 관리업체가 자체적으로 설치한 계량기로서, 국가표준기본법 제14조에 따른 시험기관, 교정기관, 검사기관에 의하여 주기적인 정도검사를 받는 측정기기

③ – 관리업체가 자체적으로 설치한 계량기이나, 주기적인 정도검사를 실시하지 않는 측정기기
측정기기 예시 : 가스미터, 오일미터, 주유기, LPG 미터, 눈새김탱크, 눈새김탱크로리, 적산열량계, 전력량계 등 법정계량기 및 그외 계량기

[정답 ①]

021 모니터링 유형에 대한 설명 중 잘못된 것은?

① 연료 등 구매량 기반 모니터링 방법으로 모니터링 유형은 A-1~A-4로 구성되며, 연료 및 원료 공급자가 상거래 등을 목적으로 설치하는 측정기기를 이용하는 방법을 말한다.
② 연료 등의 직접계량에 따른 모니터링 방법으로 모니터링 유형은 B유형으로 배출시설별로 정도검사를 실시하는 내부측정기기가 설치되어 있을 경우, 해당 측정기기를 활용하여 활동자료를 결정하는 방법이다.
③ 근사법에 따른 모니터링유형으로 C-1~C-6으로 구성된다.
④ D유형은 상관법에 따른 모니터링 방법으로 활동자료와 상관관계의 자료에 의하여 산정하는 방법을 말한다.

해설
D유형은 A~C 유형 이외 기타 유형을 이용하여 활동자료를 수집하는 방법으로서, 이행계획에 세부 사항을 포함하여 관장기관에 제출하여야 한다.
[정답 ④]

022 다음은 모니터링 유형 A-1에서 활동자료를 결정하기 위한 자료 및 예시이다. 잘못된 것은?

① 구매전력 : 전력사용자가 발행한 전력사용데이터
② 구매 열 및 증기 : 열에너지 공급자가 발행하고 열에너지 사용량이 명시된 요금청구서, 열에너지 사용 증빙문서
③ 도시가스 : 도시가스 공급자가 발행하고 도시가스 사용량이 기입된 요금청구서
④ 화석연료 : 판매/공급자가 발행하고 구입량이 기입된 요금청구서 또는 Invoice

해설
구매전력 : 전력공급자(한국전력)가 발행한 전력요금청구서
[정답 ①]

023 다음은 모니터링 유형 A-2에서 활동자료를 결정하기 위한 자료 및 예시이다. 잘못된 것은?

① 구매전력 : 전력공급자(한국전력)가 발행한 전력요금청구서
② 구매 열 및 증기 : 열에너지 공급자가 발행하고 열에너지 사용량이 명시된 요금청구서, 열에너지 사용 증빙문서
③ 도시가스 : 도시가스 공급자가 발행하고 도시가스 사용량이 기입된 요금청구서
④ 화석연료/원료 등 : 판매/공급자가 발행하고 구입량이 기입된 요금청구서 또는 Invoice

> **해설**
> 화석연료/원료 등 – 내부 모니터링 기기(계량기 등)의 데이터 기록일지 　　　　　　[정답 ④]

024 모니터링 유형 중 A-3 유형은 연료·원료 공급자가 상거래를 목적으로 설치·관리하는 측정기기(WH)와 주기적인 정도검사를 실시하는 내부 측정기기(FL)를 사용하며 저장탱크에서 연료나 원료가 일부 저장되어 있거나, 그 일부를 판매 등 기타 목적으로 외부로 이송하는 경우, 배출시설의 활동자료를 결정하는 방법이다. 활동자료 산정식이 올바른 것은?

① 활동자료=기타용도(판매·이송 등) 사용량+(회계년도 시작일 재고량 – 차기년도 시작일 재고량)–신규구매량
② 활동자료=기타용도(판매·이송 등) 사용량+(차기년도시작일 재고량 – 회계년도 시작일 재고량)–신규구매량
③ 활동자료=신규구매량+(회계년도 시작일 재고량 – 차기년도 시작일 재고량)–기타용도(판매·이송 등) 사용량
④ 활동자료=신규구매량+(차기년도시작일 재고량 – 회계년도 시작일 재고량)–기타용도(판매·이송 등) 사용량

> **해설**
> 활동자료=신규구매량+(회계년도 시작일 재고량 – 차기년도 시작일 재고량)–기타용도(판매·이송 등) 사용량
> 　　　　　　[정답 ③]

025 다음은 모니터링 유형 A-3에서 활동자료를 결정하기 위한 자료 및 예시이다. 잘못된 것은?

① 액체 화석연료 : 연료공급자가 발행하고 구입량이 기입된 요금청구서 기타 연료공급자 및 사업자(구매자)가 합의하는 측정방식에 따른 계측값
② 저장탱크의 재고량 : 정도관리되지 않는 모니터링 기기로 측정한 저장탱크의 수위 데이터
③ 보관탱크 입고량 : 연료공급자가 발행한 구입량이 기입된 요금청구서(용기수량, 용기용량 등)
④ 보관탱크 재고량 : 보관된 물품량 (용기수량, 용기용량 등)

해 설
저장탱크의 재고량 : 정도관리되는 모니터링 기기로 측정한 저장탱크의 수위 데이터 [정답 ②]

026 다음은 모니터링 유형 A-4에서 활동자료를 결정하기 위한 자료 및 예시이다. 잘못된 것은?

① 구매전력 : 전력공급자(한국전력)가 발행한 전력요금청구서
② 구매 열 및 증기 : 열에너지 공급자가 발행하고 열에너지 사용량이 명시된 요금청구서, 열에너지 사용 증빙문서
③ 도시가스 : 도시가스 공급자가 발행하고 도시가스 사용량이 기입된 요금청구서
④ 판매량 : 기타, 사업자와 연료판매자가 합의하는 측정방식에 따른 계측값

해 설
판매량 : 사업자가 연료의 판매목적으로 설치하여 정도관리하는 모니터링 기기의 측정값 기타, 사업자와 연료구매자가 합의하는 측정방식에 따른 계측값 [정답 ④]

027 다음 그림은 모니터링 유형(B)의 모식도이다. 모식도에 대한 설명으로 알맞은 것은?

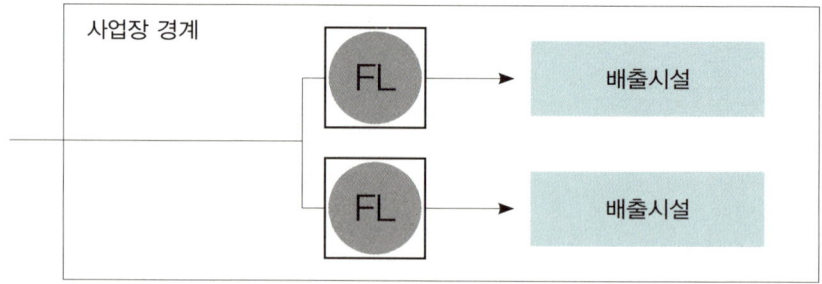

① 차량 등의 이동연소 부문에 대하여 적용할 수 있는 방법
② 연료 및 원료 공급자가 상거래 등을 목적으로 설치·관리하는 측정기기와 주기적인 정도검사를 실시하는 내부 측정기기가 설치되어 있을 경우 활동자료를 수집하는 방법
③ 배출시설별로 정도검사를 실시하는 내부 측정기기가 설치되어 있을 경우 해당 측정기기를 활용하여 활동자료를 결정하는 방법
④ 구매한 연료 및 원료, 전력 및 열에너지를 정도검사를 받지 않은 내부 측정기기를 이용하여 활동자료를 분배·결정하는 방법

해설

B 유형은 배출시설별로 정도검사를 실시하는 내부 측정기기(FL)가 설치되어 있을 경우 해당 측정기기를 활용하여 활동자료를 결정하는 방법이다. 이 유형은 이 지침에서 가장 권장하고 있는 활동자료의 결정방법이며, 주기적인 정도검사를 받지 않을 경우 정확한 활동자료 결정을 위하여 시설별로 정도검사/정도관리를 실시하는 등 품질관리를 할 필요성이 있다.

[정답 ③]

028 다음 그림은 어떤 모니터링 유형의 모식도이다. 알맞은 것은?

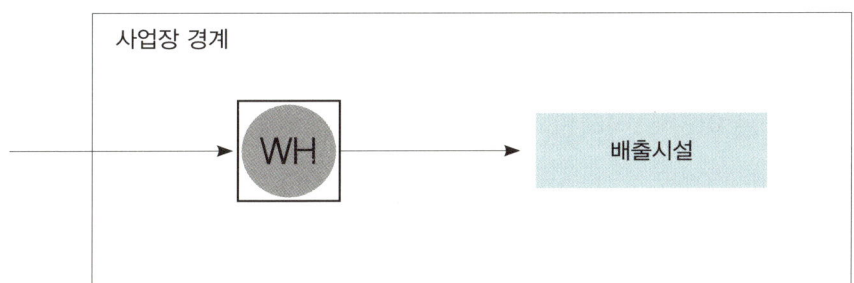

① 유형 A-1
② 유형 A-2
③ 유형 A-3
④ 유형 A-4

해설

A-1 유형은 연료 및 원료 공급자가 상거래 등을 목적으로 설치·관리하는 측정기기(WH)를 이용하여 연료사용량 등 활동자료를 수집하는 방법이다.

[정답 ①]

029 다음 그림은 어떤 모니터링 유형의 모식도이다. 알맞은 것은?

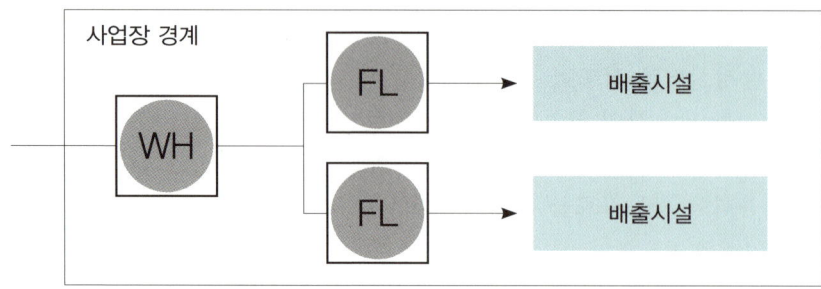

① 유형 A-1　　　　　　　　② 유형 A-2
③ 유형 A-3　　　　　　　　④ 유형 A-4

> **해설**
> A-2 유형은 연료 및 원료 공급자가 상거래 등을 목적으로 설치·관리하는 측정기기(WH)와 주기적인 정도검사를 실시하는 내부 측정기기(FL)가 같이 설치되어 있을 경우 활동자료를 수집하는 방법이다.
>
> **[정답 ②]**

030 다음 그림은 어떤 모니터링 유형의 모식도이다. 알맞은 것은?

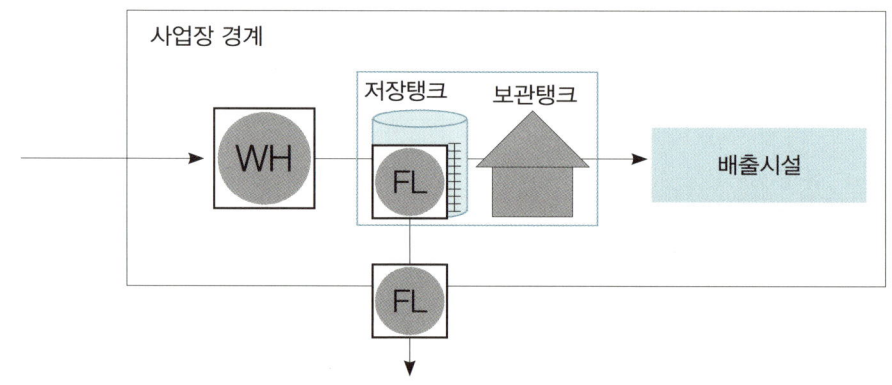

① 유형 A-1　　　　　　　　② 유형 A-2
③ 유형 A-3　　　　　　　　④ 유형 A-4

> **해설**
> A-3 유형은 연료·원료 공급자가 상거래를 목적으로 설치·관리하는 측정기기(WH)와 주기적인 정도검사를 실시하는 내부 측정기기(FL)를 사용하며 저장탱크에서 연료나 원료가 일부 저장되어 있거나, 그 일부를 판매 등 기타 목적으로 외부로 이송하는 경우, 배출시설의 활동자료를 결정하는 방법이다.
>
> **[정답 ③]**

031 다음 그림은 어떤 모니터링 유형의 모식도이다. 알맞은 것은?

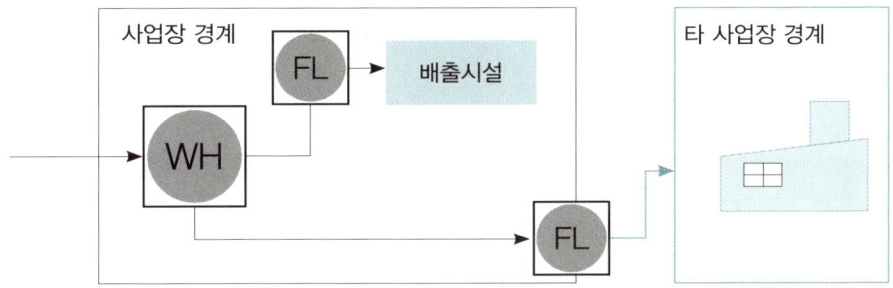

① 유형 A-1
② 유형 A-2
③ 유형 A-3
④ 유형 A-4

해설

A-4 유형은 연료나 원료 공급자가 상거래를 목적으로 설치·관리하는 측정기기(WH)와 주기적인 정도검사를 실시하는 내부 측정기기(FL)를 사용하며 연료나 원료 일부를 파이프 등을 통해 연속적으로 외부 사업장이나 배출시설에 공급할 경우 활동자료를 결정하는 방법이다.

[정답 ④]

032 다음 그림은 어떤 모니터링 유형의 모식도이다. 알맞은 것은?

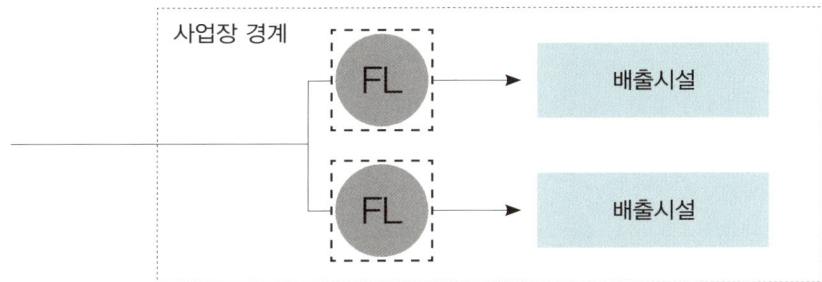

① 유형 A-1
② 유형 A-2
③ 유형 C-1
④ 유형 C-2

해설

C-1 유형은 구매한 연료 및 원료, 전력 및 열에너지를 정도검사를 받지 않은 내부 측정기기를 이용하여 활동자료를 분배·결정하는 방법이다.

[정답 ③]

033 다음 그림은 어떤 모니터링 유형의 모식도이다. 알맞은 것은?

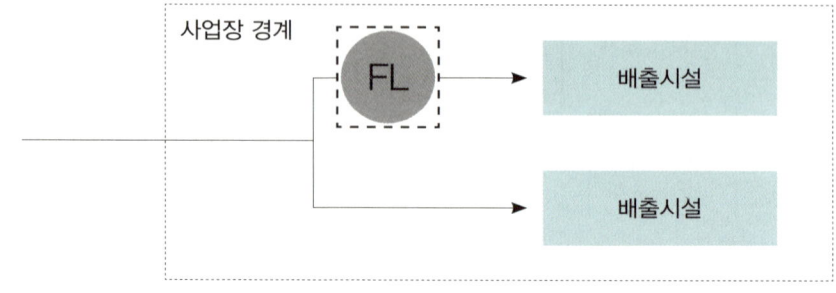

① 유형 A-1 ② 유형 A-2
③ 유형 C-1 ④ 유형 C-2

> **해설**
> C-2 유형은 구매한 연료 및 원료, 전력 및 열에너지를 측정기기가 설치되지 않았거나 일부 시설에만 설치되어 있는 배출시설로 공급하는 경우 배출시설별 활동자료를 결정할 수 있는 근사법이다.
> **[정답 ④]**

034 다음 그림은 어떤 모니터링 유형의 모식도이다. 알맞은 것은?

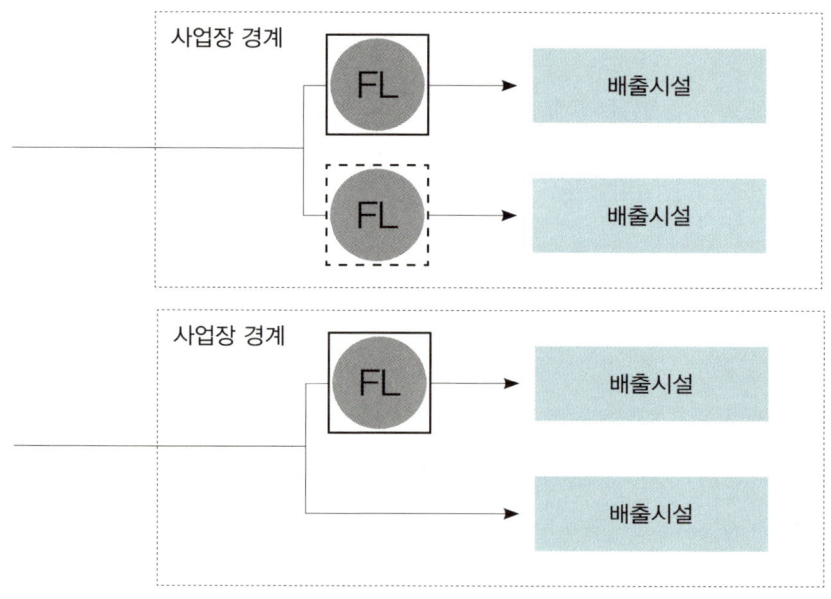

① 유형 C-1 ② 유형 C-2
③ 유형 C-3 ④ 유형 C-4

> **해 설**
> C-3유형은 연료 및 원료 공급자가 상거래 등을 목적으로 설치·관리하는 측정기기(WH), 주기적인 정도검사를 실시하는 내부 측정기기(FL)와 주기적인 정도검사를 실시하지 않는 내부 측정기기(FL)가 같이 설치되어 있거나 측정기기가 없을 경우 활동자료를 수집하는 방법이다.
> **[정답 ③]**

035 다음은 어떤 모니터링 유형에 대한 설명인가?

> (   )는 연료 중에 포함된 성분의 종류, 성분별 함량, 밀도 및 표준온도로의 환산 값 등이 온실가스 배출량 산정에 영향을 미칠 수 있으므로 이들 항목에 대한 조사가 필요하다.

① 유형 C-1
② 유형 C-2
③ 유형 C-3
④ 유형 C-4

> **해 설**
>
> **[정답 ④]**

036 다음 중 모니터링 유형 C(근사법에 따른 모니터링)를 적용할 수 없는 배출시설은?

① 식당 LPG, 비상발전기, 소방펌프 및 소방설비 등 저배출원
② 타 사업장 또는 법인과의 수급계약서에 명시된 근거를 이용하여 활동자료를 배출시설별로 구분하는 경우
③ 이동연소배출원(사업장에서 개별 차량별로 온실가스 배출량을 산정하는 경우를 의미한다)
④ 답 없음

> **해 설**
> (상기 외 추가) 모니터링 유형 C를 적용할 수 있는 배출시설 : 기타 모니터링이 불가능하다고 관장기관이 인정하는 경우
> **[정답 ④]**

037 모니터링 유형 중 C-4 유형은 연료의 사용량을 측정하는데 있어 생산 공정으로 투입된 원료 및 연료의 누락 값, 공정과정의 변환으로 투입된 원료 및 연료의 누락 값, 시설의 변형 및 장애로 인한 원료 및 연료의 누락 값, 유량계의 정확도나 정밀도 시험에서 불합격할 경우 및 오작동 등이 생길 경우 등 각각의 누락데이터에 대한 대체 데이터를 활용·추산하여 활동자료를 결정하는 방법이다. 다음 중 활동자료 산정식이 올바른 것은?

① 결측기간의 연료(또는 원료) 사용량 =
$$\frac{\text{정상기간 중 사용된 연료(또는 원료) 사용량}(Q)}{\text{결측기간 중 생산량}(P)} \times \text{정상기간 총 생산량}(P)$$

② 결측기간의 연료(또는 원료) 사용량 =
$$\frac{\text{정상기간 중 사용된 연료(또는 원료) 사용량}(Q)}{\text{정상기간 중 생산량}(P)} \times \text{결측기간 총 생산량}(P)$$

③ 결측기간의 연료(또는 원료) 사용량 =
$$\frac{\text{결측기간 중 사용된 연료(또는 원료) 사용량}(Q)}{\text{결측기간 중 생산량}(P)} \times \text{정상기간 총 생산량}(P)$$

④ 답 없음

해설

데이터의 누락이 발생할 경우 배출시설의 활동자료인 "연료(원료) 사용량"에 상관관계가 가장 높은 활동자료를 선정하여 이를 바탕으로 추정의 타당성을 설명하여야 한다. 예를 들어 고장난 측정기기의 유량측정값은 유용하지 않고, 측정기기의 질량 및 유량측정은 제품생산량으로 추정하여야 한다. 즉 이전의 제품생산량 대비 연료 유량값과 질량값을 추정한다.

결측기간의 연료(또는 원료) 사용량 = $\frac{\text{정상기간중 사용된연료(또는 원료)사용량}(Q)}{\text{정상기간중 생산량}(P)} \times \text{결측기간 총 생산량}(P)$

[정답 ②]

038 사업장에서 운행하고 있는 차량 등의 이동연소 부문에 대하여 적용할 수 있는 방법으로, 아래 식과 같이 차량별 연료의 구매비용(주유 영수증 등)과 연료별 구매단가를 활용하여 차량별 연료 사용량을 결정하는 모니터링 유형은?

$$\text{연료사용량} = \sum \frac{\text{연료별 이동연소 배출원별 연료구매비용}}{\text{연료별 이동연소 배출원별 구매단가}}$$

① 유형 C-3 ② 유형 C-4
③ 유형 C-5 ④ 유형 C-6

해설

[정답 ③]

039 사업장에서 운행하고 있는 차량 등의 이동연소 부문에 대하여 적용가능한 방법으로 차량별 이동거리 자료를 자료와 연비 자료를 활용하여 계산에 따라 연료사용량을 결정하는 모니터링 유형은?

$$연료사용량 = \sum \frac{연료별\ 이동연소\ 배출원별\ 주행거리(km)}{연료별\ 이동연소\ 배출원별\ 연비(km/l)}$$

① 유형 C-3 ② 유형 C-4 ③ 유형 C-5 ④ 유형 C-6

> **해 설**
>
> [정답 ④]

---

040 관리업체는 온실가스 배출량 등의 산정·보고의 정확성과 신뢰성 향상을 위하여 모니터링 계획을 작성하고 이를 이행계획에 반영하여 부문별 관장기관에 제출하여야 한다. 다음 중 모니터링 계획에 포함되지 않아도 되는 항목은?

① 사업장의 조직경계에 대한 세부내용
② 배출시설 및 배출활동의 목록과 세부 내용
③ 배출시설별 온실가스 감축계획
④ 활동자료의 설명 및 수집방법 등 온실가스 배출량 등의 모니터링에 관한 내용

> **해 설**
>
> 모니터링 계획에 포함하여 작성하여야 하는 사항
> 1. 사업장의 조직경계에 대한 세부내용
> 2. 배출시설 및 배출활동의 목록과 세부 내용
> 3. 각 배출활동별 배출량 산정방법론(계산방식 또는 측정방식) 및 산정등급(Tier)의 적용현황과 이와 관련된 내용
> 4. 온실가스 배출량 등의 산정·보고와 관련된 품질관리(QC) 및 품질보증(QA)의 내용
> 5. 활동자료의 설명 및 수집방법 등 온실가스 배출량 등의 모니터링에 관한 내용
> 6. 이 지침에서 요구하는 산정등급(Tier)과 관련하여 활동자료의 불확도 기준의 준수여부에 대한 설명
> 7. 이 지침에서 요구하는 산정등급(Tier)을 준수하지 못하는 경우 이를 준수하기 위한 조치 및 일정 등에 관한 사항
> 8. 배출시설 단위 고유 배출계수 등을 개발 또는 적용하여야 하는 관리업체의 경우에는 고유 배출계수 등의 개발계획 또는 개발방법, 시험 분석 기준 및 그에 따른 결과 등에 관한 설명
> 9. 연속측정방법을 사용하는 관리업체의 경우에는 굴뚝자동측정기기 설치시기, 굴뚝자동측정기기에 의한 배출량 산정방법 적용시기 등에 관한 설명
> 10. 조직경계, 배출활동, 배출시설, 배출량 산정방법론 및 산정등급(Tier) 등과 관련하여 이전 방법론 대비 변동사항에 대한 비교·설명 자료
>
> [정답 ③]

041 관리업체는 온실가스 배출량 등의 산정·보고의 정확성과 신뢰성 향상을 위하여 모니터링 계획을 작성하고 이를 이행계획에 반영하여 부문별 관장기관에 제출하여야 한다. 다음 중 모니터링 계획에 포함되지 않아도 되는 항목은?

① 연속측정방법을 사용하는 관리업체의 경우에는 굴뚝자동측정기기 설치시기, 굴뚝자동측정기기에 의한 배출량 산정방법 적용시기 등에 관한 설명
② 지침에서 요구하는 산정등급(Tier)을 준수하지 못하는 경우 이를 준수하기 위한 조치 및 일정 등에 관한 사항
③ 지침에서 요구하는 산정등급(Tier)과 관련하여 활동자료의 불확도 기준의 준수여부에 대한 설명
④ 상기 항목 모두 포함되어야 함

> **해설**
> 사업장의 조직경계에 대한 세부내용도 포함 　　　　　　　　　　　　　　　　　　　　　　[정답 ④]

042 온실가스 배출량의 산정 시 석유제품 연료의 체적 기준에 대하여 별도 언급이 없을 경우 적용되는 조건으로 바르게 짝지어진 것은?

① 기체연료 : 20℃, 1기압 / 액체연료: 20℃
② 기체연료 : 15℃, 1기압 / 액체연료: 20℃
③ 기체연료 : 0℃, 1기압 / 액체연료: 15℃
④ 기체연료 : 0℃, 3기압 / 액체연료: 15℃

> **해설**
> 석유제품 기체연료 : 0℃, 1기압 / 석유제품 액체연료: 15℃ 　　　　　　　　　　　[정답 ③]

043 다음 중 고정연소 시설로만 짝지어진 것은?

㉠ 화력 발전시설	㉠ 철도
㉡ 전로	㉢ 공정연소시설
㉢ 발전용 내연기관	㉣ 소성시설
㉣ 일반 보일러시설	㉤ 코크스 제조시설
㉤ 공장	㉥ 열병합 발전시설
㉥ 매립시설	㉦ 대기오염물질 방지시설

① ㉠, ㉡, ㉢, ㉣, ㉤, ㉥
② ㉠, ㉡, ㉢, ㉣, ㉤, ㉦
③ ㉠, ㉢, ㉣, ㉤, ㉦, ㉧
④ ㉡, ㉤, ㉥, ㉦, ㉧, ㉨

> **해설**
> 고정연소 보고대상 시설은 화력발전시설, 열병합 발전시설, 발전용내연기관, 일반 보일러시설, 공정연소시설, 대기오염물질 방지시설이다.
> [정답 ③]

044 다음 중 고체연료 연소의 보고대상 온실가스가 아닌 것은?

① CO_2
② CH_4
③ SF_6
④ N_2O

> **해설**
> [정답 ③]

045 도로 부문의 보고대상 배출시설이 아닌 것은?

① 승용 자동차
② 특수 자동차
③ 화물 자동차
④ 답이 없음

> **해설**
> 도로 부문의 보고대상 배출시설은 승용 자동차, 승합자동차, 화물 자동차, 특수 자동차, 이륜자동차, 비도로 및 기타 자동차이다.
> [정답 ④]

046 다음 중 항공기 배출활동에 대해 틀린 것은?

① 항공기 내연기관에서 제트연료(Jet Kerosene)나 항공 휘발유(Aviation Gasoline) 등의 연소에 의해 온실가스가 발생
② 항공기 엔진의 연소가스는 대략 CO_2 70%, H_2O 30% 이하, 기타 대기오염물질 1% 미만으로 구성
③ 최신 기술이 적용된 항공기에서는 CH_4와 N_2O는 거의 배출되지 않는다.
④ 항공기에서 배출되는 오염물질의 약 30%는 공항 내에서의 운행과 이착륙 중에 발생하고, 70%가량이 높은 고도에서 발생한다.

> **해설**
> 항공기에서 배출되는 오염물질의 약 10%는 공항 내에서의 운행과 이착륙 중에 발생하고, 90% 가량이 높은 고도에서 발생한다.
> [정답 ④]

047 다음 중 보고대상 온실가스에 대한 설명 중 옳은 것 두 가지를 고르시오.

① 석회생산, 탄산염의 기타 공정사용, 석유정제 활동에서는 CO_2를 보고한다.
② 질산생산 시설의 경우 CO_2와 N_2O를 보고한다.
③ 카바이드 생산시설의 경우 CO_2, N_2O, CH_4를 보고해야 한다.
④ 전자산업의 식각 및 증착시설에서는 불소화합물(FCs)을 보고해야 한다.

해설
질산생산 시설, 카바이드 생산시설은 CO_2를 보고한다.

[정답 ①, ④]

048 다음 중 고체연료 연소의 보고대상 온실가스가 아닌 것은?

> 고체연료는 연료종류 및 생산지에 따라 탄소함량, 회분함량, 수분 및 휘발분 함량 등 각각에 대해 (㉠)이(가) 있고, 특히 유연탄 등 석탄류와 같이 수분 및 휘발분을 다량 함유한 연료의 경우 채탄 후 연소 전까지 보관기간에 따라 이들 성분이 대기 중으로 휘발되어 함량 변화가 심하기 때문에 (㉡)이(가) 온실가스 배출량 산정에 매우 중요하다.

① 균질성, 연료의 보관
② 균질성, 연료의 분석
③ 불균질성, 연료의 보관
④ 불균질성, 연료의 분석

해설

[정답 ④]

049 다음 중 매개변수별 관리기준이 틀린 것은?

① Tier1 : 사업자 또는 연료공급자에 의해 측정된 측정불확도 ±7.5% 이내의 연료사용량 자료를 활용한다.
② Tier2 : 사업자 또는 연료공급자에 의해 측정된 측정불확도 ±5.0% 이내의 연료사용량 자료를 활용한다.
③ Tier3 : 사업자 또는 연료공급자에 의해 측정된 측정불확도 ±3.0% 이내의 연료사용량 자료를 활용한다.
④ Tier4 : 연속측정방식(CEM)을 사용한다.

해설
Tier3 방법론은 사업자 또는 연료공급자에 의해 측정된 측정불확도 ±2.5% 이내의 연료사용량 자료를 활용한다.

[정답 ③]

050 다음 온실가스 배출량 산정 시 산정등급(Tier)에 따른 발열량, 배출계수 적용 기준으로 틀린 것은?

① Tier1 : IPCC 가이드라인 기본 값을 사용한다.
② Tier2 : 국가 고유 값을 사용한다.
③ Tier3 : 업종 고유 값을 사용한다.
④ Tier4 : 연속측정방식(CEM)을 사용한다.

해설
Tier3 방법론은 업종이 아닌 사업자가 자체적으로 개발하거나 연료공급자가 분석하여 제공한 발열량 값을 사용한다. [정답 ③]

051 다음 온실가스 배출량 산정 시 산정등급(Tier) 적용 기준으로 잘못 된 것은?

① 연간 50만 톤 이상의 고정연소 배출시설의 경우 모두 Tier3 방법론을 사용해야 한다.
② 이동연소의 경우 Tier3 방법론은 사용되지 않는다.
③ 시멘트 생산을 위한 연간 50만 톤 이상의 배출시설일 경우 Tier3 방법론이 사용된다.
④ 금속산업은 Tier3 방법론이 사용되지 않는다.

해설
금속산업은 배출량에 따라 Tier1, Tier2, Tier3 방법론이 모두 사용된다. [정답 ④]

052 다음 중 배출시설의 배출량 규모에 따른 산정등급(Tier) 분류 기준에 해당하는 것은?

A 그룹: 연간 (㉠)톤 미만의 배출시설
B 그룹: 연간 (㉠)톤 이상, 연간 (㉡)톤 미만의 배출시설
C 그룹: 연간 (㉡)톤 이상의 배출시설

① ㉠ : 5만 / ㉡ : 30만
② ㉠ : 5만 / ㉡ : 50만
③ ㉠ : 10만 / ㉡ : 30만
④ ㉠ : 10만 / ㉡ : 50만

해설
A 그룹: 연간 5만 톤 미만의 배출시설
B 그룹: 연간 5만 톤 이상, 연간 50만 톤 미만의 배출시설
C 그룹: 연간 50만 톤 이상의 배출시설 [정답 ②]

053 다음 중 고정 연소시설에서의 에너지 이용에 따른 보고대상 배출에 해당하지 않는 것은?

① 고체연료의 사용
② 기체연료의 사용
③ 액체연료의 사용
④ 바이오매스 연료의 사용

해설
바이오매스 연료는 탄소중립 연료로서 고정연소시설에서 사용되더라도 온실가스 배출량 산정은 하지 않는다.

[정답 ④]

054 다음 중 도로부문 보고대상 배출시설에 대한 설명으로 옳지 않은 것은?

① 기본적으로 내연기관에 의해 배출이 유발되는 배출원을 대상으로 보고한다.
② 이륜자동차도 보고 대상 배출시설에 속한다.
③ 농기계 등은 산정하지 않는다.
④ 특수 자동차도 보고 대상 배출시설에 속한다.

해설
건설기계, 농기계 등 비도로 차량에 의한 온실가스 배출 또한 별도의 구분 없이 산정 대상이다.

[정답 ③]

055 다음 중 도로부문 보고대상 배출시설의 배출량 산정에 대한 설명으로 옳지 않은 것은?

① Tier1 산정방법은 연료의 종류별 사용량을 활동자료로 사용하며, IPCC 기본 배출계수를 적용하여 산정한다.
② Tier2 산정방법은 연료의 종류별, 차종별, 제어기술별 연료사용량을 활동자료로 사용하며, IPCC 기본 배출계수를 적용하여 산정한다.
③ Tier3 산정방법은 CH_4, N_2O에 대해 유효하며, 차량의 주행거리를 활동자료로 사용하며, 차종별, 연료별, 배출제어 기술별 고유 배출계수를 개발, 적용하여 산정한다.
④ Tier4 산정방법론은 적용하지 않는다.

해설
Tier2 산정방법은 연료의 종류별, 차종별, 제어기술별 연료사용량을 활동자료로 사용하며, IPCC 기본 배출계수가 아닌 국가 고유 계수를 적용하여 산정한다.

[정답 ②]

056 다음 중 선박부문 보고대상 배출시설에 대한 설명으로 옳지 않은 것은?

① 국제 수상 운송 ② 수상항해 선박
③ 어선 ④ 기타 선박

> **해설**
> 국제 수상운송(국제 벙커링)에 의한 온실가스 배출량은 산정 및 보고에서 제외한다.   [정답 ①]

057 다음 중 온실가스 배출량 산정·보고의 5대 원칙이 아닌 것은?

① 적절성 ② 정확성 ③ 객관성 ④ 투명성

> **해설**
> 온실가스 배출량 산정·보고의 5대 원칙 : 적절성, 완전성, 일관성, 정확성, 투명성   [정답 ③]

058 다음 중 온실가스 배출량 산정·보고의 원칙 및 그에 대한 설명이 잘못 짝지어진 것은?

① 투명성 : 온실가스 배출량 등의 산정에 활용된 방법론, 관련 자료와 출처 및 적용된 가정 등을 명확하게 제시할 수 있어야 한다.
② 완전성 : 지침 또는 규정에 제시된 범위 내에서 모든 배출활동과 배출시설에서 온실가스 배출량 등을 산정·보고하여야 한다.
③ 일관성 : 온실가스 배출량 등의 산정과 관련된 요소의 변화가 있는 경우에는 이를 명확히 기록·유지하여야 한다.
④ 정확성 : 온실가스 배출량 등의 산정·보고에서 제외되는 배출활동과 배출시설이 있는 경우에는 그 제외사유를 명확하게 제시하여야 한다.

> **해설**
> ④ : 완전성에 대한 설명이다.   [정답 ④]

059 고정연소 Tier 1~3의 배출량 산정방법론은 아래와 같다. EC_i는 무엇을 의미하는가?

$$E_{i,j} = Q_i \times EC_i \times EF_{i,j} \times f_i \times 10^{-6}$$

① 연료(i)연소에 따른 온실가스(j)별 배출량(tCO^{2}eq)
② 연료(i) 사용량(측정값, ton-연료)
③ 연료(i)별 산화계수
④ 연료(i)별 열량계수(연료 순발열량, MJ / kg-연료)

> **해설**
> $E_{i,j}$: 연료(i)연소에 따른 온실가스(j)별 배출량(tCO$_2$eq)
> $E_{i,j}$: 연료(i)의 연소에 따른 온실가스(j)의 배출량(tGHG)
> Q_i : 연료(i)의 사용량(측정값, ton-연료)
> EC_i : 연료(i)의 열량계수(연료 순발열량, MJ/kg-연료)
> $EF_{i,j}$: 연료(i)에 따른 온실가스(j)의 배출계수(kgGHG/TJ-연료)
> f_i : 연료(i)의 산화계수(CH$_4$, N$_2$O는 미적용)
>
> [정답 ④]

060 다음은 고정연소(고체연료)의 사업자 고유 배출계수(Tier3) 개발식이다. $C_{ar,i}$ 는 무엇을 의미하는가?

$$EF_{i,CO_2} = EF_{i,C} \times 3.664 \times 10^3$$

$$EF_{i,C} = C_{ar,i} \times \frac{1}{EC_i} \times 10^3$$

① 연료(i)에 대한 탄소 배출계수(kg-C / GJ-연료)
② 연료(i) 중 탄소의 질량 분율(인수식, 0에서 1사이의 소수)
③ 연료(i)의 열량계수(연료 순발열량, GJ / ton-연료)
④ 연료(i)의 무수무회 기준 탄소 함량(측정 값, Dry Ash-Free, %)

> **해설**
> EF_{i,CO_2} : 연료(i)에 대한 CO$_2$ 배출계수(kgCO$_2$/TJ-연료)
> $EF_{i,C}$: 연료(i)에 대한 탄소 배출계수(kgC/GJ-연료)
> 3.664 : CO$_2$의 분자량(44.010)/C의 원자량(12.011)
> $C_{ar,i}$: 연료(i) 중 탄소의 질량 분율(인수식, 0에서 1사이의 소수)
> EC_i : 연료(i)의 열량계수(연료 순발열량, MJ/kg-연료)
>
> [정답 ②]

061 다음은 고정연소(고체연료)의 Tier2 산화계수 적용과 관련된 내용이다. ( )안에 들어갈 값이 알맞게 짝지어진 것은?

> 고정연소(고체연료)의 Tier2 산화계수 적용시 발전 부문은 산화계수(f) ( )를 적용하고, 기타부문은 ( )을 적용한다.

① 1.0 − 0.99　　　　　　　　　② 0.99 − 1.0
③ 0.99 − 0.98　　　　　　　　　④ 0.98 − 0.99

해설

[정답 ③]

062 다음은 고정연소(고체연료)의 사업자 고유 산화계수(Tier3) 개발식이다. $C_{a,i}$ 는 무엇을 의미하는가?

$$f_i = 1 - \frac{C_{a,i} \times A_{ar,i}}{(1 - C_{a,i}) \times C_{ar,i}}$$

① 재(灰) 중 탄소의 질량 분율(비산재와 바닥재의 가중 평균, 측정값, 0에서 1사이의 소수)
② 연료 중 재(灰)의 질량 분율(인수식, 측정 값, 0에서 1사이의 소수)
③ 연료 중의 탄소 퍼센트(인수식 또는 연소식, 계산 값, %)
④ 연료 중 탄소의 질량 분율(인수식, 계산 값, 0에서 1사이의 소수)

해설

$C_{a,i}$: 재(灰) 중 탄소의 질량 분율(비산재와 바닥재의 가중 평균, 측정값, 0에서 1사이의 소수)
$A_{ar,i}$: 연료 중 재(灰)의 질량 분율(인수식, 측정 값, 0에서 1사이의 소수)
$C_{ar,i}$: 연료 중 탄소의 질량 분율(인수식, 계산 값, 0에서 1사이의 소수)

[정답 ①]

063 다음은 고정연소(기체연료)의 사업자 고유 배출계수(Tier3) 개발식이다. D_i 는 무엇을 의미하는가?

$$EF_{i,CO_2} = \frac{EF_{i,t}}{EC_i} \times D_i \times 10^3$$

$$EF_{i,t} = \sum_y \left[\left(\frac{MW_y}{MW_{y,total}} \right) \times \left(\frac{44.010}{mw_y} \times N_y \right) \right]$$

① 연료(i)의 CO_2 환산계수(kg CO_2 / kg−연료)
② 연료(i)의 밀도(g−연료/m^3−연료, 공급자가 제공한 값을 우선 적용)
③ 연료(i)의 가스성분(y)의 분자량((kg / k−mol))
④ 연료(i)의 가스성분(y)의 탄소 원자수(개)

> **해 설**
>
> EF_{i,CO_2} : 연료(i)의 CO_2 배출계수(kgCO_2/TJ-연료)
> EC_i : 연료(i)의 열량계수(연료 순발열량, MJ/m³-연료)
> $EF_{i,t}$: 연료(i)의 CO_2 환산계수(kgCO_2/kg-연료)
> D_i : 연료(i)의 밀도(g-연료/m³-연료, 공급자가 제공한 값을 우선 적용)
> MW_y : 연료(i) 1몰에 포함된 가스성분(y)별 질량(g/mol)
> mw_y : 연료(i)의 가스성분(y)의 몰질량(g/mol)
> N_y : 연료(i)의 가스성분(y)의 탄소 원자수(개)
> $MW_{y,total}$: $MW_{y,total} = \sum_y MW_y$
>
> [정답 ②]

064 다음은 고정연소(액체연료)의 사업자 고유 배출계수(Tier3) 개발식이다. C_i는 무엇을 의미하는가?

$$EF_{i,CO_2} = C_i \times \frac{D_i}{EC_i} \times 10^3 \times 3.664$$

① 연료(i)중 탄소의 질량 분율(0에서 1사이의 소수)
② 연료(i)의 밀도(kg-연료 / kl-연료)
③ 연료(i)의 열량계수(연료 순발열량, GJ / kl-연료)
④ 답 없음

> **해 설**
>
> EF_{i,CO_2} : 연료(i)의 CO_2 배출계수(kgCO_2/TJ-연료)
> C_i : 연료(i)중 탄소의 질량 분율(0에서 1사이의 소수)
> D_i : 연료(i)의 밀도(g-연료/L-연료)
> EC_i : 연료(i)의 열량계수(연료 순발열량, MJ/L-연료)
> 3.664 : CO_2의 분자량(44.010)/C의 원자량(12.011)
>
> [정답 ①]

065 다음은 이동연소(철도)의 사업자 고유 배출계수(Tier3) 개발식이다. 각 인자와 해당 내용이 잘못 짝지어진 것은?

$$E_{k,j} = N_k \times H_k \times P_k \times LF_k \times EF_k \times 10^{-6}$$

① N_k : 기관차(k)의 수
② H_k : 기관차(k)의 연간 운행시간(h)
③ P_k : 기관차(k)의 평균 상용 출력(kW)
④ EF_k : 기관차(k)의 배출계수(g/kWh)

해설

$E_{k,j}$: CH_4 또는 N_2O 배출량(tGHG)
N_k : 기관차(k)의 수
H_k : 기관차(k)의 연간 운행시간(h)
P_k : 기관차(k)의 평균 정격 출력(kW)
LF_k : 기관차(k)의 전형적인 부하율(0에서 1사이의 소수)
EF_k : 기관차(k)의 배출계수(g/kWh)

[정답 ③]

066 석회 생산의 배출량 Tier3의 산정방법론은 아래와 같다. Q_{LKD}는 무엇을 의미하는가?

$$E_i = (EF_i \times Q_i \times r_i \times F_i) - Q_{LKD} \times EF_{LKD} \times (1 - F_{LKD})$$

① 석회킬른먼지(LKD)의 하소율(%)
② 석회 소성시설에 투입된 탄산염(i)의 하소율(%)
③ 소성시설에 투입된 순수 탄산염(i) 사용량(ton)
④ 석회생산시 반출된 석회킬른먼지(LKD)의 양(ton)

해설

E_i : 석회 생산에서 탄산염(i)으로 인한 CO_2 배출량 (tCO_2)
Q_i : 소성시설에 투입된 탄산염(i) 사용량(ton)
r_i : 석회(i)의 순도(전체 투입량 중 순수 탄산염의 비율, 0에서 1사이의 소수)
EF_i : 순수탄산염(i)의 하소에 따른 CO_2 배출계수(tCO_2/t-탄산염)
F_i : 석회 소성시설에 투입된 탄산염(i)의 하소율(0에서 1사이의 소수)
Q_{LKD} : 석회생산시 반출된 석회킬른먼지(LKD)의 양(ton)
EF_{LKD} : 석회생산시 반출된 석회킬른먼지(LKD)에 따른 CO_2 배출계수 (투입 탄산염이 석회석인 경우 0.4397 tCO_2/t-LKD, 백운석인 경우 0.4773 tCO_2/t-LKD)
F_{LKD} : 석회킬른먼지(LKD)의 하소율(0에서 1사이의 소수)

[정답 ④]

067 다음 중 시멘트 생산의 배출량 산정에 대한 설명으로 옳지 않은 것은?

① 시멘트 공정에서의 온실가스 배출원은 클링커 제조공정인 소성공정에서의 탄산칼슘 탈탄산 반응에 의한 배출활동이다.
② 시멘트 공정에서의 이산화탄소 배출특성은 소성시설의 생석회 생성량과 연료사용량 및 폐기물 소각량에 의해 영향을 받는다.
③ 바이오매스 재활용 연료는 배출량 산정에서 제외한다.
④ 합성수지 및 폐타이어 등 폐연료는 배출량 산정에서 제외한다.

> **해설**
> 합성수지 및 폐타이어 등 폐연료는 배출량 산정시 포함하여야 한다. **[정답 ④]**

068 다음 중 시멘트 생산에 대한 배출량 산정에 대한 설명으로 옳지 않은 것은?

① 회수되지 못한 Cement Kiln Dust(CKD) 내 탄산염 성분은 탈탄산 반응에 포함되지 않으므로 보정이 필요하다.
② CKD가 완전히 소성되거나 모두가 킬른으로 회수된다면 CKD에 의한 보정은 필요 없으나 소성되지 못한 CKD를 고려하지 않을 경우 배출량이 과다산정될 것이다.
③ 벽돌용 시멘트를 생산하기 위해 석회석을 포틀랜드 시멘트 혹은 클링커에 추가하여 생산할 경우 사용된 석회에 대한 배출량도 산정해야 한다.
④ 시멘트를 수입된 클링커로부터 전적으로 생산할 경우 시멘트 생산공정에서의 CO_2 배출은 0이다.

> **해설**
> 석회와 관련된 배출은 석회 생산시 이미 별도로 고려되었으므로, 추가적인 배출량은 없는 것으로 간주한다. **[정답 ③]**

069 다음 중 시멘트 생산에 대한 배출량 산정방법론에 대한 설명으로 옳지 않은 것은?

① Tier 1~2는 동일한 산정식을 적용한다.
② Tier 3 산정방법론은 활동자료 및 시료의 분석방법 등에 따라 Tier 3A와 Tier 3B로 구분한다.
③ Tier 3A는 시멘트 생산량 기반 산정방법이다.
④ Tier 3B는 투입원료량 기반 산정방법이다.

> **해설**
> Tier 3A는 클링커 생산량 기반 산정방법이다. **[정답 ③]**

070 시멘트 생산의 배출량 Tier 1~2의 산정방법론은 아래와 같다. EF_{toc}는 무엇을 의미하는가?

$$E_i = (EF_i + EF_{toc}) \times (Q_i + Q_{CKD} \times F_{CKD})$$

① 클링커(i) 생산에 따른 CO_2 배출량

② 클링커(i) 생산량 당 CO_2 배출계수
③ 투입원료(탄산염, 제강슬래그 등) 중 탄산염 성분이 아닌 기타 탄소성분에 기인하는 CO_2 배출계수
④ 킬른에서 시멘트 킬른먼지(CKD)의 반출량

> **해설**
> E_i : 클링커(i) 생산에 따른 CO_2 배출량(tCO_2)
> EF_i : 클링커(i) 생산량 당 CO_2 배출계수 (tCO_2/t-clinker)
> EF_{toc} : 투입원료(탄산염, 제강슬래그 등) 중 탄산염 성분이 아닌 기타 탄소성분에 기인하는 CO_2 배출계수
>   (기본값으로 $0.010tCO_2$/t-clinker를 적용한다)
> Q_i : 클링커(i) 생산량(ton)
> Q_{CKD} : 킬른에서 시멘트 킬른먼지(CKD)의 반출량(ton)
> F_{CKD} : 킬른에서 유실된 시멘트 킬른먼지(CKD)의 하소율(%)
>
> **[정답 ③]**

071 다음 시멘트공정 중 온실가스 배출이 가장 많은 공정은 어느 것인가?

① 채굴공정　　　　　　　　② 원분공정
③ 소성공정　　　　　　　　④ 제품공정

> **해설**
> 시멘트공정 중 온실가스 배출이 가장 많은 공정은 소성공정(로타리 킬른)이다.
>
> **[정답 ③]**

072 탄산염의 보고대상 배출시설이 아닌 것은?

① 배연탈질시설　　　　　　② 소성시설
③ 용융시설　　　　　　　　④ 배연탈황시설

> **해설**
> 탄산염의 보고대상 배출시설은 소성시설, 용융시설, 배연탈황시설, 약품회수시설이다.
>
> **[정답 ①]**

073 다음 중 탄산염의 기타 공정 사용의 보고 대상 배출시설이 아닌 것은?

① 소성시설　　② 용융·용해시설　　③ 약품회수시설　　④ 소각보일러

> **해설**
> 탄산염의 기타 공정 사용의 보고대상 시설은 소성시설, 용융·용해시설, 약품회수시설, 배연탈황시설이다.
>
> **[정답 ④]**

074 클링커의 제조공정에서 탄산칼슘의 탈탄산 반응식에서 발생되는 부산물이 맞는 것은?

① COG ② CKD ③ LDG ④ BOQ

해설
소성로에서 발생되는 비산먼지는 Cement Kiln Dust(CKD)이다. [정답 ②]

075 시멘트 생산의 배출량 Tier 1~2의 산정방법론은 아래와 같다. QCKD는 무엇을 의미하는가?

$$E_i = (EF_i + EF_{toc}) \times (Q_i + Q_{CKD} \times F_{CKD})$$

① 클링커(i) 생산에 따른 CO_2 배출량
② 클링커(i) 생산량 당 CO_2 배출계수
③ 킬른에서 시멘트 킬른먼지(CKD)의 반출량(ton)
④ 킬른에서 유실된 시멘트 킬른먼지(CKD)의 하소율(%)

해설
E_i : 클링커(i) 생산에 따른 CO_2 배출량(tCO_2)
EF_i : 클링커(i) 생산량 당 CO_2 배출계수(tCO_2/t-clinker)
EF_{toc} : 투입원료(탄산염, 제강슬래그 등) 중 탄산염 성분이 아닌 기타 탄소성분에 기인하는 CO_2 배출계수(기본값으로 0.010tCO_2/t-clinker를 적용한다)
Q_i : 클링커(i) 생산량(ton)
Q_{CKD} : 킬른에서 시멘트 킬른먼지(CKD)의 반출량(ton)
F_{CKD} : 킬른에서 유실된 시멘트 킬른먼지(CKD)의 하소율(%) [정답 ③]

076 석유정제공정에서 발생되는 공정배출량산정은 지침상의 방법론과 실제 사업장에서 관리하는 방법의 차이점으로 인한 고유리스크가 존재한다. 온실가스 배출량 산정원칙 중 어떤 이슈가 존재하는가?

① 완전성 ② 정확성
③ 일관성 ④ 위 모두 해당

해설
온실가스 배출량 산정원칙 : 적절성, 완전성, 정확성, 일관성, 투명성 [정답 ④]

077 다음 중 석유정제활동의 보고대상 배출시설이 아닌 것은?

① 수소제조시설　　　　　　　② 윤활기유 제조시설
③ 촉매재생시설　　　　　　　④ 코크스제조시설

> **해설**
> 석유정제활동에서 온실가스 공정배출 시설은 수소제조시설, 촉매재생시설, 코크스 제조시설 등이 있다.
>
> [정답 ②]

078 다음 석유정제활동에 대한 설명 중 빈칸에 들어갈 내용으로 바른 것을 고르시오.

> 석유정제공정의 온실가스 배출은 원유 예열시설, 증류공정 등에 열을 공급하기 위한 (㉠)과(와), 수소제조공정, 촉매재생공정 및 코크스 제조공정 등 (㉡), 그밖에 공정 중에서의 배기 및 폐가스 연소처리 등 (㉢)로(으로) 구분할 수 있다.

① ㉠ : 공정배출원,　㉡ : 탈루성 배출,　㉢ : 고정연소배출
② ㉠ : 탈루성 배출,　㉡ : 공정배출원,　㉢ : 고정연소배출
③ ㉠ : 고정연소배출,　㉡ : 공정배출원,　㉢ : 탈루성 배출
④ ㉠ : 고정연소배출,　㉡ : 탈루성 배출,　㉢ : 공정배출원

> **해설**
>
> [정답 ③]

079 다음 중 석유정제활동의 보고 대상 배출시설이 아닌 것은?

① 수소제조시설　　　　　　　② 배연탈황시설
③ 촉매재생시설　　　　　　　④ 코크스 제조시설

> **해설**
> 석유정제활동의 보고대상 시설은 수소제조시설, 촉매재생시설, 코크스 제조시설이다.
>
> [정답 ②]

080 석유정제활동에서 온실가스 공정배출 시설이 아닌 것은?

① 수소제조시설　　　　　　　② 벤젠 회수 시설

③ 촉매재생시설   ④ 코크스 제조시설

해설
벤젠 회수 시설은 석유정제활동의 배출시설이 아니다.   [정답 ②]

081 석유정제공정 중에 불순물을 제거하고 제품의 특성을 충족시킴으로써 품질성을 향상시키는 정제공정에 속하지 않는 공정은 무엇인가?

① 메록스 공정
② 접촉개질공정
③ 수첨탈황공정
④ 옥탄가배합공정

해설
접촉개질공정 : 석유정제공정 중에 불순물을 제거하고 제품의 특성을 충족시킴으로써 품질을 향상시키는 정제공정   [정답 ②]

082 다음 암모니아 생산에 대한 설명 중 빈칸에 들어갈 내용으로 바른 것을 고르시오.

암모니아 생산공정에서 수소 제조 공정과 변성공정에서 주로 (㉠)가(이) 발생함에 따라, 암모니아를 생산하기 위하여 천연가스 또는 석유 대신에 수소를 사용하는 공장들은 암모니아 합성과정에서 (㉡)를(을) 배출하지 않는다. 천연가스 산출량이 적은 우리나라 일본에서는 납사를 가장 많이 사용한다. 일부 공장들은 연료 또는 부분적 산화과정에서 (㉢)공급원으로써 석유계 연료를 사용하고 있다.

① ㉠ : CO_2, ㉡ : CO_2, ㉢ : 수소
② ㉠ : CO_2, ㉡ : N_2O, ㉢ : 메탄
③ ㉠ : N_2O, ㉡ : CO_2, ㉢ : 메탄
④ ㉠ : N_2O, ㉡ : N_2O, ㉢ : 수소

해설
[정답 ①]

083 다음 질산 생산에 대한 설명 중 옳지 않은 것을 고르시오.

> 암모니아 공정에서 형성되는 N_2O의 양은 (㉠ : 연소 조건), (㉡ : 촉매 구성물과 사용 기간), (㉢ : 원료 품질), (㉣ : 연소기의 디자인)에 달려있기 때문에, 연료의 투입과 N_2O형성의 정확한 관계 도출에 어려움이 따른다.

① ㉠ ② ㉡ ③ ㉢ ④ ㉣

해 설
암모니아 공정에서 형성되는 N_2O의 양은 연소 조건, 촉매 구성물과 사용 기간, 연소기의 디자인에 영향 받는다.
[정답 ③]

084 암모니아 공정에서 형성되는 N_2O의 양에 영향을 미치지 않는 것은?

① 연소 조건 ② 촉매 구성물과 사용 기간
③ 연소기의 디자인 ④ 답 없음

해 설
[정답 ④]

085 암모니아공정은 촉매반응을 통해 수소와 질소를 고온 고압에서 암모니아로 합성하는 공정이다. 암모니아 합성원료 제조공정이 아닌 것은?

① 탈황공정 ② 개질공정 ③ 변성공정 ④ 제1산화공정

해 설
제1산화공정은 질산제조공정임
[정답 ④]

086 암모니아 합성공정의 설명 중 틀린 것은?

① 고온·고압에서 철을 촉매로 수소와 질소를 3:1 혼합비로 맞추어 암모니아를 합성하는 공정이다.
② 미반응된 질소와 수소 가스를 지속적으로 순환하여 반응시키는 방식이다.
③ N_2 또는 H_2가 과잉으로 존재하면 순환 중에 축적되어 합성반응을 저해하게 된다.
④ 압력이 낮을수록 원료 가스로부터 얻어지는 암모니아 수율은 높아진다.

> **해설**
> 압력이 높을수록 원료 가스로부터 얻어지는 암모니아 수율은 높아진다.　　　　　　　　　　　　　　　　　　　　[정답 ④]

087 다음은 아디프산 생산시설의 Tier1~3 배출량 산정 방법론이다. 각 인자와 해당 내용이 잘못 짝지어진 것은?

$$E_{N_2O} = \sum_{k,h}[EF_k \times AAP_k \times (1 - DF_h \times ASUF_h)] \times 10^{-3}$$

① EF_k : 기술유형(k)에 따른 아디프산의 N_2O 배출계수 (kg-N_2O/ t-아디프산)
② AAP_k : 기술유형(k)에 따른 아디프산 생산량(ton)
③ DF_h : 저감기술(h)별 분해계수(0에서 1사이의 소수)
④ $ASUF_h$: 저감기술(h)별 저감시스템 감축계수(0에서 1사이의 소수)

> **해설**
> EN_2O : N_2O 배출량(tN_2O)
> EF_k : 기술유형(k)에 따른 아디프산의 N_2O 배출계수 (kgN_2O/t-아디프산)
> AAP_k : 기술유형(k)에 따른 아디프산 생산량(ton)
> DF_h : 저감기술(h)별 분해계수(0에서 1사이의 소수)
> $ASUF_h$: 저감기술(h)별 저감시스템 이용계수(0에서 1사이의 소수)　　　　　　　　　　　　　　　　　　　　[정답 ④]

088 아디프산 공정에 대한 설명 중 틀린 것은?

① 아디프산은 사이클로헥사논($(CH_2)_5CO$)과 사이클로헥사놀($(CH_2)_5CHOH$), 질산을 반응시켜 아디프산과 아산화질소가 생성되는 공정이다.
② 온실가스(N_2O)가 발생하는 시설은 산화반응이 일어나는 반응공정이다.
③ 일반적으로 KA Oil 혼합과정에서 공정 중 질소가 고농도로 존재함에 따라 아산화질소(N_2O)가 발생하게 되는 가능성이 높다.
④ 후단의 가열로 공정에서는 공정 중 발생하는 N_2O를 LNG 가열로에서 약 70%정도 분해하고 있으며 이 과정에서 CO_2가 발생한다.

> **해설**
> 후단의 가열로 공정에서는 공정 중 발생하는 N_2O를 LNG 가열로에서 약 99% 이상을 분해하고 있으며 이 과정에서 CO_2가 발생한다.　　　　　　　　　　　　　　　　　　　　[정답 ④]

089 에틸렌옥사이드공정에서 온실가스가 배출되는 공정과 제품 생산공정에 모니터링 지점을 설정하고자 한다. 활동자료수집에 포함되는 측점지점이 어디인가?

① 에틸렌 ② 산소 ③ EG ④ 위 모두 맞음

해설

[정답 ④]

090 에틸렌 생산공정은 석유 유분인 나프타를 통해 제조한다. 에틸렌 생산공정에 해당하지 않는 공정은 무엇인가?

① 급냉공정 ② 수증기 개질공정
③ 열분해 공정 ④ 수소정제공정

해설
수증기 개질공정은 메탄올 생산공정 등에 있다.

[정답 ②]

091 다음은 카프로락탐 생산의 Tier 2~3 배출량 산정 방법론이다. 각 인자와 해당 내용이 잘못 짝지어진 것은?

$$E_{CO_2} = \sum_i (Q_i \times EF_i) - \sum_j (P_j \times F_j \times EF_j)$$

① EF_i : 원료(i)의 배출계수(tCO2/t-원료)
② P_j : 액상 또는 고상 탄산소다(j)의 생산량(ton)
③ F_j : 액상 또는 고상 탄산소다(j)의 부피 분율(0에서 1사이의 소수)
④ EF_j : 액상 또는 고상 탄산소다(j)의 배출계수(tCO2/t-탄산소다)

해설
ECO_2 : CO_2 배출량(tCO2)
Q_i : 납사, OCE(Organic Caustic Effluents) 등 원료(i)의 사용량(ton)
EF_i : 원료(i)의 배출계수(tCO2/t-원료)
P_j : 액상 또는 고상 탄산소다(j)의 생산량(ton)
F_j : 액상 또는 고상 탄산소다(j)의 질량 분율(0에서 1사이의 소수)
EF_j : 액상 또는 고상 탄산소다(j)의 배출계수(tCO2/t-탄산소다

[정답 ③]

092 다음 카바이드 생산에 대한 배출량 산정 시, 아래 식에 의한 배출량 산정 결과 배출량이 과소 산정되었다. 문제는 무엇인가?

$$E_{i,j} = AD_i \times EF_{i,j}$$

- $E_{i,j}$: 카바이드 생산에 따른 온실가스(j) 배출량(tGHG)
- AD_i : 활동자료(i) 사용량(ton) (사용된 원료, 카바이드 생산량)
- $EF_{i,j}$: 활동자료(i)에 따른 온실가스(j) 배출계수(tGHG/t-카바이드, tGHG/t-사용된 원료)

① 잘못된 산정식을 적용하여 산정하였다.
② 산화칼슘(CaO)을 원료로 사용했기 때문이다.
③ 탄산칼슘($CaCO_3$)을 원료로 사용했기 때문이다.
④ 탄화칼슘(CaC_2)을 원료로 사용했기 때문이다.

> **해설**
> 탄화칼슘(칼슘 카바이드) 생산시, 탄산칼슘($CaCO_3$)을 원료로 사용할 경우, 탄산칼슘을 산화칼슘(CaO)으로 바꾸는 소성과정이 추가되므로, 이에 대한 배출량 산정은 〈별표. 16 석회 생산〉을 참고하여 위 식에 의한 배출량에 추가토록 하고, 산화칼슘(CaO)을 원료로 직접 사용하는 경우에는, 위 식에 의한 배출량만 산정토록 한다.
> [정답 ③]

093 다음 소다회 생산에 대한 설명으로 옳지 않은 것은?

① 소다회 생산은 크게 천연 소다회 생산 방법과 솔베이법 합성 방법으로 구분된다.
② 솔베이법 합성공정의 부산물로는 이산화탄소와 물이 대표적이다.
③ 천연 소다회 생산 기법에 의해 트로나(Trona)는 로터리 킬른 속에서 소성된다.
④ 솔베이법에서 염화나트륨 수용액, 석회석, 야금 코크스, 암모니아는 소다회의 생산을 유도하는 일련의 반응에 사용되는 원료이다.

> **해설**
> 이산화탄소와 물은 천연 소다회 생산 시 트로나가 로터리 킬른에서 소성되고, 화학적으로 천연 소다회로 변형될 때 생성되는 부산물이다.
> [정답 ②]

094 다음 중 석유화학제품 생산 공정의 보고 대상 배출시설이 아닌 것은?

① SF_6 생산시설
② EDC/VCM 반응시설
③ 에틸렌옥사이드(EO) 반응시설
④ 카본블랙(CB) 반응시설

> **해설**
> SF₆ 생산은 불소화합물 생산과 관련된 배출시설이다. 석유화학제품 생산 공정의 보고대상 배출시설은 메탄올 반응시설, EDC/VCM 반응시설, 에틸렌옥사이드 반응시설, 아크로니트릴 반응시설, 카본블랙 반응시설이다.
> [정답 ①]

095 다음 중 불소화합물 생산에 대한 배출량 산정방법론에 대한 설명으로 옳지 않은 것은?

① Tier 1 산정방법론은 HCFC-22 또는 기타 불소화합물의 생산량과 기본배출계수를 이용하여 산정하는 방법이다.
② Tier 2 산정방법론은 HCFC-22의 생산량과 공정효율을 이용하여 계산된 HFC-23의 배출계수를 통해 배출량을 산정하는 방법이다.
③ Tier 3는 Tier 3a, 3b, 3c로 구분된다.
④ Tier 3a는 HFC-23이 생성되는 반응조에서 HFC-23의 농도를 지속적으로 측정할 수 있을 때 사용한다.

> **해설**
> Tier 3a는 대기로 방출되는 증기의 유량과 조성을 직접적, 지속적으로 측정할 수 있을 때 사용한다. HFC-23이 생성되는 반응조에서 HFC-23의 농도를 지속적으로 측정할 수 있을 때 사용하는 방법론은 Tier 3c이다.
> [정답 ④]

096 철강 생산 공정의 보고대상 배출시설에 포함되지 않는 것은?

① 코크스로   ② 전기아크로
③ 소성로   ④ 소결로

> **해설**
> 철강 생산 공정의 보고 대상 배출시설 : 일관제철시설, 코크스로, 소결로, 용선로 또는 제선로(고로), 전로, 전기아크로, 평로
> [정답 ③]

097 다음 중 철강생산 공정의 보고 대상 배출시설이 아닌 것은?

① 일관제철시설   ② 소결로
③ 전로   ④ 자체 보일러

> **해설**
> 자체 보일러는 고정연소 배출시설이며, 철강생산 공정의 보고 대상 시설은 아니다. 철강생산 공정의 보고대상 시설은 일관제철시설, 코크스로, 소결로, 용선로 또는 제선로, 전로, 전기아크로, 평로이다.
> [정답 ④]

098 아연 생산 공정의 보고대상 배출시설이 아닌 것은?

① 배소로
② 용융·융해로
③ 기타제련공정(TSL 등)
④ 전해로

해설

[정답 ④]

099 아연 생산 공정의 보고대상 배출시설이 아닌 것은?

① 배소로
② 용융·융해로
③ 소성로
④ 기타제련공정(TSL 등)

해설
아연 생산 공정의 보고대상 배출시설은 배소로, 용융·융해로, 기타제련공정(TSL 등)이 있다.

[정답 ③]

100 전자산업의 배출활동의 특징이 아닌 것은?

① CF_4, C_2F_6, C_3F_8, c-C_4F_8, SF_6 등의 불소화합물이 사용된다.
② 전자산업의 보고대상 배출시설은 식각시설과 열분해시설이다.
③ 생산과정에서 사용되는 불소화합물 중 일부분은 부산물인 CF_4, C_2F_6, CHF_3, C_3F_8로 전환되기도 한다.
④ 주로 실리콘 포함 물질의 플라즈마 식각, 실리콘이 침전되어 있던 화학증착(CVD) 기구의 내벽을 세정하는데 사용된다.

해설
전자산업의 보고대상 배출시설은 식각시설과 증착시설(CVD 등)이다.

[정답 ②]

101 전자산업의 배출량 산정식에서의 보고항목 중 관리업체는 해당항목을 별지 제8호 서식에 따라 보고하지만 온실가스 총 배출량에는 합산하지 않는다. 보고해야 하는 사업자는 누구인가?

① 제품 제작자
② 전기공급자
③ 전기설비 사용자
④ 발전사업자

> **해설**
> 제품(전기설비) 사용자 중 전기사업자는 위 배출량 산정식 중 사용에 따른 배출량을 계산하여 총 배출량에 포함, 보고하여야 한다.
> [정답 ③]

102 고형폐기물의 매립의 보고 대상 배출시설이 아닌 것은?

① 차단형 매립시설
② 고정형 매립시설
③ 비관리형 매립시설
④ 관리형 매립시설

> **해설**
> [정답 ②]

103 고형폐기물의 생물학적처리의 보고 대상 배출시설이 아닌 것은?

① 사료화 · 퇴비화 시설
② 소멸화 · 부숙토생산 시설
③ 혐기성 분해시설
④ 호기성 분해시설

> **해설**
> [정답 ④]

104 하수 처리(하수 및 폐수 동시처리를 포함한다)의 배출량 산정 방법론에서 매개변수가 아닌 것은?

① 유입 하수의 COD 농도
② 메탄 회수량
③ 유입 하수의 총 질소 농도
④ 유출 하수의 BOD_5 농도

> **해설**
> 유입 하수의 BOD_5 농도
> [정답 ①]

105 다음 중 폐기물 하·폐수 처리의 보고대상 온실가스로 바르게 짝지어진 것은?

| ㉠ CO_2 | ㉡ CH_4 | ㉢ N_2O |

① ㉠   ② ㉠, ㉡   ③ ㉡, ㉢   ④ ㉠, ㉡, ㉢

해설
하·폐수는 현장에서 처리되거나, 중앙 집중화된 시설을 통해 처리되며, 처리 과정에서 CH_4 및 N_2O를 배출한다. 하·폐수로부터 배출되는 CO_2는 생물 기원으로 배출량 산정시 제외하도록 한다. **[정답 ③]**

106 폐기물 소각시설에서는 고형 및 액상폐기물의 연소로 인해 CO_2, CH_4 및 N_2O가 배출된다. 소각으로 인한 CO_2배출량 보고에서 제외되는 폐기물은?

① 플라스틱   ② 합성 섬유   ③ 폐유   ④ 음식물

해설
바이오매스 폐기물(음식물, 목재 등)의 소각으로 인한 CO_2배출은 생물학적 배출량이므로 배출량 산정시 제외되어야 한다. **[정답 ④]**

107 다음 중 폐기물 소각의 보고대상 배출시설에 속하지 않은 것은?

① 소각보일러   ② 야적물소각시설
③ 폐가스소각시설   ④ 폐수소각시설

해설
폐기물 소각의 보고대상 배출시설에는 소각보일러, 특정폐기물 소각시설, 일반폐기물 소각시설, 폐가스소각시설, 적출물 소각시설, 폐수소각시설이 있다. **[정답 ②]**

108 농업부문에서의 온실가스 배출에 대한 설명으로 옳지 않은 것은?

① 농업부문에서의 온실가스 배출원은 바이오매스연소로 인한 온실가스 배출, 석회사용, 요소시비를 포함하여 총 7개 종류의 배출원이 있다.
② 요소비료 및 석회사용에 의해 발생하는 이산화탄소는 농경지에서 배출하는 양으로

산정한다.
③ 농경지에서 발생하는 이산화탄소는 대기로의 배출과 농경지로의 흡수가 균형을 이루며 배출량 계산에 포함된다.
④ 이산화탄소의 경우 농경지에서 배출되는 양은 많지만 이는 작물이 대기중의 이산화탄소를 고정하여 생산한 식량과 식물체가 분해되어 대기로 환원되는 것이다.

> **해설**
> 농경지에서 발생하는 이산화탄소는 대기로의 배출과 농경지로의 흡수가 균형을 이루어 배출량 계산에는 포함되지 않는다.
> **[정답 ③]**

109 다음 중 축산 부문의 온실가스로만 짝지어진 것은?

① CO_2, CH_4, N_2O
② CO_2, N_2O
③ CO_2, CH_4
④ CH_4, N_2O

> **해설**
> 축산부문의 온실가스로는 CH_4, N_2O가 있으며 CH_4은 장내발효 및 가축분뇨 처리, N_2O는 가축의 분뇨처리 과정에서 배출되나 장내발효에 의한 온실가스 배출이 대부분을 차지한다.
> **[정답 ④]**

110 임업 및 기타토지 이용에 따른 온실가스 관련 메커니즘에 대한 설명이 옳지 않은 것은?

① 기후변화협약(UNFCCC)에서는 흡수원을 대기에서 에어로졸, 온실가스 혹은 온실가스 생성물질을 제거할 수 있는 일련의 과정, 행동 혹은 메커니즘이라 정의하고 있다.
② 일반적으로 LULUCF의 온실가스 관련 메커니즘은 산림 및 기타토지 용도를 변경으로 인해 그 토지에 있는 탄소축적의 변화로서, 농경지 또는 주거지로 사용되던 토지가 산림으로 신규 또는 재조림 되었을 경우 온실가스(CO_2)흡수량은 증가한다.
③ 임업 및 기타토지 이용 부문은 탄소를 축적하는 저장고로서 크게 바이오매스, 고사유기물, 토양탄소로 구분되며, CO_2 배출은 없다.
④ 산림이 농경지 또는 주거지로 전용되었을 경우, 탄소축적량 감소에 따라 온실가스 배출량은 증가하게 된다.

> **해설**
> 임업 및 기타토지 이용 부문에서는 CO_2 배출뿐만 아니라 탄소를 축적하는 저장고로서 크게 바이오매스, 고사유기물, 토양탄소로 구분된다.
> **[정답 ③]**

111 반도체/LCD/PV 생산 부문에서 배출량 산정 방법으로 다음과 같은 방법론을 적용하여 산정하였다고 한다. 해당되는 방법론은 무엇인가?

> 공정별 계수를 적용하는 방법으로 각각의 세부공정은 구분하지 않고 크게 식각과 CVD 세정 공정으로만 구분하여 계수를 사용한다. 배출제어기술에 따른 공정별 가스 제거 비율을 적용한다. 배출제어기술이 설치되지 않은 공정에서는 0을 적용한다.

① Tier 1　　② Tier 2a　　③ Tier 2b　　④ Tier 3

해설

[정답 ③]

112 오존파괴물질(ODS)의 대체물질 사용에 대한 배출량 보고대상으로 옳은 것은?

① 제품 생산단계　　② 제품 사용단계
③ 제품 폐기단계　　④ 생산, 사용, 폐기 단계 전부

해설
제품 제작단계에서 주입 또는 사용되는 양을 별도 보고 대상으로 하며, 전기 설비를 제외한 사용단계에서의 탈루성 배출은 보고대상으로 하지 않는다.

[정답 ①]

113 다음은 전기 설비의 활동자료 관리기준이다. 잘못된 것은?

① Tier 1 : 측정불확도 ±7.5% 이내의 설비별 충진용량을 활동자료로 사용한다.
② Tier 2 : 측정불확도 ±5.0% 이내의 설비별 충진용량을 활동자료로 사용한다.
③ Tier 3 : 측정불확도는 ±2.5% 이내의 설비별 충진용량을 활동자료로 사용한다.
④ Tier 3 : 측정불확도는 ±2.5% 이내의 재충전량과 회수량을 활동자료로 사용한다.

해설

[정답 ③]

114 다음은 기타 온실가스 배출 및 사용에 대한 설명이다. 옳지 않은 것은?

① 목표관리제 지침에서 산정방법 등이 제시되지 않은 기타 온실가스 배출에 대해서는 관리업체가 산정방법론을 스스로 제시하여 검증기관의 검증을 거쳐 배출량 등의 산

정·보고에 활용하여야 한다.
② 오존층파괴물질(ODS) 대체물질을 제외한, 온실가스의 기타 사용량은 기타 온실가스 배출활동에서 보고되어야 한다.
③ 냉각·냉동설비 및 소화설비에서의 냉매나 소화제의 충진량, 치환용 CO_2 구입양 등을 명세서에 포함하여 별도로 보고하여야 한다.
④ 기타 온실가스 배출에서 보고되는 항목은 관리업체의 온실가스 총 배출량에는 합산하여야 한다.

해설
기타 온실가스 배출에서 보고되는 항목은 관리업체의 온실가스 총 배출량에는 합산하지 않는다.

[정답 ④]

115. 고형폐기물의 생물학적 처리에 의한 배출량 Tier 1의 산정방법론은 아래와 같다. R은 무엇을 의미하는가?

$$CH_4 Emissions = \sum_i (M_i \times EF_i) \times 10^{-3} - R$$

① 생물학적 처리 유형 i에 의해 처리된 유기폐기물량(tWast/yr)
② 퇴비화, 혐기성 소화 등 처리유형
③ 메탄 회수량(tCH4/yr)
④ 답 없음

해설
$CH_4 Emissions$: 고형폐기물의 생물학적처리 과정에서 배출되는 온실가스(tCH4)
M_i : 생물학적 처리 유형 i에 의해 처리된 유기폐기물량(t-Waste)
EF_i : 처리유형 i에 대한 배출계수(gCH4/kg-Waste)
i : 퇴비화, 혐기성 소화 등 처리유형
R : 메탄 회수량(tCH4)

[정답 ③]

116. 하수 처리 배출량 Tier1의 산정방법론(CH_4)은 아래와 같다. 각 인자와 해당 내용이 알맞게 짝지어진 것은?

$$CH_4 Emissions = (BOD_{in} \times Q_{in} - BOD_{out} \times Q_{out} - BOD_{sl} \times Q_{sl}) \times 10^{-6} \times EF - R$$

① BOD$_{in}$: 유출 하수의 BOD$_5$농도, (mgBOD/L)
② BOD$_{out}$: 유입 하수의 BOD$_5$농도, (mgBOD/L)
③ Q$_{in}$: 유출하수량(m^3/yr)
④ R : 메탄 회수량(kgCH$_4$/yr)

> **해설**
> CH$_4$Emissions : 하수처리에서 배출되는 CH$_4$배출량(tCH$_4$)
> BOD$_{in}$: 유입수의 BOD$_5$농도, (mg-BOD/L)
> BOD$_{out}$: 방류수의 BOD$_5$농도, (mg-BOD/L)
> BOD$_{sl}$: 반출 슬러지의 BOD$_5$농도, (mg-BOD/L)
> Q$_{in}$: 유입수의 유량(m^3)
> Q$_{out}$: 방류수의 유량(m^3)
> Q^{sl} : 슬러지의 반출량(m^3)
> EF : 배출계수(kgCH$_4$/kg-BOD)
> R : 메탄 회수량(tCH$_4$)
>
> **[정답 ④]**

117 관리업체 A는 폐수처리장에서 발생되는 메탄을 전량(100%) 회수하여 연료로 사용하고 있다. 메탄에 대한 산정·보고 방법으로 올바른 것은?

① 검증기관의 검증을 통하지 않고 하·폐수처리 활동에서 보고한다.
② 검증기관의 검증을 통하여 하·폐수처리 활동에서 보고한다.
③ 검증기관의 검증을 통하지 않고 하·폐수처리 활동에서 보고하지 아니하고 기체연료연소 활동의 산정방법론을 적용하여 산정·보고 하도록 한다.
④ 검증기관의 검증을 통하여 하·폐수처리 활동에서 보고하지 아니하고 기체연료연소 활동의 산정방법론을 적용하여 산정·보고 하도록 한다.

> **해설**
> 검증기관의 검증을 통하여 하·폐수처리 활동에서 보고한다.
>
> **[정답 ④]**

118 다음은 연속측정에 따른 배출량 산정방법 중 굴뚝연속자동측정기에 의한 온실가스 배출량 산정식 및 해설이다. C$_{CO2d}$는 무엇을 의미하는가?

$$E_{CO_2} = K \times C_{CO_2d} \times Q_{sd}$$

- ECO$_2$: CO$_2$배출량 (g CO$_2$/30분)
- C$_{CO2d}$: (   ) % (건 가스(dry basis)기준, 부피농도)
- Q$_{sd}$: 30분 적산 유량 (Sm^3) (건 가스 기준)
- K : 변환계수(1.964 × 10, 표준상태에서 1kmol이 갖는 공기부피와 이산화탄소 분자량 사이의 변환계수)

① 30분 CO₂배출량　　　　　　② 30분 CO₂누적배출량
③ 30분 CO₂농도　　　　　　　④ 30분 CO₂평균농도

해설
C_{CO_2d}는 30분 CO_2평균농도를 의미한다.
[정답 ④]

119 굴뚝연속자동측정기와 배출가스유량계 측정 자료의 수치 맺음은 한국산업표준 KS Q 5002(통계해석방법)에 따라서 계산한다. 이 경우 소수점 이하는 몇째 자리에서 반올림하여 산정해야 하는가?

① 정수로 산정　　② 둘째 자리　　③ 셋째 자리　　④ 넷째 자리

해설
소수점 이하는 셋째 자리에서 반올림하여 산정한다(유량은 소수점 이하는 버림 처리하여 정수로 산정한다.
[정답 ③]

120 아래 그림에서 A 사업장은 발전설비에서의 전력생산에 따른 온실가스 배출량의 조직경계를 나타낸 것이다. ⓑ의 설명으로 맞는 것은?

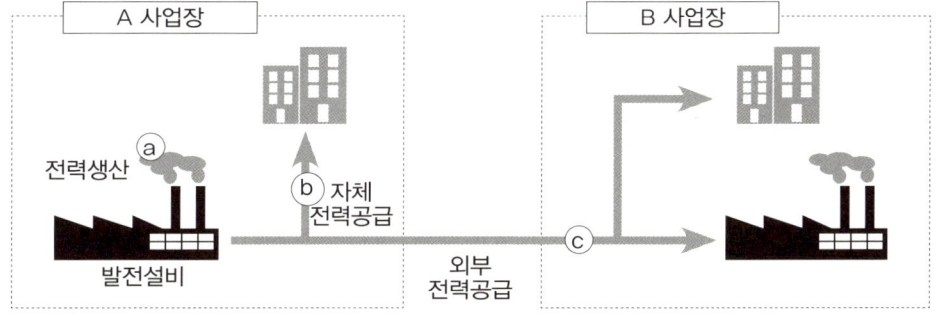

[전력 사용에 따른 간접 온실가스 배출경로]

① B 사업장의 간접적 온실가스 배출량으로서 보고
② A 사업장의 직접적 온실가스 배출량으로서 보고
③ A 사업장의 전력사용에 따른 간접적 온실가스 배출량산정에서 제외
④ A 사업장의 직접적 온실가스 배출량과 간접적 온실가스 배출량으로서 보고

> **해설**
> ⓐ : A 사업장 내에 위치한 발전설비에서의 전력생산에 따른 직접 온실가스 배출량(A 사업장의 직접적 온실가스 배출량으로서 보고)
> ⓑ : A 사업장에서 생산한 전력을 A사업장 내에서 자체적으로 공급한 경우(전력사용에 따른 간접적 온실가스 배출량산정에서 제외)
> ⓒ : A 사업장에서 생산한 전력을 B 사업장에 공급한 경우(B 사업장의 간접적 온실가스 배출량으로서 보고)
> **[정답 ③]**

121 열(스팀)사용으로 인해 발생하는 간접적 온실가스 배출활동의 특징이 아닌 것은?

① 연료연소, 원료사용 등으로 인한 직접적 온실가스 배출과 함께 관리업체의 온실가스 배출량에 포함되어야 한다.
② 열병합 발전설비 또는 폐기물 소각시설 등에서의 열(스팀) 회수를 통하여 공급될 수도 있다.
③ 폐기물 소각시설에서의 열회수를 통하여 열(스팀)을 공급받을 경우에는 '별표 25'에 따라 열(스팀)간접배출계수를 개발하여 사용해야 한다.
④ 열(스팀)을 생산하여 외부로 공급하는 업체가 자체적으로 열(스팀) 간접배출계수를 제공할 수 없는 경우에는 IPCC의 배출계수 등을 활용할 수 있다.

> **해설**
> 열(스팀)을 생산하여 외부로 공급하는 업체가 자체적으로 열(스팀) 간접배출계수를 제공할 수 없는 경우에는 센터가 검증·공표하는 국가 고유의 열(스팀) 간접배출계수 등을 활용할 수 있다.
> **[정답 ④]**

122 다음 중 건축물의 벤치마크 계수 개발에 관한 건축물의 용도 분류에 포함되지 않는 것은?

① 관공서의 청사 ② 주차장 ③ 아파트 ④ 숙박

> **해설**
> 사무소(관공서의 청사포함), 정보통신, 방송국, 상업, 숙박, 교육, 의료, 문화, 물류, 주차장, 공장 등 기타가 해당된다.
> **[정답 ③]**

123 다음 중 오존층파괴물질(ODS)의 대체물질 사용에 해당하지 않는 것은?

① 소방 부문의 HFC_s와 PFC_s가 사용
② 전기 설비의 SF_6와 PFC_s의 사용

③ 자동차 생산공정의 CO_2 용접
④ 냉동 및 냉방설비의 HFC_s 사용

> **해설**
> 자동차 생산공정의 CO_2 용접은 기타 온실가스 배출에 해당함
> [정답 ③]

124 우리나라의 2020년까지 국가 온실가스 감축 목표는 얼마인가?

① 2020년 배출전망치(BAU) 대비 20%
② 2020년 배출전망치(BAU) 대비 30%
③ 2020년 배출전망치(BAU) 대비 40%
④ 2020년 배출전망치(BAU) 대비 50%

> **해설**
> 우리나라의 국가 온실가스 감축목표는 2020년 온실가스 배출전망치 대비 30%이다.
> [정답 ②]

125 기준연도(Baseyear) 및 기준연도 배출량에 대한 설명으로 적절하지 않은 것은?

① 온실가스·에너지 목표관리제와 배출권거래제에서는 관리업체로 최초 지정된 직전 연도 3개년 평균으로 정의하고 있다.
② 신규지정 관리업체로서 최근 3년 자료가 없을 경우, 최근 2개년 또는 직전년도 배출량으로 정의한다.
③ 기준연도란 제도를 통한 정량적인 감축의 비교를 위해 고정이 되는 대표 기간이다.
④ 기준연도의 적용은 업체마다 다를 수 있다.

> **해설**
> 목표관리제에서는 관리업체로 최초 지정된 직전 연도 3년 평균이 맞으나, 배출권거래제에서는 할당대상업체로 지정된 연도의 직전 3년간의 온실가스 배출량으로 정의하고 있다.
> [정답①]

126 관리업체로 지정된 다음 해 12월 31일까지 제출해야 하는 이행계획서에 포함되지 않는 내용은?

① 사업장별 당해연도 온실가스 배출량 현황
② 배출시설별 활동자료의 측정지점
③ 품질관리 / 품질보증(QA/QC) 인증 현황
④ 배출시설별 가동률 등의 운영계획

해설
이행계획서는 감축주체가 감축활동을 체계적으로 수행하도록 정부에 세부적인 계획을 제출하는 것으로써, 당해연도 온실가스 배출량 현황은 기재되지 않는다. 당해연도 온실가스 배출량은 차년도 명세서에 포함되는 내용이다.

[정답 ①]

127 다음 설명의 (가), (나)에 들어갈 것으로 바르게 짝지어진 것은?

감축사업 등록은 온실가스 배출 감축 예상량이 이산화탄소(CO_2) 환산량으로 연간 (가)ton 이상인 사업은 일반감축사업, (나)ton 이상 (가)ton 미만인 사업은 소규모 감축사업으로 등록할 수 있다.

① 500, 100   ② 100, 500   ③ 150, 550   ④ 200, 600

해설

[정답 ①]

128 다음에서 설명하는 개념은 무엇인가?

감축사업 등록 시 환경적, 제도적, 경제적, 사회적 측면에서 고려되어야 하는 감축사업의 특성으로서, 인위적으로 온실가스를 저감하거나 에너지를 절약하기 위하여 일반적인 경영여건에서 실시할 수 있는 활동 이상의 추가적인 노력을 의미한다.

① 합목적성   ② 경제성   ③ 추가성   ④ 공익성

해설

[정답 ③]

129 목표설정의 원칙 설명 중 올바르지 않은 것은?

① 관리업체가 예측-가능한 범위와 사전 공표 및 투명 진행원칙
② 관리업체 과거 온실가스 배출량과 에너지 사용량 적절한 반영원칙
③ 신증설계획, 국제경쟁력, 기술수준, 감축잠재량 및 경제적비용 고려
④ 관리업체 목표는 온실가스 감축 국가 목표가 30%이므로, 국가목표를 달성하기 위한 범위의 30% 초과달성토록 설정되어야 한다.

> **해 설**
> 관리업체의 목표는 국가 온실가스 감축 목표를 달성하기 위한 범위 이내에서 설정되어야 한다.
> [정답 ④]

130 감축이행의 작성 및 평가 대한 설명 중 잘못된 것은?

① 온실가스·에너지 목표달성 평가는 온실가스 감축목표만을 평가
② 목표달성평가에 앞서 목표가 재설정된 경우에는 목표에서 관리업체별로 조정대상 배출량을 확정하여 당초 협의된 목표에서 차감한 후, 해당 연도 목표달성 여부를 평가
③ 다음 연도 목표달성 이행계획을 목표설정 통보받은 당해년도 12월31일까지 전자적 방식으로 작성하여 부문별관장기관에게 제출하여야 함
④ 이행계획에는 다음 연도를 시작으로 하는 5년 단위의 연차별 목표와 이행 계획을 세부작인 작성양식 및 방법으로 작성하여야 한다.

> **해 설**
> 온실가스·에너지 목표 달성에 대한 평가를 온실가스 감축 및 에너지 절약의 두 가지 목표를 상호 연계하여 평가한다.
> [정답 ①]

131 다음은 이행 계획 및 실적에 대한 설명이다. 잘못된 것은?

① 소량배출사업장에 대해서는 이행실적 보고서에 포함하지 않을 수 있다.
② 관리업체는 다음연도 이행계획을 매년 12월31일까지 부문별 관장기관에게 제출하여야 한다.
③ 이행계획에 대한 실적을 매년 1월31일까지 부문별 관장기관에게 제출하여야 한다.
④ 관리업체가 부문별 관장기관의 개선명령을 반영하여 수립한 이행계획의 이행 실적에 대해서는 검증기관의 검증을 거쳐야 한다.

> **해 설**
> 관리업체는 이행계획에 대한 실적을 매년 3월31일까지 부문별 관장기관에게 제출하여야 한다.
> [정답 ③]

132 다음 이행실적 보고서에 포함되는 주요항목에 대한 내용 중 틀린 것은?

① 관리업체 총괄 정보 : 해당 조직의 배출량 산정·보고 등 담당자 현황
② 사업장별 온실가스 배출량 등 현황 : 일부 시설의 기타 목표(제33조에 해당될 경우에만 기재)
③ 사업장별 목표 및 달성실적 : 관리업체의 조기감축실적 인정 현황
④ 품질관리/품질보증(QA/QC) 활동 실시 결과 : 품질관리(QC)/품질보증(QA) 업무 실시결과

> **해 설**
> 관리업체 총괄 정보 : 해당 조직의 배출량 산정·보고 등 담당자 현황은 포함되는 주요항목이 아님
> **[정답 ①]**

133 우리나라는 온실가스 감축정책의 실효성을 확보하기 위해 부문별 세부 이행계획을 수립하고 있다. 다음 중 감축 이행실적에 대한 평가체계 순서가 올바로 나열된 것은?

① 감축계획수립 → 이행계획 개선(안)도출 → 자체평가 → 감축방안이행
② 감축계획수립 → 자체평가 → 이행계획 개선(안)도출 → 감축방안이행
③ 감축계획수립 → 자체평가 → 감축방안이행 → 이행계획 개선(안)도출
④ 감축계획수립 → 감축방안이행 → 자체평가 → 이행계획 개선(안)도출

> **해 설**
> 감축 이행실적 평가체계는 감축계획수립 → 감축방안이행 → 자체평가 → 이행계획 개선(안)도출의 순서로 평가한다.
> **[정답 ①]**

134 온실가스 감축목표 설정과 관련하여 관리업체가 고려하여야 하는 사항 중 가장 거리가 먼 것은?

① 기술수준
② 감축잠재량
③ 신·증설 계획
④ 한계저감비용

> **해 설**
> 한계저감비용은 배출권 거래제에서 주로 고려하여야 하는 사항이다.
> **[정답 ④]**

135 다음 설명의 (가), (나)에 들어갈 것으로 바르게 짝지어진 것은?

> 목표관리제 하에서 목표설정 방법은 크게 '(가) 기반의 목표 설정방법'과 '(나) 기반의 목표 설정방법'으로 구분되어 있다. (가)는(은) 최근 연도의 실제 배출량을 기준으로 목표를 설정하는 방법이며, (나)는(은) 최적가용기술(BAT)을 고려한 목표설정 방법이다.

① 최신실적, 과거실적
② 벤치마크, 과거실적
③ 최적공정, 벤치마크
④ 과거실적, 벤치마크

해 설

[정답 ④]

136 온실가스 · 에너지 목표관리 운영 등에 관한 지침에 의한 과거실적 기반의 목표 설정방법 중 거리가 먼 것은?

① 할당계수의 결정 방법
② 관리업체의 배출허용량(목표) 설정 방법
③ 기존 배출시설의 배출허용량(목표) 설정 방법
④ 신 · 증설 시설에 대한 배출허용량(목표) 설정방법

해 설
과거실적 기반의 목표 설정방법은 아래와 같은 4가지이다.
- 관리업체의 배출허용량(목표) 설정 방법
- 기존 배출시설의 배출허용량(목표) 설정 방법
- 신 · 증설 시설에 대한 배출허용량(목표) 설정방법
- 감축계수(CFi)의 결정 방법

[정답 ①]

137 온실가스 · 에너지 목표관리 운영 등에 관한 지침에 의한 벤치마크 기반의 목표 설정방법 중 거리가 먼 것은?

① 감축계수(CFi)의 결정 방법
② 기존 배출시설의 배출허용량(목표) 설정 방법
③ 신 · 증설 시설에 대한 배출허용량(목표) 설정방법
④ 기준연도 배출량 인정계수(Ratioi)의 결정 방법

> **해설**
> 벤치마크 기반의 목표 설정방법은 아래와 같은 5가지이다.
> - 관리업체의 배출허용량(목표) 설정 방법
> - 기존 배출시설의 배출허용량(목표) 설정 방법
> - 신·증설 시설에 대한 배출허용량(목표) 설정방법
> - 기준연도 배출량 인정계수(Ratioi)의 결정 방법
> - 배출활동별 배출시설 종류 및 벤치마크 할당 계수 개발방법
>
> [정답 ①]

138 벤치마크 기반의 목표 설정방법과 관련하여 기존 배출시설(관리업체로 최초 지정된 연도 이전에 정상 가동한 배출시설)의 배출허용량 설정 시 고려하여야 하는 사항이 아닌 것은?

① 기준연도 배출량(검증기관의 검증을 거친 배출량)
② 해당 배출시설의 기준연도 대비 목표설정 대상연도의 예상성장률
③ 해당 배출시설의 과거연도 평균 가동시간 및 일수
④ 해당 업종의 목표설정연도의 기준연도 배출량의 인정계수

> **해설**
> 배출허용량 설정 시 고려하여야 하는 사항
> - 기준연도 배출량(검증기관의 검증을 거친 배출량)
> - 해당 배출시설의 기준연도 대비 목표설정 대상연도의 예상성장률
> - 해당 배출시설의 기준연도 평균 활동자료(연료 또는 원료사용량, 제품생산량 등)
> - 해당 배출시설의 벤치마크 할당계수
> - 해당 업종의 목표설정연도의 기준연도 배출량의 인정계수(1.0을 초과할 수 없다)
>
> [정답 ③]

139 부속서 I 국가(선진국,비준당사국)에서 온실가스 감축량을 비용효과적인 방법으로 목표를 달성하기 위한 교토메커니즘이 아닌 것은?

① 공동이행제도(JI) ② 청정개발체제(CDM)
③ 배출권거래제(ET) ④ 자발적 온실가스 감축사업(KVER)

> **해설**
> 자발적 온실가스 감축사업(KVER)은 국내탄소상쇄제도로 산업-수송 등 14개 분야로 2005년부터 산업통상자원부 주관하에 에너지관리공단이 운영
>
> [정답 ④]

140 CDM 사업계획서에 관한 설명 중 잘못된 것은?

① CDM 사업계획서는 사업개요/베이스라인 및 모니터링방법론 적용 등 크게 총 4개 부분으로 구성
② CDM 사업계획서 중에서 베이스라인 방법론 및 모니터링 방법론은 CDM 집행위원회의 승인을 얻은 방법론을 사용하여 작성해야 한다.
③ CDM 사업을 추진하고자 하는 부속서 I 국가의 사업자가 비부속서 I 국가에서 온실가스 감축사업을 발굴하는 것으로 시작
④ 제18차 CDM 집행위원회에서 부속서 I 국가의 사업자 참여없이 비부속서 I 국가내 사업자들도 CDM 발굴하여 등록가능토록 결정

> **해설**
> CDM사업계획서는 ① 사업개요 ② 베이스라인 및 모니터링방법론 적용 ③ 사업기간/CER발생기간 ④ 환경영향 ⑤ 이해관계자 의견의 총 5개 부분으로 구성
> **[정답 ①]**

141 CDM 사업기간 및 CER 발행기간으로 올바른 것은?

① 최대 2번 갱신가능 1회당 최대5년(최대15년 가능)과 갱신 없이 최대10년
② 최대 2번 갱신가능 1회당 최대7년(최대21년 가능)과 갱신 없이 최대10년
③ 최대 3번 갱신가능 1회당 최대7년(최대21년 가능)과 갱신 없이 최대15년
④ 최대 3번 갱신가능 1회당 최대7년(최대21년 가능)과 갱신 없이 최대15년

> **해설**
> 최대 2번 갱신가능 1회당 최대7년(최대21년 가능)과 갱신 없이 최대10년. 단, 갱신시 CDM운영기구가 베이스라인 유효성 또는 새로운 베이스라인 사용 판단 필요
> **[정답 ②]**

142 CDM관련 용어에 대한 설명이 잘못된 것은?

① CDM집행위원회(EB
② CDM사업 운영기구(DOE)
③ CDM 국가승인기구(DNA)
④ 교토의정서 당사국총회(CDM/MOP)

> **해설**
> 교토의정서 당사국총회(COP/MOP)는 기후변화협약을 비준하고 교토의정서를 비준한 국가의 모임으로 CDM사업과 관련한 최고의 의사결정기관
> **[정답 ④]**

143 국내의 CDM사업 국가승인을 요청하는 절차에서 사업자가 CDM사업계획서를 포함하여 국내 정부승인을 위해 제출하는 기관은?

① 환경부
② 국무총리실
③ 산업통상자원부
④ 국토교통부

해설
사업자가 CDM사업계획서 등을 포함하여 CDM사업 신청서를 국무총리실에 제출하면, 국무총리실은 제안된 CDM사업을 검토할 부처를 선정하고 선정된 부처는 검토의견을 작성하고 국무총리실은 이를 근거로 CDM사업 승인서의 발급여부를 결정

[정답 ②]

---

144 제1차 의무 이행기간 중 CDM사업으로 인정되지 않는 것은?

① 신규조림 및 재조림 온실가스감축사업
② 산림경영에 의한 온실가스 감축사업
③ 최대발전용량이 15MW까지의 신재생에너지사업
④ 에너지 공급/수요측면에서의 에너지 소비량을 최대 연간 60Gwh(또는 상당분) 저감하는 에너지절약사업

해설
제1차 의무 이행기간 중 흡수원에 관한 CDM사업은 산림경영에 의한 온실가스 감축사업은 인정하지 않으며, CDM사업은 대규모사업과 소규모사업으로 나누어지며, 제7차 당사국총회에서 지정한 사업은 ③, ④와 인위적 배출감축사업으로 직접배출량이 연간 60,000t-CO_2미만의 사업

[정답 ②]

---

145 CDM사업계획서에서 베이스라인 방법론 적용에 대한 설명 중 잘못된 것은?

① 베이스라인 방법론에는 온실가스 감축량을 계산하는데 사용된 베이스라인 방법론, 사업의 추가성 및 사업의 경계를 기술하는 것으로 구성
② 베이스라인은 CDM사업이 존재하지 않은 경우 또는 CDM사업을 수행하지 않았을 경우의 온실가스 배출량에 대한 시나리오를 말한다.
③ CDM사업으로 인하여 발생되는 CO_2발생량은 발행될 CER_s와 베이스라인 시나리오에서 발생하는 CO_2발생량을 합한 것을 말한다.
④ CDM집행위원회에 의해 승인된 방법론을 이용하여야 하며, 새로운 방법론을 사용할 경우에는 CDM집행위원회에 제출하여 승인을 받아야한다.

해설
베이스라인 시나리오에서 발생하는 CO_2발생량 = CER_s + CDM사업으로 인하여 발생되는 CO_2

[정답 ③]

146 CDM사업에서 베이스라인 시나리오 산정방법이 아닌 것은?

① 가동중 설비의 신·증설이 없을 경우 과거 온실가스 배출량을 기준으로 산정하는 방법
② 설비증설시에 투자경제성 측면에서 불리한 공법이나 설비를 적용하였을 때, 발생되는 배출량을 기준으로 베이스라인 결정
③ 설비증설시에 투자경제성 측면에서 유리한 공법이나 설비를 적용하였을 때, 발생되는 배출량을 기준으로 베이스라인 결정
④ 동일 기술수준과 환경·사회적 지역에서 유사업종에서 일반적으로 채택하여 사용되는 사용빈도의 상위 20%의 배출량을 기준으로 산정하는 방법

해설
투자경제성이 유리하다는 것은 동일제품을 생산한다는 가정에서 투자비가 적게 들어가는 대신 배출량은 많고, 불리하다는 것은 투자비는 많이 들어가는 대신에 설비효율이 좋기 때문에 배출량이 적다는 것이므로 베이스라인 결정은 유리한 공법이나 설비를 적용하였을 때의 배출량으로 산정해야함 [정답 ③]

147 계량에 관한 법률시행령상 최대유량 10㎥/h이하 가스미터의 검정유효기간은?

① 2년　　② 3년　　③ 5년　　④ 15년

해설
최대유량 10㎥/h이하 가스미터의 검정유효기간은 5년 [정답 ③]

148 계량에 관한 법률시행령상 오일미터의 검정유효기간은?

① 5년　　② 6년　　③ 7년　　④ 8년

해설
오일미터의 검정유효기간은 5년이고, LPG미터는 3년 [정답 ①]

149 계량에 관한 법률시행령상 적산열량계의 검정유효기간은?

① 3년　　② 5년　　③ 10년　　④ 15년

> **해설**
> 적산열량계의 검정유효기간은 5년 적산전력량계 단상 10년/삼상 8년 [정답 ②]

150 품질관리(QC)활동의 목적으로 알맞지 않은 것은?

① 자료의 무결성, 정확성 및 완전성을 보장하기 위한 일상적이고 일관적인 검사의 제공
② 오류 및 누락의 확인 및 설명
③ 측정가능한 목적(자료품질의 목적)이 만족되었는지 검증하고 주어진 과학적 지식 및 가용성이 현재 상태에서 가장 좋은 배출량 산정결과를 나타내는지 확인
④ 배출량 산정자료의 문서화 및 보관, 모든 품질관리 활동의 기록

> **해설**
> 측정가능한 목적(자료품질의 목적)이 만족되었는지 검증하고 주어진 과학적 지식 및 가용성이 현재 상태에서 가장 좋은 배출량 산정결과를 나타내는지 확인하고, 품질관리 활동의 유효성을 지원하는 것은 품질보증(Quality Assurance)활동의 목적이다. [정답 ③]

151 품질관리(QC) 활동의 주요 항목으로 알맞지 않은 것은?

① 기초자료의 수집 및 정리
② 산정 과정의 적절성
③ 산정 결과의 정확성
④ 보고의 적절성

> **해설**
> 품질관리(QC) 활동의 주요 항목은 기초자료의 수집 및 정리, 산정 과정의 적절성, 산정 결과의 적절성, 보고의 적절성이다. [정답 ③]

152 품질관리(QC) 활동 중 기초자료의 수집 및 정리와 관련된 내용이 아닌 것은?

① 측정기기의 주기적인 검·교정 실시
② 조직경계 설정의 적절성·정확성 확인
③ 산정방법론, 발열량, 배출계수의 출처 기록관리
④ 보고된 온실가스 배출량 관련 데이터의 안전한 기록·관리

> **해설**
> 조직경계 설정의 적절성·정확성 확인은 보고의 적절성과 관련된 내용이다. [정답 ②]

153 품질관리(QC) 활동 중 산정 과정의 적절성과 관련된 내용이 아닌 것은?

① 각 자료의 단위에 대한 정확성 확인
② 보고된 온실가스 배출량 관련 데이터의 안전한 기록·관리
③ 각 매개변수(활동자료, 발열량, 배출계수, 산화율 등) 활용의 적절성 확인
④ 내부감사 및 제3자 검증단계에서, 배출량 산정의 재현가능성 여부의 확인

> **해설**
> 보고된 온실가스 배출량 관련 데이터의 안전한 기록·관리는 기초자료의 수집 및 정리와 관련된 내용이다.
> [정답 ②]

154 품질관리(QC) 활동 중 산정 결과의 적절성과 관련된 내용이 아닌 것은?

① 조직경계 내 모든 온실가스 배출활동의 포함여부 확인
② 기준연도부터 현재까지의 온실가스 배출량 산정에 활용된 기초자료 등의 기록·관리·보안상태 확인
③ 활동자료, 배출계수 등의 변경이 발생할 경우, 각 자료의 변동사항 확인 등 시계열적 일관성 확보에 관한 사항
④ 배출량 산정과 관련한 정보화시스템을 구축하거나 활용할 경우, 자료의 입력 및 처리과정의 적절성 여부 확인

> **해설**
> 배출량 산정과 관련한 정보화시스템을 구축하거나 활용할 경우, 자료의 입력 및 처리과정의 적절성 여부 확인은 산정 과정의 적절성과 관련된 내용이다.
> [정답 ④]

155 품질관리(QC) 활동 중 보고의 적절성과 관련된 내용이 아닌 것은?

① 조직경계 설정의 적절성·정확성 확인
② 배출량 산정 및 보고 업무 담당자 및 내부감사 담당자 등에 책임·권한의 문서화 여부
③ 배출량 산정결과에 대한 내부감사 실시 여부
④ 품질보증(QA) 활동과 관련하여, 내부감사 담당자의 감사·검토 활동의 실시여부 및 관련 규정(매뉴얼 등) 존재 여부

> **해설**
> 배출량 산정결과에 대한 내부감사 실시 여부는 산정 결과의 적절성과 관련된 내용이다.
> [정답 ③]

156 다음이 설명하는 불확도 유형은 무엇인가?

> 배출량을 산정하기 위한 산정방법론이 복잡성이 큰 현실 시스템을 정확하게 반영하지 못하여 발생하는 오류

① 표준 불확도
② 모형 불확도
③ 매개변수 불확도
④ 답 없음

해설

[정답 ②]

157 일반적인 온실가스 배출량 측정불확도 산정절차의 순서가 올바르게 나열된 것은?

① 사전검토 → 표준불확도 추정 → 불확도조합-가감법 → 불확도조합-승산법
② 표준불확도 추정 → 사전검토 → 불확도조합-가감법 → 불확도조합-승산법
③ 사전검토 → 표준불확도 추정 → 불확도조합-승산법 → 불확도조합-가감법
④ 답 없음

해설

[정답 ③]

158 온실가스 배출량 측정불확도 산정절차 중 관리업체 내 배출시설 및 배출활동에 대하여 배출량 산정과 관련한 매개변수의 종류, 측정이 필요한 자료, 불확도를 발생시키는 요인 등을 파악하고 규명하는 단계는 무엇인가?

① 사전검토
② 불확도의 조합-가감법
③ 불확도의 조합-승산법
④ 각 매개변수의 표준불확도 추정

해설

[정답 ①]

159. 다음 중 ( )안에 들어갈 알맞은 값은?

> 일반적으로 온실가스 배출량 산정과 관련한 불확도의 추정에서는 표본채취에 대한 확률분포가 정규분포를 따른다는 가정 하에 ( )%의 신뢰구간에서 불확도를 추정하는 것을 요구한다.

① 90 ② 92.5 ③ 95 ④ 97.5

해설

[정답 ③]

160. 다음은 각 매개변수에 대한 표준불확도(Ui) 계산식이다. Si 는 무엇을 의미하는가?

$$U_i = \frac{s_i \times t_i}{\sqrt{n}} \times \frac{1}{\bar{x}} \times 100 (\%)$$

① 매개변수 i의 표준편차
② 매개변수 i의 95% 신뢰구간에 존재할 확률분포값
③ 표본 측정횟수
④ 표본측정값의 평균

해설
U_i : 매개변수 i의 표준불확도(%)
s_i : 매개변수 i의 표준편차
t_i : 매개변수 i의 95% 신뢰구간에 존재할 확률분포값
n : 표본 측정횟수
$\bar{x}$: 표본측정값의 평균

[정답 ①]

161. 다음은 불확도의 조합 중 승산법에 대한 설명이다. ( )안에 들어갈 알맞은 값은?

> 계산법에서 배출량은 활동자료와 배출계수를 곱하여 산정하므로 불확도의 승산법에 따라 각 매개변수의 표준불확도를 조합하여 배출량의 불확도를 결정한다. 이 경우 매개변수가 서로 독립적이어서 불확도가 정규분포를 따르고, 개별 매개변수의 불확도가 ( )%를 초과하지 않는 범위에서 유효하다.

① 50　　　　　② 60　　　　　③ 70　　　　　④ 80

해설

[정답 ②]

162 다음은 사업장 혹은 관리업체의 총 배출량에 대한 불확도를 계산하는 계산식이다. E_T 는 무엇을 의미하는가?

$$U_{r,E_T} = \frac{\sqrt{\sum(E_i \times U_{r,E_i}/100)^2}}{E_T} \times 100$$

① 사업장/배출시설의 총 배출량(이산화탄소 환산 톤)
② 사업장/배출시설 총 배출량(F)의 불확도(%)
③ F에 영향을 미치는 배출시설/배출활동의 배출량(ton)
④ F에 영향을 미치는 배출시설/배출활동(C)의 불확도(%)

해설
Ur,ET : 사업장/배출시설 총 배출량(ET)의 상대확장불확도(%)
ET : 사업장/배출시설의 총 배출량(이산화탄소 환산 톤)
Ei : ET에 영향을 미치는 배출시설/배출활동(i)의 배출량(이산화탄소 환산 톤)
Ur,Ei : ET에 영향을 미치는 배출시설/배출활동(i)의 상대확장불확도(%)

[정답 ①]

163 다음은 명세서 작성 시 포함되어야 할 사항이다. 알맞지 않은 것은?

① 사업장 조직경계
② 사업장에 대한 일반정보
③ 해당 조직의 경영시스템 인증현황
④ 사업장 온실가스 배출량 총괄현황

해설
해당 조직의 경영시스템 인증현황은 이행계획서 작성 시 포함되어야 할 사항이다.

[정답 ③]

164 다음은 명세서 주요 보고항목에 대한 설명이다. 알맞지 않은 것은?

① 사업장 일반정보 : 사업장 조직경계 입력
② 사업장별 배출시설 현황 : 대규모배출시설 정보
③ 사업장 배출량 현황(총괄) : 바이오매스 사용에 따른 배출량
④ 배출활동별 배출량 현황(세부) : 고정연소, 이동연소, 간접배출

> **해설**
> 사업장별 배출시설 현황에는 소규모배출시설 및 소량배출사업장 정보를 보고한다.   [정답 ②]

165 관리업체는 온실가스 배출량 등의 산정·보고와 관련한 자료를 문서화하여 최소 5년 이상 보관하여야 한다. 다음 자료 중 이러한 요건에 해당되지 않는 것은?

① 연간 모니터링 계획
② 연간 온실가스 배출량 등의 내부검증 보고서
③ 온실가스 배출시설, 공정, 배출활동 등의 목록
④ 온실가스 배출량 등의 계산을 위해 사용된 공정 또는 사업장 운영자료

> **해설**
> 관리업체가 문서화하여 최소 5년 이상 보관하여야 하는 자료(상기 외)
> • 연간 온실가스 배출량 등의 제3자 검증 보고서
> • 연속측정시스템(CEMS), 유량계, 기타 온실가스 산정과 관련된 측정장치의 검·교정 결과 및 장치의 유지관리 보고서   [정답 ②]

166 다음 중 검증심사원의 전문분야에 해당되지 않는 것은?

① 광물산업 분야   ② 화학분야
③ 철강·금속분야   ④ 신·재생에너지분야

> **해설**
> 신·재생에너지분야는 검증심사원의 전문분야에 해당되지 않는다.   [정답 ④]

167 다음 중 온실가스 배출량 검증원칙이 아닌 것은?

① 공정성   ② 자율성   ③ 윤리적 행동   ④ 전문가적 주의

해설
온실가스 배출량 검증원칙 : 전문가적 주의, 윤리적 행동, 독립성, 공정성   [정답 ②]

【문제 168~169】다음 그림을 보고 물음에 답하시오.

(자료출처 : 온실가스 · 에너지 목표관리 운영 등에 관한 지침, 2014)

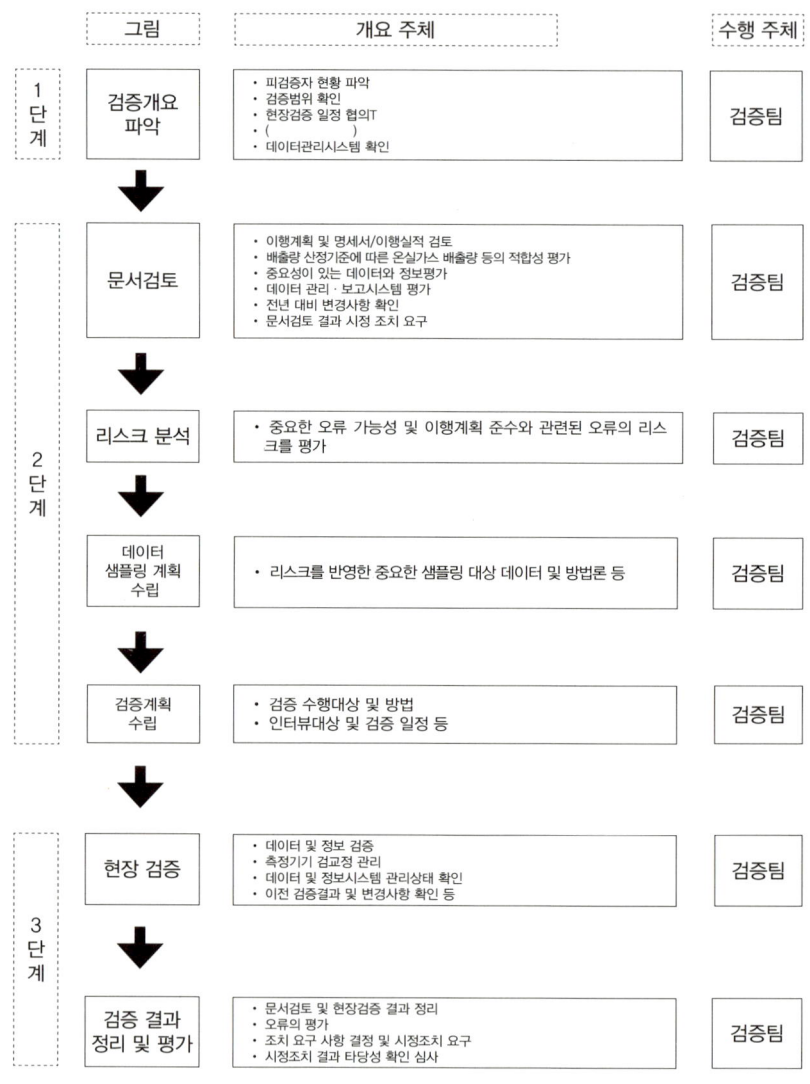

[온실가스 배출량 등의 검증절차]

168 검증개요 파악의 (   )안에 들어갈 말은?

① 중요성 평가
② 활동자료 샘플링
③ 배출량 산정기준
④ 모니터링 실시 현황의 평가

> **해설**
> ① 검증결과의 정리 및 평가절차에서 수행
> ② 현장검증 절차에서 수행
> ④ 검증계획 수립 절차에서 수행
>
> **[정답 ③]**

169 위의 그림에서 수행주체가 검증팀과 피검증자인 절차만으로 올바르게 짝지어진 것은?

① 검증개요 파악 – 리스크 분석 – 현장검증
② 리스크 분석 – 검증계획 수립 – 현장검증
③ 문서검토 – 검증계획 수립 – 현장검증
④ 검증개요 파악 – 문서검토 – 현장검증

> **해설**
> 검증개요 파악, 문서검토, 현장검증 절차의 수행주체는 검증팀과 피검증자이다.
>
> **[정답 ④]**

170 다음은 검증개요 파악 단계에서 수행하는 주요 절차들의 설명이다. 알맞지 않은 것은?

① 활동자료 추적검증
② 현장검증 등 세부일정 협의
③ 검증에 필요한 관련 문서자료 수집
④ 피검증자의 사업장 현황 파악 및 주요 배출원 확인

> **해설**
> 활동자료 추적검증은 현장검증 절차 중 데이터 검증 시 수행하는 절차이다.
>
> **[정답 ①]**

171 검증팀은 검증개요 파악 단계에서 피검증자의 사업장 현황을 파악하고, 주요 배출원을 확인해야 한다. 이를 위해 수집하는 자료 중 가장 거리가 먼 것은?

① 조직의 재무제표
② 조직의 소유·지배구조 현황
③ 사용 원자재 및 사용 에너지
④ 생산 제품·서비스 및 고객현황

> **해설**
> 조직의 재무제표는 회계감사 수행 시 수집하는 자료이다.
> [정답 ①]

172 검증팀은 검증개요 파악 단계에서 피검증자의 온실가스 산정기준 및 데이터관리 시스템을 확인해야 한다. 이를 위해 수집하는 자료 중 가장 거리가 먼 것은?

① 피검증자가 작성한 온실가스 산정기준에 대한 개요 및 데이터 관리시스템에 대한 개략적인 정보 입수
② 원자재 투입, 배출량 측정·기록 및 데이터 종합 등의 데이터 관리시스템 파악 및 기존 관리시스템(ERP 등)과의 연계현황 파악
③ 생산 데이터 또는 물질수지를 맞추기 위한 원료 소비 데이터
④ 데이터시스템을 운영·유지하는 조직구조 파악 등

> **해설**
> 생산 데이터 또는 물질수지를 맞추기 위한 원료 소비 데이터는 현장검증 절차 중 데이터 검증 시 수집하는 자료이다.
> [정답 ③]

173 다음 중 문서검토 단계에서 수행하는 절차가 아닌 것은?

① 온실가스 산정기준 평가
② 명세서/이행실적 평가 및 주요 배출원 파악
③ 피검증자에 대한 시정조치 요구
④ 활동자료 샘플링

> **해설**
> 활동자료 샘플링은 현장검증 절차 중 데이터 검증 시 수행하는 절차이다.
> [정답 ④]

174 다음 문서검토 절차 중 온실가스 산정기준 평가 단계에서 검증팀이 확인하여야 하는 항목 중 가장 거리가 먼 것은?

① 배출활동별 운영경계 분류 상태
② 적절한 매개변수 사용 여부
③ 측정장비별 검교정 관리기준 및 검교정 주기
④ 이행계획에 따른 관련 데이터 모니터링 실시 여부

> **해 설**
> 측정장비별 검교정 관리기준 및 검교정 주기는 현장검증 절차 중 측정기기 검교정 관리 단계에서 확인하여야 하는 항목이다.
> **[정답 ③]**

175 검증팀은 문서검토 절차 중 명세서/이행실적 평가 및 주요 배출원 파악을 수행하고 있다. 검증팀이 피검증자가 작성한 명세서 등에서 파악할 사항은 무엇인가?

① 장비, 시설의 신축 또는 폐쇄 등 변경 사항
② 이전 년도 검증보고서에 언급된 개선 요구사항
③ 배출량 산정방법
④ 온실가스 배출계수 선택에 대한 타당성

> **해 설**
> 검증팀은 피검증자가 작성한 명세서 등에 대하여 다음 사항을 파악하여야 한다.
> • 온실가스 배출시설 및 흡수원 파악
> • 온실가스 산정기준과의 부합성 등
> • 온실가스 활동자료의 선택 및 수집에 대한 타당성
> • 온실가스 배출계수 선택에 대한 타당성
> • 계산법에 의한 배출량 산정방법 및 결과의 정확성
> • 실측법에 의한 배출량 산정시 관련 측정기 형식승인서 및 정도검사 실시 합격 여부 확인
> **[정답 ④]**

176 검증팀은 주요배출시설의 데이터를 식별하여 구분 관리하고, 검증계획 수립 시 검증시간 배분 등에 우선적으로 반영하여야 한다. 주요배출시설은 온실가스 배출량의 총량 대비 누적합계가 100분의 ( )를 차지하는 배출시설을 말한다. ( )안에 들어갈 말은?

① 85   ② 90   ③ 95   ④ 98

> **해 설**
> 주요배출시설은 온실가스 배출량의 총량 대비 누적합계가 100분의 95를 차지하는 배출시설을 말한다.
> **[정답 ③]**

177 검증팀은 문서검토 절차 중 데이터 관리 및 보고시스템 평가를 수행하고 있다. 검증팀이 주요 리스크가 발생할 가능성이 높은 것으로 판단하여 검증계획 수립 시 반영하여야 하는 사항이 아닌 것은?

① 데이터 산출 및 관리시스템이 문서화되지 않은 경우
② 데이터 관리 업무의 책임 권한이 명확히 이루어지지 않은 경우
③ 별도의 정보시스템을 사용하여 배출량 등의 산정에 필요한 데이터를 따로 만든 경우
④ 산정, 분석, 확인, 보고 업무가 독립된 인원에 의해 수행될 경우

해설
검증팀은 산정, 분석, 확인, 보고 업무가 분리되지 않고 동일한 인원에 의해 수행될 경우 주요 리스크가 발생할 가능성이 높은 것으로 판단하여 검증계획 수립시 반영하여야 한다.
[정답 ④]

178 검증팀은 문서검토 절차 중 전년 대비 운영상황 및 배출시설의 변경사항 확인 및 반영절차를 수행하고 있다. 검증팀이 피검증자의 전년도 명세서 등과 비교하여 조직의 운영상황 및 배출시설·배출량 데이터의 변경 사항 등을 파악하여 주요 리스크가 예상되는 부분을 식별하여 검증계획에 반영하여야 하는 사항이 아닌 것은?

① 모니터링 및 보고과정의 변경사항
② 온실가스 업무 절차에 대한 표준화 및 책임권한
③ 데이터 관리시스템 및 품질관리 절차 변경사항
④ 이전 년도 검증보고서에 언급된 개선 요구사항

해설
온실가스 업무 절차에 대한 표준화 및 책임권한은 현장검증 절차 중 시스템 관리상태 확인 단계에서 확인하여야 하는 항목이다.
[정답 ②]

179 리스크의 종류 중 하나로 업종의 특성 및 산정방법의 특수성 등 검증대상의 업종 자체가 가지고 있는 리스크는 무엇인가?

① 검출리스크
② 통제리스크
③ 고유리스크
④ 잠재리스크

해설
[정답 ③]

180 검증팀은 피검증자의 리스크 평가를 수행하고 있다. 명세서 등의 중요한 오류 가능성 및 이행계획 준수와 관련된 부적합 리스크를 평가하기 위하여 고려하여야 하는 사항이 아닌 것은?

① 배출량의 적절성 및 배출시설에서 발생하는 온실가스 비율
② 경영시스템 및 운영상의 복잡성
③ 이행계획 제출시 첨부된 모니터링 계획
④ 이후 검증 활동으로부터의 관련 증거

> **해설**
> 검증팀은 부적합 리스크를 평가하기 위하여 이전 검증 활동으로부터의 관련 증거를 고려하여야 한다.
>
> [정답 ④]

【문제 181~182】 다음 그림을 보고 물음에 답하시오.

피검증자의 특성, 규모 및 복잡성에 대한 이해

↓

주요 보고 리스크 식별

- (181) 주요 배출원의 배제, 부정확하게 정의된 경계, 누출 영향 등
- (181) 부적절한 배출계수 사용, 주요 데이터 전송 오류 및 산출 중복 등
- (181) 전년도와 비교시 배출량 산정방법 변경에 대한 기록 부재(不在) 등
- (데이터 관리 및 통제 약점) 내부감사 또는 검토 절차 미실시, 일관되지 않은 모니터링, 측정 결과에 대한 교정 및 관리 미실시, 원위치와 산정용 데이터 기록부 사이에서 발생한 데이터 수기 변경에 대한 불충분한 검토 등

↓

리스크관리를 위한 관리 시스템의 이해

↓

(182) 영역의 식별

↓

검증을 위한 샘플링 계획에 (182) 영역을 포함

〈출처 : 온실가스·에너지 목표관리 운영 등에 관한 지침, 2014〉

[데이터 샘플링 계획을 수립하기 위한 방법론]

181
주요 보고 리스크 식별의 (181)안에 들어갈 말을 순서대로 쓰시오.

① 비일관성–불완전성 – 부정확성　　② 불완전성–비일관성 – 부정확성
③ 부정확성–불완전성 – 비일관성　　④ 불완전성–부정확성 – 비일관성

해설

[정답 ④]

182
(182)안에 공통으로 들어갈 말은?

① 고유리스크　　② 통제리스크　　③ 검출리스크　　④ 잔여리스크

해설
검증팀은 잔여리스크 영역을 식별하고 샘플링 계획에 포함하여야 한다.

[정답 ④]

183
검증팀은 데이터 샘플링 계획을 수립하기 위해 피검증자의 리스크관리를 위한 관리 시스템을 이해하여야 한다. 다음 중 리스크 관리 시스템과 관련하여 검증팀이 이해하여야 하는 사항이 아닌 것은?

① 데이터 전송에 대한 점검 불충분
② 데이터 관리 담당자의 부적격성
③ 계측기 검·교정 및 유지 실패
④ 내부감사 절차의 부족

해설
리스크 관리 시스템과 관련하여 검증팀이 이해하여야 하는 사항은 아래와 같다.
- 데이터 전송에 대한 점검 불충분
- 내부감사 절차의 부족
- 일관되지 않은 모니터링
- 계측기 검·교정 및 유지 실패

[정답 ②]

184
검증기관은 (　　)이 가능하도록 데이터 샘플링 계획을 수립하여야 한다. 빈칸에 들어갈 알맞은 말은?

① 보수적 보증수준　　② 제한적 보증수준
③ 합리적 보증수준　　④ 절대적 보증수준

해설
[정답 ③]

185 검증팀장이 검증계획 수립 시, 포함하지 않아도 되는 항목은?

① 검증대상ㆍ검증 초점, 검증 수행방법 및 검증절차
② 활동자료 추적검증 결과
③ 데이터 샘플링 계획
④ 현장검증을 포함한 검증 일정 등

해설
활동자료 추적검증은 현장검증 절차 중 데이터 검증 시 수행하는 절차이다. [정답 ②]

186 다음은 검증대상과 검증초점의 설명이다. 잘못 짝지어진 것은?

① 배출원-완전성-온실가스 배출량 등의 산정ㆍ보고 방법에서 정한 범위에 존재하는 배출시설의 포함 여부
② 산정식-적절성-해당 배출시설별 적절한 산정식 사용 여부
③ 활동데이터-완전성-모든 활동자료의 포함 여부
④ 활동데이터-정확성-측정ㆍ집계 및 데이터 처리의 정확성 여부

해설
온실가스 배출량 등의 산정ㆍ보고 방법에서 정한 범위에 존재하는 배출시설의 포함 여부는 적절성에 대한 설명이다. [정답 ①]

187 다음은 검증기법과 그에 대한 설명이다. 잘못 짝지어진 것은?

① 열람 : 문서와 기록을 확인
② 실사 : 업무 처리과정과 절차를 확인
③ 인터뷰 : 검증대상의 책임자 및 담당자 등에 질의, 설명 또는 응답을 요구
④ 재계산 : 기록과 문서의 정확성을 판단하기 위하여 검증심사원이 직접 계산하고 확인

해설
업무 처리과정과 절차를 확인하는 검증기법은 관찰이다. [정답 ②]

188 다음 중 현장검증 단계에서 수행하는 절차가 아닌 것은?

① 데이터 관리 및 보고시스템 평가
② 활동자료 샘플링
③ 측정기기 검교정 관리
④ 이전 검증결과 및 변경사항 확인 등

> **해설**
> 데이터 관리 및 보고시스템 평가는 문서검토 시 수행하는 절차이다.　　　　　　　　　　　　　　　　　　　**[정답 ①]**

189 현장검증 절차 중 단위 발열량, 배출계수 등의 검증 시 확인하여야 하는 사항이 아닌 것은?

① 이행계획과 명세서/이행실적 상의 계수 일치 여부
② 명세서/이행실적에 기재된 연료, 폐기물 등의 실태 여부
③ 생산 데이터 또는 물질수지를 맞추기 위한 원료 소비 데이터
④ 피검증자가 자체 개발한 배출계수의 타당성 여부

> **해설**
> 생산 데이터 또는 물질수지를 맞추기 위한 원료 소비 데이터는 활동자료 추적검증 시 확인하여야 하는 사항이다.
> **[정답 ③]**

190 모니터링 유형에 따른 검토사항 중, 모니터링 유형과 주요 검토사항이 잘못 짝지어진 것은 무엇인가?

① 구매기준 : 신뢰할 수 있는 원장 데이터의 근거
② 구매기준 : 기초 데이터의 적절성, 합리성
③ 실측기준 : 계측기의 검교정 상태
④ 실측기준 : 모니터링 계획과 동일한 측정방법의 사용 여부

> **해설**
> 기초 데이터의 적절성, 합리성은 근사법이다　　　　　　　　　　　　　　　　　　　　　　　　　**[정답 ②]**

191 현장검증 절차 중 측정기기 검교정 관리 검증 시 확인하여야 하는 사항이 아닌 것은?

① 측정장비별 검교정 관리기준 및 검교정 주기

② 검교정기록(검교정 성적서 등) 관리방안
③ 배출계수 및 배출량 산정에 사용된 근원데이터 및 분석결과 기록의 적절성 및 정확성 확인
④ 검교정결과가 규정된 불확도를 만족하는지 여부

해설
배출계수 및 배출량 산정에 사용된 근원데이터 및 분석결과 기록의 적절성 및 정확성 확인은 단위 발열량, 배출계수 등의 검증 시 확인하여야 하는 사항이다.　　　　　　　　　　　　　　　　　　　　　　　　**[정답 ③]**

192 검증팀은 수집된 증거에 오류가 포함된 경우에는 그 오류의 영향을 평가해야 한다. 다음 중, 오류 발생분야와 오류 점검시험 및 관리방법이 잘못 짝지어진 것은?

① 입력 : 오류 재보고 관리　　　　　② 입력 : 입/출력 시험
③ 변환 : 일관성 시험　　　　　　　④ 변환 : 마스터파일 관리

해설
입/출력 시험의 오류 발생분야는 결과이다.　　　　　　　　　　　　　　　　　　　　　　　　　　**[정답 ②]**

193 다음 중 (　)안에 들어갈 말이 알맞게 짝지어진 것은?

> 샘플링된 데이터에서 오류를 발견한 경우에는 실제 데이터에도 동일한 오류(잠재적 오류)가 있을 수 있으므로, 잠재오류가 (　　) 수준으로 (　　) 때까지 점검을 통해 수정을 요구한다.

① 허용 가능한 – 높아질　　　　　② 허용 가능한 – 낮아질
③ 허용 불가능한 – 높아질　　　　④ 허용 불가능한 – 낮아질

해설
검증팀은 잠재오류가 허용 가능한 수준으로 낮아질 때까지 점검을 통해 수정을 요구하여야 한다.
　　　[정답 ②]

194 다음 중 ( )안에 들어갈 값이 알맞게 짝지어진 것은?

> 검증결과의 정리 및 평가 단계에서 수행하는 절차 중 중요성 평가가 있다. 여기서 중요성의 양적 기준치는 관리업체 CO_2eq 총 배출량의 ( )%로 하며, 총 배출량이 50만 tCO_2eq 이상~ 500만 tCO_2eq 이하인 관리업체에서는 ( )%로 한다.

① 7.5 - 5   ② 7.5 - 2.5   ③ 5 - 2.5   ④ 5 - 2

해설
중요성의 양적 기준치는 총 배출량 500만 tCO_2eq 이상은 2%로 한다.

[정답 ③]

195 검증팀은 문서검토 및 현장검증 결과 수집된 자료에 대한 평가를 완료한 후, 발견사항을 정리하고 시정조치를 발행해야 한다. 다음 중, 발견사항과 시정조치의 내용이 올바른 것은?

① 조치요구 사항은 온실가스 관련 데이터 관리 등을 위한 개선 요구사항을 말한다.
② 조치요구 사항은 시정조치를 할 의무는 없다.
③ 개선 권고사항은 온실가스 배출량 산정에 직접적인 영향을 끼치는 발견사항을 말한다.
④ 개선 권고사항은 시정조치를 할 의무는 없다.

해설
개선 권고사항은 온실가스·에너지 산출 및 관리방안 개선을 위한 제언사항이므로 시정조치를 할 의무는 없다.

[정답 ④]

196 검증기관이 검증의 신뢰성 확보 등을 위해 검증팀에서 작성한 검증보고서를 최종 확정하기 전에 검증과정 및 결과를 재검토하는 일련의 과정을 무엇이라고 하는가?

① 내부심의   ② 외부심의   ③ 품질관리   ④ 품질보증

해설

[정답 ①]

197 배출량 보고와 관련한 위험(고유 위험, 통제 위험, 오류 및 누락 등)을 완화하는 일련의 활동을 무엇이라고 하는가?

① 내부 통제   ② 내부 감사   ③ 제3자 검증   ④ 품질 관리

> **해설**
> 내부 감사(internal audit)에 대한 설명이다.   [정답 ②]

198 내부감사 활동과 관련한 설명 중 적절하지 않은 것은?

① 관리업체는 온실가스 배출량 산정 관련 내부감사활동을 담당할 책임자를 지정하고 이를 문서화해야 한다.
② 내부감사 담당자는 온실가스 배출량 산정업무를 담당하는 자로 지정해야 한다.
③ 평가된 위험을 완화하기 위하여 관리업체는 온실가스 간정 근거자료에 대하여 자체 검증을 수행하고 이를 문서화해야 한다.
④ 산정관련 서류검토, 현장점검 등을 포함한 자체검증계획을 수립하고 이에 따라 검증하며, 검증결과 발견된 오류 및 수정결과를 보고서형태로 작성할 수 있다.

> **해설**
> 내부감사 담당자는 온실가스 배출량 산정업무를 담당할 수 없도록 하는 등 상충되는 업무를 고려하여 업무분장이 이루어져야 한다.   [정답 ②]

199 다음은 B업체의 사업장별 온실가스 배출량과 에너지 소비량을 나타낸 표이다. 표를 보고 물음에 답하시오. 2014년 현재 B업체는 온실가스·에너지 목표관리제 관리업체(업체, 사업장) 지정 기준에 의거 무엇으로 지정되는가?

	온실가스 배출량(tCO$_2$-eq)	에너지 소비량(TJ)
본사	1,000	5
E 공장	5,000	20
F 공장	25,000	100
G 공장	4,000	15
H 공장	8,000	30

① E 공장   ② F 공장   ③ G 공장   ④ 업체지정

> **해설**
> B업체의 총 온실가스 배출량 및 에너지 소비량은 43,000tCO$_2$-eq, 170TJ로 업체지정 기준(50,000tCO$_2$-eq, 200TJ)을 충족하지 못하나, F공장의 경우 사업장지정 기준(15,000tCO$_2$-eq, 80TJ)을 모두 충족한다.
>
> [정답 ②]

200 관리업체 A와 B발전소는 유연탄 1,697,622ton을 사용하여 전력을 생산하고 있다. B발전소에서 전력 생산시 온실가스 배출량 (ton CO$_2$eq)은 약 얼마인가?

에너지원	순발열량	배출계수(kg/TJ)		
		CO$_2$	CH$_4$	N$_2$O
유연탄(연료용)	24.9 TJ/Gg	90,200	1.0	1.5

① 3,812,825　② 3,812,867　③ 3,812,930　④ 3,833,369

> **해설**
> 1,697,622ton × 24.9 TJ/Gg × (90,200×1+1.0×21+1.5×310) × 10^{-6} = 3,833,369
>
> [정답 ④]

201 관리업체인 L시멘트사는 연간 180만톤의 클링커를 생산하고 있고, 그 과정에서 시멘트킬른먼지(CKD)가 500톤 발생하나, L사는 백필터(Bag Filter)를 활용하여 유실된 CKD를 전량 회수하여 다시 킬른에 투입한다고 가정할 때 Tier1을 이용한 온실가스 배출량(tCO$_2$/yr)은?(단, 클링커생산량 당 CO$_2$ 배출계수는 0.51tCO$_2$/t-클링커, 투입원료 중 기타 탄소성분에 기인하는 CO$_2$ 배출계수는 0.01tCO$_2$/t-클링커)

① 917,995　② 918,005　③ 936,000　④ 936,740

> **해설**
> 1,800,000 × (0.51+0.01) = 936,000
>
> [정답 ③]

202 석회공정에서는 고온에서 석회석을 가열하여 석회를 생산하는 과정 중 이산화탄소가 발생된다. 생산된 석회가 100톤이라고 할 때 배출되는 이산화탄소의 양은?(단, 생산된 석회 1톤당 배출계수 : 0.75톤 CO$_2$)

① 0.75톤　② 7.5톤　③ 75톤　④ 750톤

> **해설**
> 100 × 0.75 = 75
>
> [정답 ③]

203 코크스로를 운영하고 있는 관리업체 A에서 유연탄 15만 톤을 사용하여 코크스 10만 톤을 생산하였다. 이때 Tier1을 이용하여 온실가스 배출량을 산정할 경우 발생된 온실가스양은 몇 톤 CO_2eq인가?(단, 공정배출계수는 CO_2 : 0.56tCO_2/t코크스, CH_4 : 0.1gCH_4/t코크스)

① 56000.21 ② 84000.32 ③ 140000.53 ④ 266000.00

해설
$100,000\text{ton} \times (0.56 \times 1 + 0.1 \times 21 \times 10^{-6}) = 56000.21$

[정답 ①]

204 승산법에 따라 온실가스 배출량의 불확도를 결정할 때 활동자료와 배출계수의 불확도가 각각 ±30%, ±20%일 경우 배출활동의 불확도는?(단, 매개변수가 서로 독립적이어서 불확도가 정규분포를 따르고, 개별 매개변수의 불확도는 60%를 초과하지 않는다.)

① 26.96% ② 36.06% ③ 8.96% ④ 9.96%

해설
$\sqrt{(0.3^2 + 0.2^2)} \times 100 = 36.06$

[정답 ②]

205 다음 시나리오를 보고 물음에 답하시오. A관리업체의 온실가스 활동데이터와 매개변수는 다음과 같다.

※ 산화계수: 1

구분	연료	사용량 data	배출계수(kg/TJ)			발열량(MJ/연료단위)
			CO_2	CH_4	N_2O	
난방용 보일러	목재 폐기물	100 ton/yr	112,000	300	4	15.6
건조로	공정폐열	100 ton/yr	71,900	3	0.6	35

① 439.01 ② 252.53 ③ 186.48 ④ 11.76

해설
• 난방용 보일러(가정용)
배출량(tCO_2eq) : $100 \times 15.6 \times (300 \times 21 + 4 \times 310) \times 1 \times 10^{-6} = 11.762$(t$CO_2$eq)
• 공정연소 건조로
배출량(tCO_2eq) = 0(tCO_2eq)

[정답 ④]

206 H사업장은 휘발유를 사용하는 승용자동차 3대를 보유하고 있다. 휘발유 사용량은 연간 1000L이다. 승용자동차의 연비는 15km/L이고, 평균 운행 속도는 60km/hr이다. 이동연소의 온실가스 배출량은 몇 ton CO_2인가? (산정등급 Tier 1, 배출계수 69300kgGHG/TJ, 산화계수 1, 열량계수는 31MJ/L이다.)

① 2.148 ② 21.48 ③ 214.8 ④ 2,148

해설
배출량 = $1000 \times 31 \times 69300 \times 1 \times 1 \times 10^{-9}$ = 2.148 ton CO_2

[정답 ①]

207 촉매재생공정에서 Coke량이 300ton이고 Coke 중 탄소함량비가 0.95(ton-C/ton-coke)일 때 CO_2 배출량(ton)은 얼마인가?

① 10.45 ② 104.5 ③ 1,045 ④ 10,450

해설
300ton × 0.95(ton-C/ton-coke) × 44/12 = 1,045 ton

[정답 ③]

208 Q관리업체는 연간 아디프산 생산량이 200톤이다. N_2O 배출계수(kgN_2O/t-아디프산)가 300kg이며, 촉매 분해의 분해 계수와 이용 계수가 각각 92.5%, 89%일 때 온실가스 배출량(CO_2-e ton)을 구하시오.

① 2,545 ② 2,942 ③ 3,048 ④ 3,287

해설
{200 × 300 × (1−0.925 × 0.89)} × 310 × 0.001 = 3287.55CO_2-e ton

[정답 ④]

209 하폐수 처리시설에서 다음과 같은 조건일 때 연간 CH_4 배출량(emissions)은?

- BODin : 50mg/L
- BODout : 5mg/L
- Qin : 5,000m³/day
- EF : 0.005kgCH_4/kgBOD
- R : 메탄회수 없음

① 6.54 ② 7.68 ③ 8.62 ④ 9.65

해설
(50−5) × 5,000 × 365 × 0.005 × 21 × 10^{-6} = 8.62 CO_2eq/yr

[정답 ③]

제4과목

온실가스 감축관리

온실가스관리기사/산업기사/환경기능사

04 온실가스 감축관리

출제적중 문제

001 용어의 설명 중 잘못된 것을 고르시오.

① 벤치마크란 온실가스 배출 및 에너지 소비와 관련하여 제품생산량 등 단위 활동자료 당 온실가스 배출량(이하 "배출집약도"라 한다) 등의 실적성과를 국내외 동종 배출시설 또는 공정과 비교하는 것을 말한다.

② 성장률이란 온실가스를 배출하거나 에너지를 사용하는 시설의 가동률(연간 생산 가능량에 대한 당해 연도 실제 생산량 또는 연간 작업 가능시간에 대한 당해 연도 실제 작업시간의 비율), 활동자료, 제품생산량, 입주율(연간 이용 가능한 건축물 연면적에 대한 실제 이용한 연면적의 비율 등)의 증감률 등을 말한다.

③ 조기행동이란 관리업체가 법 및 시행령에 따른 목표관리를 받기 이전에 자발적이고 추가적으로 온실가스 감축을 위하여 행한 일련의 행동을 말한다.

④ 배출허용량이란 연간 배출가능한 온실가스의 양을 이산화탄소 체적으로 환산하여 나타낸 것으로서 부문별, 업종별, 관리업체별로 구분하여 설정한 배출상한치를 말한다.

> **해 설**
> 배출허용량이란 연간 배출가능한 온실가스의 양을 이산화탄소 무게로 환산하여 나타낸 것으로서 부문별, 업종별, 관리업체별로 구분하여 설정한 배출상한치를 말한다.
> [지침 별표6]에 적시된 내용과 같이 년도별 배출허용량은 관리업체 배출허용량 설정방법 = i업종 j업체 k배출시설의 y년도 배출허용량 (tCO_2eq) + i업종 j업체 k 신·증설 시설의 y년도 배출허용량 (tCO_2eq)이고, 기존배출시설의 배출허용량(목표)은 i업종, j업체, k배출시설의 y년도 목표량(tCO_2/y) = i업종, j업체, k배출시설의 기준연도 배출량(tCO_2)($HE_{i,j,k}$ × (1 + i업종, j업체, k배출시설의 기준연도 대비 y년도 예상 성장률(%)($GF_{i,j,k}$) × i업종의 y년도 감축계수 (CF≤1.0)이고, 신증설시설에 대한 배출허용량은 설계용량 × 부하율 × 년간 예상가동시간 × i업종, j업체, k신·증설시설의 최근 과거연도에 해당하는 활동자료 당 평균 배출량(tCO_2/t, tCO_2/TJ 등) × i업종의 y년도 감축계수 (CF≤1.0)로 계산한다.
>
> [정답 ④]

002 온실가스를 저감하거나 에너지를 절감하기위한 목표관리지침상 용어의 설명 중 잘못된 것을 고르시오.

① 최적가용기술(Best Available Technology)이란 온실가스 감축 및 에너지 절약과 관련하여 경제적, 기술적으로 사용이 가능하면서 가장 최신이고 효율적인 기술, 활동 및 운전방법을 말한다.
② 외부감축실적이란 관리업체가 당해 업체의 조직경계 외부의 배출시설 또는 배출활동 등에서 온실가스를 감축, 흡수 또는 제거한 실적을 말한다.
③ 추가성이란 인위적으로 온실가스를 저감하거나 에너지를 절약하기 위하여 일반적인 경영여건에서 실시할 수 있는 활동을 말한다.
④ 조기감축실적이란 관리업체가 조기행동을 통해 온실가스를 감축한 실적 중에서 이 지침에서 정하는 유형, 방법 및 절차에 따라 인정된 부분을 말한다.

해설
"추가성"이란 인위적으로 온실가스를 저감하거나 에너지를 절약하기 위하여 일반적인 경영여건에서 실시할 수 있는 활동이상의 추가적인 노력을 말한다
[정답 ③]

003 목표설정의 원칙 설명 중 올바르지 않은 것은?

① 관리업체가 예측가능한 범위와 사전 공표 및 투명 진행원칙
② 관리업체 과거 온실가스 배출량과 에너지 사용량 적절한 반영원칙
③ 신증설계획, 국제경쟁력, 기술수준, 감축잠재량 및 경제적비용 고려
④ 관리업체 목표는 온실가스 감축 국가 목표가 30%이므로, 국가목표를 달성하기 위한 범위의 30% 초과달성토록 설정

해설
관리업체의 목표는 시행령 제25조에서 정한 온실가스 감축 국가목표를 달성하기 위한 범위 이내에서 설정되어야 한다.
[정답 ④]

004 목표관리를 위한 기준연도에 대한 설명 중 올바른 것은?

① 최초로 지정된 연도의 직전 2개년
② 최초로 지정된 연도의 직전 3개년
③ 최초로 지정된 연도의 직전 4개년
④ 최초로 지정된 연도의 직전 5개년

해설
최초로 지정된 연도의 직전 3개년으로 하며, 이 기간의 연 평균 온실가스 배출량을 기준연도 배출량으로 한다.
[정답 ②]

005 기준년도 배출량에 대한 설명 중 올바르지 않은 것은?

① 최초로 지정된 연도의 직전 3개년으로 하며, 이 기간의 연평균 온실가스 배출량을 기준연도 배출량으로 한다.
② 최근 3개년 배출량 자료가 없는 경우에는 활용 가능한 최근 2개년 평균 또는 단년도 배출량을 기준연도 배출량으로 한다.
③ 권리와 의무의 승계등에는 기준연도 배출량을 재산정 할 수 있다.
④ 배출량 산정방법론 변경시에는 기준연도 배출량을 재산정 할 수 없다

해설
지침27조(기준연도 배출량의 재산정)에 의하여 온실가스 배출량 산정방법론이 변경된 경우에는 재산정하여 기준연도 배출량을 수정해야 한다.
[정답 ④]

006 관리업체 목표관리 대상기간 중 올바른 것을 고르시오.

① 목표설정받은 다음해의 1월1일부터 12월 31일까지
② 목표설정받은 해의 9월1일부터 08월 30일까지
③ 목표설정받은 해의 10월1일부터 09월 30일까지
④ 목표설정받은 다음해의 검증완료 후 4월1일부터 그 다음해 03월 30일까지

해설
지침28조(목표관리 대상기간)에 따라 목표설정 받은 다음해의 1월 1일부터 12월 31일까지로 한다.
[정답 ①]

007 목표관리설정의 기준 및 절차에 관한 설명 중 관계가 없는 것은?

① 총괄기관과 부문별 관장기관은 센터에 공동작업반을 구성하여, 업체별 목표설정 이전에 관리업체의 부문별·업종별 총 예상배출량을 설정.
② 업종별 총 예상배출량에 시행령 제25조제1항에 따른 온실가스 감축 목표의 세부 감축 목표 수립시 설정한 연도별 감축률을 적용하여 업종별 총 배출허용량을 산정.
③ 관리업체의 목표설정은 기존 배출시설(공정, 건물 등을 포함한다. 이하 같다)에 해당하는 배출허용량에서 신·증설 시설(건물의 신·증축 등을 포함한다. 이하 같다)에 해당하는 배출허용량을 차감하여 산정.
④ 부문별·업종별 관리업체들의 총 온실가스 배출허용량과 관리업체의 배출허용량 합산결과간의 차이를 조정 및 상호 일관성 확보하기 위하여 조정계수 등을 적용.

해설
지침29조(목표설정의 기준 및 절차)에서 관리업체의 목표는 기존 배출시설(공정, 건물 등을 포함한다. 이하 같다)에 해당하는 배출허용량과 신·증설 시설(건물의 신·증축 등을 포함한다. 이하 같다)에 해당하는 배출허용량을 합산하여 산정
[정답 ③]

008 목표 설정방법에 대한 설명 중 올바르지 않은 것은?

① 목표설정방법에는 과거실적 기반의 목표 설정방법과 벤치마크 기반의 목표 설정방법이 있다.
② 과거실적방법에는 기준연도배출량, 예상성장률, 설계용량, 부하율 또는 가동율, 예상 가동시간, 신증설시설에 대한 활동자료당 평균배출량 등이 있다.
③ 검증을 위하여 부분별관장기관은 매년 12월31일까지 관리업체에 통보한다.
④ 벤치마크기반방법에는 최적가용기술(BAT)를 고려하여 목표를 설정한다.

> **해 설**
> 지침30,31조(목표설정방법)에 따라 매년 9월30일까지 관리업체에 통보이고, 참고로 벤치마크방식이란 제품생산량 등 단위 활동자료당 온실가스 배출량 등의 실적·성과를 국내외 동종(同種) 배출시설 또는 공정과 비교하는 방식으로 산정
>
> [정답 ③]

009 목표설정, 재설정, 설정방법, 관리특례에 관한 일반 설명 중 올바르지 않은 것은?

① 환경부장관과 부문별 관장기관은 공동으로 제31조의 목표설정을 위하여 벤치마크계수 개발계획을 수립하고, 이 계획에 따라 배출시설(공정, 건축물 등을 포함한다) 및 신·증설 배출시설의 최적가용기술(BAT)의 종류와 운전방법 및 이를 적용하였을 때의 단위활동자료 당 온실가스 배출량에 해당하는 벤치마크 할당계수를 개발하여 고시한다. 이 경우 관리업체 및 민간전문가의 의견을 들을 수 있다.
② 폐기물 소각열 회수시설의 목표를 설정할 때에는 부문별 관장기관은 제30조 및 제31조에 따른 폐기물의 소각량에 대한 온실가스 배출량 원단위 실적 3년 평균 배출량과 단위활동자료 당 온실가스 배출량에 해당하는 벤치마크 할당계수를 개발한 벤치마크 기반의 목표설정방법 중 택일하여 설정한다.
③ 부문별 관장기관은 국제적 동향, 국가 온실가스 감축목표 관리와의 연계성, 국가 온실가스 감축효과 및 기여도, 전력수급계획 등을 종합적으로 고려하여 필요하다고 인정되는 발전, 철도(지하철을 포함한다), 그 외, 환경부장관이 부문별 관장기관과 협의하여 정하는 업종 또는 배출시설에는 과거실적기반 목표설정방법과 벤치마크 할당계수의 개발 등과는 다른 방식으로 목표를 설정할 수 있다.
④ 부문별 관장기관은 관리업체의 배출시설 가동상황 및 신·증설계획 이행상황 등을 목표 이행연도에 점검할 수 있으며, 이행점검 결과 및 점검·평가 결과를 반영하여 목표의 재설정 등이 필요 할 경우에는 사유 발생일로부터 60일 이내에 업체별 목표를 다시 설정하여야 한다.

> **해설**
> 부문별 관장기관은 제30조(과거실적기반 목표설정방법) 및 제31조(벤치마크 기반의 목표 설정방법)에도 불구하고 폐기물 소각열 회수시설의 목표를 설정할 때에는 별표 9(폐기물 소각시설 중 폐열이용 등에 대한 목표설정 특례)에 따른다. [정답 ②]

010 조기감축실적의 인정기준에 대한 설명 중 잘못된 것을 고르시오.

① 조기감축실적은 국내에서 실시한 행동에 의한 감축분에 한해 인정한다.
② 관리업체의 조직경계 안에서 발생한 것에 한하여 그 실적을 인정한다.
③ 온실가스 감축 국가목표를 달성하기 위하여 조기감축실적으로 반영할 수 있는 연간 인정총량의 하한선을 설정할 수 있다.
④ 조기감축실적으로 인정되기 위해서는 조기행동으로 인한 감축이 실제적이고 지속적이어야 하며, 정량화되어야 하고 검증 가능하여야 한다.

> **해설**
> 시행령 제25조에서 정한 온실가스 감축 국가목표를 달성하기 위하여 조기감축실적으로 반영할 수 있는 연간 인정총량의 상한선을 설정할 수 있다. [정답 ③]

011 온실가스-에너지 목표관리 운영 등에 관한 지침상 조기감축실적의 인정 대상시기에 대한 설명 중 올바른 것을 고르시오.

① 2005년 1월 1일부터 관리업체가 최초로 목표를 설정하는 해 12월 31일까지 실시한 조기행동에 의한 감축분
② 2007년 1월 1일부터 관리업체가 최초로 목표를 설정하는 해 12월 31일까지 실시한 조기행동에 의한 감축분
③ 2009년 1월 1일부터 관리업체가 최초로 목표를 설정하는 해 12월 31일까지 실시한 조기행동에 의한 감축분
④ 20011년 1월 1일부터 관리업체가 최초로 목표를 설정하는 해 12월 31일까지 실시한 조기행동에 의한 감축분

> **해설**
> 온실가스-에너지 목표관리 운영 등에 관한 지침 제73조(조기감축실적의 인정기준)에 따라 2005년 1월 1일부터 관리업체가 최초로 목표를 설정하는 해 12월 31일까지 실시한 조기행동에 의한 감축분을 말하고, 온실가스 배출권의 할당 및 거래에 관한 법률(2013.3.23)에서도 배출권 할당의 기준으로 고려할 사항으로 2. 제15조에 따른 조기감축실적 과같이 조기감축실적은 포함되어있다. [정답 ①]

012 매년 조기감축실적으로 인정할 수 있는 전체총량은 전체 관리 업체 배출허용량의 몇 %인가?

① 1% ② 2%
③ 3% ④ 4%

해설
지침77조(연간 인정총량)에 의거 매년 조기감축실적으로 인정할 수 있는 전체 총량(이하 "연간 인정총량"이라 한다)은 전체 관리업체 배출허용량의 1%로 한다. **[정답 ①]**

013 조기감축실적으로 인정되지 않는 배출량 감소항목이 아닌 것은?

① 법적규제-기준을 충족하기 위하여 실시한 사업에 의한 감소
② 원료 및 연료의 대체에 의한 사업에 의한 감소
③ 생산량 감소나 배출시설의 폐쇄에 의한 감소
④ 배출시설 외부이전 또는 자체적 수행활동을 조직외부로 위탁한 사업

해설
원료 및 연료의 개선과 대체에 의한 사업에 의한 감소는 온실가스 감축기술의 한가지로 B-C연료를 LNG연료로 교체 등을 말한다. **[정답 ②]**

014 관리업체가 조기감축실적에 대하여 인정을 받고자 하는 경우에는 조기감축실적 인정신청서를 작성하여 관리업체로 최초 지정된 해의 다음년도 언제까지 제출하여야 하는가?

① 최초 지정된 해의 다음연도 1월31일까지
② 최초 지정된 해의 다음연도 4월31일까지
③ 최초 지정된 해의 다음연도 7월31일까지
④ 최초 지정된 해의 다음연도 10월31일까지

해설
지침78조(조기감축실적 인정신청)에 따라 최초 지정된 해의 다음연도 7월31일까지 부문별 관장기관에게 제출하여야 한다. 조기감축실적 인정유형의 사업 중 (지식경제부"온실가스 감축실적 등록사업"은 2011년 6월 30일 이전에 제출 **[정답 ③]**

015 조기감축실적의 평가사항이 아닌 것은?

① 조기감축행동의 감축효과 지속성
② 조기감축행동의 추가성
③ 조기감축행동의 동종 배출시설 대비 경제성 확보
④ 조기감축실적의 정량화 및 감축실적 산정방법

해설
조기감축실적으로 인정하기 위한 경제적, 기술적 추가성을 판단 할 수 있는 것으로, 경제적 추가성이란 동종 배출시설 대비 경제성이 없는 설비를 말한다.
[정답 ③]

016 외부감축실적 및 사업에 대한 설명 중 잘못된 것을 고르시오.

① 외부사업 타당성 평가는 관장부문장이 추천하는 평가위원회에서 평가
② 외부감축사업은 온실가스를 감축-흡수-제거하는 사업을 말한다.
③ 외부사업참여자는 사업에 참여하는 할당대상업체, 외부사업 사업자 등을 말함
④ 인증은 외부사업의 감축량을 환경부 장관이 인정하는 것을 말한다.

해설
외부사업 및 외부감축실적 타당성평가는 지침에서는 환경부장관이 부문별 관장기관과 협의하여 따로 정하는 것으로 되어있음
[정답 ①]

017 감축이행의 작성 및 평가 대한 설명 중 잘못된 것을 고르시오.

① 온실가스-에너지 목표달성 평가는 온실가스 감축목표만을 평가.
② 목표달성평가에 앞서 목표가 재설정된 경우에는 목표에서 관리업체별로 조정대상 배출량을 확정하여 당초 협의된 목표에서 차감한 후, 해당 연도 목표달성 여부를 평가.
③ 다음 연도 목표달성 이행계획을 목표설정 통보받은 당해년도 12월 31일까지 전자적 방식으로 작성하여 부문별관장기관에게 제출하여야 한다.
④ 이행계획에는 다음 연도를 시작으로 하는 5년 단위의 연차별 목표와 이행 계획을 세부작인 작성양식 및 방법으로 작성하여야 한다.

해설
지침36조(목표달성의 평가등)에 따라 온실가스·에너지 목표 달성에 대한 평가를 온실가스 감축 및 에너지 절약의 두 가지 목표를 상호 연계하여 평가한다.
[정답 ①]

018 이행 계획 및 실적에 대한 설명 중 잘못된 것을 고르시오.

① 다음연도 이행계획을 매년 12월31일까지 부문별 관장기관에게 제출한다.
② 관리업체가 부문별 관장기관의 개선명령을 반영하여 수립한 이행계획의 이행 실적에 대해서는 검증기관의 검증을 거쳐야 한다.
③ 소량배출사업장에 대해서는 이행실적 보고서에 포함하지 않을 수 있다.
④ 이행계획에 대한 실적을 매년 1월31일까지 부문별 관장기관에게 제출한다.

해설
지침67조(이행실적 보고서의 작성)에 따라 관리업체는 이행계획에 대한 실적을 매년 3월31일까지 부문별 관장기관에게 제출
[정답 ④]

019 해외 주요 탄소상쇄제도가 아닌 것을 고르시오.

① CDM　　② K-ETS　　③ VCS　　④ GS

해설
K-ETS는 국내 배출권 거래제를 말함
[정답 ②]

020 CDM 감축사업위주로 단위설비의 감축사업에서의 베이스라인 및 방법론에 대한 설명 중 잘못된 것을 고르시오.

① 단위설비의 감축사업에서의 베이스라인 설정은 배출권거래제 참여를 통하여 배출권 구입 시에 필요하다.
② 배출설비에서 베이스라인설정은 감축사업을 수행 하지 않을 경우의 배출량을 말한다.
③ 베이스라인 설정시 기준이 되는 개념은 감축사업 미시행시 예측량이므로 투명성과 보수성의 원칙으로 산정하여야 한다.
④ 베이스라인방법론상 배출량에는 베이스라인배출량, 감축사업 배출량(또는 프로젝트 배출량), 사업경계 외에서 발생하는 배출량변화인 누출량을 말한다.

해설
단위 감축사업에서의 베이스라인 설정은 배출권거래제 참여를 통하여 배출권 구입보다는 CDM 감축사업과 같은 직접적인 감축사업 수행시 필요하다.
[정답 ①]

021 CDM사업의 감축량 계산방법 설명 중 잘못된 것을 고르시오.

① 벤치마크기반 산정방법으로 벤치마크 할당계수를 개발하여 산정
② 베이스라인배출량에서 감축사업배출량과 누출량을 가감산하여 산출
③ 감축사업에 의한 총 감축량에서 시설베이스라인 감축량과 누출량을 가감산하여 산출방법
④ 감축활동량당 베이스라인 배출계수와 감축활동 배출계수, 누출량을 가감하여 산출하는 방법

해설
벤치마크기반 산정방법은 관리업체 및 사업장의 목표설정방법 중의 하나 **[정답 ①]**

022 CDM사업자가 등록해야할 유엔기관은?

① UNIDO ② UNICEF ③ UNFCCC ④ UNESCO

해설
UNFCCC는 유엔기후변화협약에 등록해야한다. **[정답 ③]**

023 CDM 감축사업 등록에 의하여 CERs를 발급 받기위한 절차에 대하여 올바른 것을 고르시오.

① CDM 사업계획서 작성 → 타당성확인 → 검증 → 국가승인 → UNFCCC등록
② 타당성확인 → 검증 → CDM 사업계획서 작성 → 국가승인 → UNFCCC등록
③ 타당성확인 → CDM 사업계획서 작성 → 국가승인 → UNFCCC등록 → 검증
④ CDM 사업계획서 작성 → 국가승인 → 타당성확인 → UNFCCC등록 → 검증

해설
CDM 사업계획서 작성 → 국가승인 → 타당성확인 → UNFCCC등록 → 검증 → CERs 발급으로 사업계획서에는 ①사업개요, ② 베이스라인 및 모니터링 방법론의 적용, ③ 사업 활동 및 인증기간, ④ 환경에 미치는 영향, ⑤ 이해관계자 의견수립의 항목으로 작성하여야 한다. 타당성확인은 사업계획서에 근거, 감축량, 모니터링, 추가성을 평가한다. **[정답 ④]**

024
교토의정서는 기후변화협약의 구체적 이행방안으로서 부속서 Ⅰ 국가는 제1차 공약기간(2008~2012년) 동안 19990년 수준 대비 평균 5.2% 감축하는 규정을 마련하였다. 제18차 당사국총회(COP18)에서 개정 채택한 2차 공약기간은?

① 2013년~2017년
② 2013년~2018년
③ 2013년~2019년
④ 2013년~2020년

해설
2012년 제18차 당사국총회(COP18)에서는 2013년부터 2020년까지 8년 동안 2차 공약기간을 설정하는 의정서 개정안을 채택하였다. 그러나 미국, 일본, 러시아, 캐나다, 뉴질랜드 등이 2차 공약기간에 참여하지 않아 참여국의 전체 배출량이 전 세계 배출량의 15%에 불과해 효율적인 기후변화 대응 체제로는 미흡하다는 지적이 있었다. 이에 따라 국제사회는 2014년 중간평가를 도입하기로 하고, 선진국은 2020년까지 1990년과 비교해서 25~40%의 감축을 목표로 노력하기로 결정하였다.

[정답 ④]

025
교토의정서에서 고안된 부속서Ⅰ국가의 온실가스감축을 위한 교토매커니즘 제도가 아닌 것은?

① CDM(Clean Development Mechanism : 청정개발체제)사업
② 공동이행제도(JI : Joint Implementation)
③ VER(Verified Emission Reduction : 자발적 배출감축제도)
④ 배출권거래제(ET : Emission Trading)

해설
IETA 등 기관에서 기금을 출자한 협회로 유엔이외 민간단체 등의 승인에 의해 발행된 배출권으로 VCS, CFI, GS-VER 등이 있다. "CERs"에 비해 VER(Verified Emission Reduction)는 상대적으로 신뢰성이 낮은 대신에 가격이 싸고, 유엔에서 승인하지 않는 다양한 유형의 배출감축사업으로 가능한 장점이 있다.

[정답 ③]

026
CDM 사업의 종류 중 소규모 CDM 사업이 아닌 것은?

① 최대발전용량이 15MW(또는 상당분)까지의 신재생에너지 사업
② 인위적 배출감축사업으로서 15MW(또는 상당분)까지의 자발적 감축사업
③ 인위적 배출감축사업으로서 직접배출량이 연간 6만 톤-CO_2 미만의 사업
④ 에너지공급/수요측면에서의 에너지 소비량을 최대 연간 60 GWh 또는 이에 상당분 저감하는 에너지 절약사업

해설
제7차 당사국 총회에서 지정한 사업은 ①, ③, ④로 되어있다.

[정답 ②]

027 CDM 사업관련 조직 약칭과 역할 설명 중 옳지 않은 것은?

① 국가승인기구(DOA, Designated Operational Authority) : 승인(LoA) 발급
② 국가승인기구(DNA, Designated National Authority) : 승인(LoA) 발급
③ CDM 집행위원회(CDM Executive Board) : UNFCCC하 CDM 총괄업무, CDM 룰제정, DOE지정 COP/MOP에 건의 등 수행
④ 청정개발체제 심의위원회 : CDM 사업에 관한 적합성 검토와 보고서 작성

> **해 설**
> 이외 당사국총회(COP/MOP) : 기후변화협약을 비준하고, 교토의정서를 비준한 국가들의 모임으로 CDM 사업관련 최고 의사결정기관이 있다.　　　　　　　　　　　　　　　　　　　　　　　　　　　**[정답 ①]**

028 규모와 사업내용에 따른 CDM 사업이 아닌 것을 고르시오.

① 대규모 CDM 사업　　　　　② 소규모 CDM 사업
③ 흡수원 CDM 사업　　　　　④ 배출원 CDM 사업

> **해 설**
> CDM 사업은 규모에 따라 대규모와 소규모 CDM 사업과 내용에 따라 산림 조림과 재조림과같은 흡수원 CDM 사업과 비흡수원 CDM 사업으로 구분된다.　　　　　　　　　　　　　　　　　**[정답 ④]**

029 CDM 사업 분야에서 권장 하지 않는(Refrain) 사업 분야를 고르시오.

① 6가지(이산화탄소, 메탄, 아산화질소, 수소불화탄소, 과불화탄소, 육불화황) 종류를 감축하는 사업
② oo화학 HFC 열분해사업과 조림 및 재조림사업, 탈루성 배출
③ 원자력발전 운전으로 인한 연료감축사업
④ 용제사용, 폐기물 취급 및 처리, 할로겐화탄소, 육불화황 생산/소비

> **해 설**
> 원자력발전 및 시설로부터 얻어지은 이산화탄소 저감분은 삼가(Refrain)도록 되어있다.　　**[정답 ③]**

030 CDM 사업의 모니터링방법과 검-인증방법 설명 중 옳지 않은 것은?

① CDM 사업자는 제안된 모니터링절차에 따라 사업 전 기간 동안 모니터링 실시하고, 검증 및 인증을 위하여 모니터링 계획서 작성하여 DOE에 제출
② 대규모 CDM 사업의 경우 타당성확인과 검증 및 인증을 담당하는 DOE가 다르게 되어있다.
③ 소규모 CDM 사업의 경우 타당성확인과 검증 및 인증을 담당하는 DOE가 다르게 되어있다.
④ CDM 사업 모니터링보고서의 검토 및 현장조사 등을 통해 사업계획서 등의 관련서류 일치여부, 평가 등을 실시하게 되고, 검증이 완료시 DOE는 검증된 양에 상당하는 CER의 발행을 CDM 집행위원회에 요청

해설
소규모 CDM 사업의 경우 타당성확인과 검증 및 인증을 동일한 CDM 사업운영기구(DOE)에서 실시할 수 있다.
[정답 ③]

031 외부감축사업(국내) 일반감축사업 중 경제성 추가성을 의무적으로 분석해야 하는 연간 감축량 또는 흡수량의 기준은 몇 t-CO$_2$-eq 초과부터인가?

① 3,000   ② 15,000   ③ 25,000   ④ 60,000

해설
일반적으로 타당성평가에는 법 및 제도적, 추가성을 시행하고, 경제적 추가성은 일반 감축사업 중 연간 감축량 또는 흡수량이 60,000t-CO$_2$-eq초과 사업만 의무적으로 분석
[정답 ④]

032 CDM 사업계획서 일반적인 구성에서 기재-작성해야 할 항목이 아닌 것은?

① 사업 전/후 국가별, 업종별, 의무감축량 영향 분석
② 사업개요
③ 베이스라인 및 모니터링 방법론 적용
④ 사업기간/CER 발행기간, 환경영향 분석, 이해관계자 의견

해설
CDM 사업계획서 구성은 ① 사업개요, ② 베이스라인 및 모니터링 방법론 적용, ③ 사업기간/CER 발행기간, ④ 환경영향 분석, ⑤ 이해관계자 의견 등으로 구성된다.
[정답 ④]

033 CDM 사업 타당성 평가 중 주요 평가항목이 아닌 것을 고르시오.

① CDM 사업 추가성 평가(재정적, 기술적, 경제적 추가성 평가)
② 온실가스 감축량에 대한 타당성
③ CDM 사업의 검증 및 인증에 대한 일치여부, 평가의 타당성 실시
④ 모니터링 계획에 대한 타당성

> **해 설**
> CDM 사업 타당성 평가는 ① CDM 사업 추가성 평가(재정적, 기술적, 경제적 추가성 평가), ② 온실가스 감축량에 대한 타당성, ③ 모니터링 계획에 대한 타당성
> **[정답 ③]**

034 온실가스 감축방법의 대분류상 직접감축방법과 간접감축방법에 대한 설명 중 잘못된 것을 고르시오.

① 직접감축방법은 배출원으로부터 배출되는 온실가스를 대상으로 온실가스를 감축, 대체, 제거, 전환, 처리 등을 하는 방법을 말한다.
② 연료전지 사용 신재생에너지 생산은 직접 감축방법에 포함된다.
③ 간접 감축방법이란 배출되는 온실가스를 직접행위가 아닌 온실가스 배출을 상쇄하는 간접적인 행위를 말한다.
④ 간접 감축방법을 탄소배출권 구매 또는 공정과 무관한 신재생에너지사용 전력생산을 말한다.

> **해 설**
> 연료전기 등 신재생에너지 생산은 간접 온실가스 감축방법이다.
> **[정답 ②]**

035 온실가스의 직접적인 감축방법이 아닌 것은?

① 배출권 구매
② 온실가스 활용 및 전환
③ 공정개선
④ 온실가스 처리

> **해 설**
> 온실가스 직접적인 감축방법은 대체물질 개발, 대체공정, 공정개선, 온실가스 활용, 전환, 처리, 탄소포집 및 저장 등을 말한다.
> **[정답 ①]**

036 온실가스 일반적 감축기술에 대한 설명이 아닌 것을 고르시오.

① 대체물질 적용은 GWP가 낮은 물질로 대체하는 것을 말한다.
② 대체공정 적용은 온실가스 배출이 높은 공정을 적은 공정으로 대체하는 공정이다.
③ 온실가스 활용은 CO_2온실가스를 사용 냉매사용이나, 화학공정에 사용하는 것을 말하며, 폐열을 이용하는 것은 온실가스 활용이 아니다.
④ 온실가스처리는 대기로의 배출량 감축목적이고, 신재생에너지를 도입하여 배출원의 온실가스 배출을 상쇄하는 것을 말한다.

> **해설**
> 온실가스 활용은 CO_2 냉매 냉동기 사용 등 다른 목적으로 활용하는 것 외에 폐열을 이용하는 등의 온실가스 재활용을 말한다.
> [정답 ③]

037 CCS(Carbon Capture and Storage)기술에 대한 설명 중 잘못된 것을 고르시오.

① CCS는 온실가스를 직접 감축하는 방법 중의 하나이다.
② CCS기술은 산업공정에서 발생되는 CO_2를 포집-압축-수송하여 안전하게 저장하는 기술로 정의할 수 있다.
③ 간접 감축방법이란 배출되는 온실가스를 직접행위가 아닌 온실가스 배출을 상쇄하는 간접적인 행위를 말한다.
④ 습식아민기술의 CCS기술은 주로 온실가스의 폐열이용기술이다.

> **해설**
> 화학공정에서 연소 후 포집기술로 습식아민기술, CO_2와 반응 NH_4HCO_3 또는 $(NH_4)_2CO_3$이 되면서 CO_2를 제거하는 방법, 40wt% 탄산칼륨 수용액을 이용하여 CO_2를 흡수 제거하는 방식 등이 있다.
> [정답 ④]

038 CCS 주요기술이 아닌 것?

① CO_2 활용 및 전환 기술
② 연소 전 포집(Pre-Combusion Capture)
③ CO_2 지중 저장 및 모니터링
④ CO_2 해양 저장 및 양의 입증

> **해설**
> CCS는 온실가스 처리기술로 CO_2 활용 및 전환 기술과는 직접 감축방법의 대등한 처리방법 관계로 CCS 주요기술이 아닌 별개의 기술이다.
> [정답 ①]

039 CCS 연소 후 포집기술 중 습식 흡수법이 아닌 것을 고르시오.

① 제올라이트, 알루미나, 실리카겔을 이용한 흡착하는 기술
② 아민계 흡수제로 널로 사용되는 MEA 알카리성 용액이 중화반응을 통하여 CO_2를 제거하는 습식아민기술
③ 암모니아용액(NH_4OH)와 반응시켜 NH_4HCO_3 또는 $(NH_4)_2CO_3$이 되면서 CO_2를 제거하는 암모니아 기술
④ 40 wt% 탄산칼슘 수용액을 이용하여 CO_2를 제거하는 탄산칼륨기술

> **해설**
> 제올라이트, 알루미나, 실리카겔을 이용한 흡수하는 기술은 건축물 공조를 위하여 수분을 흡수하는 데도 사용하지만, CO_2를 선택적으로 세공형 흡착제(제올라이트, 알루미나, 실리카겔 등)를 이용하여 CO_2를 제거하는 건식흡수법 중 고체흡착법에 분류된다.   **[정답 ①]**

040 연소 전 포집기술이 아닌 것을 고르시오.

① PSA 공정으로 고농도 CO_2를 위해서는 분리공정을 한 번 더 거치는 흡착법
② 상업적 사용되는 Selexol, Rectisol 등 또는 IGCC와 같은 물리적 흡수법
③ 하이브리드막, 촉진수송막 등의 분야인 분리막 기술
④ MDEA(Methldiethanolamine) 용제를 주로 사용하는 화학적 흡수법

> **해설**
> 하이브리드막, 촉진수송막 등의 분야인 분리막 기술은 연소 후 포집기술   **[정답 ③]**

041 순산소 연소 포집기술에 대한 설명 중 잘못된 것을 고르시오.

① 공기 대신 순산소로 연소방식으로 특별한 공정 없이 단순 냉각함으로써 20~21% 농도의 CO_2가스의 분리-회수가 가능
② 순산소연소는 공기연소에 비해 매우 높은 온도특성을 가짐
③ 전열특성이 개선되어 열효율 증대로 연료절감
④ 배가스가 대부분 CO_2가스와 H_2O로 구성되므로 고농도의 CO_2 포집

> **해설**
> 순산소 연소는 공기를 대신하여 순산소를 산화제로 이용하는 연소방식으로 특별한 공정 없이 단순 냉각함으로써 80~90% 농도의 CO_2가스의 분리-회수가 가능한 특징을 가지고 있다.   **[정답 ①]**

042 CCS 지중저장기술에 대한 설명 중 잘못된 것을 고르시오.

① 지중저장 적합한 개소는 대수층, 유전/가스전 저장, 석탄층 저장 등이 있다.
② 고갈된 유전/가스전 저장은 석유회사가 사용하던 완성된 기술이다.
③ 지중저장은 지중에 저장하여 온실가스 활용기술 개발시 재사용 목적이다.
④ 대수층은 불투수층/대수층구조로 형성된 지형으로 다른 저장소에 비해 널리 분포되어있다.

해설
지중저장기술은 지중에 주입하여 누출되지 않도록 폐쇄 저장하는 기술이다. **[정답 ③]**

043 CCS 지중 및 해양 저장기술에 대한 설명 중 잘못된 것을 고르시오.

① ECBM은 석탄층에 CO_2를 주입하여 석탄층에 CO_2를 흡착-저장하는 방식이다.
② EOR는 액체CO_2를 주입하여 원유의 점도를 높이는 널리 적용되는 기술이다.
③ 해양의 지표저장법은 광물 탄산염화 기술이라고도 한다.
④ 해양저장은 용해-희석방법이외에는 기술적으로 안정된 기술이 없는 상황이다.

해설
EOR(Enhanced Oil Recovery)는 액체CO_2를 주입하여 원유의 점도를 낮추어 원유 회수를 증진 시키는 방법으로 세계적으로 널리 적용되는 기술이다. **[정답 ②]**

044 외부감축사업의 소규모사업의 기준이 되는 연간 t-CO_2는 얼마인가?

① 100 ② 600 ③ 3000 ④ 15,000

해설
외부감축사업상 소규모사업의 기준 연간 600 t-CO_2을 말한다. **[정답 ②]**

045 외부감축사업의 묶음(bundle)사업의 기준이 되는 연간 t-CO_2는?

① 100 ② 600 ③ 3000 ④ 15,000

해설
외부감축사업상 묶음(bundle)사업의 기준은 연간 3,000 t-CO_2을 말한다. **[정답 ③]**

046 산림사업이 아닌 일반 외부감축사업 고정형인 경우 인증유효기간은?

① 7년　　　　② 10년　　　　③ 20년　　　　④ 30년

> **해설**
> 외부감축사업에서 갱신형의 인증유효기간은 시작일로부터 7년 이내로 하되 2년은 2회 가능하고, 고정형은 시작일로부터 10년이다. 단 산림사업의 경우 고정형은 30년, 갱신형은 20년 이내 2회 연장가능 지침안으로 구성되어있다.　　**[정답 ②]**

047 고정연소에서 고체연료연소가 아닌 것을 고르시오.

① 코크스로 코크스연소　　　② 갈탄연소
③ 유연탄연소　　　　　　　④ 잔여연료유(B-C)

> **해설**
> 고체연료로는 무연탄, 유연탄, 갈탄, 코크스로 구분되며 잔여연료유(B-B, B-C) 또는 중질잔사유는 액체연료로 분류된다.　　**[정답 ④]**

048 연소반응이란 공기 중의 산소와 반응하여 열을 발생하는 것을 말한다. 다음 중 열을 발생하지 않는 것을 고르시오.

① 질소　　　　② 탄소　　　　③ 황　　　　④ 수소

> **해설**
> 탄소, 황, 수소는 공기 중의 산소와 반응하여 열을 발생하지만 질소는 열을 발생하지 않는다.　　**[정답 ①]**

049 배기가스온도를 이용하는 것은 다음 열 중 어느 열을 이용하는 것인지 고르시오.

① 단열　　　　② 폐열　　　　③ 잠열　　　　④ 수축열

> **해설**
> 단열은 전도, 방열되는 열을 차단하는 것을 말하고, 잠열은 공조에서 고체-액체, 액체-기체 상변환시 소요되는 열, 수축열은 히트펌프에서 축열탱크에 저장되는 물에 열을 축적하는 것을 말한다.　　**[정답 ②]**

050 열사용설비의 배기가스온도를 이용하는 것으로 산소(공기)의 온도를 높여 열손실을 저감하는 설비는?

① 절탄기(에코노마이져)   ② 공조기   ③ 공기예열기   ④ 히트펌프

해 설
절탄기는 보일러수를 예열하는 설비이고, 공조기는 건축물에서 냉·난방을 위한 실내공기를 공급하는 설비, 히트펌프는 냉·난방 설비를 말한다.　　　　　　　　　　　　　　　　　　　　　　　　　　　　　　　　**[정답 ③]**

051 보일러의 배기가스온도를 이용하는 것으로 공급되는 보일러수의 온도를 높여 열손실을 저감하는 설비는?

① 절탄기(에코노마이져)   ② 공조기   ③ 공기예열기   ④ 히트펌프

해 설
공기예열기는 보일러의 공급되는 공기의 온도를 예열하여 에너지를 절감하는 설비이고, 급수펌프는 보일러수를 공급하는 기계를 말한다.　　　　　　　　　　　　　　　　　　　　　　　　　　　　　**[정답 ①]**

052 열손실을 방지하기 위한 배기가스-폐열을 이용하기 위하여 설치되는 설비의 일반적 배치순서는(연소실기준)?

① 과열기 → 공기예열기 → 절탄기(에코노마이져)
② 과열기 → 절탄기 → 공기예열기
③ 공기예열기 → 과열기 → 절탄기
④ 절탄기 → 공기예열기 → 과열기

해 설
배기가스 온도를 최대로 이용하기 위하여 과열기 → 절탄기 → 공기예열기 순서로 배치한다.　　**[정답 ②]**

053 공기혼합비율(공기비)은 어떤 물질 중 무슨 물질과의 혼합비율인가?

① 증기   ② 보일러수   ③ 응축수   ④ 투입연료

해 설
공기혼합비율, 즉 공기비는 공기 중의 산소와 반응하여 발열작용을 하는 투입연료와의 혼합비율을 말한다.　　　　　　　　　　　　　　　　　　　　　　　　　　　　　　　　　　　　　**[정답 ④]**

054 공기혼합비율(공기비)을 조정하기 위한 대책으로 맞지 않는 것은?

① 송풍기(F/D휀)회전수제어
② 송풍기(F/D휀) 고효율전동기 설치
③ 송풍기(F/D휀) 토출댐퍼제어
④ 송풍기(F/D 휀) 흡입댐퍼제어

> **해설**
> 고효율전동기 설치는 일반전동기 대비 전력절감을 목적
> [정답 ②]

055 공기비를 조정하기 위한 절감대책 중 가장 절감효과가 큰 것은?

① 송풍기(F/D휀) 대수제어
② 송풍기(F/D휀) 회전수제어
③ 송풍기(F/D휀) 토출댐퍼제어
④ 송풍기(F/D 휀) 흡입댐퍼제어

> **해설**
> 송풍기의 회전수제어(인버터제어)가 정밀한 조정을 할 수 있고, 절감효과가 가장 크다.
> [정답 ②]

056 미연연료, 불완전연소와 직접적으로 연관되는 효율은?

① 전연효율
② 열효율
③ 연소효율
④ COP

> **해설**
> 전열효율은 연소열(노내 실제발생열량)에 대한 유효열량을 말하고, 열효율은 연료가 완전연소시 발생열량(공급열량)과 유효열량. COP는 냉동기 효율을 말하고, 연소효율은 완전연소시 발생열량(공급열량) 대비 미연탄소분이나 불완전연소에 의한 열손실을 제외한 열량, 즉 노내 실제 발생열량을 말함.
> [정답 ③]

057 열사용설비의 전도 및 방사에 의한 손실은 열의 어느 것에 의하여 발생되는 손실을 말하는가?

① 온도차이
② 압력차이
③ 열용량차이
④ 열량차이

> **해설**
> 전도 및 방사에 의한 손실은 주변 매체와의 열 온도 차이에 의하여 발생한다.
> [정답 ①]

058 신-재생에너지에서 신에너지에 포함되지 않는 것은?

① 석탄가스화기술 ② 연료전지
③ 수소에너지 ④ 해양에너지

> **해설**
> 신재생에너지에서 신에너지는 연료전지, 석탄액화가스화, 수소에너지 3개 분야이다. 해양에너지는 재생에너지에 포함된다. **[정답 ④]**

059 LNG를 이용한 연료전지에서 수소를 발생시키는 장치는 무엇인가?

① 열교환기 ② 성형기 ③ 개질기 ④ 제어기

> **해설**
> 연료전기의 개질기에서 LNG의 수소를 발생시킨다. **[정답 ③]**

060 LNG사용 연료전지중 에너지를 발생하기 위하여 수소와 반응하는 기체를 고르시오.

① 황 ② 이산화탄소 ③ 질소 ④ 산소

> **해설**
> 연료전지는 LNG의 수소와 공기 중의 산소를 반응시켜 에너지를 발생시킨다. **[정답 ④]**

061 신-재생에너지에서 신에너지의 종류는 몇 종류인가?

① 2종류 ② 3종류 ③ 4종류 ④ 5종류

> **해설**
> 연료전지, 석탄액화가스화, 수소에너지 3개 분야 **[정답 ②]**

062 신-재생에너지에서 재생에너지의 종류는 몇 종류인가?

① 5종류 ② 6종류 ③ 7종류 ④ 8종류

> **해설**
> 재생에너지는 8종류로 태양열, 태양광, 풍력, 수력, 지열, 해양, 바이오 에너지, 폐기물에너지를 말한다.
> [정답 ④]

063 신-재생에너지의 종류는 몇 종류인가?

① 10종류　　② 11종류　　③ 12종류　　④ 13종류

> **해설**
> 신에너지 3종류, 재생에너지는 8종류로 총 11개 종류
> [정답 ②]

064 집열기 사용 태양열로 주로 사용하는 건축물 부하를 고르시오.

① 난방 및 급탕　　② 전기적 에너지　　③ 조명에너지　　④ 냉동에너지

> **해설**
> 집열부와 축열부, 이용부로 구성되어 난방 및 급탕, 온수에 이용한다.
> [정답 ①]

065 세계에너지기구 약칭을 고르시오.

① IEA　　② IFCC　　③ IEIA　　④ IECA

> **해설**
> 세계에너지기구는 IEA(International Energy Agency)를 말한다.
> [정답 ①]

066 바이오에너지와 관련이 없는 것을 고르시오.

① 바이오디젤　　② 바이오알콜　　③ 메탄올　　④ 바이오전지

> **해설**
> 바이오에너지는 바이오디젤, 바이오 알콜, 메탄올, 메탄가스, LFG발전(매립지 가스이용 발전) 등을 말한다.
> [정답 ④]

067 폐기물에너지와 관련이 없는 것을 고르시오.

① RPF ② RDF
③ 메탄올 ④ 폐기물소각에너지

> **해설**
> 폐기물에너지는 RPF(고분자폐기물 열분해연료유), RDF(폐기물고형연료), 폐유 재생연료류(폐윤활유의 재생유), 폐기물 소각 연소열이용분야를 말하고 메탄올은 바이오에너지에 포함된다. **[정답 ③]**

068 신-재생에너지에 포함되지 않는 것을 고르시오.

① 소수력 ② 원자력
③ 연료전지 ④ 폐기물소각에너지

> **해설**
> 소수력은 수력에 포함되고, 원자력은 신-재생에너지에 포함되지 않는다. **[정답 ②]**

069 지열기술과 관련이 없는 것을 고르시오.

① 지표면으로부터 수십미터 깊이의 지하수
② 호수 또는 지하수, 강물
③ 히트펌프
④ 흡착식 냉동기

> **해설**
> 흡착식 냉동기는 실리카겔, 알루미나, 제올라이트 등의 기체에서 수분을 제거하는 흡착제의 성질을 이용한 냉동기로 지열과는 관련이 없다. **[정답 ④]**

070 가스를 사용하여 여름철 냉방, 겨울철 난방, 급탕(폐열)에 이용할 수 있는 설비를 고르시오.

① E.H.P ② 흡착식냉동기
③ 직화식 냉온수기 ④ 전기식 터보 냉동기

> **해설**
> 직화식 냉온수기는 가스기체(LNG)을 연소시켜 냉방, 난방을 하는 설비로 건축물에 주로 사용 **[정답 ③]**

071 해양에너지에 이용한 발전방식이 아닌 것을 고르시오.

① 조력발전   ② 파력발적   ③ 온도차발전   ④ LFG발전

> **해 설**
> LFG발전은 매립지가스를 이용한 발전방식
> [정답 ④]

072 국내 신재생에너지중 점유율이 가장 큰 신재생에너지를 고르시오.

① 수력   ② 태양광   ③ 폐기물   ④ 지열

> **해 설**
> 폐기물 점유율 약71%, 수력 11.6%, 태양광 2.42% 지열 0.49%
> [정답 ③]

073 연료전지에 관한 내용 중 잘못된 것을 고르시오.

① 개질기는 연료인 천연가스를 수소를 발생시키는 장치
② 단위전지는 전해질판, 연료극, 공기극과 분리판 등으로 구성단위전지에서 0.6~0.8V의 낮은 전압 생성
③ 스택은 단위전지를 수십 장, 수백 장 직렬로 쌓아 올린 본체
④ LNG형 연료전지는 청정하므로 발전과정에서 CO_2가 미발생.

> **해 설**
> 개질기에서 LNG의 CH_4에서 수소를 취하면, 탄소가 필연적으로 발생하여, 이를 이용 연소함으로 CO_2가 발생한다.
> [정답 ④]

074 연료전지에 관한 내용 중 잘못된 것을 고르시오.

① 작동온도가 300℃ 정도 이하의 것을 저온형, 그 이상의 것을 고온형이라고 한다.
② 외부로 공급된 양극의 수소는 $H^2 \leftrightarrow 2H^+ + 2e^-$ 수소이온과 전자로 분리된다.
③ 수소이온은 음극에서 생성된 전달된 산소이온과 반응, 물을 생성하게 된다.
④ 전력변환장치는 연료전지의 교류(AC)를 직류(DC)로 변환시키는 장치이다.

> **해 설**
> 연료전지에서 사용하는 전력변환장치는 직류(DC)를 교류(AC)로 변환하여 전력계통에 공급하거나 자체 사용한다.
> [정답 ④]

075 연료전지 중 저온형 연료전지에 속하며, 전해질은 수산화칼륨(KOH), 효율은 50~60%이고, 개질기가 필요하며, 가능한 연료는 수소만 필요한 연료를 고르시오.

① AFC ② PAFC ③ PEMFC ④ SOFC

> **해설**
> ① AFC(알카리형), ② PAFC(인산형), ③ PEMFC(고분자전해질형), ④ SOFC(고체산화물형), MCFC(용융탄산염형)을 말하며 위 설명은 알카리형을 말한다. **[정답 ①]**

076 해양에너지에 이용한 발전방식이 아닌 것을 고르시오.

① 조력발전 ② 파력발전 ③ 조류발전 ④ 차압발전

> **해설**
> 차압발전은 산업계 증기시스템에서 필요한 압력을 낮추기 위하여 감압밸브를 사용하는데, 감압밸브 대신 입력 압력과 출력압력의 차압을 이용하여 발전하는 방식을 말한다. **[정답 ④]**

077 수력발전의 일반적 효율은?

① 40~50% ② 50~60% ③ 60~70% ④ 70~80%

> **해설**
> 수력발전은 열효율이 복수전용일 경우 최고 40~50%인 화력발전에 비교하여 발전효율이 80~90% 정도로 약 2배가 될 정도로 에너지 변환효율이 높다. **[정답 ④]**

078 소수력과 수력발전에 관한 내용 중 잘못된 것을 고르시오.

① 소수력과 수력 발전방식에는 수로식, 댐식, 터널식 등이 있다.
② 소수력 발전은 신재생에너지에 포함 되지 않는다.
③ 소수력발전은 Micro Hydropower는 100[kW]이하, Mini Hydropower 100~1,000[kW]이하, Small Hydropower 1000~10,000 [kW]이하로 분류한다.
④ 소수력발전에서 저낙차 2~20m, 중낙차 20~150m, 고낙차는 150m를 말한다.

> **해설**
> 소수력 발전도 수력발전과 같이 신재생에너지에 포함된다. **[정답 ②]**

079 최근 하수처리시설에서 소수력발전 시스템을 도입하고 있다. 다음 설명 중 잘못된 설명을 고르시오.

① 소수력발전에서 적용되고 있는 발전기는 동기발전기와 유도발전기 등이 있다.
② 1,000kW이하의 경우에는 경제성과 유지보수성으로 유도발전기를 주로 사용
③ 소수력발전 타당성은 사용수량, 유효낙차, 발전용량 검토가 기본이다.
④ 발전경로는 수로-침사지-취수구-수압관로-발전기-방수로이다.

> **해 설**
> 일반적인 발전경로는 댐 - 취수구 - 침사지 - 수압관로 - 발전소 - 방수로이다.
> **[정답 ④]**

080 풍력발전에 대한 설명 중 잘못된 설명을 고르시오.

① 풍력발전은 블레이드(회전날개)를 이용한 바람의 운동에너지를 회전에너지로 전환 후, 이 회전에너지를 발전기에서 전기에너지로 변환하는 방식이다.
② 풍력발전설비에서 바람맞는 면적은 블레이드의 회전면적을 말하고, 발전효율은 블레이드면적당 생산전력과 풍력을 말한다.
③ 수평형은 블레이드 길이방향과 타워 지지축이 수평인 형태를 말한다.
④ 블레이드 길이가 2배가 되면, 에너지는 4배가 되고, 풍속이 2배가 되면, 에너지는 8배가 된다.

> **해 설**
> 수평형은 날개의 회전축이 지면에 대한 방향으로 구분하고, 수평형은 주로 프로펠러형이고, 수직형은 다리우스형이다.
> **[정답 ③]**

081 지열에너지에 관한 내용 중 잘못된 것을 고르시오.

① 지하 10km까지의 평균 지온 증가율은 약 2~3℃/km이다.
② 지열의 근원은 지각 및 맨틀을 구성하는 물질의 방사성 동위원소(우라늄, 토륨, 칼륨)의 붕괴에 의한 것이 대부분(83%)이다.
③ 가동율이 높으며 잉여열을 지역에너지로 이용 가능하고, 반영구적이다.
④ 대륙 지각의 3km 깊이 이내에 저장되어 있는 지열 총량은 2001년도 전 세계 에너지 소비량 420 EJ가 비교하면 인류가 약 100,000년 동안 사용할 양이다.

> **해 설**
> 지하로 내려갈수록 기온은 높아지게 되며, 이를 지온증가율 또는 지온경사라 부르는데 현대의 시추기술로 파내려 갈 수 있는 깊이 즉, 10km까지의 평균 지온 증가율은 약 25~30℃/km이다.
> **[정답 ①]**

082 온실가스절감기술 중 잘못된 것을 고르시오.

① 발전소 폐열을 이용한 지역냉·난방 공급
② 전기히터를 사용하여 연소공기의 예열
③ 과잉공기의 감소를 통한 노내온도 상승 및 배기가스 유량감소
④ 바이오매스를 활용-가스화로 에너지화

> **해설**
> 전기히터를 사용한 연소용공기 예열은 동절기 동파방지를 위한 목적이고, 공기예열을 위하여 공기와 전기히터 열교환 효율이 100%가 될 수 없고, 전기히터의 전기에너지가 사용되므로 온실가스절감기술은 아님.
> **[정답 ②]**

083 한계저감비용 산출 관련용어 중 잘못된 약어를 고르시오.

① 한계저감비용(MAC)   ② 현재가치분석(NPV)
③ 내부수익율(IRR)   ④ 할인율(FV)

> **해설**
> 할인율(Discount Rate : DR)이란 미래가치(Future Value : FV)를 현재가치(Present Value : PV)로 환산해주는 비율을 말한다.
> **[정답 ④]**

084 온실가스 한계저감비용을 산정하기 위하여 필요한 3요소가 아닌 것은?

① 온실가스 저감기술의 투자비용(시설비, 운영비, 투자비 이자)등
② 투자관련 수익(에너지 절감에 따른 절감액, 전력판매액 등)
③ 온실가스(CO_2, CH_4 등) 감축량
④ 배출권 가격

> **해설**
> 한계저감비용(MAC)산출은 $\dfrac{(기술투자비용 - 기술투자수익)}{온실가스저감량}$ 이고, 배출권 가격은 투자여부를 결정하기 위하여 온실가스 톤당 한계비용과 배출권 가격을 비교하는 것을 말한다.
> **[정답 ④]**

085 온실가스 투자안 별 비용과 수익, 저감량이 표와 같을 경우 배출권 가격이 톤당 3만원일 경우 가장 유리한 투자안을 고르시오(할인율 없음).

투자안	①	②	③	④
투자비용(원)	4억	9억	6억	13억
투자수익(원)	3억	3억	3억	3억
온실가스저감량(톤)	5000	10,000	30,000	50,000

해 설

한계저감비용(MAC)산출은 $\dfrac{(기술투자비용 - 기술투자수익)}{온실가스저감량}$ 을 적용하면, ①안은 2만원/톤, ②안은 3만원, ③안은 4만원, ④안은 5만원이므로 배출권 톤당 3만원보다 저렴한 ①안이 최상 투자안이다.

[정답 ①]

086 배기가스 온도감소 절감기술 중 잘못된 것을 고르시오.

① 보일러 급수를 예열하기 위하여 배기가스와 열교환
② 연소용공기를 배기가스와 열교환하여 공급되는 공기온도 상승
③ 배기가스 온도감소를 위하여 연도주위 공기와 혼합하여 온도감소
④ 버너 팁조정 및 분사압력 조정 등으로 배기가스 온도 저감

해 설

배기가스 온도감소를 위하여 연도 주위의 공기와 혼합하여 온도감소는 배출가스 농도 저하를 목적하는 것으로 절감기술은 아니다.

[정답 ③]

087 배기가스 온도감소 절감기술 중 잘못된 것을 고르시오.

① 냉동기 공급 냉각수로 배기가스 온도를 저감시키기 위하여 분사함으로써 배기가스 온도 저감
② 공급되는 연소용공기를 배기가스와 열교환하여 온도 상승된 연소용 공기를 공급으로 노내온도 상승
③ 연소용공기의 흡입구를 보일러 상부에서 흡입함으로서 외부공기대비 10°C에서 20°C 정도 더 높은 공기를 흡입한다.
④ 절탄기 및 공기예열기를 사용 배기가스 온도를 보급수와 연소용공기와 열교환후 배기

해 설

냉동기의 냉각수는 냉동기에 낮은 온도로 공급되어야 냉동기 효율이 증가하므로 배기가스 온도감소를 위하여 냉각수로 분사함으로써 냉각수 온도를 상승하는 것은 에너지증가요인임

[정답 ①]

088 전통적 기술의 공업용 노의 가열공정시 노내 온도는?

① 약 400℃   ② 약 600℃   ③ 약 1,300℃   ④ 약 3,000℃

> **해설**
> 전통적인 기술을 이용하는 경우 공업용 노의 가열공정은 1300℃ 정도의 온도에서 배기가스를 통해서 약 70%의 투입열이 손실된다.
> [정답 ③]

089 야간의 저렴한 심야전력을 이용하여 얼음형태의 냉방에너지를 저장하였다가 주간에 냉방용으로 사용하는 방식은?

① 빙축열시스템   ② 수축열시스템   ③ 히트펌프시스템   ④ 외기냉방시스템

> **해설**
> 심야전력(갑)을 사용하여 23:00~09:00까지 전력에너지를 이용한 냉동기를 가동하여 물을 얼음형태로 저장했다가 주간 냉방부하를 공급하는 방식을 빙축열시스템이라 한다.
> [정답 ①]

090 자동차의 온실가스저감 기술이 아닌 것은?

① 린번연소   ② 가솔린 직접분사
③ 차량경량화   ④ 공기저항 증가 디자인로 마찰열 이용

> **해설**
> 공기저항을 감소시키기 위한 차량디자인도 자동차 절감기술이다.
> [정답 ④]

091 자동차 온실가스 배출저감기술 중 잘못된 것은?

① 배기관 저항감소와 속도 향상을 위하여 후처리장치 제거
② 밸브 개폐를 정확하고 최적으로 관리
③ 초희박(UltraLean) 혼합기를 형성하여 실린더에 직접 분사시키고 연료분사 시기 및 연료량 정밀제어
④ 실린더 외부인 흡입통로에 연료를 분사하는 시스템으로, 완전혼합으로 연료과잉영역을 줄이고 연소최고온도를 낮추어 실질적인 CO_2 배출을 저감

> **해설**
> Exhaust Catalyst Improvement : 배기관에서 필연적으로 발생하는 CH_4과 N_2O를 줄이기 위한 후처리장치 부착과 Engine Valvetrain Modification의 VVT (Variable Valve Timing) 및 VVL (Variable Valve Lift)은 밸브의 개폐를 정확하고 최적으로 관리하여 엔진의 CO_2 배출량을 개선시킴
> [정답 ①]

092 최신의 연료분사시스템에서 자동차 온실가스 배출저감을 위하여 최적으로 제어하는 항목이 아닌 것은?

① 연료 분사압력　② 분사시기　③ 분사율　④ 분사온도

> **해설**
> 연료분사압력, 분사시기, 분사율 및 분사량을 최적제어하는 고압분사시스템이 대부분임
> [정답 ④]

093 자동차 디젤엔진의 온실가스 저감기술이 아닌 것은?

① 고압연료분사시스템　　② 백연경감
③ 배기가스재순환 (EGR)　④ 과급

> **해설**
> 배기관에서 필연적으로 발생하는 CH_4과 N_2O를 줄이기 위한 후처리장치 부착
> [정답 ④]

094 자동차 중 실현가능한 저공해 차량이라 할 수 없는 것은?

① 하이브리드 자동차(HEV, Hybrid Electric Vehicle)
② 플러그-인 하이브리드 자동차(PHEV)
③ 태양열 자동차
④ 연료전지 자동차(FCEV)

> **해설**
> 태양광 자동차는 실험실 수준으로 가동 중이나, 태양열 자동차는 태양열 운용온도가 낮아 실현 가능성이 없다.
> [정답 ③]

095 자동차 온실가스 저감기술이 아닌 것은?

① 에코타이어
② 에코브레이크
③ CO_2를 냉매제사용 에어컨시스템
④ 마찰저항 저감과 경량화

해설
자동차 온실가스 저감기술로 에코타이어, CO_2를 냉매제로 사용한 에어컨시스템, 마찰저항 저감과 경량화, 공회전 제한장치 부착

[정답 ②]

096 건축물 열원 및 공조설비에 대한 설명 중 잘못된 것을 고르시오.

① 중간기 등에 외기도입에 의하여 냉방부하를 감소시키는 경우에는 실내 공기질을 저하시키지 않는 범위 내에서 이코노마이저시스템 등 외기냉방시스템을 적용
② 냉방기기는 전력피크 부하를 줄일 수 있도록 하여야 하며, 상황에 따라 주-야간전기를 이용한 축열·축냉시스템, 가스 및 유류를 이용한 냉방설비, 집단에너지를 이용한 지역냉방방식, 소형열병합발전을 이용한 냉방방식, 신·재생에너지를 이용한 냉방방식을 채택
③ 외기냉방시스템의 적용이 건축물의 총에너지비용을 감소시킬 수 없는 경우에는 적용 할 필요 없음
④ 공기조화기 팬은 부하변동에 따른 풍량제어가 가능하도록 가변익축류방식, 흡입베인 제어방식, 가변속 제어방식 등 에너지 절약적 제어방식을 채택

해설
냉방기기는 전력피크 부하를 줄일 수 있도록 하여야 하며, 상황에 따라 심야전기(23:00~09:00)를 이용한 축열·축냉시스템, 가스 및 유류를 이용한 냉방설비, 집단에너지를 이용한 지역냉방방식, 소형열병합발전을 이용한 냉방방식 등

[정답 ②]

097 건축물 신재생에너지부문에서 평가항목에 대하여 잘못된 것은?

① 전체난방설비용량에 대한 신재생에너지 용량 비율이 2% 이상 적용 시(의무화 건물은 4% 이상)
② 전체냉방설비용량에 대한 신재생에너지 용량 비율이 2% 이상 적용 시(의무화 건물은 4% 이상)
③ 전체급탕설비용량에 대한 신재생에너지 용량 비율이 10% 이상 적용 시(의무화 건물은 15% 이상)

④ 전체전기용량에 대한 신재생에너지 용량 비율이 10% 이상 적용 시(의무화 건물은 15% 이상)

> **해설**
> 전체전기용량에 대한 신재생에너지 용량 비율이 2 %이상 적용 시(의무화 건물은 4% 이상) 배점 1점을 받음.
> [정답 ④]

098 전동기의 온실가스 절감기술 설명 중 잘못된 것은?

① 구동설비의 축동력을 감안한 적정용량 전동기를 설치한다.
② 직류전동기 회전수제어를 위하여 인버터를 설치한다.
③ 전동기 부하율은 최소 60%에서 90%로 운전한다.
④ 소용량 전동기보다는 대용량전동기의 역율과 효율이 크다

> **해설**
> 직류(DC)전동기 자체적으로 제어가 용이한 특성을 가진 전동기로 인버터를 설치하는 경우는 교류(AC) 유도전동기 회전수 제어시 설치하여 회전수 제어한다.
> [정답 ②]

099 고효율전동기와 프리미엄고효율전동기 설명 중 잘못된 것은?

① 프리미엄고효율전동기는 고효율전동기보다 회전자 발열이 감소한다.
② 프리미엄전동기는 저손실 강판기술과 동다이캐스팅회전자 기술이 채용되어있다.
③ 프리미엄전동기는 회전자 재질을 동에서 알루미늄으로 바꾸어 2차 동손을 절감하는 전동기를 말한다.
④ 프리미엄고효율전동기는 고효율전동기대비 전체 효율이 3.5% 증가한다.

> **해설**
> 프리미엄고효율전동기는 회전자 재질을 알루미늄에서 동재질로 바꾸어 2차 동손을 약 40% 이상 절감하는 전동기를 말한다.
> [정답 ③]

100 인버터에 대한 설명 중 잘못된 것을 고르시오.

① 인버터제어에는 주회로방식으로 전압형과 전류형으로 구분되며, 일반적으로 사용하는 범용인버터는 전압형 PWM방식이다.
② 인버터 주 구성기기는 컨버터, 전해콘덴서, 인버터로 구성된다.

③ 인버터를 VVVF제어라고도 하며, 단자전압과 주파수를 변환한다.
④ 컨버터는 DC → AC, 인버터는 AC → DC로 변환하는 것을 말한다.

해설
컨버터는 AC → DC, 인버터는 DC → AC로 변환하는 것을 말한다. [정답 ④]

101 펌프의 인버터제어에 대한 설명 중 잘못된 것은?

① 유량은 펌프 회전수의 2승에 비례한다.
② 양정은 펌프 회전수의 2승에 비례한다.
③ 축동력은 유량과 양정의 곱이므로 축동력은 회전수의 3승에 비례한다.
④ 회전수는 전동기의 주파수와 1승에 비례한다.

해설
유량은 펌프 회전수의 1승에 비례한다. [정답 ①]

102 송풍기의 인버터제어에 대한 설명 중 잘못된 것은?

① 풍량은 송풍기 회전수에 1승에 비례한다.
② 풍압은 송풍기 회전수에 1승에 비례한다.
③ 축동력은 풍압과 풍량의 곱이므로 축동력은 회전수의 3승에 비례한다.
④ 송풍기 회전수는 전동기의 주파수와는 비례한다.

해설
풍압은 펌프 회전수의 2승에 비례한다. [정답 ②]

103 공기압축시스템 온실가스감축기술 설명 중 잘못된 것을 고르시오.

① 공정 내 필요압력을 파악하여 적정압력으로 압축한다.
② 공기압축기 전동기를 적정용량의 고효율전동기로 교체하고, 고효율공기압축기로 교체한다.
③ 배관 내 마찰압력손실을 감소하기 위하여 배관크기를 적게 한다.
④ 배관 마찰손실 및 압력저하를 방지하기위하여 공기 압축기위치는 가능한 사업장내 중앙에서 공급하도록 한다.

> **해설**
> 배관 내 마찰압력손실을 감소하기 위하여 배관크기를 크게 한다. [정답 ③]

104 공기압축시스템의 에너지절감기술이 아닌 것을 고르시오.

① 공기압축시스템 압축공기 누기개소 보수
② 설비별 필요압력이 현저히 다를시 최고 필요압력으로 무조건 통합하여 공급
③ 공기압축기 냉각 폐열을 타 온수필요개소에 이용
④ 공기압축기에 흡입되는 공기온도를 낮추어 흡입

> **해설**
> 사업장내 설비별 필요압력이 현저히 다를 경우에는 압축기 토출압력을 압력별 분리 또는 단독운전하여 무부하 운전율을 가급적 줄여야 한다. [정답 ②]

105 공기압축기의 자체의 에너지절감 설명 중 잘못된 것은?

① 공기압축시스템 흡입온도 저하
② 흡입공기의 습도가 높으면 흡입 공기 중에 실제공기가 차지하는 부피가 적어져 그만큼 압축후의 공기량은 적어지므로 흡입공기 습도조정
③ 공기압축기 토출압력은 고정하고 흡입압력 조정하여 흡입압력을 가능한 저하
④ 각 기기의 운전효율(부하율)을 측정하여 가능한 고효율기기의 가동시간율을 증대하고 효율이 낮은 기기를 예비기로 활용

> **해설**
> 소비전력은 흡입압력과 토출압력의 압축비(Pd/Ps)에 비례하므로 흡입압력이 낮아질수록 압축비가 상승하므로 소비전력도 상승 [정답 ③]

106 송풍기의 제어방식과 소요동력 비교에 대한 설명 중 잘못 설명된 것을 고르시오.

① 토출, 흡입댐퍼제어는 송풍기 토출측과 흡입측에 설치된 댐퍼제어
② 흡입베인제어는 흡입측에 가동 흡입베인을 부착한 방식
③ 제어방식별 소요동력절감 효과는 토출댐퍼제어, 흡입댐퍼제어, 흡입베인제어, 회전수제어, 가변피치제어 순으로 가변피치 제어가 가장 효과가 큼
④ 가변피치제어는 깃 각도변환방식으로 축류송풍기에 주로 사용하며, 회전수 제어는 전동기 주파수제어로 송풍기회전수 제어

> **해설**
> 제어방식별 소요동력절감효과는 토출댐퍼제어, 흡입댐퍼제어, 흡입베인 제어, 가변피치제어, 회전수제어, 순으로 토출댐퍼제어가 가장 불리하고 회전수 제어가 가장 효과가 크다. **[정답 ③]**

107 시멘트 생산에서 에너지절감 및 CO_2 절감을 위하여 고려하는 요소 중 영향이 적은 것을 고르시오.

① 원료의 수분함량
② 원료의 가연성
③ 가스바이패스시스템
④ 쿨러의 냉각수량 및 온도

> **해설**
> 과도한 쿨러의 냉각수량 및 온도도 쿨러 자체 에너지사용과 제품의 품질과는 관련이 있으나, 에너지절감 및 CO_2 절감에는 영향이 적다. **[정답 ④]**

108 시멘트 생산에서 에너지절감 및 CO_2 절감을 위하여 고려하는 요소 중 영향이 적은 것을 고르시오.

① 하소기(Calciner)
② 예열기(Preheater)
③ 쿨러(Cooler)
④ 전기로

> **해설**
> 킬른시스템의 구성설비는 킬른(Kiln), 하소기(Calciner), 예열기(Preheater), 쿨러(Cooler), 분쇄기(Mill)등으로 구성되고, 전기로는 철강분야의 용해설비 **[정답 ④]**

109 시멘트생산 온실가스절감기술 해당사항이 아닌 것은?

① 시멘트성분 중 클링커 함량의 감소화
② 가스 바이패스(Gas Bypass)를 최소화
③ 원료의 처리량과 수분함량 과다
④ 킬른연료의 적당한 발열량과 낮은 수분함량

> **해설**
> 필요 흡, 토출 압력 내에서 고속 구동형 팬이 전기사용량을 절감할 수 있다. **[정답 ③]**

110 광물산업에서 전력사용 온실가스절감기술 중 해당사항이 아닌 것은?

① 전력관리시스템(Power Management System)의 설치
② 클링커 고압분쇄롤의 설치
③ 필요 흡, 토출 압력과 무관한 저속 구동형 팬
④ 원료분쇄기를 구형에서 신형으로 교체 등 에너지 효율성이 높은 장비를 설치

해 설
원료의 처리량과 수분함량이 과다 할수록 에너지 소요량은 증가 　　　　　　　　　　　　[정답 ③]

111 석회 소성공정의 킬른설비에 대한 온실가스절감기술 내용 중 잘못된 것을 고르시오.

① 바이오매스(Biomass)는 화석연료를 절약한다.
② 원료의 입경과는 무관하다.
③ 장형 로터리 킬른(Long Rotary Kiln)에 열교환기를 장착한다.
④ 로터리 킬른의 여열을 사용한다.

해 설
투입원료의 입경의 최적화도 에너지절감기술 중 하나이다. 　　　　　　　　　　　　　　[정답 ②]

112 탄산염의 기타공정 중 유리제품제조시설에서 절감기술이 아닌 것은?

① 유리용해의 최적화 기술 및 용해로 설계
② LNG 사용보다는 액체연료사용
③ 파유리(Cullet)의 사용
④ 폐열보일러(Waste Heat Boilers)등 폐열이용

해 설
천연가스는 액체연료대비 에너지소모는 7~8% 정도 높으나, 천연가스는 액체연료보다 탄소에 붙어있는 수소비율이 더 높아 결과적으로 CO_2 배출량은 25% 줄어든다. 　　　　　　　　　　　　　　　[정답 ②]

113 탄산염의 기타공정 중 유리제품제조시설에서 파유리(Cullet)의 사용이 에너지를 절감 할 수 있는 이유는?

① 파유리(Cullet)의 낮은 융점
② 파유리(Cullet)의 높은 융점
③ 파유리(Cullet)의 경도
④ 파유리(Cullet)의 PH

> **해설**
> 파유리(Cullet)의 사용 시 에너지를 절감할 수 있는 이유는 낮은 융점에 있다. [정답 ①]

114 탄산염의 기타공정 중 요업제품제조시설에서 에너지 절감 및 온실가스 절감량을 증가시키기 위한 방안이 아닌 것을 고르시오.

① 개선된 킬른 및 건조기의 설계
② 킬른으로부터 폐열은 건조기 등에 사용
③ 연료로 바이오매스나 폐기물연료 사용
④ 건조기에서 습도는 제어하지 않고, 온도만 자동제어

> **해설**
> 건조기에서 쓰이는 습도가 많을 경우, 증발잠열이 소요되므로, 습도 및 온도를 자동제어로 동시에 제어하는 것이 에너지절감량을 증가시킨다. [정답 ④]

115 탄산염의 기타공정 중 요업제품제조시설에서 에너지절감 및 온실가스 절감량을 증가시키기 위한 방안이 아닌 것을 고르시오.

① 건조기에서 설정온도를 위한 공간적인 열분배 고려 팬 설치
② 건조기내 외부공기와의 환기를 위해 밀봉하지 않음
③ 내화제의 라이닝 및 세라믹섬유를 활용한 절연으로 열단열을 높임
④ 연소 및 열전달의 효율을 개선한 고속버너의 사용

> **해설**
> 고온의 누기나 외기 등의 열손실을 예방하기 위한 킬른의 밀봉을 철저히 해야 한다. 터널식 킬른 및 간헐식 킬른의 메탈케이싱, 모래 및 물 밀봉을 사용. [정답 ②]

116 탄산염의 기타공정 중 펄프, 제지제품 제조시설에서 에너지절감 및 온실가스 절감량을 증가시키기 위한 방안이 아닌 것을 고르시오.

① 스팀보일러의 효율성 제고(배출가스 온도를 낮게)
② 흑액(Black Liquor) 및 나무껍질의 건조고체성분 함유율로 생산성증가
③ 상대적으로 잘 밀폐된 표백공정
④ 공장 내 건물난방은 공정 폐열이용과 분리

> **해설**
> 건물난방은 일반적으로 80℃의 온수 또는 급탕온수는 55~60℃이므로 난방과 생산직근로자의 급탕수요 에너지를 공정 폐열로 사용할 수 있도록 하여 에너지절감
> **[정답 ④]**

117 암모니아 생산 중 암모니아합성공정에서 생산능률을 증가시키는 주요 요인이 아닌 것을 고르시오.

① 압력
② 온도
③ 공정 내 속도
④ 반응조 형태

> **해설**
> 암모니아 합성공정에서 생산능률을 증가시키는 요인은 압력, 온도, 공정 내 속도, 촉매요인이다.
> **[정답 ④]**

118 암모니아 생산 중 최신기계설비에 응용된 기술의 설명 중 잘못 된 것을 고르시오.

① 2차 개질공정 후에 축열된 열과 과열 증기에너지를 사용
② 낮은 변환율을 가지며 대형의 촉매를 안정적으로 사용할 수 있는 암모니아 컨버터의 설계를 사용한 공정
③ 원료의 혼합과 공정용 공급공기의 예열을 통해 개질공정의 연소에 필요한 에너지를 줄이고 합성가스의 압축에 필요한 에너지 감소
④ 암모니아 합성공정으로부터 생성된 열에너지를 축열하여 필요한 공정에 사용함으로써 에너지절감

> **해설**
> 높은 변환율을 가지며 작은 크기의 촉매를 사용할 수 있는 암모니아 컨버터의 설계를 사용한 공정이 응용기술이다.
> **[정답 ②]**

119 암모니아생산 중 암모니아와 관련된 고려기술이 아닌 것은?

① CO_2 제거 시스템의 효율 개선
② 공기압축공정 시 응축(복수)스팀터빈사용
③ 암모니아 합성에서의 저압촉매
④ 암모니아 컨버터에서의 소립자 촉매 사용

해설
공기압축공정 시 응축(복수)스팀터빈 대신 가스터빈사용이 고려대상이고, 복수터빈은 발전전용터빈방식이다.
[정답 ②]

120 암모니아생산 중 온실가스감축절감을 위한 고려사항 중 잘못된 것을 고르시오.

① 단일등온매체변환 반응기로 대체
② 등온변환
③ 연소공기의 예열
④ 2차개질기 후공정에 예비개질기의 설치

해설
예비개질기(Pre-reforming)의 설치는 1차개질기 이전공정에 설치하여야 열에너지의 열교환으로 인한 에너지를 절감함.
[정답 ④]

121 질산생산공정 중 촉매반응을 저해하는 요인이 아닌 것을 고르시오.

① 대기오염으로 인한 독성 및 암모니아로부터의 오염
② 암모니아-공기 혼합 부족
③ 촉매거즈의 냉각
④ 촉매 부근의 가스 분포 부족

해설
질산생산 중 촉매반응을 저해하는 요인은 대기오염으로 인한 독성 및 암모니아로부터의 오염, 암모니아-공기 혼합 부족, 촉매거즈의 과열, 촉매 부근의 가스 분포 부족이다.
[정답 ③]

122 질산생산공정 중 산화반응의 최적화의 설명 중 잘못된 것을 고르시오.

① 최적화의 목적은 NO의 수율을 낮추는 데 있다.
② 최적화의 목적은 N_2O의 발생을 억제하는데 있다.
③ NO 생산은 암모니아와 공기비(NH_3/air)가 9.5~10.5%로 유지한다.
④ NO 생산은 가능한 저압하에서 온도를 750~900℃로 유지시켜 최적화한다.

> **해설**
> 최적화의 목적은 NO의 수율을 높이는 데 있다. [정답 ①]

123 질산생산공정 중 공정의 최적화의 종류가 아닌 것은?

① 촉매반응의 최적화 ② 산화반응의 최적화
③ 흡수단계의 최적화 ④ 압입단계의 최적화

> **해설**
> 최적화는 촉매반응의 최적화, 산화반응의 최적화, 흡수단계의 최적화, 산화촉매의 대체, 반응챔버의 확장을 이용한 N_2O 분해 등이 있다. 즉 암모니아 산화법에 의한 질산 제조는 백금 촉매 하에 암모니아를 산화시켜 일산화질소 생산하는 제1산화 공정과 일산화질소를 산화시키는 제2산화 공정, 이산화질소를 물에 흡수시켜 질산을 생성시키는 흡수공정으로 구성된다. [정답 ④]

124 질산생산공정 중 고려할 사항이 아닌 것은?

① 산화반응기의 N_2O 분해 촉매 ② 반응챔버의 확장을 이용한 N_2O 분해
③ N_2O의 발생을 촉진 ④ 산화 촉매반응

> **해설**
> 산화반응의 최적화의 목적은 N_2O의 발생 억제에 있다. [정답 ③]

125 아디프산공정 중 온실가스저감을 위한 N_2O가스 재사용법이 아닌 것은?

① 질산공정에서 발생하는 스팀에서 이루어지는 고온연소
② 선택적으로 벤젠을 페놀로 산화시키는 공정에서 사용
③ MgO 촉매를 이용하여 촉매분해법
④ 환원분해법에 의한 N_2O가스를 재사용

> **해설**
> 환원분해법이 아닌 열분해법으로 N_2O가스를 재사용 [정답 ④]

126 소다회생산공정에 온실가스절감기술 중 내용이 잘못된 것을 고르시오.

① 다양한 압력수위의 스팀수요량, 높은 증기응축, 열병합발전에 전략을 둔 전반적인 공정개념
② 소다회 생산공정에서 공정규모와 관계없는 열병합발전
③ 소다회 공정에서 높은 조업율을 성취하기 위해 최신설비와 신뢰성 있는 열병합발전시스템 등의 설비투자
④ 소다회공장에서 대기 중으로 배출하는 CO_2를 정제된 중탄산나트륨 생산에 사용

해설
소다회생산 공정규모와 적합한 열병합발전시스템의 이용으로 모든 산업공정에서 온실가스절감을 위한 에너지는 규모와 발생에너지원에 적합한 설비를 구비하는 것으로 발전을 위한 부대설비의 전력에너지 사용과 효율저하를 고려 [정답 ②]

127 석유정제공정에서 촉매식 접촉분해 시 온실가스 절감기술에 대한 설명 중 잘못된 것을 고르시오.

① 완전연소설비에서 O_2농도를 조정함으로써 CO배출농도 저감
② O_2농도를 크게 할 경우 관련 송풍기 용량 증가
③ 열분해기로부터 발생하는 부생가스의 에너지를 일부 회수하기 위한 폐열 보일러를 이용
④ 축열기 가스에 Expander를 적용

해설
O_2농도를 크게 할 경우 관련 송풍기 용량감소 및 인버터제어와 고농도 산소 투입 등이 있으며, 관련 송풍기 용량을 증가시킬 경우, 전력에너지 증가. [정답 ②]

128 석유정제공정에서 접촉개질공정 중 온실가스 절감기술에 대한 설명으로 잘못된 것을 고르시오.

① 접촉 개질 공정 중 발생한 축열기 가스를 집진 시스템으로 순환
② 촉매 재생에서 염화조촉매(Chlorinate Promoter)의 양을 최적화
③ 촉매재생 시 촉매의 양과는 무관하게 일정하게 재생운전
④ 촉매 재생기로부터 배출되는 다이옥신 정량화

해설
촉매재생 시 촉매의 양에 비례하여 재생운전 최적화 [정답 ③]

129 석유정제공정에서 수소생산공정 중 온실가스 절감기술에 대한 설명으로 잘못된 것을 고르시오.

① 정제공정에서 연료가스로서 PSA 퍼지가스 사용
② 수소 설비에 열병합 체계 적용
③ 중유와 코크의 가스화 공정으로부터 수소 억제
④ 신규 설비에 Gas-Teated 스팀 개질 기술 적용의 고려

> **해설**
> 중유와 코크의 가스화 공정으로부터 수소 억제가 아닌 수율을 높이기 위하여 재생을 활성화해야 한다.
> [정답 ③]

130 석유화학제품생산-플랜트설계 시, 운전 시 온실가스 절감기술 설명 중 잘못된 것을 고르시오.

① 스팀의 재사용과 재처리에 의한 과정에서 나오는 폐열을 최대 배기
② 배출가스의 안전한 처리를 위해 탄화수소 flare 포집 시스템 설치
③ 에너지의 단계적 사용, 회수율 극대화, 에너지 소모량 감소 등 에너지 재생 시스템 적용
④ 안전하고 고효율의 운전조건을 유지하고 시스템 성능을 유지하기 위해 효과적인 공정 제어

> **해설**
> 플랜트 내에서 스팀의 재사용과 재처리에 의한 과정에서 나오는 폐열을 최소화하기 위한 기술 적용
> [정답 ①]

131 석유화학제품생산-카본블랙 제조공정 온실가스 절감기술 설명 중 잘못된 것을 고르시오.

① Tail-Gas의 에너지 재사용을 통해 전력, Steam, 온수 등을 생산
② 기준 이하의 불량 제품을 공정에서 재사용
③ 에너지 생산 시스템에서 Tail-Gas 연소에 의해 발생되는 Flare-Gas중 NOx 제거를 위해 일차 deNOx 기술 적용
④ 연평균 황함량이 10.5~11.5%로 높은 원료를 사용

> **해설**
> 연평균 황함량이 0.5~1.5%로 낮은 원료를 사용하는 게 원칙
> [정답 ④]

132 철강생산-코크스 제조공정 온실가스 절감기술 설명 중 잘못된 것은?

① 코크스 오븐에 대한 지속적인 유지관리를 통하여 COG 누출 최소화
② 코크스 건식 퀜칭(CDQ, Coke dry quenching) 공정 사용
③ 외부공기와 접하는 코크스 챔버 양측 문의 단열 및 밀봉화
④ 코크스생산을 위한 공정필요 작업의 용이를 위한 최소 예열 장입

해 설
코크스생산을 위한 최대한 예열을 하여 장입한다. [정답 ④]

133 철강생산-소결로공정 온실가스 절감기술 설명 중 잘못된 것은?

① 소결광 냉각기의 뜨거운 공기를 직접 연소용공기로 사용
② 배출가스 중의 열을 열교환기를 이용하여 회수
③ 배출가스 중 폐가스를 소결로 등으로 재순환
④ 소결광 냉각기의 뜨거운 공기를 폐열보일러를 이용한 스팀생산

해 설
수분이 많은 소결광 냉각기의 뜨거운 공기를 직접 연소용공기로 사용시 수분 증발을 위한 잠열로 인해 에너지 사용이 증가되므로 흡착제 사용 또는 건조 후 열교환을 사용하여 연소용공기 예열이 필요함. [정답 ①]

134 철강생산-고로공정 온실가스 절감기술 설명 중 잘못된 것을 고르시오.

① 코크스의 일부를 폐플라스틱 등 탄화수소원으로 대체하여 환원제로서 노의 송풍구 수준(tuyere level)에서 직접 주입함으로써 에너지 소비량 절감
② 고로가스를 가스탱크에 저장 후 코크스 오븐 가스 또는 천연가스와 혼합하여 연료로서 사용
③ 냉각 송풍라인과 폐가스의 보온과 함께 연료의 예열
④ 산소농도 측정에 따른 연소를 위하여 다량 외부공기 송풍

해 설
산소농도 측정에 따른 최적 연소조건을 제어하려면 적정 외부공기를 투입하여야 하며, 과다 투입 시 노내온도 저하로 에너지증가 [정답 ④]

135 철강생산 전반적 온실가스 절감기술 설명 중 잘못된 것을 고르시오.

① BOF 가스의 연소를 억제하여 저장탱크에 저장 후 재사용
② 펠렛제조시 배출되는 뜨거운 공기를 화염부의 2차 연소용공기로 사용
③ 보다 적정한 버너를 사용하여 연소율 개선
④ 배기가스 폐열은 이물질이 많으므로 신속 배출

해설
배기가스 폐열을 원료 및 소결광, 미분광, 고철 예열에 사용하여 에너지를 절감한다.

[정답 ④]

136 철강생산 합금철생산 온실가스 절감기술 설명 중 잘못된 것은?

① 합금철 전기로의 개방구의 최소화와 개방구면적의 최소화
② 원료배합 최적화와 투입량의 적정화 및 투입간격 제어
③ 배기가스 폐열이용 전기로 투입원료 예열
④ 기계적 파쇄 크러쉬의 토크 고정화

해설
합금철 투입량과 배합비율에 따라 기계적 파쇄 크러쉬의 조정 및 제어

[정답 ④]

137 아연생산 습식고정 온실가스 절감기술 고려사항 중 잘못된 것을 고르시오.

① 습식공정은 침출과 관련된 공정이기 때문에 침출물질과 전해된 물질을 적절히 분해하는 전해단계가 필요
② 반응기와 필터의 연결에서 에어로졸의 생성을 예방하기 위해 적절한 스크러버 및 디미스터를 장치하는 것도 필요
③ 전해채취 공정가스는 음극에서 발생되며, 산성미스트가 생성되어 포집되고 제거되거나 공정에서 재사용됨
④ 침철석(Goethite) 공정은 침전에서 사용되는 생석회(calcine) 중의 철분함량이 낮아야 함

해설
전해채취 공정가스는 양극에서 발생되며, 산성미스트가 생성되어 포집되고 제거되거나 공정에서 재사용된다.

[정답 ③]

138 반도체 제작공정에서 에너지 이용가능한 단결정성장로와 산화공정 내 섭씨 온도가 바르게 짝지어진 것을 고르시오.

① 성장로-1000/산화 400~800℃   ② 성장로-1200/산화 600~1000℃
③ 성장로-1400/산화 800~1200℃   ④ 성장로-1600/산화 1000~1400℃

해설
성장로-1400℃/산화 800~1200℃로 폐열을 이용할 수 있는 온도이다.　　　　　　　　　　　[정답 ③]

139 국내 고형폐기물의 매립 온실가스를 이용하여 에너지를 절감할 수 있는 현황에 대하여 설명한 것 중 잘못된 것을 고르시오.

① 매립 폐기물의 성상, 매립량, 다짐 정도 등에 대한 축적된 자료가 부족하고, 매립장 관리상태의 확인이 어려워 가스 발생량 예측이 곤란하기 때문에 발전규모 1MW이하는 CDM 사업을 동시 추진하여 경제성을 확보 필요
② 대규모 매립지에서는 발전에 소요되고 잉여가스의 소각처리 되는 실정인바, 발전 후 남은 매립가스를 통해 CNG 생산 등의 사업을 동시에 추진 필요
③ 소규모 매립지의 경우에는 바이오리액터 등의 기술을 도입
④ 2005년부터 음식물류 폐기물 매립이 허용되면서 매립되는 폐기물중 유기물이 증가하여 가스 발생량이 증가할 것으로 예상

해설
2005년부터 음식물류 폐기물 매립이 금지되면서 매립되는 폐기물 중 유기물이 줄어들어 가스 발생량이 감소할 것으로 예상된다.　　　　　　　　　　　[정답 ④]

140 폐기물 소각에서 탄산나트륨 생산을 위한 배가스 내 CO_2 흡수 설명 중 잘못된 것은?

① 배가스 내 체적기준 30~40%의 수준의 수분 함량을 증발시켜 에너지 절감
② 각각 250℃와 120℃ 근처의 온도를 필요로 하는 선택적 촉매환원(SCR) 시스템과 백 필터시스템의 경우 공정폐열을 이용하여 에너지절감
③ 배가스 재순환기술은 배가스에서의 열 손실을 감소, 공정의 에너지 효율을 약 0.75~2%까지 증가, 1차 NO_x 저감
④ 수분함량이 높은 폐기물에 예열된 공기를 공급함으로써 폐기물을 건조시키고 점화를 촉진

> **해설**
> 배가스 내 수분 함량은 용적의 10~20%의 수준을 보인다. 배가스의 수증기를 응축할 경우 추가적인 열 회수가 가능하다.
> [정답 ①]

141 하폐수처리의 혐기성소화조 소화효율로 고려사항이 아닌 것은?

① 낮은 유기물함량
② 소화조 내 온도저하
③ 활성탄주입
④ pH저하 및 알칼리도

> **해설**
> 활성탄주입은 폐기물소각설비에서 다이옥신을 흡착 제거를 위한 활성탄 주입을 말한다.
> [정답 ③]

142 최적가용기술(BAT) 개발 시 고려사항(제32조제4항 관련)에 관한 설명 중 잘못된 것을 고르시오.

① 최적가용기술(BAT)을 적용하는데 필요한 비용이 환경피해를 방지함으로써 얻을 수 있는 이익보다 커야 한다.
② 온실가스의 사후처리 기술(End of Pipe Technology)뿐만 아니라 연료의 대체, 소 기술, 환경친화적인 공정과 운전방법 등 온실가스의 배출을 감축할 수 있는 일련의 기술군을 총괄하여 고려한다.
③ 최적가용기술에는 국내 기술뿐만 아니라 외국의 기술도 해당되며, 파일롯(pilot) 규모로서 실증된 기술도 원칙적으로 최적가용기술의 범위에 포함된다. 다만, 이 경우 실제 양산단계에서 적용되지 못할 가능성을 고려하여야 한다.
④ 실제 온실가스를 감축할 수 있다고 여겨지는 최고 수준의 공정, 시설 및 운전방법을 모두 포함하며, 신뢰할 만한 과학적 지식을 근거로 그 기능이 시험되고 증명되어진 최선의 기술과 공정, 설비, 운전방법을 의미한다.

> **해설**
> 환경피해를 방지함으로써 얻을 수 있는 이익이 최적가용기술(BAT)을 적용하는데 필요한 비용보다 커야 한다. 그 외 기존 및 신규공장에 최적가용기술을 설치하는데 필요한 시간 고려와 폐기물 발생을 적게 하고 폐기물 회수와 재사용 등을 촉진할 수 있는지 여부를 고려하여야 한다.
> [정답 ①]

143 조기감축실적을 인정함에 있어 고려되어야 할 기준이 틀린 것은?

① 조기감축실적은 국내에서 실시한 행동에 의한 감축분에 한하여 그 실적을 인정한다.
② 조기감축실적은 관리업체의 조직경계 안에서 발생한 것에 한하여 그 실적을 인정한다. 다만, 복수의 사업자가 참여하여 조직경계 외에서 실적이 발생한 경우에는 인정할 수 있다.
③ 조기감축실적으로 인정되기 위해서는 조기행동으로 인한 감축이 실제적이고 일시적이어야 하며, 정량화되어야 하고 검증 가능하여야 한다.
④ 조기감축실적은 관리업체 사업장 단위에서의 감축분 또는 사업 단위에서의 감축분에 대하여 인정할 수 있다.

> **해 설**
> 온실가스 · 에너지 목표관리 운영 등에 관한 지침 제73조(조기감축실적의 인정기준)
> • 조기감축실적으로 인정되기 위해서는 조기행동으로 인한 감축이 실제적이고 지속적이어야 하며, 정량화되어야 하고 검증 가능하여야 한다.
> [정답 ③]

144 다음 중 조기감축실적에 대한 설명으로 틀린 것은?

① 조기감축실적은 관리업체가 목표관리를 받기 이전에 자발적으로 행한 감축실적을 인정함으로써 관리업체의 조기행동을 적절히 반영하는 것을 목적으로 한다.
② 조기감축실적의 인정대상 시기는 2005년 1월 1일부터 관리업체가 최초로 목표를 설정하는 해 12월 31일까지 이다.
③ 조기감축의 연간 인정총량은 전체 관리업체 배출허용량의 5%로 한다.
④ 조기감축의 인정신청은 관리업체로 최초 지정된 해의 다음 연도 7월 31일까지 부문별 관장기관에게 하여야 한다.

> **해 설**
> 온실가스 · 에너지 목표관리 운영 등에 관한 지침 제77조(연간 인정총량)
> • 매년 조기감축실적으로 인정할 수 있는 전체 총량전체 관리업체 배출허용량의 1%로 한다.
> [정답 ③]

145 다음 중 온실가스 · 에너지 감축시설에 대한 설치확인 및 지원금 지급에 대한 설명으로 틀린 것은?

① 지원사업자는 착수신고 후 당해 연도 사업종료 후 30일 이내에 설치를 완료하여야 한다.
② 지원사업자는 시공완료 후 30일 이내, 혹은 당해연도 사업기간 종료일 중 앞선 일자까지 지원금 지급신청서를 공단에 제출하여야 한다.

③ 공단은 제출된 지원금 지급신청서를 검토하고, 설치시설을 현장 확인한 후 원금을 지급한다.
④ 지원사업자는 지원금이 공단에서 입금 후 15일 이내에 정부지분과 자부담분을 사업수행자에게 입금하여야 하며, 최소 정부지분만큼은 반드시 현금으로 지급되어야 한다.

해설
온실가스·에너지 감축시설 지원사업 관리규정 제21조(설치확인 및 지원금의 지급)
- 지원사업자는 착수신고 후 당해 연도 사업종료 전 30일 이내에 설치를 완료하여야 한다.
- 지원사업자는 시공완료 후 30일 이내, 혹은 당해 연도 사업기간 종료일 중 앞선 일자까지 지원금 지급신청서를 공단에 제출하여야 한다.
- 공단은 제출된 지원금 지급신청서를 검토하고, 설치 시설을 현장 확인한 후 지원금을 지급한다. · 지원사업자는 지원금이 공단에서 입금 후 15일 이내에 정부지분과 자부담분을 사업수행자에게 입금하여야 하며, 최소 정부지분만큼은 반드시 현금으로 지급되어야 한다.
- 공단은 최종 현장 확인 등에서 당초 계획서 및 변경승인과 다른 사항이 발견될 경우 위원회를 소집하여 의견을 청취할 수 있으며, 이를 근거로 제재를 실시할 수 있다.
[정답 ①]

146 킬른시스템에 대한 기술 중 잘못된 것은?

① 소성로와 다단사이클론(4~6단), 프리히터가 구비된 일체형소성로는 최신기술이다.
② 다단(4~6단)사이클론 예열기(Multistage Cyclone Preheater) 등 단수가 다단일수록 회수열량이 증가하므로 에너지를 절감한다.
③ 수분이 많이 함유된 원료를 사용할 경우, 3단 싸이클론을 사용하거나, 3단 에어덕트(Tertiary Air Duct) 등을 사용하는 최신 추세이다.
④ 최적화된 조건을 고려한 시스템을 적용할 경우 크링커 1톤 생산시 열에너지는 5,800~6,600 MJ/ton-clinker로 소모할 것으로 예상된다.

해설
최적화된 조건을 고려한 시스템을 적용할 경우 크링커 1톤 생산 시 열에너지를 2,900~3,300 MJ/ton-clinker로 소모할 것으로 예상.
[정답 ④]

147 석회의 소성공정 에너지절감사항에 대하여 맞지 않는 것을 고르시오.

① 에너지 효율성과 CO_2만을 고려한다면 수직형 킬른(Vertical Kiln)과 PFRK이 가장 효율이 좋으나, 생산율이 낮고 석탄을 사용하는 경우 품질저하를 가져오는 단점이 있기 때문에 현재는 거의 설치되지 않는다.

② 광범위한 연료의 선택성과 배출가스로부터 생성된 여열을 회수를 위해 장형 로터리 킬른(Long Rotary Kiln)에 열교환기를 장착한다.
③ 장형 로타리 킬른을 길게 하거나, 예열기 사용은 에너지를 증가시킨다.
④ 석회석 분쇄장치와 같은 다른 공정에서 석회석을 건조시키기 위해 로터리 킬른의 여열을 사용한다.

해설
장형 로타리 킬른을 짧게 한다거나 연료사용량을 줄이는 예열기를 설치할 경우 에너지가 절감된다.
[정답 ③]

148 탄산염의 기타공정 중 펄프, 제지제품 제조시설에서 전력에너지절감 및 온실가스 절감량을 증가시키기 위한 방안이 아닌 것을 고르시오.

① 각종 대형모터의 인버터 설치로 적정 속도조절
② 진공펌프의 효율 증대
③ 펌프의 안정된 운전을 위해 고양정과 고유량화로 대형화
④ 펌프, 팬의 필요 요구부하에 적절한 크기

해설
불필요한 고양정과 고유량화를 지양하고, 적정 양정과 유량으로 전력 에너지를 절감하여야 한다.
[정답 ③]

149 암모니아 생산 중 기존 일반 공정 대비 개선된 고급 전통공정의 특징이 아닌 것은?

① 저 에너지를 이용한 CO_2 제거 시스템
② 40 bar 이상의 고압 주 개질기의 이용
③ 고 NO_x 버너의 사용
④ 공정용 공급공기의 예열

해설
저 NO_x 버너의 사용이 개선된 고급 전통공정이다. 그 외에는 2차 개질에서 스토이치메트릭 이론에 따른 공기량(스토이치메트릭 이론에 따른 H/N 비율)으로 개선된 전통공정이 에너지소비를 괄목하게 줄일 수 있음.
[정답 ③]

온실가스관리기사/산업기사

제5과목

온실가스 법규

05 온실가스 법규

출제적중 문제

001 다음 중 저탄소 녹색성장 기본법의 주요 내용으로 맞지 않은 것은?

① 저탄소 녹색성장 국가전략 수립
② 국가환경종합계획의 수립
③ 녹색경제·녹색산업의 육성·지원
④ 지속가능발전 기본계획 수립

해설
'국가환경종합계획의 수립'은 환경정책기본법의 내용이다.
[정답 ②]

002 다음은 저탄소 녹색성장 기본법의 목적이다. ( )안에 들어갈 말로 알맞은 것은?

( )와/과 환경의 조화로운 발전을 위하여 저탄소 녹색성장에 필요한 기반을 조성하고 녹색기술과 녹색산업을 새로운 성장동력으로 활용함으로써 국민경제의 발전을 도모하며 저탄소 사회 구현을 통하여 국민의 삶의 질을 높이고 국제사회에서 책임을 다하는 성숙한 선진 인류국가로 도약하는 데 이바지함을 목적으로 한다.

① 경제   ② 인간   ③ 산업   ④ 개발

해설
• 저탄소 녹색성장 기본법 제1조(목적)
이 법은 경제와 환경의 조화로운 발전을 위하여 저탄소(低炭素) 녹색성장에 필요한 기반을 조성하고 녹색기술과 녹색산업을 새로운 성장동력으로 활용함으로써 국민경제의 발전을 도모하며 저탄소 사회 구현을 통하여 국민의 삶의 질을 높이고 국제사회에서 책임을 다하는 성숙한 선진 일류국가로 도약하는 데 이바지함을 목적으로 한다.
[정답 ①]

003 다음 중 저탄소녹색성장기본법에서 규제하고 있는 6대 온실가스가 아닌 것은?

① CO_2　　　② HFCs　　　③ SF_6　　　④ CFCs

> **해설**
> • 저탄소 녹색성장 기본법 제2조(정의)
> : "온실가스"란 이산화탄소(CO_2), 메탄(CH_4), 아산화질소(N_2O), 수소불화탄소(HFCs), 과불화탄소(PFCs), 육불화황(SF_6)를 말한다.
>
> [정답 ④]

004 다음 중 용어의 설명으로 틀린 것은?

① "녹색성장"이란 경제와 환경이 조화를 이루는 성장을 말한다.
② "녹색기술"이란 온실가스 및 오염물질의 배출을 최소화하는 기술을 말한다.
③ "녹색산업"이란 저탄소 녹색성장을 이루기 위한 환경 산업을 말한다.
④ "녹색생활"이란 온실가스와 오염물질의 발생을 최소화하는 생활을 말한다.

> **해설**
> • 저탄소 녹색성장 기본법 제2조(정의)
> : "녹색산업"이란 저탄소 녹색성장을 이루기 위한 모든 산업을 말한다
>
> [정답 ③]

005 다음은 저탄소 녹색성장 기본법에서 사용하는 용어의 뜻이다. (　)안에 옳은 것은?

> (　)(이)란 화석연료에 대한 의존도를 낮추고 청정에너지의 사용 및 보급을 확대하여 녹색기술 연구개발, 탄소흡수원 확충 등을 통하여 온실가스를 적정수준 이하로 줄이는 것을 말한다.

① 녹색성장　　　② 온실가스 감축　　　③ 저탄소　　　④ 녹색생활

> **해설**
> • 저탄소 녹색성장 기본법 제2조(정의)
> : "저탄소"란 화석연료(化石燃料)에 대한 의존도를 낮추고 청정에너지의 사용 및 보급을 확대하며 녹색기술 연구개발, 탄소흡수원 확충 등을 통하여 온실가스를 적정수준 이하로 줄이는 것을 말한다.
>
> [정답 ③]

006 용어의 정의 설명으로 틀린 것은?

① "온실가스 배출"이란 사람의 활동에 수반하여 발생하는 온실가스를 대기 중에 배출·방출 또는 누출시키는 직접배출과 다른 사람으로부터 공급된 전기 또는 열(연료 또는 전기를 열원으로 하는 것만 해당한다)을 사용함으로써 온실가스가 배출되도록 하는 간접배출을 말한다.
② "지구온난화"란 사람의 활동에 수반하여 발생하는 온실가스가 대기 중에 축적되어 온실가스 농도를 증가시킴으로써 지구 전체적으로 지표 및 대기의 온도가 추가적으로 상승하는 현상을 말한다.
③ "기후변화"란 사람의 활동으로 인하여 온실가스의 농도가 변함으로써 상당 기간 관찰되어 온 자연적인 기후변동에 추가적으로 일어나는 기후체계의 변화를 말한다.
④ "에너지 자립도"란 국내 총소비에너지량에 대하여 신·재생에너지 등 국내 생산에너지량이 차지하는 비율을 말한다.

> **해설**
> • 저탄소 녹색성장 기본법 제2조(정의)
> : "에너지 자립도"란 국내 총소비에너지량에 대하여 신·재생에너지 등 국내 생산에너지량 및 우리나라가 국외에서 개발(지분 취득을 포함한다)한 에너지량을 합한 양이 차지하는 비율을 말한다. **[정답 ④]**

007 다음 중 저탄소 녹색성장 추진의 기본원칙에 대한 설명으로 틀린 것은?

① 정부는 녹색기술과 녹색산업을 경제성장의 핵심 동력으로 삼고 새로운 일자리를 창출·확대 할 수 있는 새로운 경제체제를 구축한다.
② 정부는 국가의 자원을 효율적으로 사용하기 위하여 성장잠재력과 경쟁력이 높은 녹색기술 및 녹색산업 분야에 대한 중점 투자 및 지원을 강화한다.
③ 정부는 사회·경제 활동에서 에너지와 자원 이용의 효율성을 높이고 자원순환을 촉진한다.
④ 정부는 에너지와 온실가스의 발생저감을 위하여 국토와 도시, 건물과 교통, 도로·항만·상하수도 등 기반시설 건설을 촉진한다.

> **해설**
> • 저탄소 녹색성장 기본법 제3조(저탄소 녹색성장 추진의 기본원칙)
> : 정부는 자연자원과 환경의 가치를 보존하면서 국토와 도시, 건물과 교통, 도로·항만·상하수도 등 기반시설을 저탄소 녹색성장에 적합하게 개편한다. **[정답 ④]**

008 저탄소 녹색성장 기본법에서 저탄소 녹색성장을 위한 국가의 책무와 가장 거리가 먼 것은?

① 국가는 각종 정책을 수립할 때 경제와 환경의 조화로운 발전 및 기후변화에 미치는 영향 등을 종합적으로 고려하여야 한다.
② 국가는 지방자치단체의 저탄소 녹색성장 시책을 장려하고 지원하며, 녹색성장의 정착·확산을 위하여 사업자와 국민, 민간단체에 정보의 제공 및 재정 지원 등 필요한 조치를 할 수 있다.
③ 국가는 국제적인 기후변화대응 및 에너지·자원 개발협력에 능동적으로 참여하고, 개발도상국가에 대한 기술적·재정적 지원을 할 수 있다.
④ 국가는 저탄소 녹색성장대책을 수립·시행할 때 지방자치단체의 지역적 특성과 여건을 고려하여야 한다.

해설
- 저탄소 녹색성장 기본법 제4조(국가의 책무)
① 국가는 정치·경제·사회·교육·문화 등 국정의 모든 부문에서 저탄소 녹색성장의 기본원칙이 반영될 수 있도록 노력하여야 한다.
② 국가는 각종 정책을 수립할 때 경제와 환경의 조화로운 발전 및 기후변화에 미치는 영향 등을 종합적으로 고려하여야 한다.
③ 국가는 지방자치단체의 저탄소 녹색성장 시책을 장려하고 지원하며, 녹색성장의 정착·확산을 위하여 사업자와 국민, 민간단체에 정보의 제공 및 재정 지원 등 필요한 조치를 할 수 있다.
④ 국가는 에너지와 자원의 위기 및 기후변화 문제에 대한 대응책을 정기적으로 점검하여 성과를 평가하고 국제협상의 동향 및 주요 국가의 정책을 분석하여 적절한 대책을 마련하여야 한다.
⑤ 국가는 국제적인 기후변화대응 및 에너지·자원 개발협력에 능동적으로 참여하고, 개발도상국가에 대한 기술적·재정적 지원을 할 수 있다.

[정답 ④]

009 다음 중 저탄소 녹색성장을 위한 주체별 책무에 대한 설명으로 틀린 것은?

① 국가는 각종 정책을 수립할 때 경제와 환경의 조화로운 발전 및 기후변화에 미치는 영향 등을 종합적으로 고려하여야 한다.
② 지방자치단체는 저탄소 녹색성장대책을 수립·시행할 때 해당 지방자치단체의 지역적 특성과 여건을 고려하여서는 아니된다.
③ 사업자는 녹색경영을 선도하여야 하며 기업활동의 전 과정에서 온실가스와 오염물질의 배출을 줄이고 녹색기술 연구개발과 녹색산업에 대한 투자 및 고용을 확대하는 등 환경에 관한 사회적·윤리적 책임을 다하여야 한다.
④ 국민은 기업의 녹색경영에 관심을 기울이고 녹색제품의 소비 및 서비스 이용을 증대함으로써 기업의 녹색경영을 촉진한다.

해설
- 저탄소 녹색성장 기본법 제5조(지방자치단체의 책무)
지방자치단체는 저탄소 녹색성장대책을 수립·시행할 때 해당 지방자치단체의 지역적 특성과 여건을 고려하여야 한다.

[정답 ②]

010 다음 중 녹색성장 국가전략에 대한 설명으로 틀린 것은?

① 녹색경제 체제의 구현에 관한 사항
② 기후변화대응 정책, 에너지 정책 및 지속가능발전 정책에 관한 사항
③ 녹색성장국가전략을 수립하거나 변경하려는 경우 환경부장관의 심의를 거쳐야한다.
④ 기후변화 등 저탄소 녹색성장과 관련된 국제협상 및 국제협력에 관한 사항

해설
- 저탄소 녹색성장 기본법 제9조(저탄소녹색성장 국가전략)
: 녹색성장국가전략에는 포함되는 사항
- 녹색경제 체제의 구현에 관한 사항
- 녹색기술·녹색산업에 관한 사항
- 기후변화대응 정책, 에너지 정책 및 지속가능발전 정책에 관한 사항
- 녹색생활.정 녹색국토, 저탄소 교통체계 등에 관한 사항
- 기후변화 등 저탄소 녹색성장과 관련된 국제협상 및 국제협력에 관한 사항
- 그 밖에 재원조달, 조세·금융, 인력양성, 교육·홍보 등 저탄소 녹색성장을 위하여 필요하다고 인정되는 사항

[정답 ③]

011 정부가 저탄소 녹색성장기본법에 따라 녹색성장 국가전략을 수립하였을 때에 지체 없이 보고하여야 하는 기관은?

① 국제기후협회
② 국무총리실
③ 국회
④ 국제온실가스종합정보센터

해설

[정답 ③]

012 다음 중 녹색성장위원회의 구성 및 운영에 대한 설명으로 틀린 것은?

① 국가의 저탄소 녹색성장과 관련된 주요 정책 및 계획과 그 이행에 관한 사항을 심의하기 위하여 국무총리 소속으로 녹색성장위원회를 둔다.
② 위원회는 위원장 2명을 포함한 50명 이내의 위원으로 구성한다.
③ 위원회의 위원장은 국무총리와 민간위원 중에서 대통령이 지명하는 사람이 된다.
④ 위원회의 사무를 처리하게 하기 위하여 위원회에 간사위원 1명을 두며, 간사위원은 환경부차관이 된다.

해설
- 저탄소 녹색성장 기본법 제14조(녹색성장위원의 구성 및 운영)
  : 간사위원은 국무조정실장이 된다. [정답 ④]

013 다음 중 녹색성장위원회에 대한 설명으로 틀린 것은?

① 국무총리 소속으로 녹색성장위원회를 둔다.
② 위원회는 위원장 2명을 포함한 50명 이내의 위원으로 구성한다.
③ 위원회의 위원장은 국무총리와 대통령이 지명하는 사람이 된다.
④ 대통령이 위촉하는 민간위원의 임기는 2년으로 하되 연임할 수 있다.

해설
- 저탄소 녹색성장 기본법 제14조(녹색성장위원의 구성 및 운영)
  : 대통령이 위촉하는 민간위원의 임기는 1년으로 하되 연임할 수 있다. [정답 ④]

014 녹색성장위원회에 관한 설명으로 틀린 것은?

① 대통령 직속으로 녹색성장위원회를 둔다.
② 녹색성장위원회는 위원장 2명을 포함한 50명 이내의 위원으로 구성한다.
③ 위원회의 사무를 처리하기 위하여 위원회에 간사위원 1명을 두며, 간사위원의 지명에 관한 사항은 대통령령으로 정한다.
④ 저탄소 녹색성장을 위한 재원의 배분방향 및 효율적 사용에 관한 사항을 심의한다.

해설
- 저탄소 녹색성장 기본법 제14조(녹색성장위원회의 구성 및 운영)
  ① 국가의 저탄소 녹색성장과 관련된 주요 정책 및 계획과 그 이행에 관한 사항을 심의하기 위하여 국무총리 소속으로 녹색성장위원회(이하 "위원회"라 한다)를 둔다.
  ② 위원회는 위원장 2명을 포함한 50명 이내의 위원으로 구성한다.
  ③ 위원회의 위원장은 국무총리와 위원 중에서 대통령이 지명하는 사람이 된다. [정답 ①]

015 녹색성장위원회에 관한 설명으로 옳지 않은 것은?

① 녹색성장위원회는 국가의 저탄소 녹색성장과 관련된 주요 정책 및 계획과 그 이행에 관한 사항을 심의하기 위하여 환경부 소속으로 둔다.
② 녹색성장위원회의 회의는 위원 과반수 출석으로 개의하고, 출석위원 과반수의 찬성으로 의결한다. 다만, 대통령령으로 정하는 경우에는 서면으로 심의·의결할 수 있다.
③ 녹색성장위원회에 업무를 효율적으로 수행·지원하고 위원회가 위임하는 업무를 검토·조정 또는 처리하기 위하여 대통령령으로 정하는 바에 따라 위원회에 분과위원회를 둘 수 있다.
④ 지방자치단체의 저탄소 녹색성장과 관련된 주요 정책 및 계획과 그 이행에 관한 사항을 심의하기 위하여 시·도지사 소속으로 지방녹색성장위원회를 둘 수 있다.

해설
- 저탄소 녹색성장 기본법 제14조(녹색성장위원회의 구성 및 운영)
① 국가의 저탄소 녹색성장과 관련된 주요 정책 및 계획과 그 이행에 관한 사항을 심의하기 위하여 국무총리 소속으로 녹색성장위원회를 둔다.
② 위원회는 위원장 2명을 포함한 50명 이내의 위원으로 구성한다.
③ 위원회의 위원장은 국무총리와 위원 중에서 대통령이 지명하는 사람이 된다.
④ 위원회의 위원은 다음 각 호의 사람이 된다.
1. 기획재정부장관, 미래창조과학부장관, 산업통상자원부장관, 환경부장관, 국토교통부장관 등 대통령령으로 정하는 공무원
2. 기후변화, 에너지·자원, 녹색기술·녹색산업, 지속가능발전 분야 등 저탄소 녹색성장에 관한 학식과 경험이 풍부한 사람 중에서 대통령이 위촉하는 사람
⑤ 위원회의 사무를 처리하게 하기 위하여 위원회에 간사위원 1명을 두며, 간사위원의 지명에 관한 사항은 대통령령으로 정한다.
⑥ 위원장은 각자 위원회를 대표하며, 위원회의 업무를 총괄한다.
⑦ 위원장이 부득이한 사유로 직무를 수행할 수 없는 때에는 국무총리인 위원장이 미리 정한 위원이 위원장의 직무를 대행한다.
⑧ 위원의 임기는 1년으로 하되, 연임할 수 있다.

[정답 ①]

016 다음 위원회의 구성과 소속기관의 장을 잘못 나열한 것은?

번호	구분	위원장 수	위원 수	위원장
①	녹색성장위원회	1	50명 이내	국무총리
②	할당위원회	1	20명 이내	기획재정부장관
③	할당결정심의위원회	1	15명 이내	환경부차관
④	배출량인증위원회	1	15명 이내	환경부차관

해설
- 녹색성장위원회의 위원장은 2명이고 국무총리와 위원 중에서 대통령이 지명하는 사람이 된다.

[정답 ①]

017 다음 중 녹색성장위원회의 심의사항에 대한 설명으로 틀린 것은?

① 저탄소 녹색성장 정책의 기본방향에 관한 사항
② 저탄소 녹색성장과 관련된 국민의 고충조사, 처리, 시정권고 또는 의견표명
③ 저탄소 녹색성장 추진의 목표 관리, 점검, 실태조사 및 평가에 관한 사항
④ 관계 중앙행정기관 및 지방자치단체의 저탄소 녹색성장과 관련된 정책 조정 및 지원에 관한 사항

> **해설**
> - 저탄소 녹색성장 기본법 제15조(위원회의 기능)
> : 녹색성장위원회의 심의사항
>   - 저탄소 녹색성장 정책의 기본방향에 관한 사항
>   - 녹색성장국가전략의 수립·변경·시행에 관한 사항
>   - 기후변화대응 기본계획, 에너지기본계획 및 지속가능발전 기본계획에 관한 사항
>   - 저탄소 녹색성장 추진의 목표 관리, 점검, 실태조사 및 평가에 관한 사항
>   - 관계 중앙행정기관 및 지방자치단체의 저탄소 녹색성장과 관련된 정책 조정 및 지원에 관한 사항
>   - 저탄소 녹색성장과 관련된 법제도에 관한 사항
>   - 저탄소 녹색성장을 위한 재원의 배분방향 및 효율적 사용에 관한 사항
>   - 저탄소 녹색성장과 관련된 국제협상·국제협력, 교육·홍보, 인력양성 및 기반구축 등에 관한 사항
>   - 저탄소 녹색성장과 관련된 기업 등의 고충조사, 처리, 시정권고 또는 의견표명
>   - 다른 법률에서 위원회의 심의를 거치도록 한 사항
>   - 그 밖에 저탄소 녹색성장과 관련하여 위원장이 필요하다고 인정하는 사항
>
> [정답 ②]

018 다음 중 녹색성장위원회의 회의에 대한 설명으로 틀린 것은?

① 위원회의 회의는 정기회의와 임시회의로 구분하며, 임시회의는 위원장이 필요하다고 인정하는 경우 또는 위원 5명 이상의 소집요구가 있을 경우에 위원장이 소집한다.
② 위원회의 회의는 위원 과반수의 출석으로 개의하고, 출석위원 과반수의 찬성으로 의결한다.
③ 위원회의 정기회의는 분기별로 1회 개최하는 것을 원칙으로 한다.
④ 위원장은 회의를 소집하려는 때에는 회의 개최 7일 전까지 회의의 일정 및 안건을 각 위원에게 통보하여야 한다.

> **해설**
> - 저탄소 녹색성장 기본법 제16조(회의)
> : 위원회의 정기회의는 반기별로 1회 개최하는 것을 원칙으로 한다.
>
> [정답 ③]

019 녹색성장위원회 위원으로 대통령령으로 정하는 공무원에 해당되지 않는 것은?

① 방송통신위원회위원장
② 여성가족부장관
③ 국방부장관
④ 국무조정실장

해 설
- 저탄소 녹색성장 기본법 시행령 제10조(녹색성장위원회의 구성 및 운영)
① 법 제14조제4항제1호에서 "기획재정부장관, 미래창조과학부장관, 산업통상자원부장관, 환경부장관, 국토교통부장관 등 대통령령으로 정하는 공무원"이란 기획재정부장관, 교육부장관, 미래창조과학부장관, 외교부장관, 행정자치부장관, 문화체육관광부장관, 농림축산식품부장관, 산업통상자원부장관, 보건복지부장관, 환경부장관, 여성가족부장관, 국토교통부장관, 해양수산부장관, 방송통신위원회위원장, 금융위원회위원장 및 국무조정실장을 말한다.

[정답 ③]

020 다음 중 녹색성장위원회의 분과위원회에 해당하지 않는 것은?

① 지속가능발전 분과위원회
② 기후변화 분과위원회
③ 녹색생활 분과위원회
④ 에너지 분과위원회

해 설
- 저탄소 녹색성장 기본법 시행령 제13조(분과위원회)
: 녹색성장위원회에 둘 수 있는 분과위원회
- 녹색성장 전략·제도 분과위원회
- 기후변화 분과위원회
- 에너지 분과위원회
- 기술산업 분과위원회
- 녹색생활 분과위원회

[정답 ①]

021 다음 중 지방녹색성장위원회에 대한 설명으로 틀린 것은?

① 지방자치단체의 저탄소 녹색성장과 관련된 주요 정책 및 계획과 그 이행에 관한 사항을 심의하기 위하여 시·도지사 소속으로 지방녹색성장위원회를 둘 수 있다.
② 지방녹색성장위원회의 위원장은 행정부시장 또는 행정부지사가 된다.
③ 지방녹색성장위원회는 위원장 1명을 포함한 50명 이내의 위원으로 구성한다.
④ 지방녹색성장위원회의 구성·운영에 필요한 사항은 지방자치단체의 조례로 정한다.

해 설
- 저탄소 녹색성장 기본법 제20조(지방녹색성장위원의 구성 및 운영)
: 지방녹색성장위원회는 위원장 2명을 포함한 50명 이내의 위원으로 구성한다.

[정답 ③]

022 녹색경제 · 녹색산업 구현을 위한 기본원칙으로 틀린 것은?

① 정부는 화석연료의 사용을 단계적으로 축소하고 녹색기술과 녹색산업을 육성함으로써 국가경쟁력을 강화하고 지속가능발전을 추구하는 경제를 구현하여야 한다.
② 정부는 녹색경제 정책을 수립·시행할 때 금융·산업·과학기술·환경·국토·문화 등 다양한 부문을 통합적 관점에서 균형 있게 고려하여야 한다.
③ 정부는 새로운 녹색산업의 창출, 기존 산업의 녹색산업으로의 전환 및 관련 산업과의 연계 등을 통하여 에너지·자원 다소비형 산업구조가 저탄소 녹색산업구조로 단계적으로 전환되도록 노력하여야 한다.
④ 정부는 저탄소 녹색성장을 추진할 때 핵심지역을 육성하며 저소득층이 소외되지 않도록 지원 및 배려하여야 한다.

해 설
- 저탄소 녹색성장 기본법 제22조(녹색경제 · 녹색산업 구현을 위한 기본원칙)
정부는 저탄소 녹색성장을 추진할 때 지역 간 균형발전을 도모하며 저소득층이 소외되지 않도록 지원 및 배려하여야 한다.

[정답 ④]

023 다음 중 녹색경제 · 녹색산업의 육성 · 지원시책에 포함되어야 할 사항으로 틀린 것은?

① 국내외 경제여건 및 전망에 관한 사항
② 녹색경영을 위한 자문서비스 산업의 육성에 관한 사항
③ 에너지의 안정적 확보, 도입 · 공급 및 관리를 위한 대책에 관한 사항
④ 기존 산업의 녹색산업 구조로의 단계적 전환에 관한 사항

해 설
- 녹색성장 기본법 제23조(녹색경제 · 녹색산업의 육성 · 지원)
: 녹색경제 · 녹색산업의 육성 · 지원시책에 포함될 사항
- 국내외 경제여건 및 전망에 관한 사항
- 기존 산업의 녹색산업 구조로의 단계적 전환에 관한 사항
- 녹색산업을 촉진하기 위한 중장기 · 단계별 목표, 추진전략에 관한 사항
- 녹색산업의 신성장동력으로의 육성 · 지원에 관한 사항
- 전기 · 정보통신 · 교통시설 등 기존 국가기반시설의 친환경 구조로의 전환에 관한 사항
- 녹색경영을 위한 자문서비스 산업의 육성에 관한 사항
- 녹색산업 인력 양성 및 일자리 창출에 관한 사항
- 그 밖에 녹색경제 · 녹색산업의 촉진에 관한 사항

[정답 ③]

024 다음 중 자원순환의 육성·지원시책에 포함되어야 할 사항으로 틀린 것은?

① 자원순환 촉진 및 자원생산성 제고 목표설정
② 폐기물 발생의 억제 및 재제조·재활용 등 재자원화
③ 폐기물의 종류별 발생량과 장래의 발생 예상량
④ 자원생산성 향상을 위한 교육훈련·인력양성 등에 관한 사항

해설
- 저탄소 녹색성장 기본법 제24조(자원순환의 촉진)
  : 자원순환 산업의 육성·지원시책에 포함될 사항
- 자원순환 촉진 및 자원생산성 제고 목표설정
- 자원의 수급 및 관리
- 유해하거나 재제조·재활용이 어려운 물질의 사용억제
- 폐기물 발생의 억제 및 재제조·재활용 등 재자원화
- 에너지자원으로 이용되는 목재, 식물, 농산물 등 바이오매스의 수집·활용
- 자원순환 관련 기술개발 및 산업의 육성
- 자원생산성 향상을 위한 교육훈련·인력양성 등에 관한 사항

[정답 ③]

025 다음 중 기업의 녹색경영을 지원·촉진시책에 포함되어야 할 사항으로 틀린 것은?

① 친환경 생산체제로의 전환을 위한 기술지원
② 환경오염방지를 위한 재원(財源)의 적정 배분
③ 중소기업의 녹색경영에 대한 지원
④ 기업의 에너지·자원 이용 효율화, 온실가스 배출량 감축, 산림조성 및 자연환경 보전, 지속가능발전 정보 등 녹색경영 성과의 공개

해설
- 저탄소 녹색성장 기본법 제25조(기업의 녹색경영 촉진)
  : 기업의 녹색경영을 지원·촉진시책에 포함될 사항
- 친환경 생산체제로의 전환을 위한 기술지원
- 기업의 에너지·자원 이용 효율화, 온실가스 배출량 감축, 산림조성 및 자연환경 보전, 지속가능
- 발전 정보 등 녹색경영 성과의 공개
- 중소기업의 녹색경영에 대한 지원
- 그 밖에 저탄소 녹색성장을 위한 기업활동 지원에 관한 사항

[정답 ②]

026 다음 중 녹색기술의 연구개발 및 사업화 등의 촉진시책에 포함되어야 할 사항으로 틀린 것은?

① 녹색기술 연구개발 및 사업화 등의 촉진을 위한 금융지원
② 녹색기술과 관련된 정보의 수집·분석 및 제공
③ 녹색기술 평가기법의 개발 및 보급
④ 녹색제품구매촉진기본계획 등 녹색제품 구매촉진을 위한 기본시책에 관한 사항

> **해 설**
> - 저탄소 녹색성장 기본법 제26조(녹색기술의 연구개발 및 사업화 등의 촉진)
>   : 녹색기술의 연구개발 및 사업화 등의 촉진시책에 포함될 사항
> - 녹색기술과 관련된 정보의 수집·분석 및 제공
> - 녹색기술 평가기법의 개발 및 보급
> - 녹색기술 연구개발 및 사업화 등의 촉진을 위한 금융지원
> - 녹색기술 전문인력의 양성 및 국제협력 등
>
> [정답 ④]

027 정부가 저탄소 녹색성장을 촉진하기 위하여 수립·시행하여야 하는 금융 시책에 포함되어야 하는 사항과 가장 거리가 먼 것은?

① 녹색경제 및 녹색산업의 지원 등을 위한 재원의 조성 및 자금 지원
② 저탄소 녹색성장을 지원하는 새로운 금융상품의 개발
③ 저탄소 녹색성장을 위한 기반시설 구축사업에 대한 민간투자 활성화
④ 녹색경제 관련 정보의 수집·분석 및 제공

> **해 설**
> - 저탄소 녹색성장 기본법 제28조(금융의 지원 및 활성화)
> 1. 녹색경제 및 녹색산업의 지원 등을 위한 재원의 조성 및 자금 지원
> 2. 저탄소 녹색성장을 지원하는 새로운 금융상품의 개발
> 3. 저탄소 녹색성장을 위한 기반시설 구축사업에 대한 민간투자 활성화
> 4. 기업의 녹색경영 정보에 대한 공시제도 등의 강화 및 녹색경영 기업에 대한 금융지원 확대
> 5. 탄소시장(온실가스를 배출할 수 있는 권리 또는 온실가스의 감축·흡수 실적 등을 거래하는 시장을 말한다. 이하 같다)의 개설 및 거래 활성화 등
>
> [정답 ④]

028 다음 중 녹색산업투자회사의 설립에 대한 설명으로 틀린 것은?

① 녹색기술 및 녹색산업에 자산을 투자하여 그 수익을 투자자에게 배분하는 것을 목적으로 한다.
② 정부는 공공기관이 녹색산업투자회사에 출자하려는 경우 이를 위한 자금의 전부 또는 일부를 예산의 범위에서 지원할 수 있다.

③ 금융감독원은 공공기관이 출자한 녹색산업투자회사에게 해당 회사의 업무 및 재산 등에 관한 자료의 제출이나 보고를 요구할 수 있다.
④ 녹색산업투자회사의 설립·운영 및 재정지원과 그 밖에 필요한 세부사항은 대통령령으로 정한다.

> **해설**
> - 저탄소 녹색성장 기본법 제29조(녹색산업투자회사의 설립과 지원)
> : 금융위원회는 공공기관이 출자한 녹색산업투자회사에게 해당 회사의 업무 및 재산 등에 관한 자료의 제출이나 보고를 요구할 수 있다.
> [정답 ③]

029 다음 중 녹색산업투자회사가 투자하는 사업 또는 기업에 해당하지 않는 것은?

① 녹색기술에 대한 연구와 시제품의 제작 및 상용화를 위한 연구개발 또는 기술지원 사업
② 녹색산업에 해당하는 사업
③ 녹색제품 관련 전문인력 양성사업
④ 녹색기술 또는 녹색산업에 대한 투자 또는 영업을 영위하는 기업

> **해설**
> - 저탄소 녹색성장 기본법 제29조(녹색산업투자회사의 설립과 지원)
> : 녹색기술에 대한 연구와 시제품의 제작 및 상용화를 위한 연구개발 또는 기술지원 사업
> : 녹색산업에 해당하는 사업
> : 녹색기술 또는 녹색산업에 대한 투자 또는 영업을 영위하는 기업
> [정답 ③]

030 다음은 녹색산업투자회사의 설립에 관한 내용이다. ( )안에 옳은 내용은?

> 녹색산업투자회사는 출자총액, 신탁총액 또는 자본금의 (　　)% 이상을 녹색기술 및 녹색산업에 출자 또는 투자하는 집합투자기구로 한다. 녹색기술 또는 녹색산업 관련 기업은 녹색기술 또는 녹색산업의 이전, 관련 제품의 제조 등에 의한 매출이 인증을 신청하는 날이 속하는 해의 전년도를 기준으로 총매출액의 (　　)% 이상인 기업으로 한다.

① 60%, 30% ② 50%, 40%
③ 50%, 30% ④ 60%, 40%

> **해 설**
> - 저탄소 녹색성장 기본법 시행령 제16조(녹색산업투자회사의 설립)
> ① 녹색산업투자회사는 출자총액, 신탁총액 또는 자본금의 100분의 60 이상을 같은 조 제2항에 따른 녹색기술 및 녹색산업에 출자 또는 투자하는 집합투자기구로 한다.
> ② 녹색기술 및 녹색산업 관련 기술 및 사업은 각각 제19조제6항에 따라 고시된 인증 대상 녹색기술 또는 녹색사업을 말한다.
> ③ 녹색기술 또는 녹색산업 관련 기업은 녹색기술 또는 녹색사업의 이전, 관련 제품의 제조 등에 의한 매출액이 인증을 신청하는 날이 속하는 해의 전년도를 기준으로 총매출액의 100분의 30 이상인 기업으로 한다.
>
> [정답 ①]

031 다음 중 녹색기술·녹색산업에 대한 지원·특례에 대한 설명으로 틀린 것은?

① 국가 또는 지방자치단체는 녹색기술·녹색산업에 대하여 보조금의 지급 등 필요한 지원을 할 수 있다.
② 신용보증기금 및 기술신용보증기금은 녹색기술·녹색산업에 우선적으로 신용보증을 하거나 보증조건 등을 우대할 수 있다.
③ 국가나 지방자치단체는 녹색기술·녹색산업과 관련된 기업을 지원하기 위하여 별도의 산업단지를 조성할 수 있다.
④ 국가나 지방자치단체는 녹색기술·녹색산업과 관련된 기업이 외국인투자를 유치하는 경우에 이를 최대한 지원하기 위하여 노력하여야 한다.

> **해 설**
> - 저탄소 녹색성장 기본법 제31조(녹색기술·녹색산업에 대한 지원·특례 등)
> : 국가나 지방자치단체는 녹색기술·녹색산업과 관련된 기업을 지원하기 위하여 소득세·법인세·취득세·재산세·등록세 등을 감면할 수 있다.
>
> [정답 ③]

032 다음 중 중소기업의 녹색기술 및 녹색경영을 촉진하기 위한 시책에 해당되지 않는 것은?

① 대기업과 중소기업의 공동사업에 대한 우선 지원
② 중소기업의 녹색기술 사업화의 촉진
③ 대기업과 중소기업 간의 인력교류 촉진
④ 녹색기술·녹색산업에 관한 전문인력 양성·공급 및 국외진출

> **해설**
> - 저탄소 녹색성장 기본법 제33조(중소기업의 지원 등)
> : 중소기업의 녹색기술 및 녹색경영 촉진시책에 포함될 사항
>   - 대기업과 중소기업의 공동사업에 대한 우선 지원
>   - 대기업의 중소기업에 대한 기술지도·기술이전 및 기술인력 파견에 대한 지원
>   - 중소기업의 녹색기술 사업화의 촉진
>   - 녹색기술 개발 촉진을 위한 공공시설의 이용
>   - 녹색기술·녹색산업에 관한 전문인력 양성·공급 및 국외진출
>   - 그 밖에 중소기업의 녹색기술 및 녹색경영을 촉진하기 위한 사항
>
> [정답 ③]

033 다음 중 녹색기술·녹색산업 집적지 및 단지 조성사업의 추진기관에 해당하지 않는 곳은?

① 「에너지이용합리화법」에 따른 에너지관리공단
② 「산업집적활성화 및 공장설립에 관한 법률」에 따른 한국산업단지공단
③ 「고등교육법」에 따른 대학·산업대학·전문대학 및 기술대학
④ 「교통안전공단법」에 따른 교통안전공단

> **해설**
> - 저탄소 녹색성장 기본법 시행령 제22조(녹색기술·녹색산업 집적지 및 단지 조성사업 추진기관)
> : 녹색기술·녹색산업 집적지 및 단지 조성사업의 추진기관
>   - 「산업기술단지 지원에 관한 특례법」에 따른 사업시행자
>   - 「산업집적활성화 및 공장설립에 관한 법률」에 따른 한국산업단지공단
>   - 「특정연구기관 육성법」에 따른 특정연구기관 및 같은 공동관리기구
>   - 「고등교육법」에 따른 대학·산업대학·전문대학 및 기술대학
>   - 「과학기술분야 정부출연연구기관 등의 설립·운영 및 육성에 관한 법률」에 따른 과학기술분야 정부출연연구기관
>   - 「민법」및「공익법인의 설립·운영에 관한 법률」에 따라 미래창조과학부장관의 허가를 받아 설립된 한국산업기술진흥협회
>   - 「한국환경공단법」에 따른 한국환경공단
>   - 「환경기술 및 환경산업 지원법」에 따른 한국환경산업기술원
>   - 「교통안전공단법」에 따른 교통안전공단
>   - 「산업입지 및 개발에 관한 법률」에 따른 사업시행자
>
> [정답 ①]

034 다음 중 기후변화대응의 기본원칙에 대한 설명으로 틀린 것은?

① 지구온난화에 따른 기후변화 문제의 심각성을 인식하고 국가적·국민적 역량을 모아 총체적으로 대응하고 범지구적 노력에 적극 참여한다.
② 「기후변화에 관한 국제연합 기본협약」 및 관련 의정서에 따른 원칙을 준수하고, 기후변화 관련 국제협상을 고려한다.

③ 온실가스를 획기적으로 감축하기 위하여 정보통신·나노·생명공학 등 첨단 기술 및 융합기술을 적극 개발하고 활용한다.
④ 온실가스 배출에 따른 권리·의무를 명확히 하고 이에 대한 시장거래를 허용함으로써 다양한 감축수단을 자율적으로 선택할 수 있도록 하고, 국내 탄소시장을 활성화하여 국제 탄소시장에 적극 대비한다.

> **해설**
> • 저탄소 녹색성장 기본법 제38조(기후변화대응의 기본원칙)
> : 지구온난화에 따른 기후변화 문제의 심각성을 인식하고 국가적·국민적 역량을 모아 총체적으로 대응하고 범지구적 노력에 적극 참여한다.
> : 온실가스 감축의 비용과 편익을 경제적으로 분석하고 국내 여건 등을 감안하여 국가온실가스 중장기 감축목표를 설정하고, 가격기능과 시장원리에 기반을 둔 비용효과적 방식의 합리적 규제체제를 도입함으로써 온실가스 감축을 효율적·체계적으로 추진한다.
> : 온실가스를 획기적으로 감축하기 위하여 정보통신·나노·생명 공학 등 첨단기술 및 융합기술을 적극 개발하고 활용한다.
> : 온실가스 배출에 따른 권리·의무를 명확히 하고 이에 대한 시장거래를 허용함으로써 다양한 감축수단을 자율적으로 선택할 수 있도록 하고 국내 탄소시장을 활성화하여 국제 탄소시장에 적극 대비한다.
> : 대규모 자연재해, 환경생태와 작물상황의 변화에 대비하는 등 기후변화로 인한 영향을 최소화하고 그 위험 및 재난으로부터 국민의 안전과 재산을 보호한다.
> [정답 ②]

035 다음 중 에너지정책 등의 기본원칙에 대한 설명으로 틀린 것은?

① 석유·석탄 등 화석연료의 사용을 단계적으로 축소하고 에너지 자립도를 획기적으로 향상시킨다.
② 에너지의 합리적인 이용을 통한 온실가스의 배출을 줄이기 위한 대책을 강한다.
③ 국민이 저탄소 녹색성장의 혜택을 고루 누릴 수 있도록 저소득층에 대한 에너지이용 혜택을 확대하고 형평성을 제고하는 등 에너지와 관련한 복지를 확대한다.
④ 국외 에너지자원 확보, 에너지의 수입 다변화, 에너지 비축 등을 통하여 에너지를 안정적으로 공급함으로써 에너지에 관한 국가안보를 강화한다.

> **해설**
> • 저탄소 녹색성장 기본법 제39조(에너지정책 등의 기본원칙)
> : 석유·석탄 등 화석연료의 사용을 단계적으로 축소하고 에너지 자립도를 획기적으로 향상시킨다.
> : 에너지 가격의 합리화, 에너지의 절약, 에너지 이용효율 제고 등 에너지 수요관리를 강화하여 지구온난화를 예방하고 환경을 보전하며, 에너지 저소비·자원순환형 경제·사회구조로 전환한다.
> : 친환경에너지인 태양에너지, 폐기물·바이오에너지, 풍력, 지열, 조력, 연료전지, 수소에너지 등 신·재생에너지의 개발·생산·이용 및 보급을 확대하고 에너지 공급원을 다변화한다.
> : 에너지가격 및 에너지산업에 대한 시장경쟁 요소의 도입을 확대하고 공정거래 질서를 확립하며, 국제규범 및 외국의 법제도 등을 고려하여 에너지산업에 대한 규제를 합리적으로 도입·개선하여 새로운 시장을 창출한다.
> : 국민이 저탄소 녹색성장의 혜택을 고루 누릴 수 있도록 저소득층에 대한 에너지 이용 혜택을 확대하고 형평성을 제고하는 등 에너지와 관련한 복지를 확대한다.
> : 국외 에너지자원 확보, 에너지의 수입 다변화, 에너지 비축 등을 통하여 에너지를 안정적으로 공급함으로써 에너지에 관한 국가안보를 강화한다.
> [정답 ②]

036 다음 중 기후변화대응 기본계획에 대한 설명으로 괄호안에 들어갈 내용으로 올바른 것은?

> 정부는 기후변화대응의 기본원칙에 따라 (㉠)을 계획기간으로 하는 기후변화대응 기본계획을 (㉡)마다 수립·시행하여야 한다.

① ㉠ 10년, ㉡ 5년　　② ㉠ 20년, ㉡ 5년
③ ㉠ 10년, ㉡ 3년　　④ ㉠ 20년, ㉡ 3년

해 설
- 저탄소 녹색성장 기본법 제40조(기후변화대응 기본계획)
  : 정부는 기후변화대응의 기본원칙에 따라 20년을 계획기간으로 하는 기후변화대응 기본계획을 5년마다 수립·시행하여야 한다.

[정답 ②]

037 다음 중 에너지기본계획의 수립에 대한 설명으로 틀린 것은?

① 국내외 에너지 수요와 공급의 추이 및 전망에 관한 사항
② 에너지의 안정적 확보, 도입·공급 및 관리를 위한 대책에 관한 사항
③ 에너지 안전관리를 위한 대책에 관한 사항
④ 에너지절약형 경제구조로의 전환에 관한 사항

해 설
- 저탄소 녹색성장 기본법 제41조(에너지 기본계획의 수립)
- 국내외 에너지 수요와 공급의 추이 및 전망에 관한 사항
- 에너지의 안정적 확보, 도입·공급 및 관리를 위한 대책에 관한 사항
- 에너지 수요 목표, 에너지원 구성, 에너지 절약 및 에너지 이용효율 향상에 관한 사항
- 신·재생에너지 등 환경친화적 에너지의 공급 및 사용을 위한 대책에 관한 사항
- 에너지 안전관리를 위한 대책에 관한 사항
- 에너지 관련 기술개발 및 보급, 전문인력 양성, 국제협력, 부존 에너지 자원 개발 및 이용, 에너지 복지 등에 관한 사항

[정답 ④]

038 저탄소 녹색성장 기본법에서 기후변화대응 및 에너지 목표관리를 위해서 중장기 및 단계별 목표를 설정해야 하는 사항과 거리가 먼 것은?

① 온실가스 감축목표
② 에너지 절약 목표 및 에너지 이용효율목표
③ 에너지 자립 목표
④ 녹색기술, 녹색산업의 육성 목표

> **해 설**
> - 저탄소 녹색성장 기본법 제42조(기후변화대응 및 에너지의 목표관리)
> 1. 온실가스 감축 목표
> 2. 에너지 절약 목표 및 에너지 이용효율 목표
> 3. 에너지 자립 목표
> 4. 신·재생에너지 보급 목표
>
> [정답 ④]

039 다음 중 2020년 국가 온실가스 총배출량을 그해 배출전망치(BAU) 대비 몇 % 감축을 국가목표 설정하고 있는가?

① 10% ② 20% ③ 30% ④ 40%

> **해 설**
> - 저탄소 녹색성장 기본법 시행령 제25조(온실가스 감축 국가목표 설정·관리)
> : 온실가스 감축 목표는 2020년의 국가 온실가스 총배출량을 2020년의 온실가스 배출 전망치 대비 100분의 30까지 감축하는 것으로 한다.
>
> [정답 ③]

040 다음 중 온실가스·에너지 목표관리와 관련하여 부처별 소관분야가 틀린것은?

① 농림축산식품부 : 농업·임업·축산 분야
② 산업통상자원부 : 산업·발전(發電) 분야
③ 환경부 : 대기 분야
④ 국토교통부 : 건물·교통 분야

> **해 설**
> - 저탄소 녹색성장 기본법 시행령 제26조(온실가스·에너지 목표관리의 원칙 및 역할)
> : 부문별 관장기관
>   - 농림축산식품부 : 농업·임업·축산 분야
>   - 산업통상자원부 : 산업·발전(發電) 분야
>   - 환경부 : 폐기물 분야
>   - 국토교통부 : 건물·교통 분야
>
> [정답 ③]

041 환경부장관은 국내외 자동차 산업의 여건, 국제적인 규제동향, 측정 방법·절차 및 제재의 단일화 등을 고려하여 자동차 제작업체가 자동차 평균에너지 소비효율기준 및 자동차 온실가스 배출허용기준을 선택적으로 준수할 수 있도록 하는 기준 등을 누구와 협의를 거쳐 관보에 고시하는가?

① 국토교통부장관 ② 기획재정부장관
③ 산업통상자원부장관 ④ 안전행정부장관

해설
- 저탄소 녹색성장 기본법 시행령 제26조(온실가스·에너지 목표관리의 원칙 및 역할)
환경부장관은 온실가스 및 에너지 목표관리의 통합·연계, 국내산업의 여건, 국제적인 동향, 이중 규제의 방지 등 관련 규제의 선진화 등을 고려하여, 목표의 설정·관리 및 검증 등에 관한 종합적인 기준 및 지침을 마련하여 이를 관보에 고시한다. 이 경우 부문별 관계 중앙행정기관의 장과의 협의 및 위원회의 심의를 거쳐야 한다.
1. 농림축산식품부: 농업·임업·축산 분야
2. 산업통상자원부: 산업·발전(發電) 분야
3. 환경부: 폐기물 분야
4. 국토교통부: 건물·교통 분야

[정답 ③]

042 다음 중 온실가스·에너지 목표관리를 총괄·조정하는 부처는?

① 기획재정부장관 ② 미래창조과학부장관
③ 산업통상자원부장관 ④ 환경부장관

해설
- 저탄소 녹색성장 기본법 시행령 제26조(온실가스·에너지 목표관리의 원칙 및 역할)
: 환경부장관은 온실가스 감축 목표의 설정·관리 및 필요한 조치에 관한 총괄·조정 기능을 수행한다.

[정답 ④]

043 다음 중 온실가스·에너지 목표관리 대상 공공기관에 해당하지 않는 곳은?

① 중앙행정기관
② 「지방공기업법」에 따른 지방공사 및 지방공단
③ 「방송법」에 따른 한국방송공사
④ 「고등교육법」에 따른 국립대학 및 공립대학

해설
- 저탄소 녹색성장 기본법 시행령 제27조(목표관리 대상 공공기관)
- 중앙행정기관
- 지방자치단체
- 「공공기관의 운영에 관한 법률」에 따른 공공기관
- 「지방공기업법」에 따른 지방공사 및 지방공단
- 「국립대학병원설치법」,「국립대학치과병원설치법」,「서울대학교병원 설치법」 및 「서울대학교치과병원 설치법」에 따른 병원
- 「고등교육법」에 따른 국립대학 및 공립대학

[정답 ③]

044 온실가스·에너지 목표관리제하에서 관리업체에 대한 지정 절차에 관한 내용이다. ( )안에 옳은 내용은?

> 환경부장관은 관리업체 선정의 중복·누락, 규제의 적절성 등을 확인하고 그 결과를 부문별 관장기관에게 통보하며, 통보를 받은 부문별 관장기관은 매년 (   )까지 관리업체를 지정하여 관보에 고시한다. 관리업체는 지정에 이의가 있는 경우 고시된 날부터 (   ) 이내에 부문별 관장기관에게 소명 자료를 첨부하여 이의를 신청할 수 있다. 부문별 관장기관은 이의신청을 받았을 때에는 이에 관하여 재심사하고, 환경부장관의 확인을 거쳐 이의신청을 받은 날부터 (   ) 이내에 그 결과를 해당 관리업체에 통보하여야 하며, 부문별 관장기관은 관리업체의 지정에 변경이 있는 경우에는 그 내용을 관보에 고시한다.

① 4월 30일, 15일, 15일
② 4월 30일, 30일, 30일
③ 6월 30일, 15일, 15일
④ 6월 30일, 30일, 30일

해설
- 저탄소 녹색성장 기본법 시행령 제29조(관리업체 지정기준 등)
환경부장관은 관리업체 선정의 중복·누락, 규제의 적절성 등을 확인하고 그 결과를 부문별 관장기관에게 통보하며, 통보를 받은 부문별 관장기관은 매년 6월 30일까지 관리업체를 지정하여 관보에 고시한다. 관리업체는 지정에 이의가 있는 경우 고시된 날부터 30일 이내에 부문별 관장기관에게 소명 자료를 첨부하여 이의를 신청할 수 있다. 부문별 관장기관은 이의신청을 받았을 때에는 이에 관하여 재심사하고, 환경부장관의 확인을 거쳐 이의신청을 받은 날부터 30일 이내에 그 결과를 해당 관리업체에 통보하여야 하며, 부문별 관장기관은 관리업체의 지정에 변경이 있는 경우에는 그 내용을 관보에 고시한다. [정답 ④]

045 다음 중 온실가스 배출량 및 에너지 사용량 등의 보고에 대한 설명으로 틀린 것은?

① 관리업체는 사업장별로 매년 온실가스 배출량 및 에너지 소비량에 대하여 측정·보고·검증 가능한 방식으로 명세서를 작성하여 정부에 보고하여야 한다.
② 관리업체는 보고를 할 때 명세서의 신뢰성 여부에 대하여 대통령령으로 정하는 공신력 있는 외부 전문기관의 컨설팅을 받아야 한다.
③ 정부는 명세서를 체계적으로 관리하고 명세서에 포함된 주요 정보를 관리업체별로 공개할 수 있다.
④ 정부는 관리업체로부터 정보의 비공개 요청을 받았을 때에는 심사위원회를 구성하여 30일 이내에 그 결과를 통지하여야 한다.

해설
- 저탄소 녹색성장 기본법 제44조(온실가스 배출량 및 에너지 사용량 등의 보고)
: 관리업체는 보고를 할 때 명세서의 신뢰성 여부에 대하여 대통령령으로 정하는 공신력 있는 외부 전문기관의 검증을 받아야 한다. [정답 ②]

046 온실가스 · 에너지 목표관리제하에서 검증기관 지정을 취소하여야 하는 경우는?

① 거짓이나 그 밖의 부정한 방법을 이용하여 검증기관으로 지정받은 경우
② 지정기준을 갖추지 못하게 된 경우
③ 환경부장관이 검증기관에 필요한 관련 자료의 제공을 요청하였으나 이를 따르지 않는 경우
④ 과실로 인한 검증결과의 중대한 오류 등이 확인된 경우

> **해설**
> • 저탄소 녹색성장 기본법 시행령 제32조(검증기관 등)
> 1. 거짓이나 그 밖의 부정한 방법을 이용하여 검증기관으로 지정받은 경우
> 2. 제1항에 따른 지정기준을 갖추지 못하게 된 경우
> 3. 고의 또는 중과실로 인한 검증결과의 중대한 오류 등이 확인된 경우
>
> [정답 ①]

047 온실가스 에너지 목표관리제 하에서 관리업체는 해당연도 온실가스배출량 및 에너지소비량에 관한 명세서를 작성하고 이에 대한 검증기관의 검증결과를 첨부하여 부문별 관장기관에게 언제까지 전자적 방식으로 제출하여야 하는가?

① 다음 연도 1월31일
② 다음 연도 3월31일
③ 다음 연도 6월31일
④ 다음 연도 12월31일

> **해설**
> • 저탄소 녹색성장 기본법 시행령 제34조(명세서의 보고 · 관리 절차 등)
> ① 관리업체는 법 해당 연도 온실가스 배출량 및 에너지 소비량에 관한 명세서를 작성하고, 이에 대한 검증기관의 검증 결과를 첨부하여 부문별 관장기관에게 다음 연도 3월 31일까지 전자적 방식으로 제출하여야 한다.
>
> [정답 ②]

048 저탄소 녹색성장 기본법률 상 관리업체가 매년 제출하여야 하는 온실가스 배출량 및 에너지 소비량에 관한 명세서에 포함되어야 하는 사항이 아닌 것은?

① 명세서에 관한 품질관리 절차
② 업체의 규모, 생산설비, 제품원료 및 생산량
③ 배출권의 할당 대상이 되는 부문 및 업종에 관한 사항
④ 포집 · 처리한 온실가스의 종류 및 양

해 설
- 저탄소 녹색성장 기본법 시행령 제34조(명세서의 보고·관리 절차 등)
1. 업체의 규모, 생산설비, 제품원료 및 생산량
2. 사업장별 배출 온실가스의 종류 및 배출량, 온실가스 배출시설의 종류·규모·수량 및 가동시간
3. 사업장별 사용 에너지의 종류 및 사용량, 사용연료의 성분, 에너지 사용시설의 종류·규모·수량 및 가동시간
4. 생산공정과 생산설비로 구분한 온실가스 배출량·종류 및 규모
5. 생산공정에서 사용된 온실가스 배출 방지시설의 종류·규모·처리효·수량 및 가동시간
6. 포집(捕執)·처리한 온실가스의 종류 및 양
7. 제2호부터 제6호까지의 부문별 온실가스 배출량 및 에너지 사용량의 계산·측정 방법
8. 명세서에 관한 품질관리 절차
9. 그 밖에 관리업체의 온실가스 배출량 및 에너지 소비량의 관리를 위하여 부문별 관장기관이 환경부장관과의 협의를 거쳐 필요하다고 인정한 사항

[정답 ③]

049 다음 중 온실가스 종합정보센터의 관장사항에 대한 설명으로 틀린 것은?

① 국가 및 부문별 온실가스 감축 목표 설정의 지원
② 국제기준에 따른 국가 온실가스 종합정보관리체계 운영
③ 온실가스감축시책에 적극 협조하고, 온실가스 검증의 발전 도모
④ 저탄소 녹색성장 관련 국제기구·단체 및 개발도상국과의 협력

해 설
- 저탄소 녹색성장 기본법 시행령 제36조(국가 온실가스 종합정보관리체계의 구축 및 관리)
  : 온실가스 종합센터의 관장사항
  - 국가 및 부문별 온실가스 감축 목표 설정의 지원
  - 국제기준에 따른 국가 온실가스 종합정보관리체계 운영
  - 온실가스·에너지 목표관리 등과 관련한 업무협조 지원 및 관계 중앙행정기관에 대한 정보 제공
  - 국내외 온실가스 감축 지원을 위한 조사·연구
  - 저탄소 녹색성장 관련 국제기구·단체 및 개발도상국과의 협력

[정답 ③]

050 온실가스 배출권 거래제 하에서 주무관청은 배출권 등록부 및 상쇄등록부의 관리·운영에 관한 권한을 누구에게 위임하는가?

① 온실가스종합정보센터의 장
② 녹색기술실용화재단의 장
③ 에너지관리공단의 장
④ 한국환경공단의 장

해 설
- 저탄소 녹색성장 기본법 시행령 제31조(등록부의 관리)
  : 센터(온실가스종합정보센터)는 부문별 관장기관으로부터 이행실적을 제출받으면 이를 등록부로 작성하여 전자적 방식으로 통합 관리·운영하여야 한다.

[정답 ①]

051 다음 중 환경부장관이 수립하는 기후변화 적응대책은 몇 년마다 수립하는가?

① 1년　　　② 3년　　　③ 5년　　　④ 10년

해설
- 저탄소 녹색성장 기본법 시행령 제38조(기후변화 적응대책의 수립·시행 등)
: 환경부장관은 기후변화 적응대책을 관계 중앙행정기관의 장과의 협의 및 위원회의 심의를 거쳐 5년 단위로 수립·시행하여야 한다.

[정답 ③]

052 다음 중 녹색건축물의 확대방안에 대한 설명으로 틀린 것은?

① 녹색건축물 등급제 수립·시행
② 리모델링 건축물에 대한 지능형 계량기 부착·관리
③ 신도시 개발 또는 도시 재개발 시 녹색건축물의 확대·보급 노력
④ 녹색건축물의 확대를 위한 자금의 지원, 조세의 감면 등 지원

해설
- 저탄소 녹색성장 기본법 제54조 (녹색건축물의 확대)
: 신축, 개축 건축물에 대한 지능형 계량기 부착·관리

[정답 ②]

053 다음 중 녹색국토 조성시책에 포함될 사항이 아닌 것은?

① 해양의 친환경적 개발·이용·보존
② 에너지·자원 자립형 탄소중립도시 조성
③ 주거 등 생활환경 개선을 통한 국민의 삶의 질 향상
④ 친환경 교통체계의 확충

해설
- 저탄소 녹색성장 기본법 제51조(녹색국토의 관리)
: 녹색국토 조성시책에 포함사항
- 에너지·자원 자립형 탄소중립도시 조성
- 산림·녹지의 확충 및 광역생태축 보전
- 해양의 친환경적 개발·이용·보존
- 저탄소 항만의 건설 및 기존 항만의 저탄소 항만으로의 전환
- 친환경 교통체계의 확충
- 자연재해로 인한 국토 피해의 완화
- 그 밖에 녹색국토 조성에 관한 사항

[정답 ③]

054 다음 중 기후변화대응을 위한 물관리 시책에 포함될 사항이 아닌 것은?

① 수생태계의 보전·관리와 수질개선
② 수도시설의 정보화에 관한 사항
③ 자연친화적인 하천의 보전·복원
④ 수질오염 예방·처리를 위한 기술 개발 및 관련 서비스 제공 등

> **해설**
> 저탄소 녹색성장 기본법 제52조(기후변화대응을 위한 물관리)
> : 기후변화대응 물관리 시책에 포함사항
> - 깨끗하고 안전한 먹는 물 공급과 가뭄 등에 대비한 안정적인 수자원의 확보
> - 수생태계의 보전·관리와 수질개선
> - 물 절약 등 수요관리, 빗물 이용·하수 재이용 등 순환 체계의 정비 및 수해의 예방
> - 자연친화적인 하천의 보전·복원
> - 수질오염 예방·처리를 위한 기술 개발 및 관련 서비스 제공 등
>
> [정답 ②]

055 관리업체(업체) 지정 온실가스 배출량 및 에너지 소비량 기준 중에서 2014년 1월 1일부터 적용되는 온실가스 배출량과 에너지 소비량은 얼마인가?

① 125 이상(Kilotonnes CO_2-eq), 500 이상(Terajoules)
② 87.5 이상(Kilotonnes CO_2-eq), 350 이상(Terajoules)
③ 50 이상(Kilotonnes CO_2-eq), 200 이상(Terajoules)
④ 30 이상(Kilotonnes CO_2-eq), 150 이상(Terajoules)

> **해설**
> 관리업체(업체) 지정 온실가스 배출량 및 에너지 소비량 기준
>
> | 구분 | 온실가스 배출량(Kilotonnes CO_2-eq) | 에너지 소비량(Terajoules) |
> |---|---|---|
> | 2011년 12월 31일까지 | 125 이상 | 500 이상 |
> | 2012년 1월 1일부터 | 87.5 이상 | 350 이상 |
> | 2014년 1월 1일부터 | 50 이상 | 200 이상 |
>
> [정답 ③]

056 관리업체(사업장)기준 2014년 1월 1일부터 적용되는 온실가스 배출량과 에너지 소비량은 얼마인가?

① 25 이상(Kilotonnes CO_2-eq), 100 이상(Terajoules)
② 20 이상(Kilotonnes CO_2-eq), 90 이상(Terajoules)

③ 15 이상(Kilotonnes CO_2-eq), 80 이상(Terajoules)
④ 10 이상(Kilotonnes CO_2-eq), 70 이상(Terajoules)

> **해설**
>
> 관리업체(사업장) 지정 온실가스 배출량 및 에너지 소비량 기준
>
> | 구 분 | 온실가스 배출량(Kilotonnes CO_2-eq) | 에너지 소비량(Terajoules) |
> |---|---|---|
> | 2011년 12월 31일까지 | 25 이상 | 100 이상 |
> | 2012년 1월 1일부터 | 20 이상 | 90 이상 |
> | 2014년 1월 1일부터 | 15 이상 | 80 이상 |
>
> [정답 ③]

057 온실가스 소량배출사업장 기준은 얼마인가?

① 1 미만(Kilotonnes CO_2-eq), 15 미만(Terajoules)
② 2 미만(Kilotonnes CO_2-eq), 35 미만(Terajoules)
③ 3 미만(Kilotonnes CO_2-eq), 55 미만(Terajoules)
④ 4 미만(Kilotonnes CO_2-eq), 75 미만(Terajoules)

> **해설**
>
> 온실가스 소량배출사업장 기준
>
> | 온실가스 배출량(Kilotonnes CO_2-eq) | 에너지 소비량(Terajoules) |
> |---|---|
> | 3 미만 | 55 미만 |
>
> [정답 ③]

058 다음 중 수소불화탄소 물질이 아닌 것은?

① HFC-23　　② HFC-134　　③ HFC-134a　　④ PFC-14

> **해설**
>
> 수소불화탄소 및 과불화탄소 물질
>
> | | |
> |---|---|
> | 수소불화탄소(HFCs) | HFC-23, HFC-32, HFC-41, HFC-43-10mee, HFC-125, HFC-134, HFC-134a, HFC-143, HFC-143a, HFC-152a, HFC-227ea, HFC-236fa, HFC-245ca |
> | 과불화탄소(PFCs) | PFC-14, PFC-116, PFC-218, PFC-31-10, PFC-c318, PFC-41-12, PFC-51-14 |
>
> [정답 ④]

059 관리업체는 사업장별로 매년 온실가스 배출량 및 에너지 소비량에 대하여 측정·보고·검증 가능한 방식으로 명세서를 작성하여 정부에 보고하여야 한다. 다음 중 이를 보고하지 않거나 거짓으로 보고한 경우에 해당하는 과태료 부과기준으로 틀린 것은?

① 1개월 이내의 기간 경과 : 300만원
② 1개월 초과 3개월 이내의 기간 경과 : 500만원
③ 3개월 초과의 기간 경과 : 800만원
④ 거짓으로 보고한 경우 : 1,000만원

> **해설**
> 명세서를 보고하지 않거나 거짓으로 보고한 경우의 과태료 부과기준
> • 1개월 이내의 기간 경과 : 300만원
> • 1개월 초과 3개월 이내의 기간 경과 : 500만원
> • 3개월 초과의 기간 경과 : 700만원
> • 거짓으로 보고한 경우 : 1,000만원
>
> [정답 ③]

060 다음 중 과태료의 부과기준에 대한 설명으로 틀린 것은?

① 관리업체가 개선명령을 이행하지 아니한 경우 (1차 위반) : 300만원
② 관리업체가 시정이나 보완 명령을 이행하지 아니한 경우 (2차 위반) : 500만원
③ 관리업체가 명세서를 거짓으로 보고한 경우 : 1,000만원
④ 위반행위의 횟수에 따른 과태료의 부과기준은 최근 1년간 같은 위반행위로 부과처분을 받은 경우에 적용한다.

> **해설**
> 관리업체가 시정이나 보완 명령을 이행하지 아니한 경우
> – 1차 위반 : 300만원
> – 2차 위반 : 600만원
> – 3차 위반 이상 : 1,000만원
>
> [정답 ②]

061 다음은 온실가스 배출권의 할당 및 그 거래에 관한 법률에서 사용하는 용어의 뜻이다. ( )안에 옳은 내용은?

> '계획기간'이란 국가온실가스감축목표를 달성하기 위하여 (   )로 온실가스배출업체에 배출권을 할당하고 그 이행실적을 관리하기 위하여 설정되는 기간을 말한다.

① 1년 단위　　② 3년 단위　　③ 5년 단위　　④ 10년 단위

> **해설**
> • 온실가스 배출권의 할당 및 거래에 관한 법률 제2조(정의)
> : "계획기간"이란 국가온실가스감축목표를 달성하기 위하여 5년 단위로 온실가스 배출업체에 배출권을 할당하고 그 이행실적을 관리하기 위하여 설정되는 기간을 말한다.
> **[정답 ③]**

062 다음 중 용어의 정의로 틀린 것은?

① "배출권"이란 온실가스 감축 목표를 달성하기 위하여 온실가스 배출허용총량의 범위에서 개별 온실가스 배출업체에 할당되는 온실가스 배출허용량을 말한다.
② "1 이산화탄소상당량톤(tCO_2-eq)"이란 이산화탄소 1톤 또는 기타 온실가스의 지구온난화 영향이 이산화탄소 1톤에 상당하는 양을 말한다.
③ "계획기간"이란 국가온실가스감축목표를 달성하기 위하여 3년 단위로 온실가스 배출업체에 배출권을 할당하고 그 이행실적을 관리하기 위하여 설정되는 기간을 말한다.
④ "이행연도"란 계획기간별 국가온실가스감축목표를 달성하기 위하여 1년 단위로 온실가스 배출업체에 배출권을 할당하고 그 이행실적을 관리하기 위하여 설정되는 계획기간 내의 각 연도를 말한다.

> **해설**
> • 온실가스 배출권의 할당 및 거래에 관한 법률 제2조(정의)
> : "계획기간"이란 국가온실가스감축목표를 달성하기 위하여 5년 단위로 온실가스 배출업체에 배출권을 할당하고 그 이행실적을 관리하기 위하여 설정되는 기간을 말한다.
> **[정답 ③]**

063 다음 중 정부가 배출권의 할당 및 거래에 관한 제도를 수립하거나 시행할 때 따라야 하는 기본원칙에 대한 설명으로 틀린 것은?

① 「기후변화에 관한 국제연합 기본협약」 및 관련 의정서에 따른 원칙을 준수하고, 기후변화 관련 국제협상을 고려할 것
② 배출권거래제가 경제 부문의 국제경쟁력에 미치는 영향을 고려할 것
③ 국가온실가스감축목표를 효과적으로 달성할 수 있도록 감시기능을 최대한 활용할 것
④ 배출권의 거래가 일반적인 시장거래 원칙에 따라 공정하고 투명하게 이루어지도록 할 것

> **해설**
> • 온실가스 배출권의 할당 및 거래에 관한 법률 제3조(기본원칙)
> : 배출권거래제는 시장원리에 기반한 비용 효과적 방식으로 우리나라 산업계의 온실가스 감축부담을 완화할 수 있어 최적의 사회적 비용으로 온실가스를 감축할 수 있다.
> **[정답 ③]**

064 다음 중 배출권의 할당 및 거래에 관한 제도의 기본원칙에 맞지 않는 것은?

① 「기후변화에 관한 국제연합 기본협약」 및 관련 의정서에 따른 원칙을 준수하고, 기후변화 관련 국제협상을 고려할 것
② 배출권거래제가 경제부문의 국제경쟁력에 미치는 영향을 고려할 것
③ 국가온실가스감축목표를 달성할 수 있도록 시장기능을 규격화할 것
④ 국제탄소시장과의 연계를 고려하여 국제적 기준에 적합하게 정책을 운영할 것

해 설
국가온실가스감축목표를 효과적으로 달성할 수 있도록 시장기능을 최대한 활용할 것 [정답 ③]

065 다음 중 배출권거래제의 기본계획 수립과 관련하여 다음의 빈칸에 들어갈 내용으로 맞는 것은?

> 정부는 온실가스 배출권거래제를 도입함으로써 시장기능을 활용하여 효과적으로 국가의 온실가스 감축목표를 달성하기 위하여 (㉠)을 단위로 하여 (㉡)마다 배출권거래제에 관한 중장기 정책목표와 기본방향을 정하여 배출권거래제 기본계획을 수립하여야 한다.

① ㉠ 10년, ㉡ 3년
② ㉠ 10년, ㉡ 5년
③ ㉠ 5년, ㉡ 1년
④ ㉠ 5년, ㉡ 3년

해 설
[정답 ②]

066 다음 중 배출권거래제의 기본계획 수립에 포함되어야 할 내용으로 틀린 것은?

① 배출권거래제에 관한 국내외 현황 및 전망에 관한 사항
② 국가온실가스감축목표를 고려한 배출권거래제 계획기간의 운영에 관한 사항
③ 배출권거래제 운영에 따른 에너지 가격 및 물가 변동 등 경제적 영향에 관한 사항
④ 배출권의 할당 대상이 되는 부문 및 업종에 관한 사항

> **해 설**
>
> 온실가스 배출권의 할당 및 거래에 관한 법률 제4조(배출권거래제 기본 계획의 수립 등)
> : 기본계획에는 다음 각 호의 사항이 포함되어야 한다.
> - 배출권거래제에 관한 국내외 현황 및 전망에 관한 사항
> - 배출권거래제 운영의 기본방향에 관한 사항
> - 국가온실가스감축목표를 고려한 배출권거래제계획기간의 운영에 관한 사항
> - 경제성장과 부문별·업종별 신규 투자 및 시설(온실가스를 배출하는 사업장 또는 그 일부를 말한다. 이하 같다) 확장 등에 따른 온실가스 배출 전망에 관한 사항
> - 배출권거래제 운영에 따른 에너지 가격 및 물가 변동 등 경제적 영향에 관한 사항
> - 무역집약도 또는 탄소집약도 등을 고려한 국내 산업의 지원대책에 관한 사항
> - 국제 탄소시장과의 연계 방안 및 국제협력에 관한 사항
> - 그 밖에 재원조달, 전문인력 양성, 교육·홍보 등 배출권거래제의 효과적 운영에 관한 사항
>
> [정답 ④]

067 다음 중 배출권거래제의 기본계획에 포함되지 않는 사항은?

① 배출권거래제에 할당목표에 관한 사항
② 국가온실가스감축목표를 고려한 배출권거래제 계획기간의 운영에 관한 사항
③ 배출권거래제 운영에 따른 에너지 가격 및 물가 변동 등 경제적 영향에 관한 사항
④ 무역집약도 또는 탄소집약도 등을 고려한 국내 산업의 지원대책에 관한 사항

> **해 설**
> - 온실가스 배출권의 할당 및 거래에 관한 법률 제4조
>
> [정답 ①]

068 다음 중 배출권거래에 관한 중장기 정책목표와 기본방향을 정하는 기본계획 수립에 대한 설명으로 틀린 것은?

① 정부는 배출권거래제의 기본계획을 10년을 단위로 하여 5년마다 수립하여야 한다.
② 정부는 할당대상업체가 변경을 요구하거나 기후변화 관련 국제협상 등에 따라 기본계획을 변경할 필요가 있다고 인정할 때에는 그 타당성 여부를 검토하여 기본계획을 변경할 수 있다.
③ 정부는 기본계획을 수립하거나 변경할 때에는 관계 중앙행정기관, 지방자치단체 및 관련 이해관계인의 의견을 수렴하여야 한다.
④ 기본계획의 수립 또는 변경은 대통령령으로 정하는 바에 따라 녹색성장위원회 및 국무회의의 심의를 거쳐 확정한다. 다만, 대통령령으로 정하는 경미한 사항을 변경하는 경우에는 그러하지 아니하다.

> **해 설**
> - 온실가스 배출권의 할당 및 거래에 관한 법률 제4조(배출권거래제 기본 계획의 수립 등)
> : 정부는 주무관청이 변경을 요구하거나 기후변화 관련 국제협상 등에 따라 기본계획을 변경할 필요가 있다고 인정할 때에는 그 타당성 여부를 검토하여 기본계획을 변경할 수 있다.
>
> [정답 ②]

069 다음 중 배출권 할당위원회의 심의·조정 사항이 아닌 것은?

① 할당계획에 관한 사항
② 배출량의 인증 상쇄와 관련된 정책의 조정 및 지원에 관한 사항
③ 국제 탄소시장과의 연계 및 국제협력에 관한 사항
④ 국가 에너지 및 전력 수급계획에 따른 목표설정 예외사항

> **해설**
> 온실가스 배출권의 할당 및 거래에 관한 법률 제6조(배출권 할당위원회의 설치)
> : 배출권 할당위원회의 심의·조정사항은 다음과 같다.
> - 할당계획에 관한 사항
> - 시장 안정화 조치에 관한 사항
> - 배출량의 인증 및 상쇄와 관련된 정책의 조정 및 지원에 관한 사항
> - 국제 탄소시장과의 연계 및 국제협력에 관한 사항
> - 그 밖에 배출권거래제와 관련하여 위원장이 할당위원회의 심의·조정을 거칠 필요가 있다고 인정하는 사항
>
> [정답 ④]

070 다음 중 배출권 할당위원회의 구성에 대한 설명으로 틀린 것은?

① 할당위원회는 위원장 1명과 20명 이내의 위원으로 구성한다.
② 할당위원회 위원장은 환경부장관이 되며, 위원회를 대표하고, 위원회의 사무를 총괄한다.
③ 위촉된 위원의 임기는 2년으로 하며, 한 차례만 연임할 수 있다.
④ 간사위원은 위원장의 명을 받아 할당계획의 수립 준비 등 할당위원회의 사무를 처리한다.

> **해설**
> - 온실가스 배출권의 할당 및 거래에 관한 법률 제7조(할당위원회의 구성 및 운영)
> : 할당위원회 위원장은 기획재정부장관이 된다.
>
> [정답 ②]

071 온실가스 배출권거래 할당위원회의 구성 및 운영으로 맞지 않는 것은?

① 할당위원회 위원장은 기획재정부장관이다.
② 위촉된 위원의 임기는 2년으로 하며, 한 차례만 연임할 수 있다.
③ 기후변화, 에너지·자원, 배출권거래제 등 저탄소 녹색성장에 관한 학식과 경험이 풍부한 사람 중에서 기획재정부장관이 위촉하는 사람을 위원으로 임명한다.
④ 할당위원회는 위원장 2명과 20명 이내의 위원으로 구성한다.

> **해설**
> 할당위원회는 위원장 1명과 20명 이내의 위원으로 구성한다.　　　　　　　　　　　　　　　　　　　　　　　[정답 ④]

072 온실가스 배출권의 할당 및 거래에 관한 법률 상 주무관청은 매 계획 기간 시작 몇 개월 전까지 배출권 할당 대상업체를 지정·고시하여야 하는가?

① 1개월　　　　② 3개월　　　　③ 5개월　　　　④ 6개월

> **해설**
> - 온실가스 배출권의 할당 및 거래에 관한 법률 제8조(할당대상업체의 지정)
> 대통령령으로 정하는 중앙행정기관의 장은 매 계획기간 시작 5개월 전까지 할당계획에서 정하는 배출권의 할당 대상이 되는 부문 및 업종에 속하는 온실가스 배출업체 중에서 다음 각 호의 어느 하나에 해당하는 업체를 배출권 할당 대상업체로 지정·고시한다. 관리업체 중 최근 3년간 온실가스배출량의 연평균 총량이 125,000 이산화탄소상당량톤(tCO₂-eq) 이상인 업체이거나 25,000 이산화탄소상당량톤(tCO₂-eq) 이상인 사업장의 해당 업체　　[정답 ③]

073 환경부장관이 지정·고시하는 배출권 할당 대상업체에 해당하는 업체는?

① 최근 5년간 온실가스 배출량의 연평균 총량이 87,000 이산화탄소상당량톤(tCO$_2$-eq) 이상인 업체이거나 15,000 이산화탄소상당량톤(tCO$_2$-eq) 이상인 사업장의 해당 업체
② 최근 5년간 온실가스 배출량의 연평균 총량이 87,000 이산화탄소상당량톤(tCO$_2$-eq) 이상인 업체이거나 15,000 이산화탄소상당량톤(tCO$_2$-eq) 이상인 사업장의 해당 업체
③ 최근 5년간 온실가스 배출량의 연평균 총량이 125,000 이산화탄소상당량톤(tCO$_2$-eq) 이상인 업체이거나 25,000 이산화탄소상당량톤(tCO$_2$-eq) 이상인 사업장의 해당 업체
④ 최근 3년간 온실가스 배출량의 연평균 총량이 125,000 이산화탄소상당량톤(tCO$_2$-eq) 이상인 업체이거나 25,000 이산화탄소상당량톤(tCO$_2$-eq) 이상인 사업장의 해당 업체

> **해설**　　[정답 ④]

074 다음 중 배출권등록부에 대한 설명으로 틀린 것은?

① 배출권의 할당 및 거래, 할당대상업체의 조기감축실적 등에 관한 사항을 등록·관리하기 위하여 주무관청에 배출권 거래등록부를 둔다.
② 배출권등록부에는 할당대상업체, 그 밖의 개인 또는 법인 명의의 배출권 계정 및 그 보유량 등을 등록한다.
③ 배출권등록부는 온실가스 종합정보관리체계와 유기적으로 연계될 수 있도록 전자적 방식으로 관리되어야 한다.
④ 배출권등록부에 배출권 거래계정을 등록한 자는 그가 보유하고 있는 배출권의 수량 등 대통령령으로 정하는 등록사항에 대하여 증명서의 발급을 주무관청에 신청할 수 있다.

> **해설**
> • 온실가스 배출권의 할당 및 거래에 관한 법률 제10조(배출권등록부)
> : 배출권의 할당 및 거래, 할당대상업체의 온실가스 배출량 등에 관한 사항을 등록·관리하기 위하여 주무관청에 배출권 거래등록부를 둔다.
> **[정답 ①]**

075 다음 중 배출권 등록부에 등록하여야 할 내용으로 틀린 것은?

① 계획기간 및 이행연도별 배출권의 총수량
② 할당대상업체, 그 밖의 개인 또는 법인 명의의 배출권 계정 및 그 보유량
③ 배출권 예비분 관리를 위한 계정 및 그 보유량
④ 주무관청이 인증한 온실가스 감축량

> **해설**
> 온실가스 배출권의 할당 및 거래에 관한 법률 제11조(배출권등록부)
> : 배출권등록부에는 다음의 사항을 등록한다.
> • 계획기간 및 이행연도별 배출권의 총수량
> • 할당대상업체, 그 밖의 개인 또는 법인 명의의 배출권 계정 및 그 보유량
> • 배출권 예비분 관리를 위한 계정 및 그 보유량
> • 주무관청이 인증한 온실가스 배출량
> • 그 밖에 효과적이고 안정적인 배출권의 할당 및 거래를 위하여 필요한 사항으로서 대통령령으로 정하는 사항
> **[정답 ④]**

076 주무관청은 계획기간마다 할당계획에 따라 할당대상업체에 해당 계획기간의 총배출권과 이행연도별 배출권을 할당한다. 이 배출권 할당의 기준에 대한 설명으로 틀린 것은?

① 할당대상업체의 이행연도별 배출권 수요
② 할당대상업체의 배출권 제출실적
③ 할당대상업체의 온실가스 감축설비 및 기술 도입계획
④ 할당대상업체 간 배출권 할당량의 형평성

해설

온실가스 배출권의 할당 및 거래에 관한 법률 제12조(배출권의 할당)
: 배출권 할당의 기준은 다음 고려하여 정한다.
- 할당대상업체의 이행연도별 배출권 수요
- 조기감축실적
- 할당대상업체의 배출권 제출실적
- 할당대상업체의 무역집약도 및 탄소집약도
- 할당대상업체 간 배출권 할당량의 형평성
- 부문별·업종별 온실가스 감축 기술 수준 및 국제경쟁력
- 할당대상업체의 시설투자 등이 국가온실가스감축목표 달성에 기여도
- 관리업체의 목표준수 실적

[정답 ③]

077 다음 중 배출권의 무상할당비율에 대한 설명으로 틀린 것은?

① 1차 계획기간에는 할당대상업체별로 할당되는 배출권의 전부를 무상으로 할당한다.
② 2차 계획기간에는 할당대상업체별로 할당되는 배출권의 100분의 95를 무상으로 할당한다.
③ 3차 계획기간 이후의 무상할당비율은 100분의 90 이내의 범위에서 이전 계획 기간의 평가 및 관련 국제 동향 등을 고려하여 할당계획에서 정한다. 이 경우 할당계획에서 정하는 무상할당비율은 직전 계획기간의 무상할당비율을 초과할 수 없다.
④ 계획기간에 할당대상업체에 유상으로 할당하는 배출권은 할당대상업체를 대상으로 경매 등의 방법으로 할당한다.

해설

- 온실가스 배출권의 할당 및 거래에 관한 법률 시행령 제13조(배출권의 무상할당비율 등)
: 2차 계획기간에는 할당대상업체별로 할당되는 배출권의 100분의 97을 무상으로 할당한다.

[정답 ②]

078 배출권 할당신청서에 포함되지 않는 사항은?

① 계획기간의 배출권 총 신청수량
② 이행연도별 배출권 신청수량
③ 할당대상업체로 지정된 연도의 직전 3년간의 온실가스 배출량
④ 계획기간 내 연료 및 원료 판매 계획

> **해설**
> 할당신청서에 포함되는 사항
> - 계획기간의 배출권 총신청수량
> - 이행연도별 배출권 신청수량
> - 할당대상업체로 지정된 연도의 직전 3년간의 온실가스 배출량
> - 계획기간 내 시설 확장 및 변경 계획
> - 계획기간 내 연료 및 원료 소비 계획
> - 계획기간 내 온실가스 감축설비 및 기술 도입 계획
> - 온실가스 배출량 증감 예상치
> - 직전 연도 명세서
>
> [정답 ④]

079 다음 중 할당대상업체가 작성하는 배출권 할당신청서에 포함되어야 할 내용으로 틀린 것은?

① 할당대상업체로 지정된 연도의 직전 3년간의 온실가스 배출량
② 이행연도별 배출권의 할당기준 및 할당량
③ 계획기간 내 시설 확장 및 변경 계획
④ 계획기간 내 연료 및 원료 소비 계획

> **해설**
> : 배출권 할당신청서 작성시 포함되어야 할 사항
> - 계획기간의 배출권 총신청수량
> - 이행연도별 배출권 신청수량
> - 할당대상업체로 지정된 연도의 직전 3년간의 온실가스 배출량
> - 계획기간 내 시설 확장 및 변경 계획
> - 계획기간 내 연료 및 원료 소비 계획
> - 계획기간 내 온실가스 감축설비 및 기술 도입계획
> - 계획 실행 등에 따른 온실가스 배출량 증감 예상치
> - 직전 연도 명세서
>
> [정답 ②]

080 온실가스 배출권 거래제 하에서 배출권의 전부를 무상으로 할당할 수 있는 업종과 거리가 먼 것은?

① 무역집약도가 100분의 30 이상인 업종
② 생산비용발생도가 100분의 30 이상인 업종
③ 무역집약도가 100분의 10 이상이고, 생산비용발생도가 100분의 5 이상인 업종
④ 무역집약도가 100분의 5 이상이고, 생산비용발생도가 100분의 10 이상인 업종

> **해설**
> • 온실가스 배출권의 할당 및 거래에 관한 법률 시행령 제14조(무상할당 업종의 기준)
> 배출권의 전부를 무상으로 할당할 수 있는 업종은 다음 각 호의 어느 하나에 해당하는 업종으로서 매 계획기간마다 평가하여 할당계획에서 정하는 업종으로 한다.
> 1. 무역집약도가 100분의 30 이상인 업종
> 2. 생산비용발생도가 100분의 30 이상인 업종
> 3. 무역집약도가 100분의 10 이상이고, 생산비용발생도가 100분의 5 이상인 업종
> [정답 ④]

081 다음 중 할당결정심의위원회의 심의·조정 사항이 아닌 것은?

① 할당대상업체별 배출권 할당
② 할당계획 변경으로 인한 배출권 추가 할당
③ 신청에 의한 배출권 추가 할당 및 할당량 조정
④ 배출권 할당의 이월

> **해설**
> 할당결정심의위원회의 심의·조정 사항
> • 할당대상업체별 배출권 할당
> • 할당계획 변경으로 인한 배출권 추가 할당
> • 신청에 의한 배출권 추가 할당 및 할당량 조정
> • 배출권 할당의 취소
> [정답 ④]

082 다음 중 괄호 안에 들어갈 내용으로 맞는 것은?

> 할당대상업체는 매 계획기간 시작 (　　) 전까지 배출권 할당신청서를 작성하여 주무관청에 제출하여야 한다.

① 2개월　　② 3개월　　③ 4개월　　④ 6개월

> **해설**
> [정답 ③]

083 다음 중 할당결정심의위원회에 대한 설명으로 틀린 것은?

① 업체별 배출권의 할당 등에 관한 사항을 심의·조정하기 위하여 주무관청에 할당결정심의위원회를 둔다.

② 할당결정심의위원회는 위원장 1명과 20명 이내의 위원으로 구성한다.
③ 할당결정심의위원회의 위원장은 환경부차관이 된다.
④ 할당결정심의위원회의 구성 및 운영에 필요한 사항은 할당결정심의위원회의 의결을 거쳐 할당결정심의위원회의 위원장이 정한다.

해설
- 온실가스 배출권의 할당 및 거래에 관한 법률 시행령 제18조 (할당결정 심의위원회)
: 할당결정심의위원회는 위원장 1명과 15명 이내의 위원으로 구성한다.

[정답 ②]

084 다음 중 배출권 할당의 조정에 대한 설명으로 틀린 것은?

① 주무관청은 할당대상업체의 신청만으로 할당대상업체에 배출권을 추가 할당하거나 이행연도별 배출권 할당량을 조정할 수 있다.
② 할당계획 변경으로 배출허용총량이 증가한 경우 증가된 배출허용총량에 상응하는 배출권을 전체 할당대상업체에 각각의 기존 할당량에 비례하여 추가 할당하거나, 특정 부문 또는 업종에 증가된 배출권의 전부 또는 일부를 추가 할당할 수 있다.
③ 추가 할당은 공동작업반이 할당대상업체별 할당량 결정안을 작성하여 주무관청에 제출하면 주무관청이 이를 관계 중앙행정기관의 장과의 협의와 할당결정심의위원회의 심의·조정을 거쳐 결정한다.
④ 배출권의 추가 할당 및 할당량 조정의 세부 기준과 절차는 대통령령으로 정한다.

해설
- 온실가스 배출권권의 할당 및 거래에 관한 법률 제16조 (배출권 할당의 조정)
: 주무관청은 직권으로 또는 신청에 따라 할당대상업체에 배출권을 추가 할당하거나 이행연도별 배출권 할당량을 조정할 수 있다.

[정답 ①]

085 주무관청이 할당·조정된 배출권(무상으로 할당된 배출권만 해당한다)의 전부 또는 일부를 취소할 수 있는 사유에 해당하지 않는 것은?

① 할당대상업체가 전체시설을 폐쇄한 경우
② 할당대상업체가 정당한 사유 없이 시설의 가동예정일부터 3개월 이내에 시설을 가동하지 아니한 경우
③ 할당계획 변경으로 배출허용총량이 증가한 경우
④ 할당대상업체의 시설 가동이 1년 이상 정지된 경우

해설
- 온실가스 배출권의 할당 및 거래에 관한 법률 제17조(배출권 할당의 취소)
: 할당계획 변경으로 배출허용총량이 감소한 경우

[정답 ③]

086 온실가스 배출권 거래제 하에서 조기감축실적의 인정과 관련된 내용이다. (　)안에 옳은 내용은?

> 조기감축실적이 있는 할당대상업체는 1차 계획기간의 2차 이행연도 시작 이후 (　) 이내에 조기감축실적 인정신청서를 주무관청에 전자적 방식으로 제출하여야 한다. 주무관청은 제출받은 조기감축실적 인정신청서를 검토하여 인정된 조기감축실적에 상응하는 배출권을 1차 계획기간의 (　)이행연도분의 배출권으로 추가 할당한다. 그리고 추가 할당되는 배출권의 수량은 1차 계획기간에 할당된 전체 배출권 수량의 (　) 이내의 범위에서 할당계획으로 정한다.

① 8개월, 3차, 3%
② 6개월, 2차, 1%
③ 8개월, 2차, 1%
④ 6개월, 3차, 3%

해설
- 온실가스 배출권의 할당 및 거래에 관한 법률 시행령 제19조(조기감축실적의 인정)
조기감축실적이 있는 할당대상업체는 1차 계획기간의 2차 이행연도 시작 이후 8개월 이내에 조기감축 실적 인정신청서를 주무관청에 전자적 방식으로 제출하여야 한다. 주무관청은 제출받은 조기감축실적 인정신청서를 검토하여 인정된 조기감축실적에 상응하는 배출권을 1차 계획기간의 3차 이행연도분의 배출권으로 추가 할당한다. 추가 할당되는 배출권의 수량은 1차 계획기간에 할당된 전체 배출권 수량의 100분의 3 이내의 범위에서 할당계획으로 정한다.

[정답 ①]

087 온실가스·배출권 거래제 하에서 주무관청은 결정된 할당 대상업체별 배출권 할당량을 계획기간 시작 몇 개월 전까지 해당 할당 대상업체에 통보해야 하는가?

① 6개월　　② 3개월　　③ 2개월　　④ 1개월

해설
- 온실가스 배출권의 할당 및 거래에 관한 법률 시행령 제17조(할당대상업체별 배출권 할당량의 통보 등)
① 주무관청은 제16조에 따라 결정된 할당대상업체별 할당량을 계획기간 시작 2개월 전까지(자발적 참여업체 및 신규진입자의 경우에는 배출권을 할당받는 이행연도 시작 2개월 전까지) 해당 할당대상업체에 통보하여야 한다.

[정답 ③]

088 다음 중 배출권 거래의 신고에 대한 설명으로 틀린 것은?

① 배출권을 거래한 자는 대통령령으로 정하는 바에 따라 그 사실을 주무관청에 신고하여야 한다.

② 신고를 받은 주무관청은 지체 없이 배출권등록부에 그 내용을 등록하여야 한다.
③ 배출권 거래에 따른 배출권의 이전은 배출권 거래계약이 성립된 후 효력이 생긴다.
④ 상속이나 법인의 합병 등 거래에 의하지 아니하고 배출권이 이전되는 경우에 준용한다.

> **해설**
> • 온실가스 배출권의 할당 및 거래에 관한 법률 제21조(배출권 거래의 신고)
> : 배출권 거래에 따른 배출권의 이전은 배출권 거래내용을 등록한 때에 효력이 생긴다.
>
> **[정답 ③]**

089 다음 중 배출권 거래소에 대한 설명으로 틀린 것은?

① 주무관청은 배출권의 공정한 가격 형성과 매매, 그 밖에 거래의 안정성과 효율성을 도모하기 위하여 배출권 거래소를 지정하거나 설치·운영할 수 있다.
② 배출권 거래소를 지정하는 경우 그 지정을 받은 배출권 거래소는 운영규정을 정하여 거래소 개시 후 3개월 내에 주무관청의 승인을 받아야 한다.
③ 주무관청은 배출권 거래소를 설치하거나 지정하려면 녹색성장위원회의 심의를 거쳐야 한다.
④ 주무관청은 배출권 거래시장의 안정 및 건전한 거래질서가 유지될 수 있도록 배출권 거래소를 감독하여야 한다.

> **해설**
> • 온실가스 배출권의 할당 및 거래에 관한 법률 제22조(배출권 거래소 등)
> : 배출권 거래소를 지정하는 경우 그 지정을 받은 배출권 거래소는 운영 규정을 정하여 거래소 개시일 전까지 주무관청의 승인을 받아야 한다.
>
> **[정답 ②]**

090 온실가스 배출권 거래제 하에서 대통령령으로 정하는 배출권 거래시장의 안정화 조치와 관련된 상황과 해당되는 내용이 가장 거리가 먼 것은?

① 배출권 가격이 6개월 연속으로 직전 3개 연도의 평균 가격보다 대통령령으로 정하는 비율 이상으로 높게 형성될 경우
② 배출권에 대한 수요의 급증 등으로 인하여 단기간에 거래량이 크게 증가하는 경우
③ 배출권 거래시장의 질서를 유지하거나 공익을 보호하기 위하여 시장 안정화 조치가 필요하다고 인정되는 경우
④ 배출권 예비분의 100분의 25까지의 추가 할당

> **해설**
> - 온실가스 배출권의 할당 및 거래에 관한 법률 제23조(배출권 거래시장의 안정화)
> ① 주무관청은 배출권 거래가격의 안정적 형성을 위하여 다음 각 호의 어느 하나에 해당하는 경우 또는 해당할 우려가 상당히 있는 경우에는 대통령령으로 정하는 바에 따라 할당위원회의 심의를 거쳐 시장 안정화 조치를 할 수 있다.
> 1. 배출권 가격이 6개월 연속으로 직전 2개 연도의 평균 가격보다 대통령령으로 정하는 비율 이상으로 높게 형성될 경우
> 2. 배출권에 대한 수요의 급증 등으로 인하여 단기간에 거래량이 크게 증가하는 경우로서 대통령령으로 정하는 경우
> 3. 그 밖에 배출권 거래시장의 질서를 유지하거나 공익을 보호하기 위하여 시장 안정화 조치가 필요하다고 인정되는 경우로서 대통령령으로 정하는 경우
> ② 제1항에 따른 시장 안정화 조치는 다음 각 호의 방법으로 한다.
> 1. 제18조에 따른 배출권 예비분의 100분의 25까지의 추가 할당
> 2. 대통령령으로 정하는 바에 따른 배출권 최소 또는 최대 보유한도의 설정
> 3. 그 밖에 국제적으로 인정되는 방법으로서 대통령령으로 정하는 방법
>
> **[정답 ①]**

091 다음은 온실가스 배출권 거래제 하에서 배출량의 보고 및 검증에 관한 내용이다. ( )안에 옳은 내용은?

> 배출권 할당대상업체는 (　　　)에 대통령령으로 정하는 바에 따라 해당 이행연도에 그 업체가 실제 배출한 온실가스배출량을 측정·보고·검증이 가능한 방식으로 작성한 명세서를 주무관청에 보고하여야 한다.

① 매 이행연도 종료일부터 1개월 이내
② 매 이행연도 종료일부터 2개월 이내
③ 매 이행연도 종료일부터 3개월 이내
④ 매 이행연도 종료일부터 6개월 이내

> **해설**
> - 온실가스 배출권의 할당 및 거래에 관한 법률 제24조(배출량의 보고 및 검증)
> 할당대상업체는 매 이행연도 종료일부터 3개월 이내에 대통령령으로 정하는 바에 따라 해당 이행연도에 그 업체가 실제 배출한 온실가스 배출량을 측정·보고·검증이 가능한 방식으로 작성한 명세서를 주무관청에 보고하여야 한다.
>
> **[정답 ③]**

092 다음 중 배출량 인증위원회에 대한 설명으로 틀린 것은?

① 적합성 평가 및 실제 온실가스 배출량의 인증, 상쇄에 관한 전문적인 사항을 심의 · 조정하기 위하여 주무관청에 배출량 인증위원회를 둔다.
② 위원장 1명과 15명 이내의 위원으로 구성한다.
③ 배출량 인증위원회의 위원장은 기획재정부차관이 된다.
④ 인증위원회의 회의는 재적위원 과반수의 출석으로 개의하고, 출석위원 과반수의 찬성으로 의결한다.

해설
- 온실가스 배출권의 할당 및 거래에 관한 법률 제26조(배출량 인증위원회)
: 배출량 인증위원회의 위원장은 환경부차관이 된다.

[정답 ③]

093 다음 중 배출권 거래소의 업무에 해당하지 않는 것은?

① 배출권의 경매
② 배출권의 거래의 공증
③ 배출권의 매매와 관련된 분쟁의 자율조정(당사자가 신청하는 경우만 해당)
④ 배출권 매매 품목의 가격이나 거래량이 비정상적으로 변동하는 거래 등 이상 거래의 심리 및 회원의 감리

해설
온실가스 배출권의 할당 및 거래에 관한 법률 시행령 제27조(배출권 거래소의 업무)
: 배출권 거래소의 업무는 다음과 같다.
- 배출권 거래시장의 개설 · 운영에 관한 업무
- 배출권의 매매에 관한 업무
- 배출권의 거래에 따른 매매확인, 채무인수, 차감, 결제할 배출권 · 결제품목 · 결제금액의 확정, 결제이행보증, 결제불이행에 따른 처리 및 결제지시에 관한 업무
- 배출권 매매 품목의 가격이나 거래량이 비정상적으로 변동하는 거래 등 이상거래(異常去來)의 심리(審理) 및 회원의 감리에 관한 업무
- 배출권의 경매 업무
- 배출권의 매매와 관련된 분쟁의 자율조정(당사자가 신청하는 경우만 해당한다)에 관한 업무
- 배출권 거래시장의 개설에 수반되는 부대업무
- 그 밖에 배출권 거래소의 장이 필요하다고 인정하여 운영규정으로 정하는 업무

[정답 ②]

094 다음 중 무상할당기준에 대한 설명으로 틀린 것은?

① 1차 계획기간(2015~2017년)까지 100%
② 2차 계획기간(2018~2020년) 97%까지
③ 3차 계획기간(2021~2025년) 이후는 90%이하
④ 4차 계획기간(2026~2030년) 이후는 85%이하

해설
무상할당기준은 1차 계획기간인 2015~2017년까지 100%, 2차 계획기간 (2018~2020년) 97%, 3차 계획기간 (2021~2025년) 이후는 90% 이하의 범위에서 구체적인 비율을 결정하기로 했다. **[정답 ④]**

095 거래소 지정을 위한 평가기준의 대분류에 포함하지 않는 사항은?

① 거래의 안정성 확보
② 시장 활성화
③ 거래비용의 최대화
④ 정책수행능력

해설
거래비용의 최소화 **[정답 ③]**

096 다음 중 온실가스 배출권거래 평가자문위원회의 구성으로 맞지 않는 것은?

① 환경부장관은 신청기관에 대한 전문적 기술평가 등의 수행에 필요한 사항의 자문을 위하여 평가자문위원회를 구성하여 운영할 수 있다.
② 위원회는 위원장 1인을 포함한 12인 이내의 위원으로 구성한다.
③ 위원회의 위원장은 환경부차관과 민간위원 중에서 연장자가 된다.
④ 위원회의 위원은 배출권 거래제, 매매거래업무 등에 관하여 학식과 경험이 풍부한 전문가 중에서 환경부장관이 위촉하는 사람이 된다.

해설
위원회는 위원장 2인을 포함한 12인 이내의 위원으로 구성한다. **[정답 ②]**

097 다음 중 외부사업 온실가스 감축량의 인증을 위한 필요서류가 아닌 것은?

① 업체의 규모, 주요 생산시설·공정별 연료 및 원료 소비량, 제품생산량
② 외부사업 사업자가 작성한 감축량 모니터링 보고서

③ 검증기관의 검증보고서
④ 그 밖에 주무관청이 온실가스 감축량 인증에 필요하다고 인정하는 자료

> **해설**
> "업체의 규모, 주요 생산시설·공정별 연료 및 원료 소비량, 제품생산량"은 명세서에 포함되어야 할 사항
> [정답 ①]

098 다음 중 배출권의 이월 및 차입에 대한 설명으로 틀린 것은?

① 배출권을 보유한 자는 보유한 배출권을 주무관청의 승인을 받아 계획기간 내의 다음 이행연도 또는 다음 계획기간의 최초 이행연도로 이월할 수 있다.
② 주무관청은 이월 또는 차입을 승인한 때에는 지체 없이 그 내용을 배출권등록부에 등록하여야 한다.
③ 배출권의 이월 및 차입을 하려는 할당대상업체는 온실가스 배출량을 인증받은 결과를 통보받은 날부터 10일 이내에 배출권 이월 또는 차입에 관한 신청서를 전자적 방식으로 주무관청에 제출하여야 한다.
④ 할당대상업체가 아닌 자로서 배출권을 보유한 자는 이행연도 종료일에서 3개월이 지난날부터 10일 이내에 보유한 배출권의 이월에 관한 신청서를 전자적 방식으로 주무관청에 제출하여야 한다.

> **해설**
> • 온실가스 배출권의 할당 및 거래에 관한 법률 제28조(배출권의 이월 및 차입)
> : 할당대상업체가 아닌 자로서 배출권을 보유한 자는 이행연도 종료일에 5개월이 지난날부터 10일 이내에 보유한 배출권의 이월에 관한 신청서를 전자적 방식으로 주무관청에 제출하여야 한다.
> [정답 ④]

099 다음 중 배출량 인증위원회의 심의·조정 사항이 아닌 것은?

① 할당대상업체가 보고한 명세서에 대한 적합성 평가 결과
② 외부사업에 대한 타당성 평가 결과
③ 외부사업 온실가스 감축량에 대한 적합성 평가 결과
④ 그 밖에 배출량 인증 및 이월에 관한 전문적인 사항 중 인증위원회에서 의결한 사항

> **해설**
> • 온실가스 배출권의 할당 및 거래에 관한 법률 제17조(배출권 할당의 취소)
> : 그 밖에 배출량 인증 및 상쇄에 관한 전문적인 사항 중 인증위원회에서 의결한 사항
> [정답 ④]

100 다음 중 배출량 인증위원회에 대한 설명으로 틀린 것은?

① 적합성 평가 및 실제 온실가스 배출량의 인증, 상쇄에 관한 전문적인 사항을 심의·조정하기 위하여 주무관청에 배출량 인증위원회를 둔다.
② 위원장 1명과 15명 이내의 위원으로 구성한다.
③ 배출량 인증위원회의 위원장은 기획재정부차관이 된다.
④ 인증위원회의 회의는 재적위원 과반수의 출석으로 개의하고, 출석위원 과반수의 찬성으로 의결한다.

> **해 설**
> • 온실가스 배출권의 할당 및 거래에 관한 법률 제26조(배출량 인증위원회)
> : 배출량 인증위원회의 위원장은 환경부차관이 된다.
> [정답 ③]

101 다음 중 할당대상업체가 배출권을 제출하여야 하는 시기는?

① 이행연도 종료일부터 3개월 이내
② 이행연도 종료일부터 4개월 이내
③ 이행연도 종료일부터 5개월 이내
④ 이행연도 종료일부터 6개월 이내

> **해 설**
> • 온실가스 배출권의 할당 및 거래에 관한 법률 제27조(배출권의 제출)
> : 할당대상업체는 이행연도 종료일부터 6개월 이내에 인증받은 온실가스 배출량에 상응하는 배출권(종료된 이행연도의 배출권을 말한다)을 주무 관청에 제출하여야 한다.
> [정답 ④]

102 다음 중 온실가스별 지구온난화 계수가 틀린 것은?

① 이산화탄소(CO_2) : 1
② 메탄(CH_4) : 21
③ 아산화질소(N_2O) : 7,500
④ 육불화황(SF_6) : 23,900

> **해 설**
> • 온실가스 배출권의 할당 및 거래에 관한 법률 시행령 제23조(배출권 거래의 최소단위 등)
> : 아산화질소(N_2O) : 310
> [정답 ③]

103 다음 중 상쇄에 대한 설명으로 틀린 것은?

① 할당대상업체는 국제적 기준에 부합하는 방식으로 외부사업에서 발생한 온실 가스 감축량을 보유하거나 취득한 경우에는 그 전부 또는 일부를 배출권으로 전환하여 줄 것을 주무관청에 신청할 수 있다.
② 할당대상업체로부터 신청받은 주무관청은 대통령령으로 정하는 기준에 따라 외부사업 온실가스 감축량을 그에 상응하는 배출권으로 전환하고, 그 내용을 상쇄등록부에 등록하여야 한다.
③ 할당대상업체는 상쇄등록부에 등록된 배출권을 배출권의 제출에 갈음하여 주무관청에 제출할 수 있다.
④ 주무관청은 상쇄배출권 제출이 국가온실가스감축목표에 미치는 영향과 배출권 거래 가격에 미치는 영향 등을 고려하여 대통령령으로 정하는 바에 따라 상쇄배출권의 제출한도 및 제출기간을 제한할 수 있다.

> **해설**
> • 온실가스 배출권의 할당 및 거래에 관한 법률 제29조(상쇄)
> : 주무관청은 상쇄배출권 제출이 국가온실가스감축목표에 미치는 영향과 배출권 거래 가격에 미치는 영향 등을 고려하여 대통령령으로 정하는 바에 따라 상쇄배출권의 제출한도 및 유효기간을 제한할 수 있다. **[정답 ④]**

104 다음 중 상쇄등록부에 대한 설명으로 틀린 것은?

① 외부사업 온실가스 감축량 등을 등록·관리하기 위하여 주무관청에 배출권 상쇄등록부를 둔다.
② 상쇄등록부는 주무관청이 관리·운영한다.
③ 상쇄등록부는 거래시스템과 유기적으로 연계될 수 있도록 관리되어야 한다.
④ 상쇄등록부에는 외부사업의 계획서 및 외부사업의 온실가스 감축량 인증실적 등을 등록한다.

> **해설**
> • 온실가스 배출권의 할당 및 거래에 관한 법률 제31조(상쇄등록부)
> : 상쇄등록부는 배출권등록부와 유기적으로 연계될 수 있도록 관리되어야 한다. **[정답 ③]**

105 다음은 온실가스 배출권 거래제 하에서 배출권 제출에 관한 내용이다. (   )안에 옳은 내용은?

> 할당 대상업체는 (   )에 대통령령으로 정하는 바에 따라 인증 받은 온실가스 배출량이 상응하는 배출권(종료된 이행연도의 배출권을 말한다)을 주무관청에 제출하여야 한다.

① 이행연도 종료일부터 1개월 이내
② 이행연도 종료일부터 2개월 이내
③ 이행연도 종료일부터 3개월 이내
④ 이행연도 종료일부터 6개월 이내

해 설
- 온실가스 배출권의 할당 및 거래에 관한 법률 시행령 제35조(배출권의 제출)
할당대상업체는 배출권의 제출을 위하여 이행연도 종료일부터 6개월 이내에 배출권 제출 신고서를 주무관청에 제출하여야 한다.
1. 해당 할당대상업체의 배출권등록부 및 법 상쇄등록부의 등록번호
2. 인증받은 온실가스 배출량
3. 승인받은 배출권 차입량
4. 제출하려는 상쇄배출권의 수량

[정답 ④]

106 다음은 온실가스 배출권 거래제 하에서 상쇄배출권의 제출한도에 관한 내용이다. (   )안에 옳은 내용은?

> 상쇄배출권의 제출한도는 해당 할당대상업체가 주무관청에 제출하여야 하는 배출권의 (   )이내 의 범위에서 할당계획으로 정한다. 이 경우 외국에서 시행된 외부사업에서 발생한 온실가스 감축량을 전환한 상쇄배출권은 상쇄배출권 제출한도의 (   )를 넘을 수 없다.

① 10%, 30%
② 10%, 50%
③ 20%, 30%
④ 20%, 50%

해 설
- 온실가스 배출권의 할당 및 거래에 관한 법률 시행령 제38조(상쇄)
상쇄배출권의 제출한도는 해당 할당대상업체가 주무관청에 제출하여야 하는 배출권의 100분의 10 이내의 범위에서 할당계획으로 정한다. 이 경우 외국에서 시행된 외부사업에서 발생한 온실가스 감축량을 전환한 상쇄배출권은 상쇄배출권 제출한도의 100분의 50을 넘을 수 없다.

[정답 ②]

107 다음 중 할당대상업체의 실제 온실가스 배출량을 인증하기 위한 적합성 평가업무를 위탁할 수 있는 기관이 아닌 것은

① 농업기술실용화재단 ② 에너지관리공단
③ 중소기업진흥공단 ④ 교통안전공단

> **해설**
> • 온실가스 배출권의 할당 및 거래에 관한 법률 시행령 제49조(권한의 위임 및 업무의 위탁)
> : 적합성 평가를 위탁할 수 있는 기관
> – 농업기술실용화재단
> – 에너지관리공단
> – 한국환경공단
> – 교통안전공단
> [정답 ③]

108 다음 중 온실가스 배출권의 할당 및 거래에 관한 법률에서 3년 이하의 징역 또는 1억원 이하의 벌금형에 해당하는 것은?

① 거짓이나 부정한 방법으로 배출권 할당·조정을 신청하여 할당·조정을 받은 자
② 배출권의 시세를 고정시키거나 안정시킬 목적으로 그 배출권에 관한 일련의 매매 또는 그 위탁이나 수탁을 한 자
③ 거짓이나 부정한 방법으로 외부사업 온실가스 감축량을 배출권으로 전환하여 줄 것을 신청하여 상쇄배출권을 제출한 자
④ 거짓이나 부정한 방법으로 인증을 신청하여 외부사업 온실가스 감축량을 인증 받은 자

> **해설**
> • 온실가스 배출권의 할당 및 거래에 관한 법률 제49조(벌칙)
> : 나머지는 1억원 이하의 벌금형
> [정답 ②]

109 다음 중 녹색건축물의 정의에 해당하지 않는 것은?

① 에너지 기술개발에 기여 ② 온실가스 배출의 최소화
③ 신·재생에너지 사용비율 제고 ④ 에너지 이용효율의 증대

> **해설**
> • 녹색건축물 조성 지원법 제2조(정의)
> : 에너지이용 효율 및 신·재생에너지의 사용비율이 높고 온실가스 배출을 최소화하는 건축물을 녹색건축물이라 한다.
> [정답 ①]

110 다음 중 녹색건축물 조성의 기본원칙이 아닌 것은?

① 환경친화적 지속가능한 녹색건축물 조성
② 온실가스 배출량 감축을 통한 녹색건축물 조성
③ 신규 건축물에 대한 에너지효율화 추진
④ 녹색건축물 조성에 대한 계층간, 지역간 균형성 확보

> **해설**
> - 녹색건축물 조성 지원법 제3조(기본원칙)
>   : 녹색건축물 조성 기본원칙의 포함사항
>   - 온실가스 배출량 감축을 통한 녹색건축물 조성
>   - 환경 친화적이고 지속가능한 녹색건축물 조성
>   - 신·재생에너지 활용 및 자원 절약적인 녹색건축물 조성
>   - 기존 건축물에 대한 에너지효율화 추진
>   - 녹색건축물의 조성에 대한 계층 간, 지역 간 균형성 확보
>
> [정답 ③]

111 녹색건축물 조성을 촉진하기 위한 녹색건축물 기본계획은 몇 년마다 수립하여야 하는가?

① 1년　　② 3년　　③ 5년　　④ 10년

> **해설**
> - 녹색건축물 조성 지원법 제6조(녹색건축물 기본계획의 수립)
>   : 국토교통부장관은 녹색건축물 조성을 촉진하기 위하여 녹색건축물 기본 계획을 5년마다 수립하여야 한다.
>
> [정답 ③]

112 다음 중 녹색건축물 조성의 기본계획이 포함되지 않는 것은?

① 녹색건축물의 현황 및 전망
② 녹색건축센터의 지정
③ 녹색건축물 정보체계의 구축·운영
④ 녹색건축물 전문인력의 육성·지원 및 관리

> **해설**
> - 녹색건축물 조성 지원법 제6조(녹색건축물 기본계획의 수립)
>   : 녹색건축물 조성촉진을 위한 기본계획의 포함사항
>   - 녹색건축물의 현황 및 전망에 관한 사항
>   - 녹색건축물의 온실가스 감축, 에너지 절약 등의 달성목표 설정 및 추진 방향
>   - 녹색건축물 정보체계의 구축·운영에 관한 사항
>   - 녹색건축물 관련 연구·개발에 관한 사항
>   - 녹색건축물 전문인력의 육성·지원 및 관리에 관한 사항
>   - 녹색건축물 조성사업의 지원에 관한 사항
>   - 녹색건축물 조성 시범사업에 관한 사항
>   - 녹색건축물 조성을 위한 건축자재 및 시공 관련 정책방향에 관한 사항
>   - 그 밖에 녹색건축물 조성의 촉진을 위하여 필요한 사항
>
> [정답 ②]

113 다음 중 녹색건축물 조성 기본법에 건축물 에너지-온실가스 정보체계 운영 위탁 기관이 아닌 곳은?

① 국토연구원
② 에너지관리공단
③ 한국감정원
④ 에너지경제연구원

> **해 설**
> - 녹색건축물 조성 지원법 시행령 제7조(건축물 에너지·온실가스 정보체계의 운영 위탁)
>   : 건축물 에너지·온실가스 정보체계 위탁운영기관
>   - 국토연구원
>   - 한국감정원
>   - 에너지관리공단
>
> [정답 ④]

114 다음 중 지역별 건축물의 에너지총량 관리에 대한 설명으로 틀린 것은?

① 시·도지사는 대통령령으로 정하는 바에 따라 관할 지역의 건축물에 대하여 에너지 소비 총량을 설정하고 관리할 수 있다.
② 시·도지사는 관할 지역의 건축물에 대하여 에너지 소비 총량을 설정하려면 미리 국토교통부령으로 정하는 바에 따라 해당 지역주민 및 지방의회의 의견을 들어야 한다.
③ 시·도지사는 관할 지역의 건축물 에너지총량을 달성하기 위한 계획을 수립하여 국토교통부장관과 협약을 체결할 수 있다. 이 경우 국토교통부장관은 협약을 체결한 지방자치단체의 장에게 협약의 이행에 필요한 행정적·재정적 지원을 할 수 있다.
④ 협약의 체결 및 이행 등에 필요한 사항은 국토교통부령으로 정한다.

> **해 설**
> - 녹색건축물 조성 지원법 제11조(지역별 건축물의 에너지총량 관리)
>   : 시·도지사는 관할 지역의 건축물에 대하여 에너지 소비 총량을 설정하려면 미리 대통령령으로 정하는 바에 따라 해당 지역주민 및 지방의회의 의견을 들어야 한다.
>
> [정답 ②]

115 다음 중 녹색건축센터의 업무가 아닌 것은?

① 건축물 에너지-온실가스 정보체계의 운영
② 고효율에너지 기자재의 인증
③ 녹색건축의 인증
④ 친환경 에너지효율등급 인증

해설
- 녹색건축물 조성 지원법 제23조(녹색건축센터의 지정 등)
: 녹색건축센터의 업무
- 건축물 에너지·온실가스 정보체계의 운영
- 녹색건축의 인증
- 건축물의 에너지효율등급 인증
- 그 밖에 녹색건축물 조성 촉진을 위하여 필요한 사업

[정답 ②]

116 다음 중 녹색건축물 건축의 활성화를 위하여 건축법의 완화기준이 아닌 것은?

① 건폐율   ② 용적율
③ 조경설치면적   ④ 건축물의 높이 제한

해설
- 녹색건축물 조성 지원법 제15조(건축물에 대한 효율적인 에너지 관리와 녹색건축물 건축의 활성화)
- 조경설치면적을 100분의 85까지 완화
- 건축물의 용적률을 100분의 115의 범위에서 완화
- 건축물의 높이를 101분의 115의 범위에서 완화

[정답 ①]

117 다음 중 녹색건축물 조성 지원법에 의한 건축물 에너지효율등급 평가서(에너지 평가서)의 발급절차로 맞지 않는 것은?

① 발급기관의 장은 에너지관리공단의 장이다.
② 하나의 건축물이 여러 세대·호·가구로 구분되어 건축물 에너지·온실가스 정보가 관리되는 경우 구분된 세대·호·가구 별로 에너지 평가서를 발급할 수 있다.
③ 에너지 평가서 발급 신청 및 에너지 평가서 발급 업무 등은 건축물 에너지·온실가스 정보체계를 통하여 할 수 있다.
④ 발급받은 에너지 평가서의 표시 내용이 상이할 경우 증거 자료를 첨부하여 정정신청 시 발급기관의 장은 사실 여부를 확인한 후 그 결과를 5일 이내에 송부하여야 한다.

해설
발급기관의 장은 특별자치시장, 시장·군수·구청장 및 에너지관리공단의 장이다

[정답 ①]

118 다음 중 녹색건축센터 지정에 필요한 서류가 아닌 것은?

① 녹색건축센터 운영계획
② 녹색건축센터 조직 현황
③ 녹색건축센터 운영에 따른 예산 및 조달계획
④ 재정적 보상 등에 대한 대책

> **해설**
> - 녹색건축물 조성 지원법 시행령 제15조(녹색건축센터의 지정 등)
> : 녹색건축센터의 지정 필요서류
>   - 녹색건축센터 운영계획
>   - 녹색건축센터 조직 현황
>   ① 녹색건축센터 인력 및 시설 확보 현황
>   ② 녹색건축센터 운영에 따른 예산 및 조달계획
>   ③ 인증기관으로 지정되었음을 증명하는 서류
>
> [정답 ④]

119 다음 중 녹색건축 인증의 유효기간은 얼마인가?

① 인증서 발급일로부터 1년
② 인증서 발급일로부터 3년
③ 인증서 발급일로부터 5년
④ 인증서 발급일로부터 10년

> **해설**
> - 녹색건축 인증에 관한 규칙 제9조(인증서 발급 및 인증의 유효기간 등)
> : 녹색건축물 인증은 인증서 발급일로부터 5년간 유효하다.
>
> [정답 ③]

120 다음 중 연면적의 합이 3,000㎡ 이상의 건축물을 신축·증축하는 경우 녹색건축 예비 및 본인증을 취득해야 하는 의무기관에 해당되지 않는 곳은?

① 중앙행정기관
② 「공공기관의 운영에 관한 법률」에 따른 공공기관
③ 「초·중등교육법」 또는 「고등교육법」에 따른 학교 중 국립·공립 학교
④ 「환경정책기본법」에 따른 환경보전협회

> **해설**
> - 녹색건축 인증에 관한 규칙 제13조(녹색건축 인증의 취득 의무)
> · 중앙행정기관
> · 지방자치단체
> · 「공공기관의 운영에 관한 법률」에 따른 공공기관
> · 「지방공기업법」에 따른 지방공사 또는 지방공단
> · 「초·중등교육법」 또는 「고등교육법」에 따른 학교 중 국립·공립 학교
>
> [정답 ④]

121 다음 중 녹색건축물 조성 지원법과 관련된 과태료 부과 대상이 아닌 것은?

① 정당한 사유 없이 에너지절약계획서를 제출하지 아니한 경우
② 거짓이나 부정한 방법으로 에너지절약계획서를 제출한 경우
③ 건축물 에너지효율등급 인증을 받지 아니한 경우
④ 부동산 거래시 에너지절약계획서를 첨부하지 아니한 경우

> **해 설**
> 녹색건축물 조성 지원법 제31조(과태료) [정답 ③]

122 다음 중 용어에 대한 설명이 틀린 것은?

① 모니터링 계획 : 온실가스 배출량 등의 산정에 필요한 자료와 기타 온실가스·에너지 관련 자료의 연속적 또는 주기적인 감시·측정 및 평가에 관한 세부적인 방법, 절차, 일정 등을 규정한 계획을 말한다.
② 배출허용량 : 연간 배출가능한 온실가스의 양을 이산화탄소 무게로 환산하여 나타낸 것으로서 부문별, 업종별, 관리업체별로 구분하여 설정한 배출상한 를 말한다.
③ 사업장 : 동일한 법인, 공공기관 또는 개인 등이 지배적인 영향력을 가지고 재화의 생산, 서비스의 제공 등 일련의 활동을 행하는 일정한 경계를 가진 장소 및 건물로서 부대시설은 제외한다.
④ 중요성 : 온실가스 배출량 등의 최종확정에 영향을 미치는 개별적 또는 총체적 오류, 누락 및 허위기록 등의 정도를 말한다.

> **해 설**
> "사업장"이란 동일한 법인, 공공기관 또는 개인 등이 지배적인 영향력을 가지고 재화의 생산, 서비스의 제공 등 일련의 활동을 행하는 일정한경계를 가진 장소, 건물 및 부대시설 등을 말한다. [정답 ③]

123 다음중 용어의 설명에 대하여 틀린 것은?

① "불확도"란 온실가스 배출량 등의 산정결과와 관련하여 정량화된 양을 합리적으로 추정한 값의 분산특성을 나타내는 정도를 말한다.
② "순발열량"이란 일정 단위의 연료가 완전 연소되어 생기는 열량에서 연료 중 수증기의 잠열을 뺀 열량으로서 온실가스 배출량 산정에 활용되는 발열량을 말한다.
③ "추가성"이란 인위적으로 온실가스를 저감하거나 에너지를 절약하기 위하여 일반적인 경영여건에서 실시할 수 있는 활동 이상의 추가적인 노력을 말한다.
④ "산정등급(Tier)"이란 활동자료, 배출계수, 산화율, 전환율, 배출량 및 온실가스 배출량 등의 산정방법의 합리성을 나타내는 수준을 말한다.

> **해설**
> • 온실가스·에너지 목표관리제 운영 등에 관한 지침 제2조(용어의 정의)
> "산정등급(Tier)"이란 활동자료, 배출계수, 산화율, 전환율, 배출량 및 온실가스 배출량 등의 산정방법의 복잡성을 나타내는 수준을 말한다.
> [정답 ④]

124. 다음 중 온실가스·에너지 목표관리 운영 등에 관한 지침에 의한 "배출계수"의 단위 활동자료에 해당하지 아니하는 것은?

① 해당 배출시설의 단위 연료 사용량
② 해당 배출시설의 단위 제품 생산량
③ 해당 배출시설의 폐기물 소각량 또는 처리량
④ 해당 배출시설의 부지면적

> **해설**
> "배출계수"란 당해 배출시설의 단위 연료 사용량, 단위 제품 생산량, 단위 원료 사용량, 단위 폐기물 소각량 또는 처리량 등 단위 활동자료 당 발생하는 온실가스 배출량을 나타내는 계수(係數)를 말한다.
> [정답 ④]

125. 다음 중 부문별 관장기관의 담당업무에 해당하지 않는 것은?

① 관리업체의 선정 누락·중복 및 적절성 등 확인
② 관리업체 선정 및 지정관련 자료의 제출
③ 관리업체의 선정·지정·관리 및 필요한 조치 등에 관한 사항
④ 산정등급 3(Tier 3) 배출계수에 대한 검토와 관리업체에 대한 사용가능 여부 및 시정사항의 통보

> **해설**
> • 온실가스·에너지 목표관리 운영 등에 관한 지침 제4조(주체별 역할분담)
> : 부문별 관장기관의 담당업무
> · 관리업체의 선정·지정·관리 및 필요한 조치 등에 관한 사항
> · 관리업체에 대한 온실가스 감축, 에너지 절약 등 목표의 설정
> · 관리업체 지정에 대한 이의신청 재심사, 결과 통보 및 변경 내용에 대한 고시
> · 관리업체 선정 및 지정관련 자료 제출
> · 이행실적 및 명세서의 확인
> · 관리업체에 대한 개선명령, 과태료 부과, 필요한 조치 요구 등 목표이행의 관리 및 평가에 관한 사항
> · 산정등급 3(Tier 3) 배출계수에 대한 검토와 관리업체에 대한 사용가능 여부 및 시정사항의 통보
> [정답 ①]

126 다음 중 관리업체의 의무와 권리에 해당하지 않는 것은?

① 온실가스 감축, 에너지 절약 등 목표의 설정
② 이행실적 및 명세서의 확인
③ 명세서의 작성 및 검증기관의 검증을 거친 명세서의 제출
④ 관리업체 지정에 대한 이의신청

> **해설**
> • 온실가스·에너지 목표관리 운영 등에 관한 지침 제4조(주체별 역할분담)
> : 관리업체는 다음 각 호의 의무와 권리를 행사한다.
> · 온실가스 감축, 에너지 절약 등 목표의 달성
> · 이행계획 및 이행실적 제출
> · 명세서의 작성 및 검증기관의 검증을 거친 명세서의 제출
> · 관장기관의 개선명령 등 필요한 조치에 대한 성실한 이행
> · 부문별 관장기관이 관리업체 선정·지정·관리를 위해 필요한 자료의 제출
> · 관리업체 지정에 대한 이의신청
> [정답 ②]

127 다음 중 국가온실가스 정책협의회의 협의기관이 아닌 것은?

① 부문별 관장기관 ② 기획재정부
③ 온실가스종합정보센터 ④ 녹색성장위원회

> **해설**
> • 온실가스·에너지 목표관리 운영 등에 관한 지침 제7조(국가온실가스 정책 협의회)
> : "국가온실가스 정책협의회"는 환경부, 부문별 관장기관, 기획재정부 및 녹색성장위원회 등으로 구성, 온실가스·에너지 목표관리의 운영과 관련된 주요사항 협의
> [정답 ③]

128 다음 중 관리업체의 소관 부문별 관장기관이 틀린 것은?

① 산업통상자원부 : 산업·발전(發電) 분야
② 농림축산식품부 : 농업·축산 분야
③ 환경부 : 폐기물분야
④ 국토교통부 : 건물, 해양 분야

> **해설**
> • 온실가스·에너지 목표관리 운영 등에 관한 지침 제9조(소관 부문별 관장기관 등)
> : 관리업체의 소관 관장기관 구분은 가장 많은 온실가스를 배출하거나 에너지를 소비하는 업체 내 사업장 또는 사업장을 기준으로 한다.
> · 농림축산식품부농림수산식품부 : 농업·축산 분야
> · 산업통상자원부 : 산업·발전(發電) 분야
> · 환경부 : 폐기물 분야
> · 국토교통부 : 건물·교통 분야
> [정답 ④]

129 온실가스·에너지 목표관리 운영에서 건축물의 특례와 관한 설명으로 옳지 않은 것은?

① 관리업체에 해당하는 법인 등의 건축물이 업체 내 사업장 또는 사업장과 지역적으로 달리하더라도 관리업체에 포함된 것으로 본다.
② 인접 또는 연접한 대지에 동일 법인이 여러 건물을 소유한 경우에는 한 건물로 본다.
③ 에너지관리의 연계성(連繫性)이 있는 복수의 건물 등은 한 건물로 본다. 또한, 동일 부지 내 있거나 인접 또는 연접한 집합건물이 동일한 조직에 의해 에너지 공급·관리 또는 온실가스 관리 등을 받을 경우에도 한 건물로 간주한다.
④ 건물의 소유구분이 지분형식으로 되어 있을 경우에는 지분소유 비율만큼 건물의 소유권을 인정해준다.

> **해설**
> - 온실가스·에너지 목표관리제 운영 등에 관한 지침 제12조(건축물의 특례)
> ① 관리업체에 해당하는 법인 등의 건축물이 업체 내 사업장 또는 사업장과 지역적으로 달리하더라도 관리업체에 포함된 것으로 본다.
> ② 건물에 대하여는 건축물대장과「부동산등기법」에 따라 등재되어 있는 등기부를 기준으로 한다.
> ③ 건물이 건축물 대장 또는 등기부에 각각 등재되어 있거나 소유지분을 달리하고 있는 경우에는 다음 각 호에 따른다.
> 1. 인접 또는 연접한 대지에 동일 법인이 여러 건물을 소유한 경우에는 한 건물로 본다.
> 2. 에너지관리의 연계성(連繫性)이 있는 복수의 건물 등은 한 건물로 본다.
> 3. 건물의 소유구분이 지분형식으로 되어 있을 경우에는 최대 지분을 보유한 법인 등을 당해건물의 소유자로 본다.
> ④ 동일 건물에 구분 소유자와 임차인이 있는 경우에도 하나의 건물로 본다. 다만, 동일 건물내에 관리업체에 포함된 경우에 한해서는 적용을 제외한다.
> **[정답 ④]**

130 다음 중 관리업체의 지정·고시에 대한 설명으로 틀린 것은?

① 부문별 관장기관은 환경부장관의 확인을 거쳐 매년 6월 30일까지 소관 관리 업체를 관보에 고시하여야 한다.
② 부문별 관장기관이 소관 관리업체를 고시할 때에는 관리업체명, 사업장명, 소재지, 업종, 적용기준 등의 내용을 포함하여야 한다.
③ 부문별 관장기관은 소관 관리업체를 고시한 경우에는 온실가스종합센터에 즉시 통보하여야 한다.
④ 환경부장관은 부문별 관장기관이 지정·고시한 관리업체를 종합하여 공표할 수 있다.

> **해설**
> - 온실가스·에너지 목표관리 운영 등에 관한 지침 제20조(관리업체의 지정·고시)
> : 부문별 관장기관은 소관 관리업체를 고시한 경우에는 환경부장관과 관리업체에 즉시 통보하여야 한다.
> **[정답 ③]**

131 다음 중 관리업체 지정·고시에 대한 이의신청서 작성 등에 대한 설명이 틀린 것은?

① 관리업체는 관장기관의 지정·고시에 이의가 있을 경우 고시된 날부터 30일 이내 신청할 수 있다.
② 관련서식에 의해 소명자료를 작성하여 지정·고시한 부문별 관장기관에 이의를 신청할 수 있다.
③ 사업장별 사용 에너지의 종류 및 사용량, 사용연료의 성분 등의 소명자료를 첨부하여야 한다.
④ 관리업체가 소명자료를 첨부하여 신청할 경우 소명자료에 대하여 검증기관의 검증 결과를 첨부하여야 한다.

해설
• 온실가스·에너지 목표관리 운영 등에 관한 지침 제21조(이의신청서 작성 등)
: 이의신청서에 첨부되는 소명자료에 대하여는 검증기관의 검증결과를 첨부하지 아니할 수 있다.
[정답 ④]

132 온실가스·에너지 목표관리 운영에 있어서 관리업체는 관장기관의 지정 고시에 이의가 있을 경우 고시된 날로부터 몇 일이내에 관장기관에게 이의를 신청할 수 있는가?

① 15일 이내   ② 20일 이내   ③ 25일 이내   ④ 30일 이내

해설
• 온실가스·에너지 목표관리제 운영 등에 관한 지침 제21조(이의신청서 작성 등)
관리업체는 관장기관의 지정·고시에 이의가 있는 경우 고시된 날부터 30일 이내에 소명자료를 작성하여 지정·고시한 부문별 관장기관에게 이의를 신청할 수 있다. 이의신청서에 첨부되는 소명자료에 대하여는 검증기관의 검증결과를 첨부하지 아니할 수 있다.
[정답 ④]

133 다음 중 목표설정의 원칙에 대한 설명이 틀린 것은?

① 목표의 설정 방법과 수준 등은 관리업체가 예측할 수 있도록 가능한 범위에서 사전에 공표되어야 한다.
② 목표의 협의 및 설정은 다수 이해관계자들의 신뢰를 확보할 수 있도록 투명하게 진행되어야 한다.
③ 관리업체의 향후 온실가스 배출량과 에너지 사용량을 적절하게 반영하여야 한다.
④ 관리업체의 기술 수준, 감축 잠재량 및 경제적 비용 등을 함께 고려하여야 한다.

> **해설**
> - 온실가스·에너지 목표관리 운영 등에 관한 지침 제23조(목표 설정의 원칙)
> - 목표의 설정 방법과 수준 등은 관리업체가 예측할 수 있도록 가능한 범위에서 사전에 공표되어야 한다.
> - 목표의 협의 및 설정은 다수 이해관계자들의 신뢰를 확보할 수 있도록 투명하게 진행되어야 한다.
> - 관리업체의 과거 온실가스 배출량과 에너지 사용량의 이력을 적절하게 반영하여야 한다.
> - 관리업체의 신·증설 계획과 국제경쟁력 등을 적절하게 고려하여야 한다.
> - 관리업체의 기술 수준, 감축 잠재량 및 경제적 비용 등을 함께 고려하여야 한다.
> - 관리업체의 목표는 시행령 제25조에서 정한 온실가스 감축 국가목표의 달성을 위하여, 당해 연도 관리업체의 부문별·업종별 총 배출허용량 범위 이내에서 설정되어야 한다.
>
> [정답 ③]

134 다음 중 목표설정협의체의 구성에 대한 설명이 틀린 것은?

① 부문별 관장기관은 목표 설정 등에 관한 사항을 협의하기 위하여 목표설정협의체를 구성·운영할 수 있다.
② 협의체는 위원장 1명을 포함한 25명 이내의 위원으로 구성하고 위원은 당연직 위원과 위촉위원으로 구성한다.
③ 위원장은 위원 중에서 호선한다.
④ 위촉위원은 온실가스, 에너지 분야와 소관부문에 관한 학식과 경험이 풍부한 자 해당 산업계의 추천을 받은 자 중에서 부문별 관장기관이 지명하는 자가 되며, 임기는 2년으로 하고 연임할 수 있다.

> **해설**
> - 온실가스·에너지 목표관리 운영 등에 관한 지침 제24조(목표설정협의체의 구성)
> - 부문별 관장기관은 목표 설정 등에 관한 사항을 협의하기 위하여 목표 설정협의체를 구성·운영할 수 있다.
> - 협의체는 위원장 1명을 포함한 25명 이내의 위원으로 구성하고 위원은 당연직 위원과 위촉위원으로 구성한다.
> - 위원장은 부문별 관장기관의 장이 지명하는 공무원이 된다.
> - 당연직 위원은 녹색성장위원회 소속 공무원과 부문별 관장기관의 장이 지명하는 공무원이 된다.
> - 위촉위원은 온실가스, 에너지 분야와 소관부문에 관한 학식과 경험이 풍부한 자 또는 해당 산업계의 추천을 받은 자 중에서 부문별 관장기관이 지명하는 자가 된다.
> - 위촉위원의 임기는 2년으로 하고 연임할 수 있다.
>
> [정답 ③]

135 다음 중 목표설정협의체의 기능으로 틀린 것은?

① 관리업체별 기준연도 배출량 및 조기감축실적 등의 인정
② 관리업체의 기술수준 또는 국제경쟁력 유지 등을 고려한 관리업체별 목표설정
③ 국가 에너지 및 전력 수급계획에 따른 목표설정 예외사항
④ 기타 관장기관의 장이 환경부장관과 협의하여 필요하다고 인정되는 사항

> **해 설**
> - 온실가스·에너지 목표관리 운영 등에 관한 지침 제25조(목표설정협의체 기능)
>   - 관리업체별 기준연도 배출량 등의 인정 및 재산정
>   - 관리업체의 기술수준 또는 국제경쟁력 유지 등을 고려한 관리업체별목표의 설정
>   - 국가 에너지 및 전력 수급계획에 따른 목표설정 예외사항
>   - 기타 관장기관의 장이 환경부장관과 협의하여 필요하다고 인정되는 사항
>
> [정답 ①]

136 다음 중 기준연도 배출량에 대한 설명으로 틀린 것은?

① 관리업체가 최초로 지정된 연도의 직전 3개년을 기준연도로 한다.
② 기준연도 기간의 연평균 온실가스 배출량을 기준년도 배출량으로 한다.
③ 관리업체의 최근 3개년 배출량 자료가 없는 경우에는 활용 가능한 최근 2개년 평균 또는 단년도 배출량을 기준연도 배출량으로 정할 수 있다.
④ 기준연도 기간 중 신·증설(건물의 신·증축을 포함한다)이 발생한 경우 해당 신·증설 시설의 기준연도 배출량은 최근 1개년 평균으로 정할 수 있다.

> **해 설**
> - 온실가스·에너지 목표관리 운영 등에 관한 지침 제26조(기준연도 배출량 등)
>   : 기준연도 기간 중 신·증설(건물의 신·증축을 포함한다)이 발생한 경우 해당 신·증설 시설의 기준연도 배출량은 최근 2개년 평균 또는 단년도 배출량으로 정할 수 있다.
>
> [정답 ④]

137 온실가스·에너지 목표관리 운영에 있어서 기준연도 배출량의 재산정에 관한 설명이 틀린 것은?

① 관리업체는 배출량 변경의 사유가 발생할 경우 부문별 관장기관과 협의하여 기준연도 배출량을 재산정하여 수정하되, 변경사유 발생 후 30일 이내에 검증기관의 검증보고서를 첨부한 수정된 명세서를 부문별 관장기관에 제출하여야 한다.
② 관리업체의 합병·분할 또는 영업·자산 양수도 등 권리와 의무의 승계 사유가 발생된 경우 배출량을 재산정 한다.
③ 조직 경계 내·외부로 온실가스 배출원 또는 흡수원의 변경이 발생하는 경우 배출량을 재산정 한다.
④ 온실가스 배출량 산정방법론이 변경된 경우 배출량을 재산정 한다.

> **해 설**
> - 온실가스·에너지 목표관리제 운영 등에 관한 지침 제27조(기준연도 배출량의 재산정)
>   관리업체는 배출량 변경사유가 발생할 경우 부문별 관장기관과 협의하여 기준연도 배출량을 재산정하여 수정하되, 변경사유 발생 후 60일 이내에 검증기관의 검증보고서를 첨부한 수정된 명세서를 부문별 관장기관에 제출하여야 한다.
>   1. 관리업체의 합병·분할 또는 영업·자산 양수도 등 권리와 의무의 승계 사유가 발생된 경우
>   2. 조직 경계 내·외부로 온실가스 배출원 또는 흡수원의 변경이 발생하는 경우
>   3. 온실가스 배출량 산정방법론이 변경된 경우
>
> [정답 ①]

138 다음 중 과거실적 기반의 목표 설정방법 중 관리업체로 지정된 연도의 1월 1일 이후부터 가동되는 신·증설 시설의 배출허용량에 대한 설명으로 틀린 것은?

① 해당 신·증설 시설의 설계용량 및 부하율(또는 가동률)
② 해당 신·증설 시설의 목표설정 대상연도의 예상 가동시간
③ 해당 신·증설 시설에 대한 활동자료 당 최고 배출량
④ 해당 업종의 목표설정 대상연도 감축계수(1.0을 초과할 수 없다)

> **해설**
> • 온실가스·에너지 목표관리 운영 등에 관한 지침 제30조(과거실적 기반의 목표 설정방법)
> : 해당 신·증설 시설에 대한 활동자료 당 평균 배출량
>
> [정답 ③]

139 다음 중 부문별 관장기관은 다른 방식으로 목표를 설정할 수 있는 분야가 아닌 것은?

① 발전
② 철도(지하철을 포함한다)
③ 항공(국내선은 제외한다)
④ 그 외, 환경부장관이 부문별 관장기관과 협의하여 정하는 업종 또는 배출시설

> **해설**
>
> [정답 ③]

140 관리업체의 이행계획서 작성 및 제출에 대한 설명으로 틀린 것은?

① 부문별 관장기관으로부터 다음 연도 목표를 통보받은 관리업체는 당해 연도 12월 31일까지 전자적 방식으로 다음 연도 이행계획을 작성하여 센터에 제출하여야 한다.
② 이행계획에는 다음 연도를 시작으로 하는 5년 단위의 연차별 목표와 이행계획이 포함되어야 한다.
③ 부문별 관장기관은 소관 관리업체의 이행계획이 적절하게 수립되었는지를 확인하고 이를 1월 31일까지 센터에 제출하여야 한다.
④ 이행계획을 센터에 제출한 이후에도 계획이 부실하게 작성되었거나 보완이 필요한 경우에는 해당 관리업체에 시정을 요청할 수 있으며, 시정된 이행계획을 받는 즉시 센터에 제출하여야 한다.

> **해 설**
> - 온실가스·에너지 목표관리 운영 등에 관한 지침 제40조(이행계획서의 작성 및 제출)
> : 부문별 관장기관으로부터 다음 연도 목표를 통보받은 관리업체는 당해 연도 12월 31일까지 전자적 방식으로 다음 연도 이행계획을 작성하여 온실가스종합센터에 제출하여야 한다.
> **[정답 ①]**

141 온실가스 에너지 목표관리 운영에 있어서 부문별 관장기관으로부터 다음 연도 목표를 통보받은 관리업체는 전자적 방식으로 다음 연도 이행계획을 작성하여 부문별 관장기관에 언제까지 제출하여야 하는가?

① 당해 연도 1월 31일
② 당해 연도 3월 31일
③ 당해 연도 6월 30일
④ 당해 연도 12월 31일

> **해 설**
> - 온실가스·에너지 목표관리제 운영 등에 관한 지침 제40조(이행계획서의 작성 및 제출)
> ① 부문별 관장기관으로부터 다음 연도 목표를 통보받은 관리업체는 당해 연도 12월 31일까지 전자적 방식으로 다음 연도 이행계획을 작성하여 부문별 관장기관에 제출하여야 한다.
> ② 제1항의 이행계획에는 다음 연도를 시작으로 하는 5년 단위의 연차별 목표와 이행계획이 포함되어야 한다.
> **[정답 ④]**

142 다음 중 배출량 등의 산정·보고 원칙에 대한 설명으로 틀린 것은?

① 관리업체는 이 지침에서 정하는 방법 및 절차에 따라 온실가스 배출량 등을 산정·보고하여야 한다.
② 관리업체는 이 지침에 제시된 범위 내에서 모든 배출활동과 배출시설에서 온실가스 배출량 등을 산정·보고하여야 한다.
③ 관리업체는 시간의 경과에 따른 온실가스 배출량 등의 변화를 비교·분석할 수 있도록 변화된 자료와 산정방법론 등을 사용하여야 한다.
④ 관리업체는 배출량 등을 과대 또는 과소 산정하는 등의 오류가 발생하지 않도록 최대한 정확하게 온실가스 배출량 등을 산정·보고하여야 한다.

> **해 설**
> - 배출량 등의 산정·보고 원칙
> : 관리업체는 시간의 경과에 따른 온실가스 배출량 등의 변화를 비교·분석할 수 있도록 일관된 자료와 산정방법론 등을 사용하여야 한다. 또한, 온실가스 배출량 등의 산정과 관련된 요소의 변화가 있는 경우에는 이를 명확히 기록·유지하여야 한다.
> **[정답 ③]**

143 다음 중 모니터링 계획에 포함되어야 할 사항이 아닌 것은?

① 사업장의 온실가스 전담인력 현황 및 향후 신·증설계획 내용
② 온실가스 배출량 등의 산정·보고와 관련된 품질관리(QC) 및 품질보증(QA)의 내용
③ 각 배출활동별 배출량 산정방법론(계산방식 또는 측정방식) 및 산정등급(Tier)의 적용현황과 이와 관련된 내용
④ 활동자료의 설명 및 수집방법 등 온실가스 배출량 등의 모니터링에 관한 내용

해설
- 모니터링 계획에 포함될 사항
  - 업장의 조직경계에 대한 세부내용(사업장의 위치, 조직도, 시설배치도 등을 포함한다. 단, 동일한 형태의 시설이 다수인 경우 대표 시설에 대한 세부내용으로 갈음할 수 있다)
  - 배출시설 및 배출활동의 목록과 세부 내용
  - 각 배출활동별 배출량 산정방법론(계산방식 또는 측정방식) 및 산정등급(Tier)의 적용현황과 이와 관련된 내용
  - 온실가스 배출량 등의 산정·보고와 관련된 품질관리(QC) 및 품질보증(QA)의 내용
  - 활동자료의 설명 및 수집방법 등 온실가스 배출량 등의 모니터링에 관한 사항
  - 이 지침에서 요구하는 산정등급(Tier)과 관련하여 활동자료의 불확도 기준의 준수여부에 대한 설명
  - 이 지침에서 요구하는 산정등급(Tier)을 준수하지 못하는 경우 이를 준수하기 위한 조치 및 일정 등에 관한 사항
  - 배출시설 단위 고유 배출계수 등을 개발 또는 적용하여야 하는 관리업체의 경우에는 고유 배출계수 등의 개발계획 또는 개발방법, 시험 분석 기준 및 그에 따른 결과 등에 관한 설명
  - 연속측정방법을 사용하는 관리업체의 경우에는 굴뚝자동측정기기 설치시기, 굴뚝자동측정기기에 의한 배출량 산정방법 적용시기 등에 관한 설명
  - 조직경계, 배출활동, 배출시설, 배출량 산정방법론 및 산정등급(Tier) 등과 관련하여 이전 방법론 대비 변동사항에 대한 비교·설명 자료

[정답 ①]

144 다음 중 배출량의 산정·보고 절차 중 "배출활동의 확인·구분" 다음에 오는 절차에 해당하는 것은?

① 배출량 산정 및 모니터링 체계의 구축
② 배출활동별 배출량 산정방법론의 선택
③ 조직 경계의 설정
④ 모니터링 유형 및 방법의 설정

해설
- 온실가스·에너지 목표관리 운영 등에 관한 지침 [별표 12] (배출량 등의 산정·보고절차)
  - 1단계 : 조직 경계의 설정
  - 2단계 : 배출활동의 확인·구분
  - 3단계 : 모니터링 유형 및 방법의 설정
  - 4단계 : 배출량 산정 및 모니터링 체계의 구축
  - 5단계 : 배출활동별 배출량 산정방법론의 선택
  - 6단계 : 배출량 산정 (계산법 혹은 연속측정방법)
  - 7단계 : 명세서의 작성
  - 8단계 : 배출량 등의 제3자 검증
  - 9단계 : 명세서 및 검증보고서의 제출

[정답 ④]

145 온실가스·에너지 목표관리 운영에 있어서 관리업체가 온실가스 배출량 등을 산정·보고하는 절차 중·조직 경계의 설정·(1단계) 다음의 단계(절차, 2단계)로 옳은 것은?

① 배출활동의 확인·구분
② 모니터링 유형 및 방법의 설정
③ 배출량 등의 제3자 검증
④ 배출활동별 배출량 산정방법론의 선택

> **해설**
> • 온실가스·에너지 목표관리제 운영 등에 관한 지침 제84조(배출량 등의 산정 절차)
> 관리업체가 온실가스 배출량 등을 산정하는 절차는 별표 12
> · 1단계 : 조직경계의 설정
> · 2단계 : 배출활동의 확인 구분
> · 3단계 : 모니터링 유형 및 방법의 설정
> · 4단계 : 배출량 산정 및 모니터링 체계의 구축
> · 5단계 : 배출활동별 배출량 산정방법론의 선택
> · 6단계 : 배출량 산정
> · 7단계 : 명세서 작성
> [정답 ①]

146 검증팀에 참여하는 검증심사원이 갖추어야 할 기본 지식이 아닌 것은?

① 피검증자의 공정, 운영체계 등 기술적 이해
② 검증팀장이 요청하는 해당 전문분야에 대한 정보 제공
③ 온실가스 배출량 등의 산정·보고 및 검증의 방법과 절차
④ 데이터 및 정보에 대한 중요성 판단과 리스크 분석

> **해설**
> • 온실가스 배출권 거래제 운영을 위한 검증지침 제10조
> : 기술전문가는 당해 검증과정에 직접 참여할 수 없으며 기술전문가의 활동범위는 검증팀장이 요청하는 해당 전문분야에 대한 정보 제공 등에 한다.
> [정답 ②]

147 다음 중 검증의 절차 및 방법에 대한 설명으로 틀린 것은?

① 관리업체는 검증기관이 검증업무를 수행할 수 있는지를 확인하고 계약을 체결하여야 한다.
② 검증기관은 공평성 확보를 위해 계약 체결 이후에 자가진단을 실시하여야 한다.
③ 온실가스 배출량 등의 검증은 지침에 의한 절차에 따라 실시한다.
④ 검증팀은 필요한 경우 검증 체크리스트를 작성하여 이용할 수 있다.

> **해설**
>
> [정답 ②]

148. 온실가스·에너지 목표관리 운영에 있어서 소규모 배출시설에 관한 내용이다. ( )안에 옳은 내용은?

> 보고대상 배출시설 중 연간배출량(배출권거래제의 경우 기준연도 온실가스 배출량의 연평균 총량)이 ( ) tCO2-eq 미만인 소규모 배출시설이 동일한 배출활동 및 활동자료인 경우 부문별 관장기관의 확인을 거쳐 배출시설 단위로 구분하여 보고하지 않고 시설군으로 보고할 수 있다.

① 50 ② 100 ③ 150 ④ 200

> **해설**
> - 온실가스·에너지 목표관리제 운영 등에 관한 지침 제85조(배출량 등의 산정 범위)
> 보고대상 배출시설 중 연간배출량(배출권거래제의 경우 기준연도 온실가스 배출량의 연평균 총량)이 100 tCO$_2$eq 미만인 소규모 배출시설이 동일한 배출활동 및 활동자료인 경우 부문별 관장기관의 확인을 거쳐 제3항에 따른 배출시설 단위로 구분하여 보고하지 않고 시설군으로 보고할 수 있다.
>
> [정답 ②]

149. 온실가스 에너지 목표관리 운영에 있어서 온실가스 배출시설의 배출량 규모에 따른 산정등급(Tier) 분류 기준 중 B그룹에 해당되는 시설 기준은?

① 연간 10만톤 이상, 연간 25만톤 미만의 배출시설
② 연간 5만톤 이상, 연간 25만톤 미만의 배출시설
③ 연간 10만톤 이상, 연간 50만톤 미만의 배출시설
④ 연간 5만톤 이상, 연간 50만톤 미만의 배출시설

> **해설**
> 온실가스·에너지 목표관리제 운영 등에 관한 지침 제87조(배출량 등의 산정방법 및 적용기준) 관리업체는 배출시설의 규모 및 세부 배출활동의 종류에 따라 별표 15의 최소 산정등급(Tier)을 준수하여 배출량을 산정하여야 한다.
>   A그룹 : 연간 5만톤 미만의 배출시설
>   B그룹 : 연간 5만톤 이상, 연간 50만톤 미만의 배출시설
>   C그룹 : 연간 50만톤 이상의 배출시설
>
> [정답 ④]

150 다음 중 관리업체의 명세서 공개대상이 아닌 것은?

① 관리업체의 명세서 검증수행기관
② 관리업체 대상업체 및 사업장 수
③ 관리업체 내에서의 온실가스 감축·흡수·제거실적
④ 관리업체 및 업체 내 사업장에서 배출하는 온실가스의 종류 및 배출량, 사용에너지의 종류 및 사용량

> **해설**
> - 온실가스·에너지 목표관리 운영 등에 관한 지침 제107조(주요정보 공개)
> : 명세서의 주요정보에 해당되어 공개대상이 되는 항목은 다음과 같다.
>   · 관리업체의 상호·명칭 및 업종
>   · 관리업체의 본점 및 사업장 소재지
>   · 관리업체의 규모
>   · 관리업체 지정연도 및 소관 관장기관
>   · 관리업체의 명세서 검증수행기관
>   · 관리업체 및 업체 내 사업장에서 배출하는 온실가스의 종류 및 배출량, 사용에너지의 종류
>   · 관리업체 내에서의 온실가스 감축·흡수·제거실적
>
> **[정답 ②]**

151 온실가스·에너지 목표관리제 하에서 국립환경과학원장은 검증기관 지정 후 검증업무 수행의 적정성, 검증심사원의 자격유지 등 전반적인 운영실태에 대한 종합적인 평가를 몇 년마다 실시하여야 하는가?

① 1년   ② 2년   ③ 3년   ④ 4년

> **해설**
> 온실가스·에너지 목표관리제 운영 등에 관한 지침 제64조(검증기관의 지정 및 관리)
> 온실가스 배출권거래제 운영을 위한 검증지침 제23조(검증기관의 관리)
> ① 국립환경과학원장은 검증기관 지정 후 매 1년마다 검증업무 수행의 적절성, 검증심사원의 자격 유지 등 전반적인 운영실태에 대한 정기적인 종합 평가(현장확인 및 입회심사를 포함한다)를 실시하여야 하며, 다음 각 호에 해당하는 경우에는 수시 평가를 수행할 수 있다.
> 1. 법령 등의 위반에 대한 신고를 받거나 민원이 접수된 경우
> 2. 검증기관이 휴업종료 후 업무를 재개할 경우
> 3. 그 밖에 환경부장관, 국립환경과학원장이 필요하다고 인정하는 경우
>
> **[정답 ①]**

152 온실가스·에너지 목표관리 운영에 있어서 검증기관이 국립환경과학원장에게 변경신고를 하여야 하는 사유가 아닌 것은?

① 법인 및 대표자가 변경된 경우
② 검증기관 사무실 소재지의 변경

③ 검증관련 내부 업무규정의 변경
④ 관리업체 지정 고시 내용 변경

> **해설**
> - 온실가스·에너지 목표관리제 운영 등에 관한 지침 제64조(검증기관의 지정 및 관리)
> - 온실가스 배출권거래제 운영을 위한 검증지침제22조(검증기관의 변경신고 등)
> 1. 검증기관 사무실 소재지의 변경
> 2. 법인 및 대표자 가 변경된 경우
> 3. 검증관련 내부 업무규정의 변경
> 4. 검증심사원의 변경
> 5. 검증 전문분야의 변경
>
> [정답 ④]

153 다음 중 검증기관의 지정 절차로 올바르게 순서가 연결된 것은?

㉠ 서면조사   ㉡ 최종검토   ㉢ 현장조사   ㉣ 지정심사자문단의 자문의견수렴

① ㉠,㉢,㉣,㉡
② ㉢,㉠,㉡,㉣
③ ㉠,㉣,㉢,㉡
④ ㉢,㉠,㉣,㉡

> **해설**
> - 온실가스·에너지 목표관리제 검증기관 및 검증심사원 지정·등록 및 관리규정 제6조(검증기관 지정 절차)
> : 검증기관 지정 절차는 서면조사, 현장조사, 지정심사자문단의 자문의견 수렴, 최종검토 등의 순서로 진행한다.
>
> [정답 ①]

154 다음 중 명세서 비공개 심사위원회의 구성 중 부문별 관장기관과 위촉 공무원이 잘못 연결된 것은?

① 농림수산식품부 : 녹색성장정책관
② 산업통상자원부 : 에너지관리공단 이사장
③ 환경부 : 온실가스종합정보센터장
④ 국토해양부 : 정책기획관

> **해설**
> - 온실가스·에너지 목표관리 운영 등에 관한 지침 제104조(심사위원회 구성)
> : 지식경제부 : 에너지절약추진단장
>
> [정답 ②]

155 다음 중 명세서 심사위원회 구성에 대한 설명으로 틀린 것은?

① 심사위원회는 위원장 1명을 포함하여 7명 이내의 위원으로 구성한다.
② 위원회의 위원은 부문별 관장기관의 온실가스 또는 에너지 관련 업무를 수행하는 공무원과 녹색성장 및 정보공개에 있어 학식과 경험이 풍부한 사람 중 환경부장관이 부문별 관장기관과 협의하여 위촉하는 민간위원으로 구성한다.
③ 심사위원회의 위원장은 환경부 국립환경과학원장이 수행하며 위원장은 위원회의 업무를 총괄한다.
④ 위원의 임기는 2년으로 연임이 가능하다. 다만, 공무원인 위원의 임기는 그 직위에 재직하는 기간으로 한다.

> **해설**
> • 온실가스 · 에너지 목표관리 운영 등에 관한 지침 제104조(심사위원회 구성)
> : 심사위원회는 위원장 1명을 포함하여 7명 이내의 위원으로 구성한다.
> : 위원회의 위원은 다음 각 호와 같이 부문별 관장기관의 온실가스 또는 에너지 관련 업무를 수행하는 공무원 4명과 녹색성장 및 정보공개에 있어 학식과 경험이 풍부한 사람 중 환경부장관이 부문별 관장기관과 협의하여 위촉하는 민간위원으로 구성한다.
> · 농림수산식품부: 녹색성장정책관
> · 지식경제부: 에너지절약추진단장
> · 환경부: 온실가스종합정보센터장
> · 국토해양부: 정책기획관
> : 심사위원회의 위원장은 환경부 온실가스종합정보센터장이 수행하며 원장은 위원회의 업무를 총괄한다.
> : 위원의 임기는 2년으로 연임이 가능하다. 다만, 공무원인 위원의 임기는 그 직위에 재직하는 기간으로 한다.
> : 심사위원회의 회의는 위원장이 필요하다고 인정될 경우 소집할 수 있으며, 재적위원 과반수의 출석으로 개의하고 출석위원 과반수의 찬성으로 의결한다.
> [정답 ③]

156 조기감축실적을 인정함에 있어 고려되어야 할 기준이 틀린 것은?

① 조기감축실적은 국내에서 실시한 행동에 의한 감축분에 한하여 그 실적을 인정한다.
② 조기감축실적은 관리업체의 조직경계 안에서 발생한 것에 한하여 그 실적을 인정한다. 다만, 복수의 사업자가 참여하여 조직경계 외에서 실적이 발생한 경우에는 이를 인정할 수 있다.
③ 조기감축실적으로 인정되기 위해서는 조기행동으로 인한 감축이 실제적이고 일시적이어야 하며, 정량화되어야 하고 검증 가능하여야 한다.
④ 조기감축실적은 관리업체 사업장 단위에서의 감축분 또는 사업 단위에서의 감축분에 대하여 인정할 수 있다.

> **해설**
> • 온실가스 · 에너지 목표관리 운영 등에 관한 지침 제49조(조기감축실적의 인정기준)
> : 조기감축실적으로 인정되기 위해서는 조기행동으로 인한 감축이 실제적이고 지속적이어야 하며, 정량화되어야 하고 검증 가능하여야 한다.
> [정답 ③]

157 다음 중 조기감축실적에 대한 설명으로 틀린 것은?

① 조기감축실적은 관리업체가 목표관리를 받기 이전에 자발적으로 행한 감축실적을 인정함으로써 관리업체의 조기행동을 적절히 반영하는 것을 목적으로 한다.
② 조기감축실적의 인정대상 시기는 2005년 1월 1일부터 관리업체가 최초로 목표를 설정하는 해 12월 31일까지 이다.
③ 조기감축의 연간 인정총량은 전체 관리업체 배출허용량의 5%로 한다.
④ 조기감축의 인정신청은 관리업체로 최초 지정된 해의 다음 연도 7월 31일까지 부문별 관장기관에게 하여야 한다.

> **해설**
> • 온실가스 · 에너지 목표관리 운영 등에 관한 지침 제53조(조기감축실적의 인정기준)
> : 조기감축실적으로 인정되기 위해서는 조기행동으로 인한 감축이 실제적이고 지속적이어야 하며, 정량화되어야 하고 검증 가능하여야 한다.
> **[정답 ③]**

158 온실가스 · 에너지 목표관리 운영 등에 관한 지침에서 산정등급(Tier) 분류 체계 중 굴뚝자동측정기기 등 배출가스 연속측정방법을 활용한 배출량 산정 방법론에 해당되는 것은?

① Tier 1   ② Tier 2   ③ Tier 3   ④ Tier 4

> **해설**
> • 온실가스 · 에너지 목표관리제 운영 등에 관한 지침 제93조(연속측정방법에 따른 배출량 산정방법 및 기준)
> ① 관리업체가 연속측정방법을 사용하여 배출량 등을 산정 · 보고하고자 할 경우 해당 배출시설의 산정등급은 4(Tier 4)로 규정한다.
> **[정답 ④]**

159 온실가스 · 에너지 목표관리 운영에 있어서 온실가스 배출량 산정과 에너지 사용량 산정 모두 제외되는 경우는?

① 바이오매스를 사용할 경우(이산화탄소 이외의 기타 온실가스는 총배출량 산정에 포함)
② 관리업체 외부의 폐기물소각열 회수시설에서 공급받아 사용한 소각열의 경우
③ 관리업체 외부로부터 공급받은 공정폐열을 사용할 경우
④ 관리업체 외부로부터 열 또는 전기를 공급받아 이를 사용하지 않고 관리업체 외부로 공급하는 경우

> **해설**
> • 온실가스 · 에너지 목표관리제 운영 등에 관한 지침 제94조(바이오매스 등)
> 관리업체가 다음에 해당하는 온실가스를 배출하는 경우에는 총 온실가스 배출량에서 이를 제외한다. 단, 에너지사용량 산정에는 이를 제외하지 않는다.

1. 바이오매스 사용에 따른 이산화탄소의 직접배출량(이산화탄소 이외의 기타 온실가스는 총 배출량 산정에 포함한다)
2. 관리업체 외부의 폐기물소각열 회수시설에서 공급받아 사용한 소각열의 간접배출량
3. 관리업체 외부로부터 공급받은 공정폐열 사용에 따른 간접배출량
관리업체 외부로부터 열 또는 전기를 공급받아 이를 사용하지 않고 관리업체 외부로 공급하는 경우는 해당 열 또는 전기에 대한 간접배출량 및 에너지사용량 모두 제외한다.

[정답 ④]

160 온실가스 배출량 등의 최종확정에 영향을 미치는 개별적 또는 총체적 오류, 누락 및 허위기록 등의 정도를 중요성이라 하는데 중요성의 평가와 관련 (　)안의 옳은 내용은?

총 배출량이 500만 tCO₂eq 이상인 할당대상업체는 총 배출량의 (　), 50만 tCO₂eq 이상 500만 tCO₂eq미만인 할당대상업체에서는 총 배출량의 (　), 50만 tCO₂eq미만인 할당대상 업체는 총 배출량의 (　)로 한다.

① 2%, 2.5%, 5%
② 2%, 4%, 6%
③ 1%, 3%, 5%
④ 1%, 2.5%, 5%

해설
- 온실가스 배출권거래제 운영을 위한 검증지침 별표3.
총 배출량이 500만 tCO₂eq 이상인 할당대상업체는 총 배출량의 2.0%, 50만 tCO₂eq 이상 500만 tCO₂eq미만인 할당대상업체에서는 총 배출량의 2.5%, 50만 tCO₂eq미만인 할당대상업체는 총 배출량의 5.0%로 한다.

[정답 ①]

161 다음 중 온실가스 배출량 등의 검증절차를 순서대로 맞게 나열한 것을 고르시오.

㉠ 리스크 분석　　　　　　㉡ 검증개요 파악
㉢ 문서검토　　　　　　　㉣ 데이터 샘플링 계획 수립
㉤ 현장검증　　　　　　　㉥ 검증계획 수립
㉦ 검증결과 정리 및 평가

① ㉠-㉢-㉡-㉤-㉣-㉥-㉦
② ㉠-㉢-㉤-㉣-㉡-㉥-㉦
③ ㉡-㉢-㉠-㉣-㉥-㉤-㉦
④ ㉡-㉢-㉠-㉥-㉣-㉤-㉦

해설
- 검증절차
 : 검증개요 파악-문서검토-리스크 분석-데이터 샘플링 계획 수립-검증계획 수립-현장검증-검증결과 정리 및 평가

[정답 ③]

162 다음 중 검증기관에서 검증팀 구성에 대한 설명으로 틀린 것은?

① 검증기관은 검증을 개시하기 전에 2명 이상의 검증심사원으로 검증팀을 구성하여야 한다.
② 피검증자에 대한 컨설팅에 참여한 검증심사원은 검증팀의 구성원이 될 수 있다.
③ 검증팀에는 피검증자의 해당분야 자격을 갖춘 검증심사원이 1명 이상 포함되어야 한다.
④ 검증팀에는 검증심사원의 검증업무를 보조 및 지원하기 위해 검증심사원보가 참여할 수 있다.

> **해설**
> • 온실가스 배출권 거래제 운영을 위한 검증지침 제9조
> : 피검증자의 임·직원으로 근무하였거나 피검증자에 대한 컨설팅에 참여한 검증심사원은 검증팀에 참여할 수 없다. 다만 2년이 경과한 경우에는 가능하다.
> **[정답 ②]**

163 다음 중 온실가스·에너지 검증기관의 지정에 대한 설명으로 틀린 것은?

① 검증기관은 법인이어야 한다.
② 검증기관 지정을 받고자 하는 자는 지정요건을 증명하는 서류를 첨부하여 환경부장관에게 제출하여야 한다.
③ 검증기관은 상근 검증심사원을 5명 이상 갖추어야 한다.
④ 법인 정관이나 등기부상의 사업내용에 「저탄소 녹색성장 기본법」에 따른 검증업무가 명시되어 있어야 한다

> **해설**
> • 온실가스 배출권 거래제 운영을 위한 검증지침 제21조
> : 검증기관 지정을 받고자 하는 자는 지정요건을 증명하는 서류를 첨부하여 국립환경과학원장에게 제출하여야 한다.
> **[정답 ②]**

164 온실가스·에너지 검증기관의 준수사항에 대한 설명으로 틀린 것은?

① 검증기관은 검증결과보고서, 검증업무 수행내역 등 관련 자료를 3년 이상 보관하여야 한다.
② 검증기관은 관리업체가 제출한 자료와 검증 수행과정에서 취득한 정보를 외부로 유출하거나 다른 용도로 사용하면 아니 된다.
③ 검증기관은 반기별 검증업무 수행내역을 작성하여 반기 종료일로부터 30일 이내에

국립환경과학원장에게 제출하여야 한다.
④ 검증기관은 검증업무를 수행하기 이전 2년 이내 또는 검증업무 수행 중에 피검증자의 온실가스 또는 에너지와 관련된 자문, 진단, 관리대행, 컨설팅 및 중개 등과 관련된 업무를 수행한 경우에는 검증업무를 수행 할 수 없다.

해설
온실가스 배출권 거래제 운영을 위한 검증지침 제24조
: 검증기관은 검증결과보고서, 검증업무 수행내역 등 관련 자료를 5년 이상 보관하여야 한다.

[정답 ①]

165 에너지소비 효율등급 표시제도는 제품의 에너지 소비효율 또는 에너지 사용량에 따라 1~5등급으로 구분하여 표시하고 에너지효율 하한선인 최저소비효율기준을 의무 적용해야 한다. 그렇다면 1등급제품은 5등급보다 에너지가 몇 % 절감될까?

① 0~10%   ② 20~30%   ③ 30~40%   ④ 40~50%

해설

[정답 ③]

166 다음 중 "공공부문 온실가스·에너지 목표관리 운영 등에 관한 지침"에 의한 목표관리대상 제외시설에 해당하지 않는 것은?

① 연면적 100㎡ 이하 소규모 건물
② 「고등교육법」 제3조에 따른 국립대학 및 공립대학
③ 교정·소년보호시설, 외국인보호소, 치료감호소
④ 검찰·경찰의 순찰·수사·정보수집 활동용도 차량

해설
- 공공부문 온실가스·에너지 목표관리 운영 등에 관한 지침 제8조(대상시설 제외)
: 지침에 의한 목표관리 제외 대상시설
- 「건축법 시행령」별표 1의 제1호 및 제2호 가목 내지 다목
- 연면적 100㎡ 이하 소규모 건물
- 1년 미만 기간의 임차시설
- 유치원·초·중·고등학교
- 교정·소년보호시설, 외국인보호소, 치료감호소
- 노인·아동·장애인·부랑인·노숙인 복지시설, 영유아 보육시설
- 국방·군사시설과 국방·군사 활동 용도의 차량
- 검찰·경찰의 순찰·수사·정보수집 활동용도 차량
- 화재진압 및 구조·구급활동을 위한 소방 차량, 산불진화차량, 응급환자 수송차량, 장애인 전용 복지·재활차량

[정답 ②]

167 다음 중 탄소성적표지제도와 관련된 내용으로 적합하지 않은 것은?

① 탄소성적표지는 제품 및 서비스의 생산, 수송, 유통, 사용, 폐기 등 전과정에서 발생한 온실가스 배출량을 CO_2배출량으로 환산하여 제품에 부착하는 라벨링 제도이다.
② 탄소성적표지는 탄소배출량 인증(1단계)과 저탄소제품 인증(2단계)으로 운영하고 있다.
③ 성적표지 인증은 대상제품으로 선정되면 반드시 받아야 하는 법적 강제 인증 제도이다.
④ 인증대상제품에는 1차 농수축산물 및 임산물, 의약품 및 의료기기를 제외한 모든 제품이 해당되며, 소비자에게 혼돈을 야기할 것으로 판단되는 제품은 제외될 수 있다.

> **해설**
> 탄소성적표지 인증은 법적 강제 인증제도가 아니라 기업의 자발적 참여에 의한 임의 인증제도이다.
> [정답 ③]

168 다음 중 "공공부문 온실가스·에너지 목표관리 운영 등에 관한 지침"에 의한 이행계획 작성에 포함되어할 사항이 아닌 것은?

① 연차별 온실가스 감축 목표
② 2007년도, 2008년도, 2009년도 온실가스 배출량 및 에너지 사용량
③ 목표관리 대상시설 내역
④ 공공 녹색구매제 증진내역

> **해설**
> • 공공부문 온실가스·에너지 목표관리 운영 등에 관한 지침 제12조 (이행 계획 작성)
> : 이행계획서 작성에 포함되어할 사항
> · 연차별 온실가스 감축 목표
> · 2007년도, 2008년도, 2009년도 온실가스 배출량 및 에너지 사용량
> · 온실가스 감축 및 에너지 절약을 위한 이행계획(「공공기관 에너지 이용합리화 추진에 관한 규정」의 추진계획 포함)
> · 이행계획에 대한 재정 조달계획
> · 목표관리 대상시설 내역
> [정답 ④]

169 다음은 과거실적 기반의 목표 설정방법의 감축계수(CF_i)의 결정 방법을 구하는 식이다. $CF_{i,J,K}$는 무엇을 나타내는가?

$$CF_i = \frac{EA\_Sector_i}{\sum_{j,k}[HE_{i,j,k} \times (1+GF_{i,j,k})] + \sum_{j,k}[C_{i,j,k} \times D_{i,j,k} \times t_M \times EV_{i,j,k}]}$$

① 기준연도 대비 y년도 예상 성장률(%)
② 신·증설시설의 설계용량(MW, t/hr)
③ 신·증설시설의 부하율
④ 예상 가동시간 (hr/yr)

> **해설**
> - 부문별·업종별 관리업체들의 총 배출허용량과 부문별 관장기관이 설정하는 관리업체 단위 배출허용량의 합 산결과를 조정하여 상호 일관성을 확보하기 위하여 감축계수(CF_i)를 다음과 같은 방법으로 정한다.
> : CF_i : i업종의 y년도 감축계수 ($CF \leq 1.0$)
> : EA_Sector_i : i업종의 목표관리제 참여부문의 총 배출허용량(tCO_2/yr)
> : $HE_{i,j,k}$: i업종, j업체, k배출시설의 기준연도 배출량(tCO_2)
> : $GF_{i,j,k}$: i업종, j업체, k배출시설의 기준연도 대비 y년도 예상 성장률(%)
> (성장률이란 제2조제32호의 지표를 의미하며, 목표 설정시 업종단위로는 같은 종류의 지표를 적용한다)
> : $C_{i,j,k}$: i업종, j업체, k신·증설시설의 설계용량(MW, t/hr)
> : $D_{i,j,k}$: i업종, j업체, k신·증설시설의 부하율 (부하율은 설계용량 대비 평균 사용용량을 의미)
> : t_M : i업종, j업체, k신·증설시설의 y년도 예상 가동시간 (hr/yr)
> : $EV_{i,j,k}$: i업종, j업체, k신·증설시설의 최근과거연도에 해당하는 활동자료 당 평균 배출량(tCO_2/t, tCO_2/TJ 등)
>
> [정답 ①]

170 온실가스·에너지 목표관리 운영 등에 관한 지침에 의한 벤치마크 기반의 목표 설정방법 중 아닌 것은?

① 감축계수(CF_i)의 결정 방법
② 기존 배출시설의 배출허용량(목표) 설정 방법
③ 신·증설 시설에 대한 배출허용량(목표) 설정방법
④ 기준연도 배출량 인정계수($Ratio_i$)의 결정 방법

> **해설**
> - 벤치마크 기반의 목표 설정방법
> : 관리업체의 배출허용량(목표) 설정 방법
> : 기존 배출시설의 배출허용량(목표) 설정 방법
> : 신·증설 시설에 대한 배출허용량(목표) 설정방법
> : 기준연도 배출량 인정계수($Ratio_i$)의 결정 방법
> : 배출활동별 배출시설 종류 및 벤치마크 할당 계수 개발방법
>
> [정답 ①]

171 다음은 온실가스 인벤토리 산정단계를 순서대로 배열한 것이다. ( )에 들어 갈 산정단계는 무엇인가?

㉠ 온실가스 배출주체의 조직경계 설정	㉡ 온실가스 배출원 파악 및 분류 목록화
㉢ 온실가스 산정방법 결정	㉣ 온실가스 인벤토리 산정
㉤ ( )	㉥ 온실가스 인벤토리 결과평가

① 온실가스 인벤토리 품질관리 및 품질보증
② 온실가스 인벤토리 감축잠재량 파악
③ 온실가스 인벤토리 검증보고서 작성
④ 온실가스 인벤토리 모니터링 플랜 작성

해설

인벤토리 산정단계
: 온실가스 배출주체의 조직경계 설정 → 온실가스 배출원 파악 및 분류 목록화 → 온실가스 산정방법 결정 → 온실가스 인벤토리 산정 → 온실 가스 인벤토리 품질관리 및 품질보증 → 온실가스 인벤토리 결과평가

[정답 ①]

172 다음 중 온실가스 배출량 검증원칙이 아닌 것은?

① 전문가적 주의   ② 윤리적 행동   ③ 자율성   ④ 공정성

해설

온실가스 배출량 검증원칙
: 전문가적 주의
: 윤리적 행동
: 독립성
: 공정성

[정답 ③]

173 다음 중 온실가스 배출량 등의 검증절차를 순서대로 맞게 나열한 것을 고르시오.

㉠ 리스크 분석   ㉡ 검증개요 파악
㉢ 문서검토   ㉣ 데이터 샘플링 계획 수립
㉤ 현장검증   ㉥ 검증계획 수립
㉦ 검증결과 정리 및 평가

① ㉠-㉢-㉡-㉤-㉣-㉥-㉦
② ㉠-㉢-㉤-㉣-㉡-㉥-㉦
③ ㉡-㉢-㉠-㉣-㉥-㉤-㉦
④ ㉡-㉢-㉠-㉥-㉣-㉤-㉦

해설

온실가스 배출량 등의 검증절차
: 검증개요 파악 → 문서검토 → 리스크 분석 → 데이터 샘플링 계획 수립 → 검증계획 수립 → 현장검증 → 검증결과 정리 및 평가

[정답 ③]

174 품질관리는 다음 목적을 위하여 설계·실시된다. 목적에 해당되는 것이 아닌 것은?

① 자료의 무결성, 정확성 및 완전성을 보장하기 위한 한시적이고 특수적인 검사의 제공
② 모든 품질관리 활동의 기록
③ 배출량 산정자료의 문서화 및 보관,
④ 오류 및 누락의 확인 및 설명

해설
자료의 무결성, 정확성 및 완전성을 보장하기 위한 일상적이고 일관적인 검사의 제공 [정답 ①]

175 품질보증의 의미 중 틀린 것은?

① 품질관리(QC) 활동의 유효성을 지원
② 배출량 산정과정에 직접적으로 관여한 사람에 의해 수행
③ 검토는 측정 가능한 목적이 만족되었는지 검증
④ 주어진 과학적 지식 및 가용성이 현재 상태에서 가장 좋은 배출량 산정결과를 나타내는지 확인

해설
배출량 산정과정에 직접적으로 관여하지 않은 사람에 의해 수행 [정답 ②]

176 굴뚝연속자동측정기기 및 배출가스유량계에서 생산된 측정자료와 데이터 수집기로 전송되는 측정자료의 신뢰성 확인을 위하여 실시하는 시험은?

① 통합시험   ② 정도확인시험   ③ 품질시험   ④ 정밀도시험

해설
정도확인시험 : 굴뚝연속자동측정기기 및 배출가스유량계에서 생산된 측정자료와 데이터 수집기로 전송되는 측정자료의 신뢰성 확인을 위하여 실시하는 상대정확도 시험과 확인검사를 말함 [정답 ②]

177 고체연료와 관련된 시료채취 및 분석 기준 중 발열량 분석은?

① KS E 3707
② KS E 3709
③ KS E 3716
④ KS E 1171

> **해설**
> 고체연료와 관련된 시료채취 및 분석기준
> · KS E 3709 : 탄소함량 분석
> · KS E 3716 : 연료의 회(Ash) 성분분석
> · KS E 1171 : 고체광물연료 회분량 정량법
>
> [정답 ①]

178 이동연소부문의 배출시설 중 포함하지 않는 것은 무엇인가?

① 국내항공
② 철도
③ 특수자동차
④ 국제항공

> **해설**
> 국제항공은 포함하지 아니한다.
>
> [정답 ④]

179 다음 중 최적가용기술(BAT) 개발시 이용가능성과 관련한 고려요소에 대한 설명으로 틀린 것은?

① 실제로 이용할 수 있는 기술이어야 한다.
② 새로운 기술의 성공사례가 있을 경우 최적가용기술의 범위에 포함 할 수 있다.
③ 최적가용기술에는 국내 기술만 해당된다.
④ 파일롯(pilot) 규모로서 실증된 기술도 원칙적으로 최적가용기술의 범위에 포함된다.

> **해설**
> 최적가용기술에는 국내 기술뿐만 아니라 외국의 기술도 해당된다.
>
> [정답 ③]

180 다음 중 항공기 배출활동에 대해 틀린 것은?

① 항공기 내연기관에서 제트연료(Jet Kerosene)나 항공 휘발유(Aviation Gasoline) 등의 연소에 의해 온실가스가 발생
② 항공기 엔진의 연소가스는 대략 CO_2 70%, H_2O 30% 이하, 기타 대기오염물질 1% 미만으로 구성
③ 최신 기술이 적용된 항공기에서는 CH_4와 N_2O는 거의 배출되지 않는다.
④ 항공기에서 배출되는 오염물질의 약 30%는 공항 내에서의 운행과 이착륙 중에 발생하고, 70%가량이 높은 고도에서 발생한다.

> **해설**
> 항공기에서 배출되는 오염물질의 약 10%는 공항 내에서의 운행과 이착륙 중에 발생하고, 90%가량이 높은 고도에서 발생한다.
>
> [정답 ④]

181 도로 부문의 보고대상 배출시설이 아닌 것은?

① 승용 자동차
② 특수 자동차
③ 화물 자동차
④ 답이 없음

> **해설**
> 도로 부문의 보고대상 배출시설은 승용 자동차, 승합자동차, 화물 자동차, 특수 자동차, 이륜자동차, 비도로 및 기타 자동차이다.
> [정답 ④]

182 다음 중 검증업무의 운영체계가 아닌 것은?

① 검증기관의 최고 책임자는 검증 업무의 보편성을 보장해야 한다.
② 검증기관은 업무 수행과정에서 피검증기관의 의견수렴에 따른 해소방안 절차를 구비해야 한다.
③ 검증기관은 검증업무의 공평성과 독립성 보장 등을 위한 내부 규정 및 역할 분담 등이 구분되어 있어야 한다.
④ 검증기관은 관련 업무의 평가, 모니터링 등을 통한 환류기능 및 역량 강화 매뉴얼을 구비하여야 한다.

> **해설**
> 검증기관의 최고 책임자는 검증 업무의 합리성을 보장해야 한다.
> [정답 ①]

183 온실가스 배출량 등의 검증절차 중 현장검증의 단계가 아닌 것은?

① 중요성 평가
② 측정기기 검교정 관리
③ 데이터 및 정보시스템 관리상태 확인
④ 이전 검증결과 및 변경사항 확인

> **해설**
> 중요성 평가는 최종 정리 및 검증보고서 작성 시 필요
> [정답 ①]

184 검증 절차 중 리스크 평가 시 고려 사항이 아닌 것은?

① 배출량의 적절성 및 배출시설에서 발생하는 온실가스 비율
② 이후 검증 활동으로부터의 모니터링 계획

③ 경영시스템 및 운영상의 복잡성
④ 데이터 흐름, 관리시스템 및 데이터 관리환경의 적절성

해설
"이전" 검증 활동으로부터의 모니터링 계획 [정답 ②]

185 문서검토 절차 중 명세서/이행실적 평가 및 주요 배출원 파악 단계에서 검증팀이 피검증자가 작성한 명세서 등에서 파악할 사항이 아닌 것은?

① 온실가스 배출시설 및 흡수원 파악
② 데이터 관리시스템 및 품질관리 절차 변경사항
③ 온실가스 활동자료의 선택 및 수집에 대한 타당성
④ 계산법에 의한 배출량 산정방법 및 결과의 정확성

해설
이외 온실가스 배출계수 선택에 대한 타당성도 포함된다. [정답 ②]

186 모니터링 유형에 따른 검토사항 중, 모니터링 유형과 주요 검토사항이 잘못 짝지어진 것은 무엇인가?

① 구매기준 - 데이터 처리의 정확성
② 구매기준 - 재고량의 변화
③ 근사법 - 모니터링 계획과 동일한 계산방법 사용
④ 실측기준 · 기초 데이터의 적절성, 합리성

해설
기초 데이터의 적절성, 합리성은 "근사법"이다. [정답 ④]

187 다음 중 공공부문 온실가스 · 에너지 목표관리 운영과 관련하여 배출활동의 종류가 아닌 것은?

① 고체연료 연소에 의한 배출
② 외부에서 공급된 전기사용에 의한 배출
③ 외부에서 공급된 열(스팀)사용에 의한 배출
④ 탈루성 온실가스 배출

> **해설**
> - 공공부문 온실가스 · 에너지 목표관리 운영 등에 관한 지침 제6조(대상시설)
> : 탈루성 온실가스 배출은 관리업체의 배출활동에 해당한다.
> [정답 ④]

188 다음 중 온실가스 · 에너지 감축시설에 대한 지원사업 시행기관은?

① 환경관리공단
② 중소기업진흥공단
③ 에너지관리공단
④ 한국시설안전공단

> **해설**
> - 온실가스 · 에너지 감축시설 지원사업 관리규정 제4조(시행기관)
> : 온실가스 · 에너지 감축시설에 대한 지원사업 시행기관은 에너지관리공단이다.
> [정답 ③]

189 다음 중 온실가스 · 에너지 감축시설에 대한 설치확인 및 지원금 지급에 대한 설명으로 틀린 것은?

① 지원사업자는 착수신고 후 당해연도 사업종료 후 30일 이내에 설치를 완료하여야 한다.
② 지원사업자는 시공완료 후 30일 이내, 혹은 당해연도 사업기간 종료일 중 앞선 일자까지 지원금 지급신청서를 공단에 제출하여야 한다.
③ 공단은 제출된 지원금 지급신청서를 검토하고, 설치 시설을 현장 확인한 후 지원금을 지급한다.
④ 지원사업자는 지원금이 공단에서 입금 후 15일 이내에 정부지분과 자부담분을 사업수행자에게 입금하여야 하며, 최소 정부지분만큼은 반드시 현금으로 지급되어야 한다.

> **해설**
> - 온실가스 · 에너지 감축시설 지원사업 관리규정 제21조(설치확인 및 지원금의 지급)
> · 지원사업자는 착수신고 후 당해연도 사업종료 전 30일 이내에 설치를 완료하여야 한다.
> · 지원사업자는 시공완료 후 30일 이내, 혹은 당해연도 사업기간 종료일 중 앞선 일자까지 지원금 지급신청서를 공단에 제출하여야 한다.
> · 공단은 제출된 지원금 지급신청서를 검토하고, 설치 시설을 현장 확인한 후 지원금을 지급한다.
> · 지원사업자는 지원금이 공단에서 입금 후 15일 이내에 정부지분과 자부담분을 사업수행자에게 입금하여야 하며, 최소 정부지분만큼은 반드시 현금으로 지급되어야 한다.
> · 공단은 최종 현장확인 등에서 당초 계획서 및 변경승인과 다른 사항이 발견될 경우 위원회를 소집하여 의견을 청취할 수 있으며, 이를 근거로 제재를 실시할 수 있다.
> [정답 ①]

기출문제
〈2014년 1회〉

- 온실가스관리기사
- 온실가스관리산업기사

온실가스관리기사 1회 기출문제(2014.9.20. 시행)

제1과목 기후변화의 이해

01. 기후시스템에서 구름의 영향에 관한 설명으로 가장 적합한 것은?

   ① 구름과 온난화는 관련이 없다.
   ② 낮은 구름이 증가하면 온난화 효과가 크다.
   ③ 높은 구름이 증가하면 지구복사에너지를 더 많이 흡수한다.
   ④ 현재까지는 온난화로 높은 구름이 감소할 가능성이 지배적인 것으로 알려져 있다.

02. 지구온도 변화를 나타내는 척도와 가장 거리가 먼 것은?

   ① 해수면 변화, 해양 온도
   ② 강수 온도, 건축물 온도 측정
   ③ 빙하, 해빙
   ④ 위성 온도 측정, 기후 대리변수

03. 우리나라 안면도에서 1999~2008년까지 측정하여 분석된 이산화탄소 배출특성과 거리가 먼 것은?(단, 전 지구적인 농도값은 마우나로아에서의 측정값 기준)

   ① 계절별로 진폭은 다르지만 뚜렷한 일변동 특성을 보이는 경향이 있다.
   ② 일변동 폭은 여름에 아주 크고, 겨울에 아주 낮다.
   ③ 우리나라는 전 지구적인 이산화탄소 농도증가율보다 높은 편이다.
   ④ 일변동 최고농도가 나타나는 시간은 15~17시 사이이다.

04. 교토의정서에서 감축 대상가스로 지정한 6대 주요 온실가스에 해당하지 않는 것은?

   ① 수소불화탄소
   ② 염화불화탄소
   ③ 육불화황
   ④ 과불화탄소

05. Kyoto Flexible Mechanism(Kyoto Protoco)의 3가지 구조에 포함되지 않은 것은?

   ① 배출권 거래제도(Emissions Trading)
   ② 지속가능한 개발(Sustainable Development)
   ③ 청정개발체제(Clean Development Mechanism)
   ④ 공동이행제도(Joint Implementation)

[정답] 1. ③ 2. ② 3. ④ 4. ② 5. ②

06. 다음 온실가스 배출가스 중 연간 온난화 기여도가 가장 큰 기업은?(단, 그 밖에 배출하는 온난화 유발물질은 없다고 가정)

① 이산화탄소를 평균 24,000톤/월 배출하는 기업
② 메탄가스를 평균 1,200톤/월 배출하는 기업
③ 아산화질소를 평균 78톤/월 배출하는 기업
④ 육불화황을 평균 1톤/월 배출하는 기업

07. 기후변화 당사국 총회의 주요 결과로 거리가 먼 것은?

① 교토에서 교토의정서를 채택하였다.
② 더반에서 교토의정서 제2차 공약기간 설정에 합의하였다.
③ 코펜하겐에서 개도국의 능동적이고, 자발적 감축행동을 취하기로 하는 행동계획을 채택하였다.
④ 나이로비에서 개도국의 기후변화적응 지원에 관한 5개년 행동계획을 채택하였다.

08. 이산화질소 0.1톤, 메탄 1톤, 이산화탄소 10톤을 이산화탄소 상당량톤(tCO_2-eq)으로 환산하면?(단, 이산화질소(N_2O)와 메탄(CH_4)의 GWP는 각각 310, 21이다.)

① 52   ② 53   ③ 62   ④ 152

09. 미래 기후변화의 영향에 관한 설명으로 가장 거리가 먼 것은?

① 난대성 상록 활엽수의 후박나무는 북부지역으로 확대된다.
② 꽃매미, 열대모기 등 북방계 외래곤충이 감소하고, 고온으로 인해 병해충 발생 가능성이 감소된다.
③ 농업에 있어서는 생산성 감소의 위협과 신 영농기법 도입의 기회가 공존한다.
④ 산업전반에서는 산업리스크 증가와 새로운 시장 창출기회가 공존한다.

10. 온실가스에너지 목표관리제의 협의 및 설정에 관한 설명으로 옳은 것은?

① 목표관리 대상 기간은 2년 단위이다.
② 발전과 철도는 BAU 대비 총량제한으로 한정한다.
③ 목표설정방식은 과거실적 기반 및 벤치마크 기반 2단계로 구분한다.
④ 기준년도 배출량의 시간기준은 관리업체로 최초 지정된 해의 직전 연도를 포함한 5년간 연평균 배출량으로 설정한다.

[정답] 6. ② 7. ③ 8. ③ 9. ② 10. ③

온실가스관리기사 1회 기출문제(2014.9.20. 시행)

11. 녹색기후기금(GCF)에 관한 설명으로 가장 거리가 먼 것은?

① 환경분야의 세계은행이라 할 수 있다.
② 개도국의 온실가스 감축분야만 지원하는 기후변화관련 금융기구로서 더반에서 유치인준을 결정한다.
③ 사무국은 인천 송도이다.
④ GCF는 UN 산하기구로서 Green Climate Fund의 약자이다.

12. 선진국과 개도국이 모두 참여하는 Post-2012 체제 구축을 협의한 회의는 무엇인가?

① 제18차 당사국총회(도하 총회)
② 제17차 당사국총회(더반 총회)
③ 제15차 당사국총회(코펜하겐 총회)
④ 제13차 당사국총회(발리 총회)

13. 기후변화에 대한 유럽연합의 대응에 관한 설명으로 가장 거리가 먼 것은?

① 유럽에서는 기후변화 문제에 적극적으로 대응해야 한다는 인식이 사회 전반적으로 넓게 퍼져 있었다.
② 2000년 교토의정서 비준논쟁 당시, 유럽연합에서는 산업계와 석유업계를 제외한 유럽연합 차원의 교토의정서 비준을 지지하는 입장을 견지하였다.
③ 유럽연합은 내부적으로 온실가스 감축에 관한 부담공유협정을 맺고 있었다.
④ 유럽연합의 적극적인 기후변화정책은 유럽연합체제의 독특한 정치적 구조인 분산된 거버넌스를 토대로 하고 있다.

14. 기후변화에 의한 잠재적인 영향과 잔여영향에 관한 설명으로 가장 적합한 것은?

① 잠재적인 영향은 적응을 고려할 경우 나타나는 기후변화로 인한 영향을 의미하며, 잔여영향은 적응으로 회피될 수 있는 영향 부분을 포함한 영향을 말한다.
② 잠재적인 영향은 적응을 고려할 경우 나타나는 기후변화로 인한 영향을 의미하며, 잔여영향은 적응으로 회피될 수 있는 영향 부분을 제외한 영향을 말한다.
③ 잠재적인 영향은 적응을 고려하지 않을 경우 나타나는 기후변화로 인한 영향을 의미하며, 잔여영향은 적응으로 회피될 수 있는 영향 부분을 포함한 영향을 말한다.
④ 잠재적인 영향은 적응을 고려하지 않을 경우 나타나는 기후변화로 인한 영향을 의미하며, 잔여영향은 적응으로 회피될 수 있는 영향 부분을 제외한 영향을 말한다.

[정답] 11. ② 12. ④ 13. ② 14. ④

15. 다음 중 교토의정서상 당사국이 준수해야 하는 사항으로 가장 적합한 것은?

    ① 고가의 설비 및 장비의 시장 점유율 확대
    ② 강제적인 감축활동 요구와 기후기금배분의 현실화
    ③ 국가 경제의 관련 분야에서 에너지 효율성 향상
    ④ Non-ANNEX I 국가의 선진화

16. ISO 국제표준(ISO 14064) 지침 원칙이 배출량 산정보고서와 관련하여 충족해야 하는 4가지 조건과 거리가 먼 것은?

    ① 완전성   ② 추가성
    ③ 정확성   ④ 일관성

17. 기후변화관련 국제협약이 시대 순으로 옳게 나열된 것은?

    ① 유엔기후변화협약 → 교토의정서 → 발리 행동계획 → 칸쿤 합의
    ② 교토의정서 → 유엔기후변화협약 → 칸쿤 합의 → 발리 행동계획
    ③ 교토의정서 → 칸쿤 합의 → 발리 행동계획 → 유엔기후변화협약
    ④ 유엔기후변화협약 → 칸쿤 합의 → 교토의정서 → 발리 행동계획

18. 한반도 기후변화 시나리오 산출단계 순서로 가장 적합한 것은?

    > ㄱ. 온실가스 배출시나리오
    > ㄴ. 온실가스 농도에 따른 복사 강제력
    > ㄷ. 전지구 기후변화 시나리오
    > ㄹ. 한반도 기후변화 시나리오
    > ㅁ. 영향 평가 및 적응 전략 마련

    ① ㄱ-ㄴ-ㄷ-ㄹ-ㅁ
    ② ㄷ-ㄴ-ㄹ-ㄱ-ㅁ
    ③ ㄷ-ㄹ-ㄴ-ㄱ-ㅁ
    ④ ㄴ-ㄱ-ㄹ-ㄷ-ㅁ

19. 대기의 연직구조 중 대류권에 관한 설명으로 옳지 않은 것은?

    ① 눈, 비 등의 기상현상이 일어난다.
    ② 고도가 올라갈수록 기온은 낮아진다.
    ③ 고도가 1km 상승함에 따라 온도는 약 6.5℃ 비율로 감소한다.
    ④ 일반적으로 고위도 지방이 저위도 지방에 비해 대류권의 고도가 높다.

20. 지구의 복사 균형이 변하게 되는 주요 3가지 요인으로 거리가 먼 것은?

    ① 태양복사 입사량의 변화
    ② 지하 화석연료 개발의 변화
    ③ 지구에서 외부로 되돌아가는 장파 복사의 변화
    ④ Albedo의 변화

[정답] 15. ③ 16. ② 17. ① 18. ① 19. ④ 20. ②

온실가스관리기사 1회 기출문제 (2014.9.20. 시행)

제2과목 온실가스 배출의 이해

21. 아디프산 생산의 원료로 가장 옳은 것은?(단, 온실가스·에너지 목표관리 운영 등에 관한 지침 기준)

   ① KA oil(Keton-alcohol Oil, Cyclohexanone 40%, Cyclohexanol 60% 혼합용액), 질산
   ② KA oil(Keton-alcohol Oil, Cyclohexanone 50%, Cyclohexanol 50% 혼합용액), 질산
   ③ KA oil(Keton-alcohol Oil, Cyclohexanone 60%, Cyclohexanol 40% 혼합용액), 질산
   ④ KA oil(Keton-alcohol Oil, Cyclohexanone 70%, Cyclohexanol 30% 혼합용액), 질산

22. 고형폐기물 매립을 위한 관리형 매립시설의 주요시설과 가장 거리가 먼 것은?(단, 온실가스·에너지 목표관리 운영 등에 관한 지침 기준)

   ① 매립가스처리시설
   ② 우수집배수시설
   ③ 침출수집배수시설
   ④ 콘크리트차단벽시설

23. 하폐수 처리 공정 중 질소, 인으로 대표되는 영양염류의 제거를 주 목적으로 수행하는 처리과정은?(단, 온실가스·에너지 목표관리 운영 등에 관한 지침 기준)

   ① 고도 처리   ② 2차 처리
   ③ 호기성 처리   ④ 열분해 처리

24. 카바이드에 관한 설명으로 틀린 것은?(단, 온실가스·에너지 목표관리 운영 등에 관한 지침 기준)

   ① 일반적으로 칼슘의 탄소화합물인 탄산칼륨을 말한다.
   ② 공업적으로 생석회나 코크스, 무연탄 등의 탄소를 전기로 속에서 가열하여 제조한다.
   ③ 아세틸렌의 원료로 사용된다.
   ④ 카바이드 생산공정에서 CO_2가 발생한다.

25. 전자산업에서 다음의 웨이퍼 가공 공정 중 가장 먼저 이루어지는 것은?(단, 온실가스·에너지 목표관리 운영 등에 관한 지침 기준)

   ① 박막형성공정   ② 식각공정
   ③ 성형공정   ④ 사진공정

[정답] 21. ③ 22. ④ 23. ① 24. ① 25. ①

26. 다음 ( )안에 옳은 내용은?(단, 온실가스·에너지 목표관리 운영 등에 관한 지침 기준)

> 여러 가지 고급 전자산업에서는 플라즈마 식각, 반응 챔버의 세정 및 온도조절을 위해 ( )이 이용되며 이런 전자산업으로는 반도체, 박막 트랜지스터 평면 디스플레이, 광전지 제조업 등이 포함된다.

① 백금화합물
② 질소화합물
③ 불소화합물
④ 구리화합물

27. 아연제련 생산공정으로 가장 거리가 먼 것은?(단, 온실가스·에너지 목표관리 운영 등에 관한 지침 기준)

① 배소공정
② 황산제조공정
③ 결합공정
④ 주조공정

28. 석회생산을 위한 킬른에서 주로 사용되는 액체연료는?(단, 온실가스·에너지 목표관리 운영 등에 관한 지침 기준)

① 등유 ② 중유 ③ 경유 ④ 휘발유

29. 소금을 원료로하여 소다회를 생산하는 제법으로 틀린 것은?(단, 온실가스·에너지 목표관리 운영 등에 관한 지침 기준)

① 르블랑(Leblanc)법
② 암모니아 소다법
③ 메록스(Merox)법
④ 염안소다법

30. 고형 폐기물 매립시설 중 침출수가 매립시설에서 흘러나가는 것을 방지하기 위해 매립시설의 바닥과 측면을 폐기물의 성질·상태, 매립높이, 지형조건 등을 고려하여 점토류 라이너 및 토목합성수지 라이너 등의 재질로 이루어진 차수시설을 설치·운영하는 것은?(단, 온실가스·에너지 목표관리 운영 등에 관한 지침 기준)

① 차단형 매립시설
② 관리형 매립시설
③ 저류형 매립시설
④ 차수형 매립시설

[정답] 26. ③ 27. ③ 28. ② 29. ③ 30. ②

온실가스관리기사 1회 기출문제 (2014.9.20. 시행)

31. 철강생산공정을 올바르게 나열한 것은?(단, 온실가스·에너지 목표관리 운영 등에 관한 지침 기준)

   ① 제강 → 제선 → 연주 → 압연
   ② 제강 → 제선 → 압연 → 연주
   ③ 제선 → 제강 → 연주 → 압연
   ④ 제선 → 제강 → 압연 → 연주

32. 석회석을 탈탄산시켜서 제조하는 것은?(단, 온실가스·에너지 목표관리 운영 등에 관한 지침 기준)

   ① 생석회
   ② 소석회
   ③ 수산화칼슘
   ④ 탄산마그네슘

33. "기체, 액체 혹은 고체 상태의 원료 화합물을 반응기 내에 공급하여 기판 표면에서의 화학적 반응을 유도함으로써 반도체 기판 위에 고체 반응 생성물인 박막층을 형성하는 공정"으로 전자 산업, 특히 반도체 공정에 주로 이용하는 공정은?(단, 온실가스·에너지 목표관리 운영 등에 관한 지침 기준)

   ① 식각공정
   ② 화학기상 증착공정
   ③ 성형공정
   ④ 세정공정

34. 유리 생산 공정 중 융해 공정에서 CO_2를 배출하는 주요 원료(첨가제)와 가장 거리가 먼 것은?(단, 온실가스·에너지 목표관리 운영 등에 관한 지침 기준)

   ① 생석회
   ② 소다회
   ③ 백운석
   ④ 석회석

35. 석유화학제품 생산의 카본블랙 제조공정에서 물질수지의 흐름(투입-Input, 배출-Output)이 옳게 연결된 것은?(단, 온실가스·에너지 목표관리 운영 등에 관한 지침 기준)

   ① 투입 - 카본블랙
   ② 투입 - 폐기물
   ③ 배출 - 원료
   ④ 배출 - 폐열

[정답] 31. ③ 32. ① 33. ② 34. ① 35. ④

36. 하·폐수처리의 온실가스 배출시설이 아닌 것은?(단, 온실가스·에너지 목표관리 운영 등에 관한 지침 기준)

① 수질오염방지시설
② 폐수종말처리시설
③ 분뇨처리시설
④ 부숙토처리시설

37. 암모니아 생산공정인 수소제조 공정에서 유체 연료로부터 수소를 제조하는 다음의 방법 중 가장 많이 이용되고 있는 것은?(단, 온실가스·에너지 목표관리 운영 등에 관한 지침 기준)

① 변성 개질법
② 메탄 개질법
③ 수증기 개질법
④ 공기 개질법

38. 최적가용기술(BAT) 개발시 고려요소와 가장 거리가 먼 것은?(단, 온실가스·에너지 목표관리 운영 등에 관한 지침 기준)

① 환경피해를 방지함으로써 얻을 수 있는 이익이 최적 가용기술을 적용하는 데 필요한 비용보다 커야 한다.
② 폐기물의 발생을 적게 하고 폐기물 회수와 재사용 등을 촉진할 수 있는지 여부를 고려하여야 한다.
③ 기술의 진보와 과학의 발전을 고려한다.
④ 실증된 기술이라도 파일롯 규모인 경우는 원칙적으로 최적가용기술 범위에서 제외하여 고려한다.

39. HCFC-22 생산과정에서 부산물 형태로 배출되는 온실가스는?(단, 온실가스·에너지 목표관리 운영 등에 관한 지침 기준)

① SF6
② HCF-12
③ HCF-23
④ N2O

40. 고정연소시설에 사용하는 연료 중 천연가스의 일반적인 주성분은?(단, 온실가스·에너지 목표관리 운영 등에 관한 지침 기준)

① 메탄
② 부탄
③ 프로판
④ 에탄

[정답] 36. ④ 37. ③ 38. ④ 39. ③ 40. ①

온실가스관리기사 1회 기출문제(2014.9.20. 시행)

제3과목 온실가스 산정과 데이터 품질관리

41. 관리업체가 고유배출계수(Tier 3)을 개발하여 활용할 경우, 시료채취 및 분석의 최소주기기준에 관한 설명으로 옳지 않은 것은?

① 고체 화석연료는 월 1회 또는 연료 입하시
② 액체 화석연료는 분기 1회 또는 연료 입하시
③ 공정부생가스는 월 1회
④ 도시가스는 분기 1회

42. 온실가스·에너지 목표관리제 하에서 고형폐기물의 매립시 배출량 산정과 관련한 매개변수별 관리기준에 관한 설명으로 옳지 않은 것은?

① 폐기물 성상별 매립양은 1981년 1월 1일 이후 매립된 폐기물에 대해서만 수집한다.
② 메탄 회수량은 측정불확도 ±2.5% 이내의 메탄 회수량 자료를 활용한다.
③ 메탄으로 전환가능한 DOC비율은 IPCC가이드라인 기본값인 0.5를 적용한다.
④ 메탄 부피비는 IPCC 기본값인 0.5를 적용한다.

43. 온실가스·에너지 목표관리제 하에서 온실가스 배출량 산정 시 발열량에 관한 설명으로 옳지 않은 것은?

① 총발열량이란 연료의 연소과정에서 발생하는 수증기의 잠열을 포함한 발열량을 말한다.
② 1cal는 4.1868J이다.
③ MJ은 10^{6}다.
④ Nm3는 15℃, 1기압 상태의 체적을 말한다.

44. 관리업체 A에서 납 생산공정에 따른 온실가스 배출량 산정시 Tier 1을 적용할 때 활동자료 측정불확도 기준으로 적합한 것은?

① ±7.5%이내의 납 생산량 자료를 사용한다.
② ±5.0%이내의 납 생산량 자료를 사용한다.
③ ±2.5%이내의 납 생산량 자료를 사용한다.
④ ±2.0%이내의 납 생산량 자료를 사용한다.

45. 다음은 온실가스·에너지 목표관리제 하에서 이동연소(도로)에서 Tier 3 산정방법론을 적용하여 CH_4 및 N_2O 배출량 산정시 요구되는 활동자료에 관한 설명이다. ( )안에 가장 적합한 것은?

> 차량의 종류, 사용 연료, 배출제어기술 등에 따른 각각의 (   )을/를 활동자료로 하고 측정불확도 ±2.5% 이내의 활동자료를 활용한다.

① 주행거리　　② 연료소비량
③ 운행횟수　　④ 차량대수

[정답] 41. ④ 42. ② 43. ④ 44. ① 45. ①

46. 온실가스·에너지 목표관리제 하에서 온실가스 소량배출사업장의 에너지 소비량(Terajoules)기준은?

   ① 55미만
   ② 65미만
   ③ 75미만
   ④ 85미만

47. 온실가스·에너지 목표관리제 하에서 연속측정방법의 배출량 산정방법 및 측정기기의 설치·관리 기준으로 옳지 않은 것은?

   ① 30분 배출량은 g단위로 계산하며, 정수로 산정한다.
   ② 자동측정 자료의 배출량 산정기준으로 월 배출량은 g단위의 30분 배출량을 월 단위로 합산하고, ton단위로 환산한 후, 소수점 이하는 반올림 처리하여 정수로 산정한다.
   ③ 비정상 측정자료는 정상 자료 중 최근 30분 평균자료를 대체자료로 사용한다.
   ④ 가동중지 기간의 자료는 '0'으로 처리한다.

48. 온실가스·에너지 목표관리제 하에서 조직경계 설정에 관한 설명으로 옳지 않은 것은?

   ① 조직경계는 온실가스 배출주체의 물리적 범위라고 할 수 있다.
   ② 통제접근법은 배출주체의 통제권자에게 배출책임을 부과한다.
   ③ 재정통제 접근법은 배출원을 관리·운영상의 경제적 위협과 보상의 분율에 따라 온실가스 배출량을 분배하는 방식이다.
   ④ 기업의 경우 지분할당접근법 및 통제접근법을 적용할 수 있다.

49. 온실가스·에너지 목표관리제 하에서 관리업체 A의 기체연료 고정연소시설 배출량이 621,000톤으로 산정되었다고 한다면, 온실가스 배출량 산정 방법론에 대한 최소 산정 등급은?

   ① Tier 1
   ② Tier 2
   ③ Tier 3
   ④ Tier 4

50. 관리업체의 온실가스배출량 산정보고에 관한 설명으로 옳지 않은 것은?

   ① 관리업체는 보고대상 배출시설 중 연간 배출량이 200t-CO_2eq 미만인 소규모 배출시설은 배출시설단위로 보고하지 않고 사업장단위 총 배출량에 포함하여 보고할 수 있다.
   ② 관리업체는 명세서를 작성한 후 검증기관의 검증을 거쳐 매년 3월 31일까지 부문별 관장기관에 제출해야 한다.
   ③ 관리업체의 소규모 배출시설의 배출량 합은 사업장 배출 총량의 5%를 초과할 수 없다.
   ④ 관리업체는 연간 모니터링 계획 등을 포함한 온실가스 배출량의 산정·보고와 관련한 자료를 문서화하여 최소 5년 이상 보관하여야 한다.

[정답] 46. ① 47. ② 48. ③ 49. ③ 50. ①

온실가스관리기사 1회 기출문제(2014.9.20. 시행)

51. 코크스로를 운영하고 있는 관리업체 A에서 유연탄 15만 톤을 사용하여 코크스 10만 톤을 생산하였다. 이 때 Tier 1을 이용하여 온실가스 배출량을 산정할 경우 발생된 온실가스양은 몇 톤 CO_2eq인가?(단, 공정배출계수는 CO_2 : 0.56tCO_2/t코크스, CH_4 : 0.1gCH_4/t코크스)

① 56000.21 ② 84000.32
③ 140000.53 ④ 266000.00

52. ( ) 안에 들어갈 용어로 가장 적합한 것은?

> (A)은/는 배출량 산정(명세서 작성 등) 과정에 직접적으로 관여하지 않은 사람에 의해 수행되는 검토 절차의 계획된 시스템을 의미하고, (B)은/는 배출량 산정 결과의 품질을 평가 및 유지하기 위한 일상적인 기술적 활동의 시스템이다.

① A : 품질보증(Quality Assurance), B : 품질관리(Quality Control)
② A : 품질관리(Quality Control), B : 품질보증(Quality Assurance)
③ A : 현장검증, B : 리스크 분석
④ A : 리스크 분석, B : 현장검증

53. 온실가스 · 에너지 목표관리제 하에서 고체연료를 고정연소하는 배출시설이 Tier 2를 적용받을 경우 매개변수별 관리기준에 관한 설명으로 옳지 않은 것은?

① 활동자료는 사업자 또는 연료공급자에 의해 측정된 측정불확도 ±2.5%이내의 연료사용량 자료를 활용한다.
② 열량계수는 국가 고유 발열량 값을 사용한다.
③ 배출계수는 국가 고유 배출계수를 사용한다.
④ 산화계수는 발전부문 0.99, 기타부문 0.98을 적용한다.

54. 온실가스 · 에너지 목표관리제 하에서 고정연소 배출량 산정시 산화계수에 관한 설명으로 옳지 않은 것은?

① 고체연료, 기체연료, 액체연료 모두 Tier 1의 경우 1.0을 적용한다.
② 고체연료 중 발전부문 Tier 2의 경우 0.98을 적용한다.
③ 액체연료 Tier 2의 경우 0.99를 적용한다.
④ 기체연료 Tier 2의 경우 0.995를 적용한다.

55. 석회공정에서는 고온에서 석회석을 가열하여 석회를 생산하는 과정 중 이산화탄소가 발생된다. 생산된 석회가 100톤이라고 할 때 배출되는 이산화탄소의 양은?(단, 생산된 석회 1톤당 배출계수 : 0.75톤 CO_2)

① 0.75톤 ② 7.5톤
③ 75톤 ④ 750톤

[정답] 51. ① 52. ① 53. ① 54. ② 55. ③

[해설] 100×0.75= 75

56. 온실가스·에너지 목표관리제 하에서 연속 측정방법에 의한 측정자료의 무효자료 선별기준으로 거리가 먼 것은?

   ① 정도검사 불합격 또는 미수검
   ② 배출시설이 가동중지 되었으나 측정자료가 생성되는 경우
   ③ 수치맺음이 정확하지 않아 유효숫자가 많은 경우
   ④ 측정기기 교정중으로 동작불량, 전원단절 등의 상태표시가 된 자료

57. 관리업체인 L시멘트사는 연간 180만 톤의 클링커를 생산하고 있고, 그 과정에서 시멘트킬른먼지(CKD)가 500톤 발생하나, L사는 백필터(Bag Filter)를 활용하여 유실된 CKD를 전량 회수하여 다시 킬른에 투입한다고 가정할 때 Tier1을 이용한 온실가스 배출량(tCO2/yr)은?(단, 클링커생산량 당 CO_2 배출계수는 0.51tCO2/t-클링커, 투입원료 중 기타 탄소성분에 기인하는 CO_2 배출계수는 0.01tCO2/t-클링커)

   ① 917,995
   ② 918,005
   ③ 936,000
   ④ 936,740

   [해설] 1,800,000×(0.51+0.01)= 936,000

58. Scope 1과 Scope 2에 관한 설명으로 옳은 것은?

   ① 전기, 스팀 등의 구매에 의한 외부에서의 온실가스 배출은 Scope 1에 해당된다.
   ② 중간 생성물의 저장, 이송과정에서의 온실가스 배출은 Scope 2에 해당된다.
   ③ 배출원 관리 영역에 있는 차량운행을 통한 온실가스 배출은 Scope 2에 해당된다.
   ④ 화학반응을 통한 부산물로서의 온실가스 배출은 Scope 1에 해당된다.

59. 온실가스·에너지 목표관리제 하에서 구매한 연료 및 원료, 전력 및 열에너지를 정도검사를 받지 않은 내부측정기기를 이용하여 활동자료를 분배·결정하는 모니터링 유형은?

   ① A-1
   ② A-2
   ③ C-1
   ④ D-5

60. 온실가스·에너지 목표관리제 하에서 품질관리의 목적으로 거리가 먼 것은?

   ① 자료의 무결성, 정확성 및 완전성을 보장하기 위한 일상적이고 일관적인 검사의 제공
   ② 오류 및 누락의 확인 및 설명
   ③ 배출량 산정자료의 문서화 및 보관, 모든 품질관리 활동의 기록
   ④ 발생된 오류의 책임소재 파악

[정답] 56. ③ 57. ③ 58. ④ 59. ③ 60. ④

온실가스관리기사 1회 기출문제(2014.9.20. 시행)

제4과목 온실가스 감축관리

61. CCS 기술 중 CO_2 저장 기술의 구분으로 해당되지 않는 것은?

    ① 지중 저장
    ② 해양 저장
    ③ 지표 저장
    ④ 회수 저장

62. 온실가스·에너지 목표관리 운영에 있어 시멘트 생산 시 에너지 소비효율 개선을 위한 열에너지 감량 요소와 가장 거리가 먼 것은?

    ① 원료의 특성에 따른 영향
    ② 시멘트 성분 중 클링커 함량의 감소화
    ③ 가스 바이패스 시스템의 영향
    ④ 가스화 효율의 영향

63. 이산화탄소 포집 및 저장(CCs)기술 분류 중 CO_2 포집 기술 구분에 해당되지 않는 것은?

    ① 연소 후 포집
    ② 연소 전 포집
    ③ 연소 중 포집
    ④ 순산소 연소 포집

64. Non-CO_2 온실가스가 아닌 것은?

    ① CH_4
    ② NO_2
    ③ HFCs
    ④ SF_6

65. 온실가스 저감노력으로 인한 온실가스 저감량을 계산하는 비교기준으로서, 온실가스 저감 해당 사업이 수행되지 않았을 경우의 배출량 및 흡수량에 대한 계산 또는 예측을 의미하는 것은?

    ① 시나리오
    ② 벤치마크
    ③ 베이스라인
    ④ 모니터링

66. 매립가스를 이용한 발전기술(설비) 중 대규모 매립지에 가장 적합한 것은?

    ① 가스엔진
    ② 가스터빈
    ③ 증기엔진
    ④ 증기터빈

[정답] 61. ④ 62. ④ 63. ③ 64. ② 65. ③ 66. ④

67. Non-CO_2 온실가스인 PFCs의 주요발생원과 가장 거리가 먼 것은?

① 금속 관련 산업(철강산업)
② 카프로락탐 등을 생산하는 석유화학 공정
③ Halocarbons 생산공정 및 사용공정
④ 전자회로나 반도체 생산공정의 에칭공정이나 세정액으로 사용

68. CDM 사업 추진시 사업 참가자들(PPs)과 계약을 통해 타당성 평가 및 검·인증을 수행하는 CDM관련 기관으로 가장 옳은 것은?

① DOE
② DNA
③ MOP
④ EA

69. 우리나라에서 신·재생에너지 중 "신에너지"와 가장 거리가 먼 것은?

① 연료전지
② 태양광에너지
③ 석탄액화가스화 에너지
④ 수소에너지

70. CCS(Carbon Capture and Storage)에 대한 설명으로 틀린 것은?

① CO_2를 배출하는 모든 부문에 적용할 수 있으나, 특성상 CO_2 배출농도가 높고, 배출량이 많은 분야에 우선 적용이 가능하다.
② 화력발전소는 CO_2 배출밀도(시간당 배출량)가 높기 때문에 CO_2 회수·처리비용 및 기술 타당성에 있어서 적용이 적합하다
③ CCS 기술은 발전소 및 각종 산업에서 발생하는 CO_2를 대기로 배출시키기 전에 고농도로 포집·압축·수송하여 안전하게 저장하는 기술이다.
④ CO_2 제거 측면에서 효율은 높지 않지만 반면에 처리비용이 저렴하다.

71. 다음 중 소규모 CDM 사업의 기준으로 가장 적절한 것은?

① 에너지 공급/수요 측면에서의 에너지 소비량을 최대 연간 30GWh(또는 상당분) 저감하는 에너지 절약 사업
② 에너지 공급/수요 측면에서의 에너지 소비량을 최대 연간 40GWh(또는 상당분) 저감하는 에너지 절약 사업
③ 에너지 공급/수요 측면에서의 에너지 소비량을 최대 연간 50GWh(또는 상당분) 저감하는 에너지 절약 사업
④ 에너지 공급/수요 측면에서의 에너지

[정답] 67. ② 68. ① 69. ② 70. ④ 71. ④

온실가스관리기사 1회 기출문제(2014.9.20. 시행)

소비량을 최대 연간 60GWh(또는 상당분) 저감하는 에너지 절약 사업

72. 청정개발체제(CDM)의 진행절차로 옳은 것은?

   ① 사업개발/계획 → 타당성 확인 및 정부승인 → 사업의 확인 및 등록 → 모니터링 → 검증 및 인증 → CERs 발행
   ② 사업개발/계획 → 타당성 확인 및 정부승인 → 모니터링 → 사업의 확인 및 등록 → 검증 및 인증 → CERs 발행
   ③ 사업개발/계획 → 타당성 확인 및 정부승인 → CERs 발행 → 사업의 확인 및 등록 → 모니터링 → 검증 및 인증
   ④ 사업개발/계획 → 타당성 확인 및 정부승인 → 모니터링 → 사업의 확인 및 등록 → CERs 발행 → 검증 및 인증

73. 온실가스 감축방법 중 직접 감축방법이 아닌 것은?

   ① 대체물질 및 대체공정 적용
   ② 신재생에너지 적용
   ③ 공정개선
   ④ 온실가스 활용

74. A기업은 배출권거래제도에 의무적으로 참여해야 하는 기업이며, 10년 동안 매년 5,000톤의 배출권이 필요하다. 만약 A기업이 아래와 같은 태양광발전사업을 통해 연간 5,000톤의 배출권을 확보할 수 있다면 다음 중 태양광 발전사업의 한계감축비용과 태양광발전이 배출권을 시장에서 구매하는 대안보다 경제적으로 유리한 지 여부를 옳게 짝지은 것은?(단, 시장에서 배출권을 구매할 수 있는 가격은 배출권 1톤당 5만원)

   태양광발전 투자비 : 45억원
   태양광발전사업기간 : 10년(생산한 전력을 계통전력망에 송전하여 판매)
   전력판매수입 : 3억원/년
   온실가스 감축량 : 5,000톤/년
   할인율 : 없음

   ① 3만원 - 태양광 발전이 유리
   ② 3만원 - 배출권 구매가 유리
   ③ 6만원 - 태양광 발전이 유리
   ④ 6만원 - 배출권 구매가 유리

75. 화학 산업에서 우선적으로 추진해야 할 온실가스 감축수단은 에너지 효율을 높이고 화학연료 사용을 최소화하는 것이다. 다음 중 에너지 효율 개선을 위해 적용할 수 있는 공정개선과 가장 거리가 먼 것은?

   ① 설비 및 기기효율의 개선
   ② 에너지 효율 제고를 위해 제조법의 전환 및 공정 개발
   ③ 배출 에너지의 회수
   ④ 배출량 원단위 지수 개선

[정답] 72. ① 73. ② 74. ① 75. ④

76. 다음은 CO_2 포집기술에 관한 내용이다. ( ) 안에 옳은 내용은?

> ( ) 공정은 CO_2를 포집하기 위하여 여러 성분이 혼합된 가스기류 중에서 목적 성분을 다른 성분보다 선택적으로 빠르게 통과시키는 소재를 이용하여 목적성분 만을 분리하는 공정을 말한다.

① 막분리(Membrane)
② 흡착(Adsorption)
③ 저온냉각분리(Cryogenic Separation)
④ 건식 세정(Dry Scrubbing)

77. 다음에서 설명하는 개념에 해당되는 용어로 가장 옳은 것은?

> 환경적, 기술적, 제도적, 경제적, 사회적 측면에서 고려되어야 하는 감축사업의 특성으로써, 인위적으로 온실가스를 저감하거나 에너지를 절약하기 위하여 일반적인 경영여건에서 실시할 수 있는 활동 이상의 추가적인 노력을 말한다.

① 합목적성   ② 전문성
③ 추가성   ④ 공익성

78. A사의 온실가스 감축방법에 관한 내용 중 탄소상쇄로 옳은 것은?

① 외부로부터 탄소배출권 구매
② 운전조건을 개선시켜 온실가스 배출량 감축
③ 배출되는 온실가스를 재활용 또는 다른 목적으로 활용하여 온실가스 배출량 감축
④ 배출되는 온실가스를 처리하여 대기로의 온실가스 배출량 감축

79. 탄소흡수원 중 산림의 특성에 관한 설명으로 틀린 것은?

① 식물체의 광합성과 호흡 작용은 기온에 따라 크게 영향을 받는다.
② 산림 바이오매스에는 낙엽 등의 고사 유기물과 토양내 탄소가 포함된다.
③ 농경지나 주거지 등을 확보하기 위하여 산림을 전용하는 경우 온실가스 배출원이 된다.
④ 산불과 병충해와 같은 산림재해도 산림으로부터 온실가스를 배출하는 배출원이다.

80. 다음 중 고온형 연료전지에 해당되는 것은?

① 고체산화물 연료전지
② 알칼리 연료전지
③ 인산염 연료전지
④ 고분자 전해질막 연료전지

[정답] 76. ① 77. ③ 78. ① 79. ② 80. ①

온실가스관리기사 1회 기출문제 (2014.9.20. 시행)

제5과목 온실가스 관련 법규

81. 온실가스 에너지 목표관리 운영에 있어서 부문별 관장기관으로부터 다음 연도 목표를 통보받은 관리업체는 전자적 방식으로 다음 연도 이행계획을 작성하여 부문별 관장기관에 언제까지 제출하여야 하는가?

① 당해 연도 1월 31일
② 당해 연도 3월 31일
③ 당해 연도 6월 30일
④ 당해 연도 12월 31일

82. 환경부장관은 국내외 자동차 산업의 여건, 국제적인 규제동향, 측정 방법·절차 및 제재의 단일화 등을 고려하여 자동차 제작업체가 자동차평균에너지 소비효율기준 및 자동차 온실가스 배출허용기준을 선택적으로 준수할 수 있도록 하는 기준 등을 누구와 협의를 거쳐 관보에 고시 하는가?

① 국토교통부장관
② 기획재정부장관
③ 산업통상자원부장관
④ 안전행정부장관

83. 다음은 저탄소 녹색성장 기본법의 목적이다. ( )안에 옳은 내용은?

> ( )와/과 환경의 조화로운 발전을 위하여 저탄소 녹색성장에 필요한 기반을 조성하고 녹색기술과 녹색산업을 새로운 성장동력으로 활용함으로써 국민경제의 발전을 도모하며 저탄소 사회 구현을 통하여 국민의 삶의 질을 높이고 국제사회에서 책임을 다하는 성숙한 선진 인류국가로 도약하는 데 이바지함을 목적으로 한다.

① 경제 ② 인간 ③ 산업 ④ 개발

84. 다음은 온실가스 배출권 거래제 하에서 배출권 제출에 관한 내용이다. ( )안에 옳은 내용은?

> 할당 대상업체는 ( )에 대통령령으로 정하는 바에 따라 인증 받은 온실가스 배출량이 상응하는 배출권(종료된 이행연도의 배출권을 말한다)을 주무관청에 제출하여야 한다.

① 이행연도 종료일부터 1개월 이내
② 이행연도 종료일부터 2개월 이내
③ 이행연도 종료일부터 3개월 이내
④ 이행연도 종료일부터 6개월 이내

85. 온실가스 에너지 목표관리 운영에 있어서 온실가스 배출시설의 배출량 규모에 따른 산정등급(Tier) 분류 기준 중 B그룹에 해당되는 시설 기준은?

① 연간 10만톤 이상, 연간 25만톤 미만의 배출시설
② 연간 5만톤 이상, 연간 25만톤 미만의 배출시설

[정답] 81. ④ 82. ③ 83. ① 84. ④ 85. ④

③ 연간 10만톤 이상, 연간 50만톤 미만의 배출시설

④ 연간 5만톤 이상, 연간 50만톤 미만의 배출시설

86. 저탄소 사회구현을 위한 기후변화대응의 기본원칙과 거리가 먼 것은?

① 지구온난화에 따른 기후변화 문제의 심각성을 인식하고 국가적·국민적 역량을 모아 총체적으로 대응하고 범지구적 노력에 적극 참여한다.

② 석유·석탄 등 화석연료의 사용을 단계적으로 축소하고 에너지 자립도를 획기적으로 향상시킨다.

③ 온실가스를 획기적으로 감축하기 위하여 정보통신·나노·생명 공학 등 첨단기술 및 융합기술을 적극 개발하고 활용한다.

④ 대규모 자연재해, 환경생태와 작물상황의 변화에 대비하는 등 기후 변화로 인한 영향을 최소화하고, 그 위험 및 재난으로부터 국민의 안전과 재산을 보호한다.

87. 정부가 저탄소 녹색성장을 촉진하기 위하여 수립·시행하여야 하는 금융 시책에 포함되어야 하는 사항과 가장 거리가 먼 것은?

① 녹색경제 및 녹색산업의 지원 등을 위한 재원의 조성 및 자금 지원

② 저탄소 녹색성장을 지원하는 새로운 금융상품의 개발

③ 저탄소 녹색성장을 위한 기반시설 구축사업에 대한 민간투자 활성화

④ 녹색경제 관련 정보의 수집·분석 및 제공

88. 자원순환 산업의 육성·지원 시책에 포함되어야 하는 사항과 가장 거리가 먼 것은?

① 자원의 수급 및 관리

② 자원순환 관련 기술개발 및 산업의 육성

③ 친환경 생산체제 전환 촉진 및 지원

④ 폐기물 발생의 억제 및 재제조·재활용 등 재자원화

89. 온실가스 배출권의 할당 및 거래에 관한 법률 상 주무관청은 매 계획 기간 시작 몇 개월 전까지 배출권 할당 대상업체를 지정·고시하여야 하는가?

① 1개월 ② 3개월 ③ 5개월 ④ 6개월

90. 녹색성장위원회에 관한 설명으로 옳지 않은 것은?

① 녹색성장위원회는 국가의 저탄소 녹색성장과 관련된 주요 정책 및 계획과 그 이행에 관한 사항을 심의하기 위하여 환경부 소속으로 둔다.

[정답] 86. ② 87. ④ 88. ③ 89. ③ 90. ①

온실가스관리기사 1회 기출문제(2014.9.20. 시행)

② 녹색성장위원회의 회의는 위원 과반수 출석으로 개의하고, 출석위원 과반수의 찬성으로 의결한다. 다만, 대통령령으로 정하는 경우에는 서면으로 심의·의결할 수 있다.

③ 녹색성장위원회에 업무를 효율적으로 수행·지원하고 위원회가 위임하는 업무를 검토·조정 또는 처리하기 위하여 대통령령으로 정하는 바에 따라 위원회에 분과 위원회를 둘 수 있다.

④ 지방자치단체의 저탄소 녹색성장과 관련된 주요 정책 및 계획과 그 이행에 관한 사항을 심의하기 위하여 시·도지사 소속으로 지방녹색성장위원회를 둘 수 있다.

91. 정부는 기후변화대응 기본계획을 몇 년마다 수립·시행하여야 하는가?

① 3년 ② 5년 ③ 7년 ④ 10년

92. 온실가스·에너지 목표관리 운영 등에 관한 지침에서 산정등급(Tier) 분류 체계 중 굴뚝자동측정기기 등 배출가스 연속측정방법을 활용한 배출량 산정 방법론에 해당되는 것은?

① Tier 1 ② Tier 2
③ Tier 3 ④ Tier 4

93. 온실가스·에너지 목표관리 운영에 있어서 관리업체는 관장기관의 지정 고시에 이의가 있을 경우 고시된 날로부터 몇 일이내에 관장기관에게 이의를 신청할 수 있는가?

① 15일 이내 ② 20일 이내
③ 25일 이내 ④ 30일 이내

94. 저탄소 녹색성장 기본법률 상 관리업체가 매년 제출하여야 하는 온실가스 배출량 및 에너지 소비량에 관한 명세서에 포함되어야 하는 사항이 아닌 것은?

① 명세서에 관한 품질관리 절차
② 업체의 규모, 생산설비, 제품원료 및 생산량
③ 배출권의 할당 대상이 되는 부문 및 업종에 관한 사항
④ 포집·처리한 온실가스의 종류 및 양

95. 온실가스 배출권 거래제 하에서 배출권 거래소의 업무와 가장 거리가 먼 것은?

① 배출권 거래시장의 개설·운영에 관한 업무
② 배출권 매매에 관한 업무
③ 배출권 할당 지정 업무
④ 배출권 경매 업무

[정답] 91. ② 92. ④ 93. ④ 94. ③ 95. ③

96. 온실가스 배출권 거래제 하에서 배출권 할당위원회에 관한 내용으로 틀린 것은?

   ① 기획재정부에 할당위원회를 둔다.
   ② 할당계획에 관한 사항을 심의·조정한다.
   ③ 위원장 1명과 20명 이내의 위원으로 구성된다.
   ④ 위원의 임기는 1년으로 하며 한 차례 연임할 수 있다.

97. 정부가 기업의 녹색경영을 지원·촉진하기 위하여 수립·시행하는 시책에 포함되어야 하는 사항과 가장 거리가 먼 것은?

   ① 친환경 생산체제로의 전환을 위한 기술지원
   ② 녹색기술 전문인력의 양성 및 지원
   ③ 중소기업의 녹색경영에 대한 지원
   ④ 기업의 에너지·자원 이용 효율화, 온실가스 배출량 감축, 산림조성 및 자연환경 보전, 지속가능발전 정보 등 녹색경영 성과의 공개

98. 온실가스 에너지 목표관리의 원칙 및 역할에 관한 내용에서 산업·발전 분야의 관장 기관은?

   ① 산업통상자원부
   ② 환경부
   ③ 국토교통부
   ④ 기획재정부

99. 다음은 온실가스 배출권 거래제 하에서 배출량의 보고 및 검증에 관한 내용이다. ( )안에 옳은 내용은?

   > 배출권 할당대상업체는 ( )에 대통령령으로 정하는 바에 따라 해당 이행연도에 그 업체가 실제 배출한 온실가스배출량을 측정·보고·검증이 가능한 방식으로 작성한 명세서를 주무관청에 보고하여야 한다.

   ① 매 이행연도 종료일부터 1개월 이내
   ② 매 이행연도 종료일부터 2개월 이내
   ③ 매 이행연도 종료일부터 3개월 이내
   ④ 매 이행연도 종료일부터 6개월 이내

100. 온실가스 감축목표의 설정·관리 및 필요한 조치에 관하여 총괄·조정 기능을 수행하는 자는?

   ① 국토교통부장관
   ② 환경부장관
   ③ 기획재정부장관
   ④ 산업통상자원부장관

[정답] 96. ④ 97. ② 98. ① 99. ③ 100. ②

온실가스관리산업기사 1회 기출문제(2014.9.20. 시행)

제1과목 기후변화 개론

01. 우주공간으로부터 지구에 도달하는 복사에너지를 100%로 봤을 때, 대기의 산란, 지표면의 반사로 인해 바로 우주로 방출되는 에너지를 제외한 지표와 대기에서 흡수되는 양으로 다음 중 가장 적합한 것은?

① 약 12% ② 약 20%
③ 약 69% ④ 약 99%

02. 한반도 기후변화 시나리오를 산출하기 위한 단계적 순서로 가장 적합한 것은?

> ㄱ. 온실가스 배출시나리오
> ㄴ. 온실가스 농도에 따른 복사 강제력
> ㄷ. 기후변화 시나리오
> ㄹ. 영향, 적응, 취약성 전략 마련

① ㄱ → ㄴ → ㄷ → ㄹ
② ㄱ → ㄴ → ㄹ → ㄷ
③ ㄴ → ㄱ → ㄷ → ㄹ
④ ㄱ → ㄴ → ㄹ → ㄷ

03. 직접온실가스에 해당되지 않는 것은?

① CO_2
② CH_4
③ N_2O
④ NO_2

04. IPCC의 조직 중 다음 업무를 수행하는 그룹으로 가장 적합한 것은?

> IPCC/OECD/IEA 가 공통으로 국가 온실가스 배출목록 작성을 위한 프로그램 가동
> 국가 온실가스 배출 가이드 라인 및 최우수사례 가이드 라인 작성
> 배출계수 Data Base 운영 등으로 구성

① Working Group 1
② Working Group 2
③ Working Group 3
④ Task Force on National Greenhouse Inventories

05. 주요 온실가스들 중 온난화에 대한 기여 수준을 지구복사강제력(Global Radiative Forcing)의 기준으로 볼 때 다음 중 기여도(%)가 가장 큰 물질은?

① CO_2
② CH_4
③ N_2O
④ SF_6

[정답] 1. ③ 2. ① 3. ④ 4. ④ 5. ①

06. 기후변화에 따른 우리나라 농업부문 영향으로 가장 거리가 먼 것은?

① 작물재배 가능기간의 연장
② 나지과수(감귤, 유자, 참다래 등) 재배 확대가 일반화
③ 재배 작목이 다양화됨
④ 맥류의 안전재배지대 남하 및 수량감소

07. 다음 중 2년간의 협상을 지속해 2009년 덴마크 코펜하겐에서 새 기후변화 협약을 결정하기로 했으며, 산림훼손방지(REDO)가 주요 논의된 기후변화당사국총회 장소는?

① 발리   ② 마라케시
③ 몬트리올 ④ 나이로비

08. 다음은 교토메카니즘의 어느 제도에 관한 설명인가?

> "각 국에 할당된 온실가스 배출허용량을 무형 상품으로 간주, 각국이 시장 원리에 따라 직접 혹은 거래소를 통해 거래함으로써 배출저감 비용을 줄이고, 저감 실현을 용이하게 하는 제도"

① 청정개발체제
② 배출권거래제
③ 공동이행제도
④ 배출감축지원제도

09. 정개발체제(CDM), 배출권거래제(ET) 등 교토메카니즘 관련사업의 구체적인 이행방안 추진기반을 마련하기 위한 제7차 기후변화협약 당사국 회의에서 채택한 협의문은?

① 인도 뉴델리 합의문
② 케냐 나이로비 합의문
③ 모로코 마라케쉬 합의문
④ 아르헨티나 부에노스아이레스 합의문

10. 생활 속 온실가스 저감을 위한 노력으로 적절하지 않은 것은?

① 화석연료 대체를 위한 가스보일러 사용을 줄이고 전기스팀용 난로를 적극 활용한다.
② 제조과정 중 이산화탄소를 적게 배출해 부여받은 인증마크 제품을 구입한다.
③ 공회전 금지 등 생활 속 온실가스 저감 방법을 적극 홍보한다.
④ 가전제품 구매 시 에너지 효율이 높은 제품을 구매하여 활용한다.

[정답] 6. ④ 7. ① 8. ② 9. ③ 10. ①

온실가스관리산업기사 1회 기출문제 (2014.9.20. 시행)

11. 다음은 기후변화 당사국 총회에서 결정된 기후변화 적응에 대한 주요 결정사항이다. 다음과 같은 내용이 결정된 당사국 총회는?

   - 델리선언(Delhi Ministerial Declaration) 채택
   - 온실가스 저감을 통한 기후변화 완화문제와 함께 기후변화 적응의 중요성 부각
   - 기후변화협약 총회와 교토의정서 총회의 동시 개최 합의

   ① COP 7　　② COP 8
   ③ COP 9　　④ COP 10

12. 우리나라의 기후변화 정책에 관한 내용으로 거리가 먼 것은?

   ① 우리나라는 1990년 리우에서 개최된 기후변화협약에 서명하면서부터 범국가적으로 기후변화대책에 대해 큰 관심을 가졌다.
   ② 우리나라는 1998년 4월 범정부 기후변화대책기구를 구성하고 이 대책 기구를 중심으로 제1차 기후변화종합대책을 수립하였다.
   ③ 제2차 기후변화종합대책은 주로 기후변화협약에 대한 전략과 이행기반 강화 등 기후변화 감축대책을 위주로한 대책이다.
   ④ 2009년 2월에는 저탄소녹색성장정책을 주도적으로 기획하고 추진할 대통령 직속기구로 녹색성장위원회가 구성되었다.

13. 다음 중 에너지와 온실효과에 관한 내용으로 옳지 않은 것은?

   ① 대기 중의 온실가스의 농도가 높아지면 지구의 평균기온이 상승한다.
   ② 태양으로부터 유입된 복사에너지는 지구표면으로부터 적외선으로 방사된다.
   ③ 대기 온실효과는 지구 재복사의 과정에서 적외선이 지구 바깥으로 과다 방출됨으로써 발생한다.
   ④ 온실가스의 대기중 성분비는 매우 작다.

14. 다음 중 기후시스템에 관한 내용으로 옳지 않은 것은?

   ① 좁은 의미의 기후는 평균기상을 말한다.
   ② 넓은 의미의 기후는 통계적 설명을 포함해 기후시스템의 상태를 말한다.
   ③ 최근에는 대기뿐만 아니라 해양, 빙하, 지표면, 생태계 등에 나타난 변화도 기후변화에 포함되고 있다.
   ④ 세계기상기구(WMO)가 정한 기후 평균의 산출기간은 5년이다.

15. 유엔기후변화협약(UNFCCC)에 관한 설명으로 옳지 않은 것은?

   ① 이행부속기구(SBI)와 과학기술자문부속기구(SBSTA)가 있다.
   ② 우리나라는 1998년 12월에 57번째로 가입하였다.

[정답] 11. ② 12. ① 13. ③ 14. ④ 15. ②

③ 지구온난화 방지를 위해 온실가스의 인위적 방출을 규제하기 위한 협약이다.

④ 개발도상국들은 현재의 개발상황에 대한 특수 사항을 배려하여 공통되나 차별화된 책임과 능력에 입각한 의무부담을 갖는 것으로 정하였다.

16. 유엔 기후변화협약에 관한 사항으로 거리가 먼 것은?

① 유엔 기후변화협약에서는 선진국들이 2000년까지 온실가스 배출을 1900년 수준으로 줄이자는 합의가 도출되었다.

② 유엔 기후변화협약에서는 양대 기준이 되는 2가지의 큰 원칙을 제시하고있는데, 그 중 하나는 각국은 기후변화에 대처함에 있어서 완전한 과학적 확실성이 미비하더라도 사전예방의 원칙에 따라 필요한 조치를 취한다는 것이다.

③ 유엔 기후변화협약의 산하기구 중 최고 의사결정 기구는 당사국 총회이다.

④ 유엔 기후변화협약의 산하기구 중 이행위원회는 협약의 최고 의사결정기구로서 기후변화 관련 과학, 기술 및 방법론 각국 보고서의 작성기준 등을 당사국 총회에 보고한다.

17. 선진국이 개발도상국의 온실가스 감축과 기후변화 적응을 지원하기 위해 UN 기후변화협약을 중심으로 만든 국제 금융 기구는?

① IMF   ② GCF   ③ ESCS   ④ COP

18. 육불화황(SF_6) 30kg과 이산화탄소 100ton의 합을 배출권으로 환산하면?

① 717   ② 727   ③ 817   ④ 1717

19. 다음 온실가스 중 지구 온난화지수(Global Warming Potential)가 가장 큰 것은?

① CH_2F_2 ② C_2F_6
③ C_3HF_7 ④ CH_2FCF_3

20. 대기권의 구조에 관한 설명으로 옳지 않은 것은?

① 지표에서 대류권계면까지는 0.65℃/100m 정도의 감율로 하강하여 이 고도에서는 −55℃ 정도까지 하강한다.

② 성층권은 대기가 매우 안정한 기층이며 오존이 가장 많이 분포한 50km 상공의 오존층은 50ppm 정도에 달한다.

③ 성층권계면에서의 온도는 지표보다는 약간 낮으나 성층권계면 이상의 중간권에서 기온은 다시 하강한다.

④ 열권은 공기가 매우 희박하므로 비록 분자의 운동속도가 커서 고온을 형성하더라도 우리의 피부에 충돌하는 분자의 수가 매우 적어서 뜨겁게 느껴지지 않는다.

[정답] 16. ④ 17. ② 18. ③ 19. ② 20. ②

온실가스관리산업기사 1회 기출문제(2014.9.20. 시행)

제2과목 온실가스 배출의 이해

21. 철강생산을 위한 공정 중 쇳물을 모양이 있는 틀 안에 넣고 물로 냉각시키면서 고체를 만드는 과정은?(단, 온실가스·에너지 목표관리 운영 등에 관한 지침 기준)

　① 제선
　② 제강
　③ 압연
　④ 연주

22. 불소화합물 생산원료를 촉매에 의해 HCFC-22로 합성제조하는 공정에서 부반응에 의해 생성되는 온실가스는?(단, 온실가스·에너지 목표관리 운영 등에 관한 지침 기준)

　① HFC-12
　② HFC-23
　③ CFC-11
　④ CFC-12

23. 두 가지 이상의 에너지원을 이용하여 움직이는 자동차는?(단, 온실가스·에너지 목표관리 운영 등에 관한 지침 기준)

　① 플러그-인 자동차
　② 연료전지 자동차
　③ 하이브리드 자동차
　④ 대체연료 자동차

24. 다음 중 아디프산 생산에서 온실가스를 감축하기 위한 최적가용기술과 가장 거리가 먼 것은?

　① 촉매분해법
　② 열분해법
　③ N_2O 배출가스 재활용법
　④ Ketone-alcohl oil 투입법

25. 고형폐기물의 생물학적 처리 구분에 해당하는 것은?(단, 온실가스·에너지 목표관리 운영 등에 관한 지침 기준)

　① 고도처리
　② 퇴비화
　③ 생물막법
　④ 활성슬러지법

[정답] 21. ④ 22. ② 23. ③ 24. ④ 25. ②

26. 반도체 및 기타 전자부품 제조시설 중 "산이나 알칼리 및 제품을 중화시키는 시설"은?(단, 온실가스 · 에너지 목표관리 운영 등에 관한 지침 기준)

   ① 식각시설
   ② 표면처리시설
   ③ 화학기상증착시설
   ④ 성형시설

27. 철도차량의 종류와 가장 거리가 먼 것은?(단, 온실가스 · 에너지 목표관리 운영 등에 관한 지침 기준)

   ① 전기기관차
   ② 고속차량
   ③ 디젤동차
   ④ 화물차량

28. 이동연소시설에 사용되는 바이오디젤에 관한 내용으로 틀린 것은?(단, 온실가스 · 에너지 목표관리 운영 등에 관한 지침 기준)

   ① 석유계 디젤과 혼합하여 사용
   ② 비교적 단기간 내에 보급 확대 가능
   ③ 추출 가능한 원재료의 제한이 없음
   ④ 유지작물에서 식물성 기름을 추출

29. 마그네시아 생산에 사용되는 주요 원료인 마그네사이트로 옳은 것은?(단, 온실가스 · 에너지 목표관리 운영 등에 관한 지침 기준)

   ① $MgOH_2$
   ② $MgCO_3$
   ③ $MgSO_4$
   ④ $MgPO_4$

30. 시멘트 생산공정 중 소송공정 흐름의 순서로 옳은 것은?(단, 온실가스 · 에너지 목표관리 운영 등에 관한 지침 기준)

   ① 예열기 - 소성로 - 냉각기
   ② 예열기 - 냉각기 - 소성로
   ③ 소성로 - 예열기 - 냉각기
   ④ 소성로 - 냉각기 - 예열기

[정답] 26. ① 27. ④ 28. ③ 29. ② 30. ①

온실가스관리산업기사 1회 기출문제(2014.9.20. 시행)

31. 생석회와 물을 혼합하여 제조하는 것은?(단, 온실가스·에너지 목표관리 운영 등에 관한 지침 기준)

   ① 소석회
   ② 돌로마이트
   ③ 수산화칼륨
   ④ 수산화마그네슘

32. 하·폐수 처리시설 중 생물막과 가장 거리가 먼 것은?(단, 온실가스·에너지 목표관리 운영 등에 관한 지침 기준)

   ① 살수여상법
   ② 접촉산화법
   ③ 회전원판법
   ④ 활성슬러지법

33. 소각시설 공정 중 활성탄 주입설비의 역할은?(단, 온실가스·에너지 목표관리 운영 등에 관한 지침 기준)

   ① 다이옥신 제거
   ② 염화수소 제거
   ③ 미세먼지 제거
   ④ 질소산화물 제거

34. 고정 연소시설(고체·액체·기체 연료)의 배출시설에 해당되지 않는 것은?(단, 온실가스·에너지 목표관리 운영 등에 관한 지침 기준)

   ① 혐기성분해시설
   ② 일반보일러시설
   ③ 열병합발전시설
   ④ 공정연소시설

35. 다음 중 (   )안에 들어갈 용어로 옳은 것은?(단, 온실가스·에너지 목표관리 운영 등에 관한 지침 기준)

   > 유리 생산공정에서 재활용된 유리파편인 (   )을(를) 일정량 사용하며, 유리 품질 관리 차원에서 사용이 제한되기도 한다.

   ① 마그네시아
   ② 섬유유리
   ③ 세라믹
   ④ 컬릿

[정답] 31. ① 32. ④ 33. ① 34. ① 35. ④

36. 암모니아 산화법에 의한 질산제조 공정 순서로 옳은 것은?(단, 온실가스·에너지 목표관리 운영 등에 관한 지침 기준)

   ① 촉매연소 – 산화 – 흡수
   ② 산화 – 촉매연소 – 흡수
   ③ 촉매연소 – 흡수 – 산화
   ④ 산화 – 흡수 – 촉매연소

37. 이동연소시설의 배출시설인 도로 차량의 종류에 해당되지 않는 것은?(단, 온실가스·에너지 목표관리 운영 등에 관한 지침 기준)

   ① 승합자동차
   ② 운송자동차
   ③ 특수자동차
   ④ 이륜자동차

38. 폐기물 소각의 폐기물처리(처분) 단계로 옳은 것은?(단, 온실가스·에너지 목표관리 운영 등에 관한 지침 기준)

   ① 전처리
   ② 중간처리(처분)
   ③ 최종처리(처분)
   ④ 열처리(처분)

39. 다음의 ( )안에 옳은 내용은?(단, 온실가스·에너지 목표관리 운영 등에 관한 지침 기준)

   > ( )은(는) 유기산의 하나로 유화제, 안정제, pH조정제, 향료 고정제로 사용되며, 나일론, 폴리우레탄, 가소제 등 화학제품의 기초원료이다.

   ① 아세트산
   ② 아크릴로니트릴
   ③ 아디프산
   ④ 코크스

40. 고정 연소시설(고체·액체·기체 연료) 연소공정 개용 중 갈탄연소에 관한 내용을 틀린 것은?(단, 온실가스·에너지 목표관리 운영 등에 관한 지침 기준)

   ① 갈탄은 생성연륜이 가장 긴 석탄이다.
   ② 갈탄은 높은 수분함량(35-45%)을 가진다.
   ③ 유연탄과 토탄의 중간 성질을 가지고 있다.
   ④ 갈탄은 유연탄에 비하여 단위발전량당 더 많은 연료가 필요하다.

[정답] 36. ① 37. ② 38. ② 39. ③ 40. ①

온실가스관리산업기사 1회 기출문제(2014.9.20. 시행)

제3과목 온실가스 산정과 데이터 품질관리

41. 온실가스 · 에너지 목표관리제 하에서 배출활동별 온실가스 배출량 등의 세부 산정방법 및 기준에 관한 설명으로 옳지 않은 것은?

① 측정 자료의 수치 맺음은 소수점 이하 셋째 자리까지 계산한다.
② 석유제품의 기체연료에 대해 특별한 언급이 없으면 모든 조건은 20℃, 1기압 상태의 체적을 적용한다.
③ 석유제품의 액체연료에 대해 특별한 언급이 없으면 모든 조건은 15℃를 기준으로 한 체적을 적용한다.
④ 배출계수의 자릿수는 해당분야 Tier1에 해당하는 IPCC 기본배출계수와 동일한 자릿수로 개발한다.

42. 다음 온실가스 배출량 산정등급 중 활동자료, IPCC 기본 배출계수(기본 산화계수, 발열량 등 포함)를 활용하여 산정하는 것은?

① Tier 1   ② Tier 2
③ Tier 3   ④ Tier

43. 온실가스 · 에너지 목표관리제 하에서 산정된 개별 온실가스의 배출량은 지구온난화지수를 이용하여 합산하는데, 다음 중 다양한 온실가스의 총 배출량을 나타내는 단위로 가장 적합한 것은?

① ton C   ② TOE
③ ton CO_2 ④ ton CO_2eq

44. 하폐수 처리시설에서 다음과 같은 조건일 때 연간 CH4 배출량(emissions)은?

- BODin : 50mg/L
- BODout : 5mg/L
- Qin : 5,000m3/day
- EF : 0.005kgCH4/kgBOD
- R : 메탄회수 없음

① 6.54 ② 7.68 ③ 8.62 ④ 9.65

[해설] $(50-5) \times 5,000 \times 365 \times 0.005 \times 21 \times 10^{-6}$
= 8.62 CO_2eq/yr

45. 온실가스 · 에너지 목표관리제 하에서 외부에서 공급된 전기사용에 대한 온실가스 배출량 산정방법에 관한 설명으로 옳지 않은 것은?

① 배출량 산정방법론으로는 Tier1, Tier2, Tier3 의 3가지 방법론이 있다.
② 산정대상 온실가스는 CO_2, CH_4, N_2O 이다.
③ 활동자료는 외부에서 공급되는 전력사용량(Mwh)를 사용한다.
④ 배출계수는 전력 간접배출계수로 국가 고유 값을 적용한다.

[정답] 41. ② 42. ① 43. ④ 44. ③ 45. ①

46. 오존파괴물질(ODS)의 대체물질 사용 시 발생되는 온실가스 배출량 산정방법에 관한 설명으로 옳지 않은 것은?

① 에어로졸에 대한 배출량 산정 시 회수나 재활용, 파기된 에어로졸의 양을 포함하여야 한다.
② 비에어로졸 용매는 초기 충진량의 100%가 제품을 사용하기 시작한 후 1~2년 내에 모두 배출되므로 즉각 배출로 간주한다.
③ 개방형 기포(open-cell)발포제는 발포제 생산에 사용된 총 HFC의 양이 배출량이 된다.
④ 2006 IPCC 가이드라인은 폐쇄형 기포(closed-cell) 발포제의 기본배출계수 값으로 제품수명(n)을 20년으로 간주한다.

47. 2006 IPCC 가이드라인에 따라 가축의 분뇨관리 및 논벼경작 과정에서 공통적으로 배출되는 온실가스 중 산정에 포함되어야 하는 것으로 가장 적합한 것은?

① CO_2 ② CH_4
③ SF_6 ④ HFCS

48. 온실가스·에너지 목표관리제 하에서 목표관리업체가 근사법에 의한 모니터링 방법 적용시에 관한 설명으로 옳지 않은 것은?

① 관리업체는 근사법을 사용할 수밖에 없는 합당한 이유를 이행계획서에 제시하여야 한다.
② 식당 LPG, 비상발전기에는 근사법에 의한 모니터링을 적용할 수 없다.
③ 이동연소배출원에는 근사법에 의한 모니터링을 적용할 수 있다.
④ 생략

49. 관리업체 A와 B발전소는 유연탄 1,697,622ton을 사용하여 전력을 생산하고 있다. B발전소에서 전력 생산시 온실가스 배출량(ton CO_2eq)은 약 얼마인가?

에너지원	순발열량	배출계수(kg/TJ)		
		CO_2	CH_4	N_2O
유연탄 (연료용)	24.9 TJ/Gg	90,200	1.0	1.5

① 3,812,825
② 3,812,867
③ 3,812,930
④ 3,833,369

[해설] 1,697,622ton × 24.9 TJ/Gg × (90,200 × 1 + 1.0 × 21 + 1.5 × 310) × 10^{-6} = 3,833,369

50. 온실가스·에너지 목표관리제 하에서 온실가스 소량배출사업장의 온실가스 배출량(CO_2eq) 기준은?

① 3톤 미만
② 30톤 미만
③ 300톤 미만
④ 3000톤 미만

[정답] 46. ① 47. ② 48. ② 49. ④ 50. ④

온실가스관리산업기사 1회 기출문제(2014.9.20. 시행)

51. 고형폐기물매립 공정배출 중 보고대상 온실가스는?

    ① N_2O ② CH_4 ③ CO_2 ④ SF_6

52. 승산법에 따라 온실가스 배출량의 불확도를 결정할 때 활동자료와 배출계수의 불확도가 각각 ±30%, ±20%일 경우 배출활동의 불확도는?(단, 매개변수가 서로 독립적이어서 불확도가 정규분포를 따르고, 개별 매개변수의 불확도는 60%를 초과하지 않는다.)

    ① 26.96% ② 36.06%
    ③ 8.96%   ④ 9.96%

    [해설] $\sqrt{(0.3^2+0.2^2)} \times 100 = 36.06$

53. 다음은 배출량 산정·보고의 5대 원칙 중 무엇에 관한 기술 내용인가?

    > 인벤토리 산정을 위해 산정된 가정과 방법이 투명하고 명확하게 기술되어 제3자에 의한 평가와 재현이 가능해야 한다.

    ① Completeness
    ② Consistency
    ③ Transparency
    ④ Accuracy

54. 온실가스·에너지 목표관리제 하에서 고정연소(고체연료) 시설에서의 CO_2 배출량 산정시 Tier 2 방법론의 활동자료(연료사용량) 측정불확도는?

    ① ±7.5%이내 ② ±5.0%이내
    ③ ±2.5%이내 ④ ±2.0%이내

55. 온실가스·에너지 목표관리제 하에서 검증방법에 관한 설명으로 옳지 않은 것은?

    ① 검증기관은 "합리적 보증수준"이 가능하도록 데이터 샘플링 계획을 수립하여야 한다.
    ② 검증팀장은 검증계획을 최소 1주일 전에 피검증자에게 통보하여 효율적인 검증이 실시될 수 있도록 해야 한다.
    ③ 중요성 평가 시 중요성의 양적 기준치는 관리업체 CO_2eq 총 배출량의 5%로 한다.
    ④ "고유리스크"는 검증대상 내부의 데이터 관리구조상 오류를 적발하지 못할 리스크를 말한다.

56. 연속측정방법의 배출량 산정시 대체자료 생성기준에 관한 설명으로 옳지 않은 것은?

    ① 장비점검시 대체자료로서 정상 자료 중 최근 30분 평균 자료를 사용한다.
    ② 가동중지 기간은 해당기간의 자료를 0으로 처리한다.
    ③ 정도검사 불합격시 정상 마감된 최근 3개월간의 30분 평균자료를 사용한다.
    ④ 미수신 자료의 경우 정상 자료 중 최

[정답] 51. ② 52. ② 53. ③ 54. ② 55. ④

근 30분 평균자료를 이용한다.

57. 다음은 온실가스·에너지 목표관리 운영 등에 관한 지침에서 관리업체(업체) 지정 온실가스 배출량 및 에너지 소비량 기준에 관한 사항이다. ( ) 안에 알맞은 것은?

> 2014년 1월 1일부터 적용되는 지정 기준으로 에너지 소비량은 (㉠) Terajoules 이상이며, 산정방법은 해당 연도 1월 1일을 기준으로 최근 (㉡)간 업체의 모든 사업장에서 배출한 온실가스와 소비한 에너지의 연평균 총량을 기준으로 한다.

① ㉠ : 500, ㉡ : 1년
② ㉠ : 500, ㉡ : 3년
③ ㉠ : 200, ㉡ : 1년
④ ㉠ : 200, ㉡ : 3년

58. 고정연소(고체연료)에서의 CO_2 배출량 산정시 Tier 2 방법론의 배출계수 적용기준은?

① IPCC 기본 배출계수
② 국가 고유 배출계수
③ 사업자 자체 개발 배출계수
④ 연료공급자 분석·제공 배출계수

59. 온실가스·에너지 목표관리제 하에서 관리업체가 사업장 고유배출계수(Tier 3)를 개발하여 활용하고자 할 경우 시료채취 및 분석의 최소주기에 관한 설명으로 옳지 않은 것은?

① 탄소함량, 발열량, 수분, 회(Ash)함량 등을 분석항목으로 하는 고체 화석연료의 경우는 월1회 또는 연료 입하시
② 탄소함량, 발열량 등을 분석항목으로 하는 액체 화석연료의 경우는 월2회 또는 원료 매 1만톤 입하 시
③ 광석 중 탄산염 성분, 탄소함량 등을 분석항목으로 하는 탄산염 원료의 경우는 월1회 또는 원료 매 5만톤 입하 시
④ 탄소함량 등을 분석항목으로 하는 기타 원료의 경우는 월1회 또는 매 2만톤 입하 시

60. 온실가스·에너지 목표관리제 하에서 불확도는 "모형 불확도"와 "매개변수 불확도"로 분류할 수 있는데, "매개변수 불확도"에 관한 설명으로 옳지 않은 것은?

① 배출량을 산정하기 위한 활동자료, 배출계수 등 매개변수의 측정 및 정량화와 관련한 불확도이다.
② 자료가 대표성이 없거나 통계적인 표본 추출 오차가 발생한 경우에 발생한다.
③ 사업자의 인벤토리 품질관리 활동에 주요대상이 되는 부분이다.
④ 부적절한 배출량 산정식이 활용되었거나 산정식의 입력변수가 부적절하게 정의된 경우에 발생한다.

[정답] 56. ③ 57. ④ 58. ② 59. ② 60. ④

온실가스관리산업기사 1회 기출문제(2014.9.20. 시행)

제4과목 온실가스 관련 법규

61. 저탄소 녹색성장 국가전략에 포함되어야 하는 사항과 가장 거리가 먼 것은?(단, 재원조달, 조세, 금융, 인력양성, 교육, 홍보 등 저탄소 녹색성장을 위하여 필요하다고 인정되는 기타 사항 제외)

   ① 녹색기술·녹색산업에 관한 사항
   ② 저탄소 녹색성장 추진 실태조사 및 평가에 관한 사항
   ③ 기후변화 대응 정책, 에너지 정책 및 지속가능발전 정책에 관한 사항
   ④ 기후변화 등 저탄소 녹색성장과 관련된 국제협상 및 국제협력에 관한 사항

62. 정부가 저탄소 녹색성장기본법에 따라 녹색성장 국가전략을 수립하였을 때에 지체 없이 보고하여야 하는 기관은?

   ① 국제기후협회
   ② 국무총리실
   ③ 국회
   ④ 국제온실가스종합정보센터

63. 온실가스 감축목표의 설정·관리 및 필요한 조치에 관하여 총괄·조정 기능을 수행하는 자는?

   ① 환경부장관   ② 기획재정부장관
   ③ 국토교통부장관 ④ 안전행정부장관

64. 저탄소 녹색성장 기본법에서 저탄소 녹색성장을 위한 국가의 책무와 가장 거리가 먼 것은?

   ① 국가는 각종 정책을 수립할 때 경제와 환경의 조화로운 발전 및 기후변화에 미치는 영향 등을 종합적으로 고려하여야 한다.
   ② 국가는 지방자치단체의 저탄소 녹색성장 시책을 장려하고 지원하며, 녹색성장의 정착·확산을 위하여 사업자와 국민, 민간단체에 정보의 제공 및 재정 지원 등 필요한 조치를 할 수 있다.
   ③ 국가는 국제적인 기후변화대응 및 에너지·자원 개발협력에 능동적으로 참여하고, 개발도상국가에 대한 기술적·재정적 지원을 할 수 있다.
   ④ 국가는 저탄소 녹색성장대책을 수립·시행할 때 지방자치단체의 지역적 특성과 여건을 고려하여야 한다.

65. 저탄소 녹색성장 기본법에서 정하는 온실가스 감축 국가 목표로 옳은 것은?

   ① 2020년의 국가 온실가스 총배출량을 2010년의 온실가스 총배출량 대비 100분의 30까지 감축
   ② 2020년의 국가 온실가스 총배출량을

[정답] 61. ② 62. ③ 63. ① 64. ④ 65. ②

2020년의 온실가스 배출 전망치 대비 100분의 30까지 감축

③ 2020년의 국가 온실가스 총배출량을 2010년의 온실가스 총배출량 대비 100분의 20까지 감축

④ 2020년의 국가 온실가스 총배출량을 2020년의 온실가스 배출 전망치 대비 100분의 20까지 감축

66. 녹색성장위원회 위원으로 대통령령으로 정하는 공무원에 해당되지 않는 것은?

① 방송통신위원회위원장
② 여성가족부장관
③ 국방부장관
④ 국무조정실장

67. 온실가스·에너지 목표관리 운영에 있어서 관리업체가 온실가스 배출량 등을 산정·보고하는 절차 중 '조직 경계의 설정'(1단계) 다음의 단계(절차, 2단계)로 옳은 것은?

① 배출활동의 확인·구분
② 모니터링 유형 및 방법의 설정
③ 배출량 등의 제3자 검증
④ 배출활동별 배출량 산정방법론의 선택

68. 온실가스 배출권 거래제 하에서 주무관청이 할당·조정된 배출권(무상으로 할당된 배출권만 해당한다)의 전부 또는 일부를 취소할 수 있는 경우에 대한 기준으로 틀린 것은?

① 할당대상업체가 일부 시설물 폐쇄한 경우
② 거짓이나 부정한 방법으로 배출권을 할당받은 경우
③ 할당대상업체의 시설 가동이 1년 이상 정지된 경우
④ 할당대상업체가 정당한 사유 없이 시설의 가동 예정일부터 3개월 이내에 시설을 가동하지 아니한 경우

69. 온실가스·에너지 목표관리제 하에서 국립환경과학원장은 검증기관 지정 후 검증업무 수행의 적정성, 검증심사원의 자격유지 등 전반적인 운영실태에 대한 종합적인 평가를 몇 년마다 실시하여야 하는가?

① 1년   ② 2년   ③ 3년   ④ 4년

70. 온실가스 배출권 거래제 하에서 주무관청은 배출권 등록부 및 상쇄등록부의 관리·운영에 관한 권한을 누구에게 위임하는가?

① 온실가스종합정보센터의 장
② 녹색기술실용화재단의 장
③ 에너지관리공단의 장
④ 한국환경공단의 장

[정답] 66. ④ 67. ① 68. ① 69. ② 70. ①

온실가스관리산업기사 1회 기출문제(2014.9.20. 시행)

71. 온실가스·에너지 목표관리제하에서 검증기관 지정을 취소하여야 하는 경우는?

   ① 거짓이나 그 밖의 부정한 방법을 이용하여 검증기관으로 지정받은 경우
   ② 지정기준을 갖추지 못하게 된 경우
   ③ 환경부장관이 검증기관에 필요한 관련 자료의 제공을 요청하였으나 이를 따르지 않는 경우
   ④ 과실로 인한 검증결과의 중대한 오류 등이 확인된 경우

72. 온실가스·에너지 목표관리 운영에 있어서 검증기관이 국립환경과학원장에게 변경신고를 하여야 하는 사유가 아닌 것은?

   ① 법인 및 대표자가 변경된 경우
   ② 검증기관 사무실 소재지의 변경
   ③ 검증관련 내부 업무규정의 변경
   ④ 관리업체 지정 고시 내용 변경

73. 온실가스·배출권 거래제 하에서 주무관청은 결정된 할당 대상업체별 배출권 할당량을 계획기간 시작 몇 개월 전까지 해당 할당 대상업체에 통보하여야 하는가?

   ① 6개월   ② 3개월
   ③ 2개월   ④ 1개월

74. 온실가스 에너지 목표관리제 하에서 관리업체는 해당연도 온실가스배출량 및 에너지소비량에 관한 명세서를 작성하고 이에 대한 검증기관의 검증결과를 첨부하여 부문별 관장기관에게 언제까지 전자적 방식으로 제출하여야 하는가?

   ① 다음 연도 1월31일
   ② 다음 연도 3월31일
   ③ 다음 연도 6월31일
   ④ 다음 연도 12월31일

75. 건물·교통 분야 온실가스·에너지 목표관리제의 관장기관은?

   ① 환경부
   ② 국토교통부
   ③ 산업통상자원부
   ④ 기획재정부

76. 녹색성장위원회에 관한 설명으로 틀린 것은?

   ① 대통령 직속으로 녹색성장위원회를 둔다.
   ② 녹색성장위원회는 위원장 2명을 포함한 50명 이내의 위원으로 구성한다.
   ③ 위원회의 사무를 처리하기 위하여 위원회에 간사위원 1명을 두며, 간사위

[정답] 71. ① 72. ④ 73. ③ 74. ② 75. ②

원의 지명에 관한 사항은 대통령령으로 정한다.

④ 저탄소 녹색성장을 위한 재원의 배분 방향 및 효율적 사용에 관한 사항을 심의한다.

77. 다음은 저탄소 녹색성장 기본법에서 사용하는 용어의 뜻이다. ( )안에 옳은 것은?

> ( )(이)란 화석연료에 대한 의존도를 낮추고 청정에너지의 사용 및 보급을 확대하여 녹색기술 연구개발, 탄소흡수원 확충 등을 통하여 온실가스를 적정수준 이하로 줄이는 것을 말한다.

① 녹색성장
② 온실가스 감축
③ 저탄소
④ 녹색생활

78. 다음은 온실가스 배출권의 할당 및 그 거래에 관한 법률에서 사용하는 용어의 뜻이다. ( )안에 옳은 내용은?

> "계획기간"이란 국가온실가스감축목표를 달성하기 위하여 ( )로 온실가스배출업체에 배출권을 할당하고 그 이행실적을 관리하기 위하여 설정되는 기간을 말한다.

① 1년 단위
② 3년 단위
③ 5년 단위
④ 10년 단위

79. 온실가스 배출권 거래제 하에서 배출권 거래소의 업무가 아닌 것은?

① 배출권 거래시장의 개설 및 운영에 관한 업무
② 배출권의 매매에 관한 업무
③ 배출권의 경매 업무
④ 배출권의 할당에 관한 업무

80. 국가 온실가스 종합정보센터에서 관장하는 사항이 아닌 것은?

① 국내외 온실가스 감축 지원을 위한 조사·연구
② 국가 및 부문별 온실가스 감축 기준 설정·관리
③ 국제기준에 따른 국가 온실가스 종합정보관리체계 운영
④ 저탄소 녹색성장 관련 국제기구·단체 및 개발도상국과의 협력

[정답] 76. ① 77. ③ 78. ③ 79. ④ 80. ②

참고문헌

1) 교토의정서(Kyoto Protocol to the UNFCCC, 1998)
2) 국립환경인력개발원(2013).온실가스검증심사원(보)철강·금속분야부교재
3) 국립환경인력개발원(2013).온실가스검증심사원(보)철강·금속분야이론교재
4) 국립환경인력개발원(2013).온실가스검증심사원(보)화학분야부교재
5) 국립환경인력개발원(2013).온실가스검증심사원(보)화학분야이론교재
6) 국토교통부고시(2013).건축물에너지효율등급인증규정
7) 국토교통부고시(2013).건축물의에너지절약설계기준
8) 국토해양부·환경부고시(2011).친환경건축물인증기준.
9) 기상청기후변화정보센터(http://www.climate.go.kr)
10) 기업을위한CDM사업지침서(에너지관리공단, 2011)
11) 기후변화이해및국내외대응동향(한국환경공단, 2012)
12) 기후변화제4차종합대책[5개년계획](국무조정실, 2007)
13) 기후변화·약대응종합대책(국무조정실, 1998)
14) 기후변화협약(United Nations Framework Convention on Climate Change, 1992)
15) 기후변화협약대응제3차종합대책(기후변화협약대책위원회)
16) 스턴보고서(Stern Review on the Economics of Climate Change)
17) 제2차녹색성장5개년계획(2014.06)
18) 조혜진(2008).태양열계간축열조시스템의건물에너지원으로의적용에관한연구.광운대학교대학원석사학위논문, pp.4-23
19) 주요국의배출권거래제추진현황및시사점(환경포럼, Vol18)
20) 지식경제부(2011).그린에너지전략로드맵
21) 최근주요국의온실가스감축노력과시사점(대외경제정책연구원, 2014)
22) 한국환경공단(2012).온실가스MRV
23) 환경부(2010).배출권거래시범사업
24) 환경부(2012).온실가스·에너지목표관리운영등에관한지침해설서
25) 환경부(2014).기후변화홍보포털.http://www.gihoo.or.kr/
26) 환경부(2014).온실가스종합정보센터.http://www.gir.go.kr/
27) 환경부(2014).온실가스·에너지목표관리제운영등에관한지침
28) Energy, Climate Change & Environment 2014 Insight Executive Summary (IEA, 2014)
29) KS Q ISO 14064-1:2006
30) KS Q ISO 14064-2:2006
31) KS Q ISO 14064-3:2006
32) 2006 IPCC 가이드라인